住房和城乡建设部"十四五"规划教材
土木工程专业本研贯通系列教材

高层建筑结构设计

朱海涛　柳国环　蒋　庆　主编

中国建筑工业出版社

图书在版编目（CIP）数据

高层建筑结构设计 / 朱海涛，柳国环，蒋庆主编
. — 北京 ：中国建筑工业出版社，2023.4
住房和城乡建设部"十四五"规划教材 土木工程专
业本研贯通系列教材
ISBN 978-7-112-28440-5

Ⅰ. ①高… Ⅱ. ①朱… ②柳… ③蒋… Ⅲ. ①高层建
筑—结构设计—高等学校—教材 Ⅳ. ①TU973

中国国家版本馆 CIP 数据核字（2023）第 038758 号

全书共 10 章，内容涵盖了结构概念设计、高层建筑结构设计基本规定、风和地震作用、框架结构设计与构造、剪力墙结构设计与构造、框架-剪力墙结构设计与构造、筒体结构设计与构造、高层建筑结构设计软件应用、高层建筑结构复杂问题的计算理论和高层建筑结构探究性问题研究等。

本书通过引入学科前沿领域和最新研究进展，形成具有本学科特色和启发研究生、高年级本科生学习、创造能力的专业教材，可作为高等院校土木工程专业高年级本科生和研究生的教材，也可为相关专业人士、现场设计施工人员和科研人员参考，特别适用于土木工程专业本研贯通学生教学使用。

为方便课程教学，本书配备教学课件。请选用此教材的教师通过以下方式索取课件：1. 邮箱：jckj@cabp.com.cn；2. 电话：（010）58337285；3. 建工书院：http：//edu.cabplink.com。

责任编辑：赵 莉 吉万旺
责任校对：赵 菲

住房和城乡建设部"十四五"规划教材
土木工程专业本研贯通系列教材
高层建筑结构设计
朱海涛 柳国环 蒋 庆 主编
*
中国建筑工业出版社出版、发行（北京海淀三里河路 9 号）
各地新华书店、建筑书店经销
北京红光制版公司制版
北京圣夫亚美印刷有限公司印刷
*
开本：787 毫米×1092 毫米 1/16 印张：20¼ 字数：504 千字
2023 年 4 月第一版 2023 年 4 月第一次印刷
定价：**62.00** 元（赠教师课件）
ISBN 978-7-112-28440-5
（40842）

出　版　说　明

党和国家高度重视教材建设。2016 年，中办国办印发了《关于加强和改进新形势下大中小学教材建设的意见》，提出要健全国家教材制度。2019 年 12 月，教育部牵头制定了《普通高等学校教材管理办法》和《职业院校教材管理办法》，旨在全面加强党的领导，切实提高教材建设的科学化水平，打造精品教材。住房和城乡建设部历来重视土建类学科专业教材建设，从"九五"开始组织部级规划教材立项工作，经过近 30 年的不断建设，规划教材提升了住房和城乡建设行业教材质量和认可度，出版了一系列精品教材，有效促进了行业部门引导专业教育，推动了行业高质量发展。

为进一步加强高等教育、职业教育住房和城乡建设领域学科专业教材建设工作，提高住房和城乡建设行业人才培养质量，2020 年 12 月，住房和城乡建设部办公厅印发《关于申报高等教育职业教育住房和城乡建设领域学科专业"十四五"规划教材的通知》（建办人函〔2020〕656 号），开展了住房和城乡建设部"十四五"规划教材选题的申报工作。经过专家评审和部人事司审核，512 项选题列入住房和城乡建设领域学科专业"十四五"规划教材（简称规划教材）。2021 年 9 月，住房和城乡建设部印发了《高等教育职业教育住房和城乡建设领域学科专业"十四五"规划教材选题的通知》（建人函〔2021〕36 号）。为做好"十四五"规划教材的编写、审核、出版等工作，《通知》要求：（1）规划教材的编著者应依据《住房和城乡建设领域学科专业"十四五"规划教材申请书》（简称《申请书》）中的立项目标、申报依据、工作安排及进度，按时编写出高质量的教材；（2）规划教材编著者所在单位应履行《申请书》中的学校保证计划实施的主要条件，支持编著者按计划完成书稿编写工作；（3）高等学校土建类专业课程教材与教学资源专家委员会、全国住房和城乡建设职业教育教学指导委员会、住房和城乡建设部中等职业教育专业指导委员会应做好规划教材的指导、协调和审稿等工作，保证编写质量；（4）规划教材出版单位应积极配合，做好编辑、出版、发行等工作；（5）规划教材封面和书脊应标注"住房和城乡建设部'十四五'规划教材"字样和统一标识；（6）规划教材应在"十四五"期间完成出版，逾期不能完成的，不再作为《住房和城乡建设领域学科专业"十四五"规划教材》。

住房和城乡建设领域学科专业"十四五"规划教材的特点：一是重点以修订教育部、住房和城乡建设部"十二五""十三五"规划教材为主；二是严格按照专业标准规范要求编写，体现新发展理念；三是系列教材具有明显特点，满足不同层次和类型的学校专业教学要求；四是配备了数字资源，适应现代化教学的要求。规划教材的出版凝聚了作者、主审及编辑的心血，得到了有关院校、出版单位的大力支持，教材建设管理过程有严格保障。希望广大院校及各专业师生在选用、使用过程中，对规划教材的编写、出版质量进行反馈，以促进规划教材建设质量不断提高。

住房和城乡建设部"十四五"规划教材办公室

2021 年 11 月

前　言

　　高层建筑结构功能和类型日趋多样化，体型也更加复杂，底部大空间，变截面斜交结构和大底盘塔楼结构的出现进一步增加了高层结构问题的复杂性。因此，高层建筑结构内力、位移和构造等分析成为确保高层建筑安全性和可靠性必不可少的关键环节之一。本书根据我国最新一轮建筑结构各种设计规范和规程的修订内容进行编写，以适应新形势下教学、设计和研究的需要。

　　本书增加了高层建筑发展趋势、建筑新材料和新结构等方面内容；在防灾减灾领域突出地震激励作用和连续倒塌理论。高层建筑结构设计不止体现在对设计方法的熟悉和运用，更重要的是对设计理论和思想的领悟和研读。本书是本研贯通的教材，为了突出基本概念和基础内容，夯实基础知识，贯彻本科生学习宽而广、研究生钻研少而精的原则，可将本书前8章作为重点学习内容，后两章作为深入研究的篇章。

　　本书共10章，内容涵盖了结构概念设计、高层建筑结构设计基本规定、风和地震作用、框架结构设计与构造、剪力墙结构设计与构造、框架-剪力墙结构设计与构造、筒体结构设计与构造、高层建筑结构设计软件应用、高层建筑结构复杂问题的计算理论和高层建筑结构探究性问题研究等，章节后附习题并配有部分习题答案，便于读者对自己的学习成果进行检验。

　　由于编者水平有限，经验不足，且时间仓促，缺点和错误在所难免，请广大读者批评指正。

2022 年 12 月

目　　录

第1章 结构概念设计

1.1 高层建筑起源、定义、结构体系和结构设计概念

房屋建筑是随着人类活动的需要和社会生产的发展而发展起来的。根据层数和高度，房屋建筑可以分为低层建筑、多层建筑、高层建筑和超高层建筑。习惯上，1～3 层为低层建筑，10 层及 10 层以上的住宅建筑、高度超过 24m 的公共建筑为高层建筑，层数介于低层和高层之间的为多层建筑，高度超过 100m 的建筑也可称为超高层建筑。本教材介绍高层建筑（包括超高层建筑）结构设计理论，但结构设计理论、设计原理和设计方法，同样适用于低层和多层建筑。

国外最古老的高层建筑是埃及金字塔，最高的一座达 463ft，即 141m，直到 4500 年后即 1880 年，德国建成哥特式的科隆大教堂，金字塔的高度才被突破。

现代高层建筑是商业化、城市化和工业化的产物，而现代高层建筑的发展离不开新材料、新结构和新技术的发展，一定程度上反映了一个国家以及一个地区的社会和经济发展水平。

现代高层建筑的历史始于 18 世纪末的工业革命。18 世纪后半叶，英、法的冶金工业成功地生产出熟铁。1789 年的法国大革命，使法国建筑的发展甚至工业革命受阻，而英国则继续向前发展，生产出铸铁，并将其用于工业建筑和商业建筑。19 世纪 40 年代，铁被官方认可，进入官方称为"建筑"（Architecture）的领域。1848 年，伦敦西郊国立植物园的温室完全用熟铁建造。英法最早建造铁框架房屋建筑，但停留在低层建筑。

现代高层建筑起源于美国，其中心则是纽约和芝加哥。19 世纪后半叶，纽约成为美国东岸的主要商业中心，芝加哥有水上运输和铁路运输的便利。很自然，纽约、芝加哥成为商业轴心，商家云集，对办公、仓库、旅馆的需求，促成了现代高层建筑的出现。1856年，Elisha Graves Otis 的第一部商用电梯安装在纽约曼哈顿的一栋 5 层商场；1859 年，第一部 Tuft 电梯安装在百老汇的第五大道旅馆，成为发展高层旅馆的起点。电梯为建造高层建筑创造了条件。19 世纪 60 年代后期和 70 年代初，一批在欧洲受过良好教育的建筑师和工程师回到美国，将静力分析的方法、材料技术、用概念和系统解决问题的方法以及铁结构建造房屋的原理和方法等带到芝加哥。1871 年，芝加哥的一场大火几乎将城市全部烧毁，大火推动了新建筑结构体系的开发，这场大火还说明不燃的铁不能保证房屋建筑抗火。其结果促进了建筑幕墙的开发。上述种种因素，使美国成为现代高层建筑的发源地。

芝加哥的 William Jenny 设计了 1885 年建成的家庭保险大楼（Home Insurance Building）（图 1-1），家庭保险大楼高度达到了 11 层，被认为是第一幢高层建筑。家庭保险大楼采用熟铁-铸铁柱框架结构，局部有幕墙。Jenny 的另一个贡献就是设计建造芝加哥的曼哈顿大楼（图 1-2），1890 年竣工。这是世界上第一幢 16 层的住宅建筑。

图 1-1　家庭保险大楼　　　　　　　　图 1-2　曼哈顿大楼

　　随着冶金工业的发展，钢柱逐渐代替了铸铁柱，芝加哥的 Raliance 大楼是一幢最早的全钢框架结构，15 层，1895 年建成。这一时期的代表性建筑还有纽约的 Gillender 大楼，1897 年竣工，20 层。

　　20 世纪的前 60 年是国外高层建筑的发展期，其中心是美国，主要是钢结构，钢筋混凝土结构不多。

　　1900 年前后，纽约建成了当时世界上最高的建筑——36 层钢结构 Park Row 大楼。1904 年，纽约 Darlington Building 接近完工时突然倒塌，从此，美国禁止建筑结构使用铸铁。1908 年，纽约建成 Singer 大楼（图 1-3），47 层，187m 高，是世界上第一幢比埃及金字塔高的现代高层建筑。1918 年，纽约建成 Woolworth 大楼，60 层，242m 高，是当时世界上最高的建筑。

　　1931 年，纽约帝国大厦（Empire State Building）建成（图 1-4），102 层，381m 高，钢框架结构，梁柱用铆钉连接，外包炉渣混凝土，使结构的实际刚度为钢结构刚度的 4.8 倍，对抗风有利。在当时建造这样高的建筑，不能不说是个奇迹。帝国大厦保

图 1-3　Singer 大楼

持世界最高建筑的纪录达 40 年之久，是高层建筑发展史上的一个里程碑。

20 世纪 60 年代～90 年代初，是国外高层建筑发展的繁荣期。这一时期的主要特点为：发明筒体结构并用于工程，使建筑的高度更高，且在经济上可行；高强混凝土用于高层建筑；由钢筋混凝土构件和钢构件，发展为钢-混凝土组合构件，包括钢管混凝土柱；消能减震装置开始用于高层建筑；美国仍然是高层建筑发展的中心，日本、加拿大、东南亚国家、澳大利亚的高层建筑发展迅速。

图 1-4 纽约帝国大厦

1. 美国的高层建筑

（1）发明筒体结构

20 世纪 60 年代初，美国城市化进程加快，城市人口剧增，地价暴涨，迫使建筑向高空发展；同时，由于造价增加的速度快于高度增加的速度，房地产商要求降低造价。社会要求高层建筑在结构体系方面有所突破，更有效地利用建筑材料，从而使建筑更高，同时降低造价。

美国杰出的营造大师，Skidmore Owings & Merrill 设计公司的原结构总工程师 Fazlur R. Khan 博士发明了筒体结构这种新的高层建筑结构体系，包括框筒、桁架筒、筒中筒和束筒结构。他进行了大量的计算分析，研究筒体结构的可行性，提出了筒体结构的设计方法。

第一幢高层建筑钢结构框筒是在"9·11"事件中塌毁的纽约世界贸易中心大厦双塔（图 1-5），110 层，高 417m，平面尺寸为 63.5m×63.5m，柱距 1.02m，梁高 1.32m，标

图 1-5 纽约世界贸易中心大厦双塔

准层的层高为 3.66m。每幢大楼安装了 1 万个黏弹性阻尼器，减少风振的影响。世贸中心大厦 1973 年建成，用钢量仅 186kg/m²，其高度超过帝国大厦，成为当时世界上最高的建筑。

最著名的，也是第一幢钢桁架筒结构，是 Fazlur R. Khan 设计的芝加哥汉考克（John Hancock）中心大厦（图 1-6）。

对高层建筑发展特别是对休斯敦高层建筑的发展起到里程碑作用的是休斯敦第一贝壳广场大厦（One Shell Plaza），50 层，217.6m 高，筒中筒结构，外框筒的柱距 1.8m，内筒由墙组成，1969 年建成。休斯敦的土质很差，基岩很深，经常遭到飓风袭击，一度认为不可能建造 50 层高的建筑。第一贝壳广场大厦采用轻骨料混凝土，减轻结构重量，其至今仍然是世界上最高的轻骨料混凝土建筑。

第一个束筒结构是芝加哥的西尔斯（Sears）大厦（图 1-7），110 层，443m 高，1973 年竣工，用钢量 161kg/m²，1998 年前一直是世界最高的建筑，至今仍然是世界最高的钢结构建筑。

图 1-6　芝加哥汉考克中心大厦　　　　图 1-7　芝加哥西尔斯大厦

筒体结构是高层建筑发展史上的里程碑，它能充分发挥建筑材料的作用，它的创新是多方面的，它使现代高层建筑在技术上、经济上可行，也使高层建筑的发展出现了繁荣期。

（2）发明组合结构

现代高层建筑发展史上的另一个里程碑式的创新是钢和混凝土两者结合在一起的组合结构。组合结构几乎结合了钢结构和混凝土结构的所有优势，避免了两种结构的主要短处。

最早的组合结构是休斯敦的 20 层 Control Data 大楼：首先施工钢框架，然后在钢梁、钢柱外浇筑混凝土。

（3）应用高强混凝土

高强混凝土是近 60 年来建筑材料方面最重要的发明创造。高强混凝土用于高层建筑有许多优点：减少柱的截面，增大可用空间；降低层高；减轻结构自重；降低基础造价等。

1967 年，芝加哥建成世界上最早的高强混凝土高层建筑——Lake Paint Tower，70层，197m 高，底层混凝土强度等级相当于 C65。1971 年，芝加哥建成水塔广场大厦（Water Tower Plaza），79 层，262m 高，25 层以下柱的混凝土强度等级相当于 C75，是当时世界上最高的钢筋混凝土建筑。1990 年，芝加哥建成 311 South Wacker Drive 大楼，70 层，291.5m 高，底部楼层柱的混凝土强度等级相当于 C95，成为当时世界上最高的钢筋混凝土建筑。

（4）采用钢管混凝土柱

高强混凝土具有强度高、弹性模量大等优点，其主要缺点是脆，即单轴受压时达到峰值应变后的变形能力小。高强混凝土用于地震区时，需要解决"脆"的问题。最好的解决方法就是将高强混凝土填充在圆形钢管内，成为钢管混凝土柱。

20 世纪 80 年代末期，美国西雅图建造了 7 幢钢管混凝土高层建筑，其主要特点是：竖向构件为钢管混凝土柱，水平构件为钢梁-压型钢板、现浇混凝土楼板，管内填充高强混凝土，减小柱的截面尺寸，同时利用其高弹性模量增大抗侧刚度，混凝土圆柱体抗压强度最高达 133MPa，采用泵送技术。全部水平力由大直径钢管混凝土柱、跨越数层的大斜撑和钢梁组成的支撑框架结构承担，同时设置小直径钢管混凝土柱承担竖向荷载。

20 世纪 90 年代中期及以后，美国新建的高层建筑已经不多，高层建筑的发展主要是在环太平洋东岸。

2. 日本的高层建筑

日本是一个多地震的国家，不但地震发生频繁，而且经常发生强烈地震。1963 年前，日本建筑法规规定，建筑物的最大高度为 31m。以东京大学武滕清教授为代表的日本学者经过多年的研究，在建筑结构的抗震设计理论和方法方面取得了重大突破。1964 年，日本取消了建筑高度的限制，高层建筑走上了快速发展的道路。

1965 年，日本东京建成第一幢钢结构高层建筑——新大谷饭店，22 层，78m 高。1968 年建成霞关大厦，36 层，147m 高。进入 20 世纪 70 年代，日本的高层建筑更多、高度更高，大多采用钢框筒-预制混凝土墙板结构。墙板的种类包括：带竖缝墙、带横缝墙和内藏钢板支撑混凝土墙等。代表性的建筑有：东京新宿三井大厦，55 层，212m 高，1974 年建成；东京阳光大厦（图 1-8），60 层，226m 高，1978 年建成；新宿住友大厦，52 层，200m 高，1974 年建成；新宿中心大厦，54 层，216m 高，1979 年建成。这些建筑的平面都是矩形，结构布置对称规则。1993 年建成的横滨地标大厦（图 1-9），73 层，296.3m 高，为钢结构巨型框架。

图 1-8　东京阳光大厦

图 1-9　横滨地标大厦

日本的高层建筑主要是钢结构。20 世纪 80 年代，开始建造 30 层左右的钢筋混凝土结构。进入 21 世纪，钢筋混凝土高层建筑的数量增多，至 2007 年，日本全国约有 600 栋钢筋混凝土高层建筑。日本的钢筋混凝土高层建筑主要采用内外筒都是密柱框架的筒中筒结构或框架结构，其中许多建筑采用隔震或消能减震措施。除了现浇，日本的很多钢筋混凝土高层建筑采用预制梁、柱的装配整体式结构，高度最大的达到 58 层，196m。

3. 亚洲其他国家的高层建筑

东南亚的新加坡、泰国和马来西亚等国家的高层建筑也迅速发展。早期的高层建筑有：新加坡的国库大厦，1986 年建成，52 层，234.7m 高，其核心为圆形钢筋混凝土筒，直径 48.4m，钢梁从核心筒壁向外悬挑，悬挑长度达 11.6m，成为支承楼面的梁。马来西亚银行大厦，1988 年建成，50 层，243.5m 高，钢筋混凝土结构。泰国曼谷的拜约基大厦Ⅱ，1997 年建成，85 层，304m 高。

图 1-10　吉隆坡石油双塔

1998 年，马来西亚吉隆坡建成了当时世界上最高的建筑——石油双塔（Petronat Twin Tower，图 1-10），88 层，建筑高度 452m，钢筋混凝土框架-核心筒结构，采用高强混凝土，自下而上混凝土强度从 80MPa 变化至 40MPa，采用钢梁、压型钢板和现浇混凝土组合楼盖。

目前世界上最高的建筑是阿拉伯联合酋长国迪拜的哈力法塔（图 1-11），也称迪拜大厦、比斯迪拜塔，160 层，建筑高度 828m，2004 年 9 月 21 日动工，2010 年 1 月 4 日竣工启用。

4. 我国的高层建筑

我国古代的高层建筑主要是宝塔和楼阁，诸如应县木塔、黄鹤楼、滕王阁等，一般为砖结构、木结构或砖木结构。有些宝塔、楼阁经受了数百年的风吹雨打，甚至经受了战乱、地震，至今仍保存良好。

我国香港地区的高层建筑起步早、发展快，至今仍不断有新的高层建筑出现。20 世纪 70 年代和 80 年代初，香港建成了一批高层建筑，包括 50 层的华润中心、64 层的和合中心等。

香港汇丰银行大楼（图 1-12），1985 年建成，43 层，175m 高，矩形平面，钢结构悬挂体系，每层都有很大的开敞空间。悬挂体系由 8 根格构柱和 5 层纵、横向水平桁架组成。每根格构柱由 4 根圆钢管柱和连接钢管柱之间的变截面梁组成。一道水平桁架悬挂

图 1-11　迪拜哈力法塔

4~7 层楼盖。汇丰银行大楼从拆除旧楼开始到新楼建成，前后 4 年，造价达 50 亿港元。汇丰银行大楼是一幢非常独特的建筑，经方案竞赛，由英国建筑师设计，其设计理念是要能适应 21 世纪发展的需要。在香港市民投票选出的 20 世纪香港十大工程中，汇丰银行大楼为其中之一。

香港中银大厦（图 1-13），1939 年建成，70 层，315m 高，屋顶天线的顶端高度达 368m。采用巨型支撑框架结构。部分斜杆外露，整幢大楼宛如光彩夺目的蓝宝石。

香港中环广场大厦，1953 年建成，75 层，屋顶标高 301m，屋顶天线顶端高度为 374m，切角的三角形平面，钢筋混凝土筒中筒结构，4 层以下外框的柱距加大，在第 5 层

图 1-12　香港汇丰银行大楼

图 1-13　香港中银大厦

沿周边设置钢筋混凝土转换梁。建成时是世界上最高的钢筋混凝土建筑。

香港国际金融中心二期大楼（图 1-14），88 层，屋顶标高 420m，是目前香港最高的建筑。采用巨柱-核心筒结构，在建筑平面的每边各有两根钢骨混凝土巨柱，沿高度设置了 3 道水平伸臂桁架，与钢筋混凝土核心筒连接。

我国台湾最有名的两幢高层建筑是 TC 大楼和 101 大楼。高雄市 TC 大楼（图 1-15），1997 年建成，85 层，348m 高，采用钢结构巨型框架。在 78 层露面的两个对角，各安装了一个调谐质量阻尼器（TMD），每个 TMD 的质量为 100t，TMD 使结构的等效阻尼比从 2% 左右提高到 8% 左右。

图 1-14　香港国际金融中心二期大楼

图 1-15　高雄市 TC 大楼

图 1-16　台北国际金融中心大楼

台北国际金融中心大楼（101 大楼）（图 1-16），2004 年建成，101 层，屋顶天线顶端高 508m，是当时世界上最高的建筑。在建筑平面的周边，每侧设置 2 根巨型方钢管柱和若干小型方钢管柱，巨柱伸至 90 层，最大截面尺寸达 2.4m×3m；核心结构采用 16 根方钢管柱；周边巨柱与核心筒结构之间采用水平伸臂桁架连接；62 层以下钢管柱内填充混凝土。为了满足风荷载作用下的舒适度要求，在 87～92 层之间安装了一个 TMD，其质量达 670t。

我国内地（大陆）高层建筑的发展大致经历了 3 个时期：20 世纪 50 年代前、20 世纪 50 年代～70 年代、20 世纪 80 年代后。

（1）20 世纪 50 年代前的高层建筑

20 世纪 50 年代前，我国内地（大陆）的高层建筑很少。第一幢超过 10 层的高层建筑是 1929 年建成的上海沙逊大厦（和平饭店），13 层，总高 77m。1934 年建成的上海国际饭店，22 层，83.8m 高，是当时"远东第一高楼"；1934 年还建成了上海百老汇大厦（上海大厦），21 层，76.6m 高。北京的高层建筑有老北京饭店、京奉铁路正阳门车站大厦。天津在 1922 年建成海河饭店，13 层，约 60m 高；1923 年建成人民大楼，12 层，约 50m 高；这两幢建筑都是钢筋混凝土框架结构。

（2）20 世纪 50 年代～70 年代的高层建筑

20 世纪 50 年代和 60 年代，我国内地（大陆）的高层建筑发展缓慢，高层建筑的数量不多。1959 年，北京建成十大建筑，其中有 3 幢为高层建筑，北京民族饭店最高，也是我国（除港澳台地区外）20 世纪 50 年代最高的建筑，12 层，47.4m 高，钢筋混凝土框架结构。20 世纪 60 年代最高的建筑是 1968 年建成的广州宾馆，27 层，87.6m 高，钢筋混凝土框架-剪力墙结构。进入 20 世纪 70 年代，高层建筑有了初步发展。20 世纪 70 年代我国（除港澳台地区外）最高的建筑是 1976 年建成的广州白云宾馆（图 1-17），33 层，114.1m 高。1974 年建成的北京饭店东楼（图 1-18），19 层，87.15m 高，至 1985 年前，一直是我国（除港澳台地区外）最高的建筑；1976～1978 年兴建的北京前三门住宅工程，成为我国内地（大陆）高层建筑快速发展的起点。

图 1-17　广州白云宾馆

图 1-18　北京饭店东楼

（3）20 世纪 80 年代及以后的高层建筑

进入 20 世纪 80 年代，我国内地（大陆）的高层建筑进入了高速发展期。20 世纪 80 年代和 90 年代初，是我国内地（大陆）高层建筑发展的第一个高峰期，高层建筑的竣工面积、建筑高度、结构体系、建筑材料都有新的突破。这一时期高层建筑发展的主要特点有：①高层建筑的数量迅速增加，其主体是高层住宅建筑；②高层建筑主要集中在北京、上海、广州、深圳等大城市；③建筑高度突破 200m；④大体量的高层建筑越来越多；⑤开始采用高强混凝土；⑥以钢筋混凝土结构为主，出现了钢结构、钢-混凝土混合结构高层建筑以及采用钢骨（型钢）混凝土构件和钢管混凝土构件的高层建筑。

1985 年，深圳国贸中心大厦（图 1-19）建成，50 层，158.7m 高，是我国（除港澳台地区外）当时最高的建筑。1987 年，广州国际大厦（图 1-20）建成，63 层，钢筋混凝土结构，高度首次达到 200m。20 世纪 80 年代后期至 90 年代初，我国内地（大陆）建成了第一批 11 幢钢结构和钢-钢筋混凝土混合结构高层建筑，例如，长富宫中心，26 层，94m 高，是我国（除港澳台地区外）当时最高的钢框架结构；京广中心（图 1-21），57 层，208m 高，钢框架-预制带缝混凝土墙板结构，是我国（除港澳台地区外）当时最高的建筑。

图 1-19　深圳国贸中心大厦　　　　图 1-20　广州国际大厦　　　　图 1-21　京广中心

1966 年，我国成功地将钢管混凝土用于北京地铁车站工程，但用于高层建筑始于 20 世纪 80 年代末。1990 年，泉州邮电大厦建成，15 层，63.5m 高，钢管直径 800mm，管内混凝土强度等级为 C30。

20 世纪 90 年代，我国的高层建筑进入了第二个发展高峰期。第二个发展高峰期具有广、快、长的特点。广，是指高层建筑在全国遍地开花，除了北京、上海、广州等大城市的高层建筑继续高速发展外，全国各大、中、小城市都在兴建高层住宅、高层办公楼和高层酒店等各类高层建筑。快，是指高层建筑的发展速度之快，在全世界是史无前例的，1994 年前，我国主体结构已建成的高度在前 100 名的建筑（不含港澳台地区），在 1998 年末的排名榜上已所剩无几。长，是指发展高峰期延续的时间长，至今高层建筑快速发展的势头还没有减慢的趋势。

结构体系是指结构抵抗外部作用的构件组成方式。在高层建筑中，抵抗水平力成为设计的主要矛盾，因此结构体系抗侧力的确定和设计成为结构设计的关键问题。高层建筑中基本的抗侧力单元是框架、剪力墙、实腹筒（又称井筒）、框筒及支撑等，由这几个单元可以组成以下多种结构体系。

1. 框架结构体系

由梁、柱构件组成的结构称为框架结构。整幢结构都由梁、柱组成的称为框架结构体系，有时称为纯框架结构。框架结构的优点是建筑平面布置灵活，可以做成有较大空间的会议室、餐厅、车间、营业室、教室等。同时，根据需要可用隔墙分隔成多个小房间，也可以拆除隔墙改成大房间，因而使用灵活。外墙用非承重构件，可使立面设计灵活多变。如果采用轻质隔墙和外墙，就可大大降低房屋自重，节省材料。

框架结构在水平力作用下的受力变形特点如图 1-22 所示。其侧移由两部分组成：第一部分侧移由柱和梁的弯曲变形产生。柱和梁都有反弯点，形成侧向变形。框架下部的梁、柱内力大，层间变形也大，越往上部层间变形越小，使整个结构呈现剪切型变形，如图 1-22（a）所示。第二部分侧移由柱的轴向变形产生。在水平荷载作用下，柱的拉伸和压缩使结构出现侧移。这种侧移在上部各层较大，越往底部层间变形越小，使整个结构呈现弯曲型变形，如图 1-22（b）所示。框架结构中第一部分侧移是主要的，随着

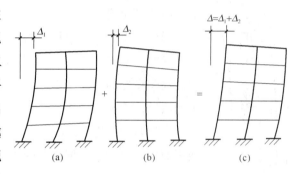

图 1-22　框架结构侧向变形

建筑高度加大，第二部分变形比例逐渐加大，但合成以后框架仍然呈现剪切型变形特征，如图 1-22（c）所示。

框架抗侧移刚度主要由梁、柱截面尺寸的大小决定。通常梁柱截面惯性矩小，侧向变形较大，这是框架结构的主要缺点，也因此限制了框架结构的使用高度。通过合理设计，钢筋混凝土框架可以获得良好的延性，即所谓"延性框架"设计。它具有较好的抗震性能。但是，由于框架结构层间变形较大，在地震区，高层框架结构会产生另一严重的问题，即容易引起非结构构件的破坏。

但是，美国旧金山附近的一幢钢筋混凝土框架结构建筑——Pacific Park Plaza Condominium，严格按照延性框架要求设计与施工，采用轻质隔墙，改进了轻质外墙与框架的连接构造，在 1898 年 10 月 17 日 Loma Prieta（旧金山附近）地震中，经受了强烈地震（0.22g），而建筑物未出现任何的裂缝和破坏。这是一个典型的延性钢筋混凝土框架结构抗震成功的例子。

框架结构构件类型少，易于标准化、定型化，可以采用预制构件，也易于采用定型模板而做成现浇结构，有时还可采用现浇柱及预制梁板的半现浇半预制结构。现浇结构的整体性能好，抗震性能好，在地震区应优先采用。

综上所述，在高度不高的高层建筑中，框架结构体系是一种较好的体系。当有变形性能良好的轻质隔墙及外墙材料时，钢筋混凝土框架结构可建 30 层左右。但在我国目前的

情况下，框架结构建造高度不宜太高，以 20 层以下为宜。

2. 剪力墙结构体系

利用建筑物墙体作为承受竖向荷载、抵抗水平荷载的结构，称为剪力墙结构体系。墙体同时也作为围护及房间分隔构件。竖向荷载由楼盖直接传到墙上，因此剪力墙的间距取决于楼板的跨度。一般情况下剪力墙间距为 3～8m，适用于较小开间的建筑。当采用大模板、滑升模板或隧道模板等先进施工方法时，施工速度很快，可节省砌筑隔断等工程量。因此，剪力墙结构在住宅及旅馆建筑中得到广泛应用。

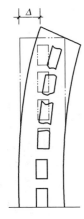

图 1-23　剪力墙
结构变形

现浇钢筋混凝土剪力墙结构的整体性好，刚度大，在水平荷载作用下侧向变形小，承载力要求也容易满足。因此，这种剪力墙结构适合建造较高的高层建筑。

当剪力墙的高宽比较大时，其是一个以受弯为主的悬臂墙，整个结构是弯曲型变形，如图 1-23 所示。经过合理设计，剪力墙结构可以成为抗震性能良好的延性结构。根据多次国内外大地震的震害情况分析可知，剪力墙结构的震害一般比较轻。因此，剪力墙结构在非地震区或地震区的高层建筑中都得到了广泛的应用。10～30 层的住宅及旅馆，也可以做成平面比较复杂、体型优美的建筑物。

剪力墙结构的缺点和局限性也是很明显的。主要是剪力墙间距不能太大，平面布置不灵活，不能满足公共建筑的使用要求。此外，结构自重也较大。为了克服上述缺点，减轻自重，尽量扩大剪力墙结构的使用范围。应当改进楼板做法，加大剪力墙间距，做成大开间剪力墙结构。下述两种结构是剪力墙结构体系的发展，可扩大其适用范围。

（1）底部大空间剪力墙结构

在剪力墙结构中，将底层或下部几层的部分剪力墙取消，形成部分框支剪力墙以扩大使用空间。图 1-24 是底层为商店的住宅平面，图 1-25 与图 1-26 是旅馆、饭店中常用的布置方式。框支剪力墙的下部为框支柱，与上部墙体刚度相差悬殊，在地震作用下会产生很

图 1-24　住宅底商

大侧向变形。因此，在地震区不允许采用框支剪力墙结构体系。

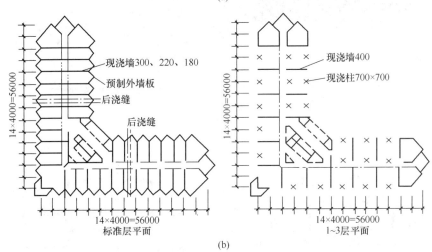

图 1-25 北京西苑饭店（29 层，93.06m）

（a）效果图；（b）平面布置图

当采用部分框支剪力墙时，通过加强其余落地剪力墙，可避免框支部分的破坏。经过试验研究，对图 1-27 所示的底层大空间剪力墙结构提出了布置要求和设计方法。在我国，这种底层大空间剪力墙结构已得到了广泛应用。底层多层大空间的剪力墙结构也正在实践和研究中逐步发展。

（2）跳层剪力墙结构

图 1-28（a）所示为跳层剪力墙结构中的一片基本单元，剪力墙与柱隔层交替布置。当把许多片这样的单元组合成结构时，相邻两片的剪力墙布置互相错开，形成如图 1-28（b）所示的跳层结构。跳层剪力墙结构的优点是楼板的跨度不大，既可获得较大空间的房间（两开间为一房间），又可避免由柱形成的软弱层。如果从单片结构看，它的侧向变形将集中在柱层，这对柱的受力十分不利。但当相邻两片抗侧力结构的剪力墙交替布置

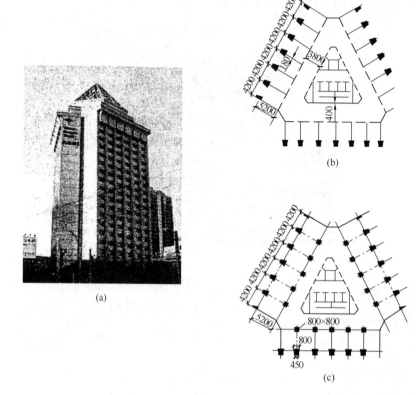

图 1-26　北京兆龙饭店（22 层，73.2m）

（a）效果图；（b）标准层结构平面；（c）1～3 层结构平面

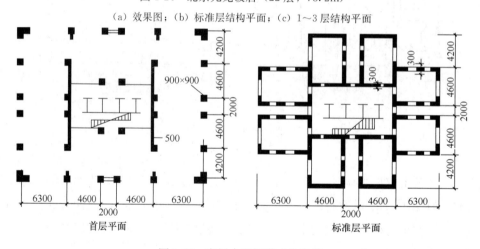

图 1-27　底层大空间塔式住宅楼

时，便可减小柱的侧向交形，使整个结构出现基本是弯曲型的变形曲线。跳层剪力墙结构在国内尚无建筑实例，在这方面的研究也较少。它的结构设计方法、抗震设计及构造等问题都需进行研究和实践，以便取得经验。

3. 框架-剪力墙结构（框架-筒体结构）体系

在框架结构中设置部分剪力墙，使框架和剪力墙相结合起来，取长补短，共同抵抗水平荷载，这种体系称为框架-剪力墙结构体系。如果把剪力墙布置成筒体，又可称为框架-

筒体结构体系。筒体的承载能力、侧向刚度和抗扭能力都较单片剪力墙有了很大的提高，在结构上也是提高材料利用率的一种途径。在建筑布置上，利用筒体作电梯间、楼梯间和竖向管道的通道等也是十分合理的。框架-剪力墙（筒体）结构中，由于剪力墙刚度大，剪力墙将承担大部分水平力（有时可达80%～90%），是抗侧力的主体，整个结构的侧向刚度大大提高。框架则在承担少部分的水平力时主要承担竖向荷载，提供了较大的使用空间。

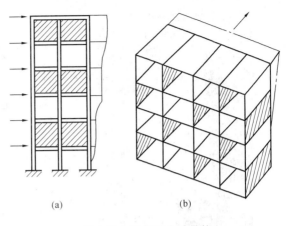

图 1-28 跳层剪力墙结构

(a) 单片结构变形；(b) 整体结构变形

框架本身在水平荷载作用下呈剪切变形，剪力墙则呈弯曲变形。当两者通过楼板协同工作，共同抵抗水平荷载时，变形必须协调，如图 1-29 所示，侧向变形将呈弯剪型。其上下各层层间变形趋于均匀，并减小了顶层侧移。同时，框架各层层间剪力趋于均匀，各层梁柱截面尺寸和配筋也趋于均匀。

由于上述受力变形特点，框架-剪力墙（筒体）结构的刚度和承载能力远远大于框架结构的刚度和承载能力。在地震作用下层间变形减小，因而也就减少了非结构构件（隔墙及外墙）的损坏。因此，这种结构形式可用来建造较高的高层建筑。目前，框架-剪力墙结构在我国得到广泛的应用。

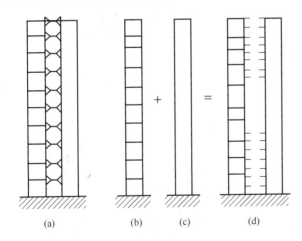

图 1-29 框架-剪力墙协同工作

通常，当建筑高度不大时，如10～20层，可利用单片剪力墙作为基本单元。我国早期的框架-剪力墙结构都属于这种类型。当采用剪力墙筒体作为基本单元时，建造高度可增大到 20～60 层，如上海的联谊大厦（29 层，106.5m 高），如图 1-30 所示。把筒体布置在内部，形成核心筒，外部柱子的布置便可十分灵活，可形成体型多变的高层塔式建筑。典型框架-筒体结构的平面如图 1-31 所示。

框架-筒体结构的另一个优点是它适用于采用钢筋混凝土内筒和钢框架组成的组合结构。内筒采用滑模施工，外面的钢柱断面小、开间大、跨度大，架设安装方便，因而这种体系有着广泛的应用前景。

4. 筒中筒结构

筒体的基本形式有三种：实腹筒、框筒及桁架筒。用剪力墙做成的筒体称为实腹筒。

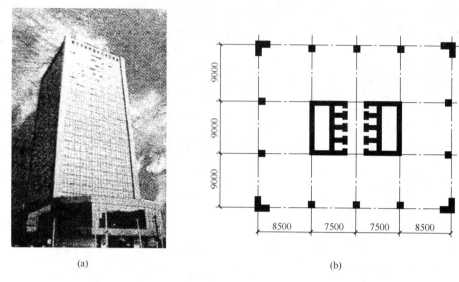

（a）   （b）

图 1-30 上海联谊大厦（29层，106.5m）

（a）效果图；（b）标准平面图

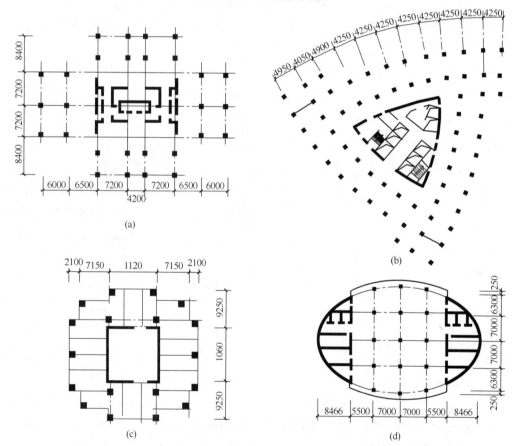

图 1-31 框架-筒体结构典型平面图

（a）上海雁荡大厦（28层，81.2m）；（b）上海虹桥宾馆（34层，95m）；

（c）北京岭南大酒店（22层，73m）；（d）兰州工贸大厦（21层，90.5m）

在实腹筒的墙体上开出许多规则排列的窗洞所形成的开孔筒体称为框筒，它实际上是由密排柱和刚度很大的窗裙梁形成的密柱深梁框架围成的筒体。如果筒体的四壁是由竖杆和斜杆形成的桁架组成，则称为桁架筒，如图 1-32（a）～（c）所示。

筒中筒结构是上述筒体单元的组合，通常由实腹筒作内部核心筒，框筒或桁架筒作外筒，两个筒共同抵抗水平力作用，如图 1-32（d）所示。

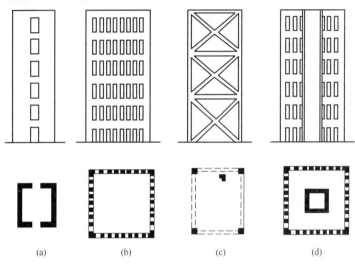

图 1-32　筒体类型
（a）实腹筒；（b）框筒；（c）桁架筒；（d）筒中筒

筒体最主要的特点是它的空间受力性能。无论哪一种筒体，在水平力作用下都可看成固定于基础上的箱形悬臂构件，它比单片平面结构具有更大的抗侧刚度和承载力，并具有很好的抗扭刚度。这里将着重通过对框筒受力特点的分析，了解筒体的特点。

框筒结构对于一个具有 I 形或箱形截面的受弯构件，其截面中翼缘和腹板的正应力分布如图 1-33（a）所示。框筒结构是具有箱形截面的悬臂构件，每根柱子都可视为截面中的一束纤维，在弯矩作用下横截面上各柱轴力分布规律如图 1-33（b）实线所示，平面上具有中和轴，分为受拉柱和受压柱，形成受拉翼缘框架和受压翼缘框架。翼缘框架各柱所受轴向力并不均匀，图中虚线表示应力平均分布时柱的轴力分布，实际上角柱轴力大于平均值，远离角柱的各柱轴力小于平均值。正如在梁受弯后，截面上各束纤维之间存在剪应力一样，在框筒中各柱之间也存在剪力。剪力使横梁产生剪切变形，使柱之间的轴力传递减弱，致使远离

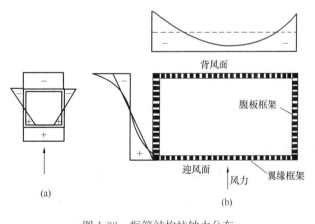

图 1-33　框筒结构柱轴力分布
（a）箱形梁应力分布；（b）框角柱轴力分布

腹板框架的各柱轴力越来越小，翼缘框架中各柱轴力的分布呈抛物线形。在腹板框架中，各柱轴力分布也不是线性规律。这种现象称为剪力滞后现象。剪力滞后现象越严重，参与受力的翼缘框架柱越少，空间受力特性越弱。如果能减少剪力滞后现象，使各柱受力尽量均匀，则可大大增加框筒的抗侧移刚度及承载能力，充分发挥所有材料的作用，因而经济合理。影响框筒剪力滞后现象的因素很多，主要有梁柱刚度比、平面形状、建筑物高宽比等。框筒可以用钢材做成，也可以用钢筋混凝土材料做成。

如果将筒的四壁做成桁架，就形成桁架筒。与框筒相比，它更能节省材料。例如，1968 年在芝加哥建成的汉考克中心大厦，采用钢桁架筒结构，100 层大楼用钢量仅为 145kg/m^2。

桁架筒一般都用钢材做成，但近年来，由于它的优越性，国内外已建造了钢筋混凝土桁架筒体及组合桁架筒体。例如，我国香港中银大厦采用了钢斜撑、钢梁以及钢骨钢筋混凝土柱组成的空间桁架体系，结构受力合理，用钢量仅为 140kg/m^2 左右。

筒中筒结构通常用框筒及桁架筒作为外筒，实腹筒作为内筒。当采用钢结构时，内筒也可用框筒做成。框筒侧向变形仍以剪切变形为主，而核心筒通常是以弯曲变形为主的。两者通过楼板联系，共同抵抗水平力，它们协同工作的原理与框架-剪力墙结构类似。在下部，核心筒承担大部分水平剪力；而在上部，水平剪力逐步转移到外框筒上。同理，协同工作后，具有加大结构刚度、减小层间变形等优点。此外，内筒可集中布置电梯、楼梯、竖向管道等。因此，筒中筒结构成为 50 层以上的高层建筑的主要结构体系。在我国，从 20 世纪 70 年代开始对框筒及筒中筒结构进行研究，所建造的一批筒中筒结构大厦都是钢筋混凝土的筒中筒结构。北京国际贸易中心是钢框筒形式的筒中筒结构，该结构标准层平面如图 1-34 所示。

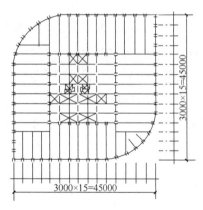

图 1-34　北京国际贸易中心

框筒及筒中筒结构的布置原则是：尽可能减少剪力滞后，充分发挥材料的作用。按照设计经验及由力学分析得出的概念，可归纳如下：

（1）要求设计密柱深梁。梁、柱刚度比是影响剪力滞后的一个主要因素，梁的线刚度大，剪力滞后现象可减少。因此，通常取柱中距为 1.2～3.0m，横梁跨高比为 2.5～4。当横梁尺寸较大时，柱间距也可相应加大。角柱面积为其他柱面积的 1.5～2 倍。

（2）建筑平面以接近方形为好，长宽比不应大于 2。当长边太大时，由于剪力滞后，长边中间部分的柱子不能发挥作用。

（3）建筑物高宽比较大时，空间作用才能充分发挥。因此，在 40～50 层以上的建筑中，用筒中筒或框筒结构才比较合理，结构高宽比宜大于 3。

（4）在水平力作用下，楼板作为框筒的隔板，起到保持框筒平面形状的作用。隔板主要在平面内受力，平面内需要很大刚度。隔板又是楼板，它要承受竖向荷载产生的弯矩。

因此，要选择合适的楼板体系，降低楼板结构高度，同时，又要使角柱能承受楼板传来的垂直荷载，以平衡水平荷载作用下角柱内出现的较大轴向拉力，尽可能避免角柱受拉。筒中筒结构中常见的楼板布置如图 1-35 所示。

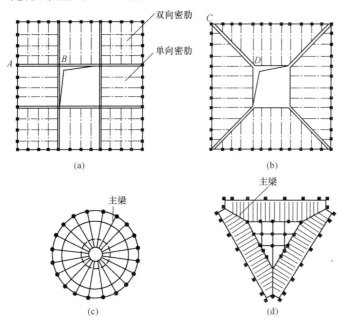

图 1-35　筒中筒结构楼板布置

（5）在底层，需要减少柱子数量，加大柱距，以便设置出入口。在稀柱层与密柱层之间要设置转换层。转换层可以由刚度很大的实腹梁、空腹刚架、桁架、拱等构成，如图 1-36所示。

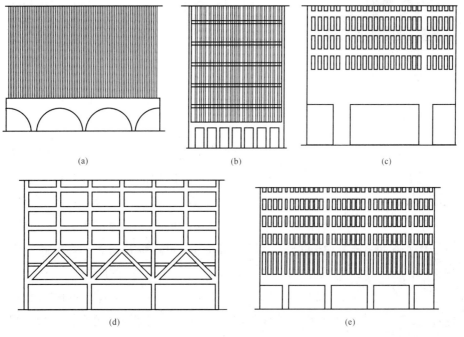

图 1-36　转换层

框筒及筒中筒结构无疑是一种抵抗较大水平力的有效结构体系，但由于它需要密柱深梁，当采用钢筋混凝土结构时，可能延性不好。如何才能保证并改善其抗震性能，是目前需深入研究的课题。在较高烈度的地震区，采用钢筋混凝土框筒和筒中筒时，需要慎重设计。

5. 多筒体系——成束筒及巨型框架结构

采用多个筒体共同抵抗侧向力的结构称为多筒结构，多筒结构可以有两种方式。

（1）成束筒

两个以上框筒（或其他筒体）排列在一起成束状，称为成束筒。例如，西尔斯大厦（图 1-37）就是 9 个框筒排列成的正方形。框筒每条边都是由间距为 4.57m 的钢柱和桁架梁组成，在 x、y 方向各有 4 个腹板框架和 4 个翼缘框架。这样布置的好处是腹板框架间隔减小，可减少翼缘框架的剪力滞后现象，使翼缘框架中各柱所受轴向力比较均匀。成束筒结构的刚度和承载能力又大于筒中筒结构，沿高度方向，还可以逐渐减少筒的个数。这样可以分段减少建筑平面尺寸，结构刚度逐渐变化，而又不打乱每个框筒中梁、柱和楼板的布置。

(a)

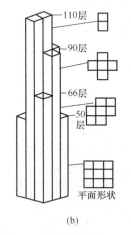
(b)

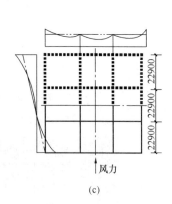
(c)

图 1-37　西尔斯大厦

（a）效果图；（b）筒体沿高度变化；（c）平面及轴力分布

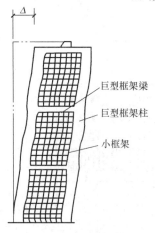

图 1-38　巨型框架

（2）巨型框架

利用筒体作为柱子，在各筒体之间每隔数层用巨型梁相连，筒体和巨型梁即形成巨型框架，如图 1-38 所示。由于巨型框架的梁、柱截面很大，抗弯刚度和承载能力也很大，因此巨型框架比一般框架的抗侧移刚度大很多。而这些巨型梁、柱的断面、尺寸和数量又可根据建筑物的高度和刚度需要设置。图 1-39 是深圳亚洲大酒店的结构布置简图。它是一个多筒结构，33 层，高 114.1m，楼、电梯间形成的实腹筒是巨型框架的柱子，如图 1-39（a）所示。在每隔 6 层设置的设备层中，由整个层高和上、下楼板形成的 I 形梁以及巨型框架的横梁、梁、柱形成了抗侧力空间框架体系。在大横梁之间，用较小截面的梁、柱形成 5 层小框架，它只承受楼板上传来的竖向荷载，再把它们传给大横梁，并不参加抵抗水平荷载。每 6 层中有一层无柱，形成使用上需要的大空间，如图 1-39 (b) 所示。

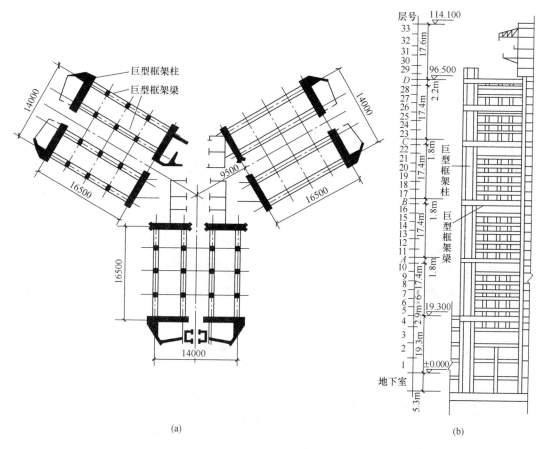

图 1-39　深圳亚洲大酒店（33 层，114.1m）

（a）结构平面图；（b）剖面示意图（单位：m）

当建造高度很大的建筑时，甚至可采用一个结构作为巨型框架的柱，而用几层楼高的结构作为梁。这种体系在使用上的优点是在上、下两层横梁之间，有较大的灵活空间，可以布置小框架形成多层房间，也可以形成具有很大空间的中庭，以满足建筑需要。

1.2　高层建筑结构的特点

1.2.1　高层建筑受力和位移特点

不同高度的建筑结构都要抵抗由恒荷载和活荷载产生的竖向荷载以及由风与/或地震作用产生的水平荷载（也称侧向力、侧力），同时，需要抵抗由于室内外温差以及地基不均匀沉降等产生的内力。结构设计的目标是保证房屋建筑在可能承受的荷载作用下的安全。因此，就结构设计的原理和方法而言，不同高度房屋建筑的结构设计没有本质区别。虽然设计原理相同，但是，高层、超高层建筑结构设计需要解决的主要问题不同于低层、多层建筑。一般情况下，低层、多层建筑的结构设计主要抵抗竖向内力或位移荷载的作用，随着建筑高度的增加，风、地震产生的水平荷载成为结构设计的主要控制因素。对于高层建筑，抵抗水平荷载成为结构设计需要解决的主要问题。

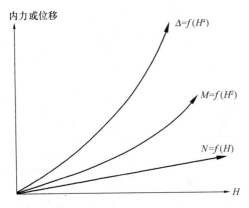

图 1-40　结构内力、水平位移与高度的关系

将房屋建筑视为固定在地面上的竖向悬臂结构，沿高度截面尺寸相同、密度相同，沿高度作用均布竖向荷载和均布水平荷载。图 1-40 是悬臂结构截面内力（轴力 N，弯矩 M）、水平位移（Δ）与高度的关系。可以看出，轴向力 N 与高度的一次方呈正比，弯矩 M 与高度的平方呈正比，水平位移 Δ 与高度的 4 次方呈正比。图 1-41 为钢结构建筑的层数与楼层单位面积用钢量关系曲线，由图 1-41 可见，竖向荷载作用下，用钢量的增加与结构层数的增加几乎为线性关系，但在水平力作用下，用钢量的增加速度比结构层数的增加速度快。

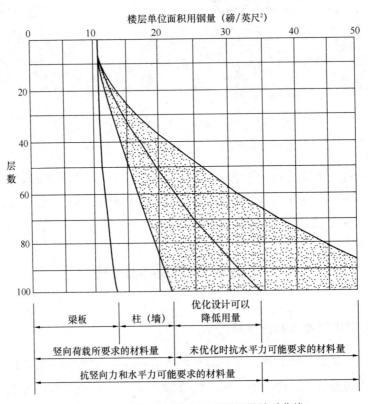

图 1-41　层数与楼层单位面积用钢量关系曲线

显然，随着建筑高度增加，水平荷载对结构的影响比竖向荷载对结构的影响增大。高层建筑结构设计，主要是抗水平力设计。

1.2.2 高层建筑技术经济特点

高层建筑在节约土地方面有着重要优势，十几层甚至上百层的大楼容纳更多的人员，使人们的活动更加集中，更为集中的生活和工作方式极大地提高了效率，不仅节约了土地资源，还节约了其他的资源。高层建筑可以有效改善城市绿化，增加绿化面积。当然，高层建筑也有其存在的劣势，按单位建筑面积计算高层建筑的造价和管理费用都远远超过多层建筑，高层建筑中结构设备占用更多的空间，使有效使用的建筑面积减少。高层建筑的供热通风系统消耗更多的能量等。建筑设计往往决定了建筑物的造型和功能，而建筑物的结构设计则决定了建筑物的整体骨架，是整个建筑的基础部分，这也正是高层建筑结构设计之所以重要的原因。结构设计完成的是建筑物的骨架，骨架的形式以及它所在空间结构的合理性将直接影响到高层建筑的造型和高层建筑的功能，以及建筑物的安全，还将间接影响到高层建筑的经济效益和预设功能的发挥。科学合理的选型，对于高层建筑来说有着重要意义。一旦在结构设计中出现问题，造型不合理，将严重威胁建筑物的安全，同时造成重大的经济损失，再精确的计算和高明的理论也无法挽回这种损失。结构设计正确处理高层建筑结构体系的选型问题，对于高层建筑的设计施工乃至使用维护而言都具有至关重要的意义。

1.3 高层建筑结构发展趋势

当前，我国高层建筑结构有以下主要发展趋势：

1. 高度越来越高

高度，往往是建筑是否有名、能否成为标志性建筑的主要因素之一。争高度第一，是高层建筑无休止的主题。我国（除港澳台地区）主结构高度排名前 10 位的高层建筑包括：深圳平安金融中心，建筑最大高度 660m，主结构高度 597m；天津高银 117 大厦，主结构高度 597m；上海中心大厦，建筑最大高度 632m，主结构高度 575m；天津周大福滨海中心，主结构高度 530m；北京中国尊，建筑最大高度 528m，主结构高度 524m；广州珠江新城东塔，建筑最大高度 530m，主结构高度 518m；上海环球金融中心，主结构高度 492m；珠江新城西塔，主结构高度 432m；上海金茂大厦，主结构高度 420m；苏州工业园 271 地块，建筑最大高度 450m，主结构高度 415m。上述建筑中，中国尊的抗震设防烈度为 8 度，其他建筑的抗震设防烈度为 7 度（0.1g 或 0.15g）或 6 度。

2. 超限、复杂高层建筑越来越多

所谓超限高层建筑，是指高度超过现行行业标准《高层建筑混凝土结构技术规程》JGJ 3（以下简称《高规》）规定的最大适用高度的建筑，及/或不规则项较多的建筑。复杂高层建筑包括连体建筑、带转换层建筑、带加强层建筑、错层建筑、竖向体型收进建筑、有悬挑的建筑等，这些建筑往往是超限建筑。近年来，超限、复杂高层建筑越来越多。

对于超限高层建筑的抗震能力和抗震设计方法，国外的研究很少，我国有一些研究，但还不充分。独特、多变的建筑外形使城市的街景丰富多彩，但如何保证超限高层建筑的抗震安全，达到安全和经济的统一，成为对结构工程设计的挑战，为了保证超限高层建筑的抗震安全，主要采取了下列措施：

（1）抗震设防专项审查

根据《超限高层建筑工程抗震设防管理规定》（建设部令111号）和其他文件，对超限高层建筑进行抗震设防专项审查，完善结构抗震设计。

（2）结构抗震性能设计

对于超限高层建筑，需进行抗震性能化设计，设定适宜的结构抗震性能目标，并采取措施，使结构满足预期的性能目标。采取的措施包括提高关键构件的承载能力，设置消能构件等。

（3）提高关键构件的弹塑性变形能力

关键构件采用钢-混凝土组合构件，提高其弹塑性变形能力。

（4）结构弹塑性分析

对超限高层建筑结构，除了进行弹性计算分析外，还进行弹塑性时程分析或静力弹塑性分析，发现结构的薄弱部分或薄弱构件，揭示结构构件屈服、出现塑性铰的过程，检验是否达到抗震性能目标，有针对性地采取加强措施。

（5）结构、构件试验

对于超限高层建筑，往往需要进行结构和构件试验。整体结构试验一般是模型振动台试验，新型结构构件、连接节点一般为拟静力试验。通过试验，获得设计依据，明确薄弱部位，根据构件的破坏过程和破坏形态等，调整或加强抗震构造措施。

3. 推广应用高强混凝土和高强钢筋

在高层建筑发展的第一个高峰期，高强混凝土的应用并不普遍，混凝土的强度等级也不高。在第二个高峰期，高强混凝土技术逐渐成熟。在一些大城市，已经普遍使用C60混凝土。沈阳采用钢管混凝土叠合柱的高层建筑，其叠合柱的钢管内，浇筑了C100的混凝土。广州西塔（广州国际金融中心）项目中使用C100泵送高性能混凝土，最大泵送高度达432m。深圳京基大厦项目中使用C120泵送高性能混凝土，最大泵送高度达420m。400MPa和500MPa级高强热轧带肋钢筋已经成为纵向受力的主导钢筋，335MPa级热轧带肋钢筋的应用受到限制并逐步被淘汰。高层建筑使用高强混凝土和高强钢筋，对于可持续发展具有十分重要的意义。

4. 钢-混凝土组合构件发展迅速

为了满足超限、复杂高层建筑抗震设计的需要，钢筋混凝土竖向抗侧力构件越来越普遍地被钢-混凝土组合构件所代替。钢-混凝土组合构件是指钢板、型钢（也称为钢骨）或钢管（方钢管、圆钢管等）与钢筋混凝土（或混凝土）组成的并共同工作的结构构件。包括圆钢管混凝土柱、方钢管混凝土柱、钢管混凝土叠合柱、型钢混凝土柱（也称钢骨混凝土柱）、型钢混凝土剪力墙（也称钢骨混凝土剪力墙）、钢桁架混凝土剪力墙、钢板混凝土剪力墙等。与钢筋混凝土构件相比，组合构件的重量轻，不但有效减小了柱的截面尺寸或墙的截面厚度，而且极大地改善了构件的抗震性能，提高了构件的抗震能力；与钢构件相比，组合构件的刚度大，不需要附加防火材料（钢管混凝土柱可采用钢丝网水泥砂浆抹灰防火）。

5. 广泛采用框架-核心筒结构

我国高度超过 200m 的高层建筑，大多采用框架-核心筒结构。框架-核心筒结构在周边框架与平面中心的核心筒之间，有很大的无柱空间，可以灵活分割，满足需要大开间用户的需要，同时，可以提供良好的景观视野。

以周边框架梁、柱的截面尺寸分，框架-核心筒结构主要有两种形式：普通框架-核心筒结构和巨型框架（巨型支撑框架）-核心筒结构，前者主要用于建筑高度不超过 400m 的建筑，后者主要用于 400m 及以上的建筑。为使周边框架起到增大结构刚度和抗倾覆力矩的作用，框架-核心筒结构大多设置加强层，在周边框架柱与核心筒之间设置伸臂桁架，有的还设置水平加强带。

深圳地王大厦，81 层，高 325m，为钢框架-混凝土核心筒结构，其周边为钢梁-方钢管柱框架，为增大刚度，设置 4 道钢伸臂桁架。58 层以下方钢管柱内填充 C15 混凝土，设计中不考虑混凝土的作用。深圳赛格广场大厦，为钢梁-钢管混凝土柱框架-核心筒结构，屋顶高 292m，屋顶钢桅杆顶高达 345.8m，是目前世界上最高的钢管混凝土高层建筑。周边框架由 16 根钢管混凝土柱和钢梁组成，核心筒的四边共有 28 根钢管混凝土柱，柱间用钢梁连接，并设置 200mm 厚的混凝土筒体，筒内还布置了钢筋混凝土墙。在 19、34、49 层和 63 层，各设置一层高的钢伸臂桁架，同一层设置周边环带桁架，形成加强层。上海金茂大厦，88 层，高 120m。每边设置 2 根钢骨混凝土巨柱，其截面尺寸自下向上为（1.5m×5.0m）～（1.0m×3.5m），设置了 3 道 2 层高的钢伸臂桁架，建成时是我国（除港澳台地区外）最高的建筑。北京国贸三期中央大区，高 330m，为目前 8 度抗震设防已建成的最高建筑。周边框架 1～5 层为巨型支撑框架，6～63 层为钢梁-钢骨混凝土柱框架，64 层以上为钢框架，钢筋混凝土核心筒的墙体内，43 层以下设置钢骨，5～7层、39～41 层、63～65 层设置了 3 道钢伸臂桁架。

目前，我国是世界上新建高层建筑最多的国家，建筑业是我国的主要支柱产业之一。我国建设规模之大，是世界上前所未有的。在未来的 20～30 年内，我国高层建筑的发展还不会止步。新材料、新结构、新技术、新的设计理念和新的设计思想将层出不穷，使我国的建筑工程技术走在世界的前列。

1.4 高层建筑材料

高层建筑结构的材料主要为钢、钢筋和混凝土。

按采用的材料，高层建筑的结构构件可分为钢构件、钢筋混凝土构件及组合构件，组合构件是指型钢（也称为钢骨）、钢板或钢管与混凝土组合的构件。

按采用的材料，高层建筑结构的类型可分为钢结构、钢筋混凝土结构、混合结构（当结构中有组合构件时，也称为钢与混凝土组合结构，简称组合结构）。混合结构包括全部构件为组合构件的结构，钢构件与钢筋混凝土构件组成的结构，钢构件与组合构件组成的结构，钢筋混凝土构件与组合构件组成的结构等。钢构件、钢筋混凝土构件和组合构件的组合方式很多，所构成的结构类型也很多，工程中使用最多的是筒体结构，包括框架-核心筒混合结构和筒中筒混合结构，即：周边钢框架或型钢混凝土框架、钢管混凝土框架与钢筋混凝土核心筒组成的框架-核心筒结构，以及周边钢框筒或型钢混凝土、钢管混凝土框筒与钢筋混凝土内筒组成的筒中筒结构。核心筒及内筒的剪力墙中，可以设置型钢、钢管或钢板，成为组合构件。为减少柱的截面尺寸或增大柱的延性而在混凝土柱中设置型钢，而框架梁为混凝土梁的结构，仍按钢筋混凝土结构考虑，不按混合结构设计；结构中局部构件（如框支梁柱）采用组合构件的，也不是混合结构。

与钢结构和钢筋混凝土结构相比，混合结构有显著的优势：造价比钢结构低，抗侧刚度比钢结构大；施工速度比钢筋混凝土结构快，抗震性能优于钢筋混凝土结构；其建筑高度可以比钢结构、钢筋混凝土结构更高。

钢作为建筑材料有许多优点：强度高，自重轻，延性好，变形能力大。钢结构的钢构件在工厂制作、现场拼装，施工速度快。钢结构的缺点是价格高，钢构件需要用防火材料保护，结构的抗侧刚度小。

承受竖向荷载和风荷载的高层建筑钢结构及混合结构所用的钢材应保证抗拉强度，抗拉强度决定了构件及结构的安全储备。抗震设计的高层建筑钢结构及混合结构所用的钢材，除了保证抗拉强度外，还要符合下列要求：钢材的拉伸性能有明显的屈服台阶，屈服强度波动范围不宜过大；屈服强度实测值与抗拉强度实测值的比值不大于 0.85，以保证实现强柱弱梁；伸长率不小于 20%，以保证构件具有足够大的塑性变形能力；应有良好的焊接性和合格的冲击韧性，避免地震动力荷载作用下发生脆性破坏。

钢结构及混合结构的钢材宜采用 Q235 等级 B、C、D 的碳素结构钢及 Q345 等级 B、C、D、E 的低合金高强度结构钢。

钢筋和混凝土是应用最广泛的高层建筑结构材料。钢筋和混凝土都是地方材料，价格低；钢筋混凝土可浇筑成任何形状，不需要防火，构件刚度大。钢筋混凝土构件的缺点是强度低、截面大、占用空间大、自重大，不利于基础受力，抗震性能不如钢构件。

按自重，混凝土分为普通混凝土（重度大于 20kN/m³）和轻混凝土（重度不大于

18kN/m³）。按强度，混凝土分为普通混凝土（不大于 C50）和高强混凝土（大于 C50）。高强混凝土有许多优点：高强——柱、墙截面尺寸小，早强——加快施工进度，密实——耐久性好，高弹性模量，徐变小，压缩变形小。其缺点是极限变形能力小，脆，容易开裂，耐火性能不如普通混凝土。

抗震设计的高层建筑钢筋混凝土结构及构件采用的钢筋，纵向受力钢筋采用不低于 HRB400 级的热轧钢筋。钢筋的屈服强度实测值与屈服强度标准值的比值不应大于 1.3，以保证实现强柱弱梁等抗震设计概念；钢筋在最大拉力下的总伸长率实测值不应小于 9%，以保证构件有足够大的弹塑性变形能力。抗震等级为一、二、三级的框架和斜撑构件（含楼梯段），其纵向受力钢筋的抗拉强度实测值与屈服强度实测值的比值不应小于 1.25，以保证构件有足够大的承载力安全储备。

混凝土的强度等级，框支梁、框支柱及抗震等级为一级的框架梁、柱、节点核心区，不应低于 C30；构造柱、芯柱、圈梁及其他各类构件，不应低于 C20；剪力墙不宜超过 C60；其他构件 9 度抗震设防时不宜超过 C60，8 度抗震设防时不宜超过 C70。

1.5　高层结构内力、位移和韧性计算思路与方法

恒荷载是长期作用的不变的荷载，计算构件内力时必须满布。竖向活荷载是可变的，不同的布置产生不同构件的内力。理论上，应按最不利布置计算截面最不利内力。但一般高层建筑的活载比恒载小很多，产生的内力所占比重较小。因此，高层建筑结构计算时可不考虑活荷载的不利布置，采用满布活荷载计算内力。如果设计的结构竖向活荷载很大时，例如图书馆、书库等，仍需考虑活荷载的不利布置。

风荷载和水平地震作用都可能沿任意方向，工程设计中只考虑沿结构的主轴方向，但须考虑沿主轴的正方向及沿主轴的负方向。对于对称的矩形平面结构，两个方向水平荷载的大小相等，因此水平荷载作用下构件内力大小也相等，但符号相反，如图 1-42 所示。对于平面布置复杂或不对称的结构，两个方向水平荷载的大小不等，一个方向的水平荷载可能对一部分构件形成不利内力，另一方向的水平荷载可能对另一部分构件形成不利内

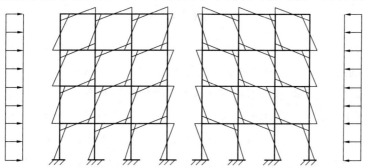

图 1-42　水平荷载作用下内力

力，这时要对两个方向分别进行水平荷载和内力计算，按不同工况分别组合高层建筑结构设计时，按各个构件控制截面进行内力组合，获得控制截面上的最不利内力作为该构件承载力设计的依据。

控制截面通常是内力最大的截面。对于框架梁或剪力墙的连梁，两端截面及跨中截面为控制截面（短连梁两端截面为控制截面）；对于框架柱或墙肢，各层柱或墙肢的两端为控制截面。

梁端截面的最不利内力为最大正弯矩和最大负弯矩以及最大剪力；跨中截面的最不利内力为最大正弯矩，有时也可能出现负弯矩。

柱和墙是偏压构件。大偏压时弯矩越大越不利，小偏压时轴力越大越不利。因此要组合几种不利内力，取其中配筋最大者设计截面。可能有 4 种不利的 M、N 内力：$|M|_{max}$ 及相应的 N，N_{max} 及相应的 M，N_{min} 及相应的 M，$|M|$ 较大及 N 较大（小偏压）或较小（大偏压）。柱和墙还要组合最大剪力 V。

梁端截面承载力计算时，应取与柱交界截面梁的内力，同样，柱端截面承载力计算时，应取与梁交界截面柱的内力，不是取柱轴线或梁轴线处的内力，见图 1-43。

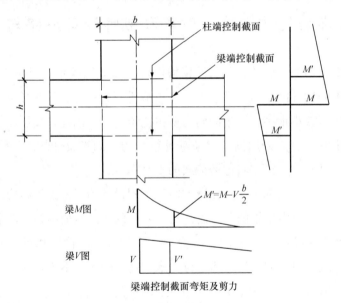

图 1-43　构件承载力验算截面

高层建筑层数多、高度大，为保证高层建筑结构具有必要的刚度，应对其层间位移加以控制。这个控制实际上是对构件截面大小、刚度大小控制的一个相对指标。为了保证高层建筑中的主体结构在多遇地震作用下基本处于弹性受力状态，以及填充墙、隔墙和幕墙等非结构构件基本完好，避免产生明显损伤，应限制结构的层间位移。考虑到层间位移量是一个宏观的侧向刚度指标，为便于设计人员在工程设计中应用，可采用层间最大位移与层高之比，$\Delta u_e/h$ 即层间位移角 θ 作为控制指标。在风荷载或多遇地震作用下，高层建筑按弹性方法计算的层间最大位移应符合下式要求：

$$\Delta u_e \leqslant [\theta_e]h \tag{1-1}$$

式中　Δu_e——风荷载或多遇地震作用标准值产生的楼层内最大的层间弹性位移;

　　　　h——计算楼层层高;

　　　　$[\theta_e]$——弹性层间位移角限值,宜按表 1-1 采用。

弹性层间位移角限值　　　　　　　　　表 1-1

结构体系	$[\theta_e]$	结构体系	$[\theta_e]$
框架	1/550	剪力墙,筒中筒	1/1000
框架-剪力墙,板柱-剪力墙,框架-核心筒	1/800	除框架结构外的框支层	1/1000

　　因变形计算属正常使用极限状态,故在计算弹性位移时,各作用分项系数均取 1.0,钢筋混凝土构件的刚度可采用弹性刚度。楼层层间最大位移 Δu 以楼层最大的水平位移差计算,不扣除整体弯曲变形。抗震设计时,楼层位移计算不考虑偶然偏心的影响。当高度超过 150m 时,弯曲变形产生的侧移有较快增长,所以超过 250m 高度的高层建筑混凝土结构,层间位移角限值取 1/500 值。150～250m 的高层建筑按线性插值考虑。

　　震害表明,结构如果存在薄弱层,在强烈地震作用下,结构薄弱部位将产生较大的弹塑性变形,会导致结构构件严重破坏甚至引起房屋倒塌。即便是规则的结构,也是某些部位率先屈服并发展塑性变形,而非各部位同时进入屈服;对于体型复杂、刚度和承载力分布不均匀的不规则结构,弹塑性反应过程更为复杂。如果要求对每一栋高层建筑都进行弹塑性分析是不现实的,也没有必要。现行行业标准《高层建筑混凝土结构技术规程》JGJ 3 仅对有特殊要求的建筑、地震时易倒塌的结构和有明显薄弱层的不规则结构作了两阶段设计要求,即除了第一阶段的弹性承载力设计外,还要进行薄弱部位的弹塑性层间变形验算,并采取相应的抗震构造措施,实现第三水准的抗震设防要求。

　　为此,结构薄弱层(部位)层间弹塑性位移应符合下式要求:

$$\Delta u_p \leqslant [\theta_p]h \tag{1-2}$$

式中　Δu_p——层间弹塑性位移;

　　　　$[\theta_p]$——层间弹塑性位移角限值,可按表 1-2 采用,对框架结构,当轴压比小于 0.40 时,$[\theta_p]$ 提高 10%,当柱子全高的箍筋构造采用比规定的框架柱箍筋最小含箍特征值大 30% 时,$[\theta_p]$ 可提高 20%,但累计不超过 25%。

层间弹塑性位移角限值　　　　　　　　　表 1-2

结构体系	$[\theta_p]$	结构体系	$[\theta_p]$
框架	1/50	剪力墙,筒中筒	1/120
框架-剪力墙,板柱-剪力墙,框架-核心筒	1/100	除框架结构外的转换层	1/120

　　7～9 度抗震设防时,楼层屈服强度系数小于 0.5 的框架结构;甲类建筑和 9 度抗震设防的乙类建筑结构,采用隔震和消能减震技术的建筑结构均应进行弹塑性变形验算。竖向不规则高层建筑结构,7 度 III、IV 类场地和 8 度抗震设防的乙类建筑结构,板柱-剪力

墙结构等宜进行弹塑性变形验算。

此处，楼层屈服强度系数 ξ_y，按下式 ξ_y 计算：

$$\xi_y = V_y / V_e \tag{1-3}$$

式中　　V_y——按构件实际配筋和材料强度标准值计算的楼层受剪承载力；

　　　　V_e——按罕遇地震作用计算的楼层弹性地震剪力。

经济、合理的高层建筑抗震结构应当是在大震作用下，部分结构构件（主要是水平构件）屈服，通过延性耗散地震能量，避免结构倒塌。延性包括材料、截面、构件和结构的延性。延性是指屈服后强度或承载力没有显著降低时的塑性变形能力。换言之，延性是材料、截面、构件或结构保持一定的强度或承载力时的非弹性（塑性）变形能力。延性系数 μ 可作为度量延性大小的参数之一：

$$\mu = \Delta_u / \Delta_y \tag{1-4}$$

式中　　μ——材料的应变、截面的曲率、构件和结构的转角或位移；

　　Δ_u、Δ_y——分别为屈服值和极限值。

延性大，说明塑性变形能力大，达到最大承载能力后强度或承载力降低缓慢，从而有足够大的能力吸收和耗散地震能量、避免结构倒塌；延性小，说明达到最大承载能力后承载能力迅速下降，塑性变形能力小。

耗能能力可以用结构或构件在往复荷载作用下的力-变形滞回曲线包含的面积来度量。一般来说，延性大、滞回曲线饱满，则耗能能力大。

截面、构件、结构的延性来自材料的延性，即材料的塑性变形能力。材料的应变延性系数 μ_y 可以定义为：

$$\mu_y = \varepsilon_u / \varepsilon_y \tag{1-5}$$

式中　　ε_y——材料的屈服应变；

　　　　ε_u——材料强度没有显著降低时的极限应变。

抗震结构用的受力钢筋和钢材的应力-应变曲线应有明显的屈服点、屈服平台和应变硬化段，应有足够大的延性和伸长率，以保证结构构件具有足够的塑性变形能力。钢材的屈服强度实测值与抗拉强度实测值的比值不应过大，以保证构件和结构有一定的安全储备。

对于非约束混凝土，单轴受压的应变延性与混凝土强度有关。图 1-44（a）为不同强度非约束混凝土的单轴受压应力-应变关系曲线，从图中曲线可以看到：

（1）线性段即弹性工作段的范围随混凝土强度的提高而增大，普通强度混凝土线性段的上限为峰值应力的 $40\%\sim50\%$，高强混凝土可达 $75\%\sim90\%$。

（2）峰值应变值随混凝土强度的提高有增大趋势，普通强度混凝土为 $0.0015\sim0.002$，高强混凝土可达 0.0025。

（3）达峰值应力后，普通强度混凝土的应力-应变曲线下降段相对较平缓，高强混凝

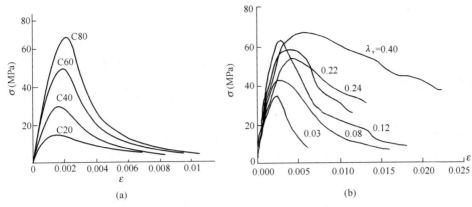

图 1-44　混凝土单轴受压应力-应变曲线

(a) 不同强度等级；(b) 不同配箍特征值

土的应力-应变曲线骤然下降，表现出脆性，且强度越高下降越快。

非约束混凝土的极限压应变可取为 0.003～0.004。

箍筋约束混凝土承受轴压力时，由于泊松效应的影响，受压混凝土侧向向外膨胀，当压应力接近混凝土轴心抗压强度时，混凝土的体积从减小变为增加，箍筋受到的拉力增大，其反作用力使混凝土受到横向压应力。随混凝土横向变形增大，箍筋的约束效果增大。箍筋约束混凝土的应变延性与混凝土强度、箍筋的布置形式、箍筋的间距与肢距、箍筋的强度、体积配箍率等有关，混凝土强度 f_c、箍筋强度 f_{yv} 和体积配箍率 ρ_v 的影响可以综合为一个参数，即配箍特征值 λ_v，其计算公式如下所示：

$$\lambda_v = \rho_v f_c / f_{yv} \tag{1-6}$$

图 1-44（b）为不同配箍特征值的混凝土单轴受压应力-应变关系曲线。由图可见，箍筋约束混凝土的峰值应力和峰值应变明显高于非约束混凝土；达峰值点后，曲线下降平缓。

国内外对箍筋约束混凝土的应力-应变关系曲线提出了许多模型。如何定义箍筋约束混凝土的极限压应变，目前无统一规定。一般情况下，可定义应力下降至 0.5 倍峰值应力时的应变为混凝土的极限压应变，采用这些模型即可计算得到约束混凝土的极限压应变。

箍筋形式对混凝土约束作用的影响如图 1-45 所示。普通矩形箍在 4 个转角区域对混

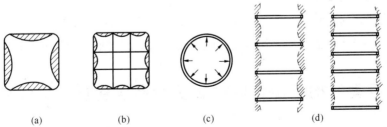

图 1-45　箍筋形式和间距对混凝土约束作用的影响

(a) 普通矩形箍；(b) 井字复合箍；(c) 螺旋箍；(d) 箍筋间距的影响

注：阴影代表未约束部分

凝土提供约束，在箍筋的直段上，混凝土膨胀使箍筋外鼓而不能提供约束；增加拉筋或箍筋成为复合箍，同时在每一个箍筋相交点设置纵筋，纵筋和箍筋构成网格式骨架，使箍筋的无支长度减小，箍筋产生更均匀的约束力，其约束效果优于普通矩形箍；螺旋箍均匀受拉，对混凝土提供均匀的侧压力，约束效果最好；间距比较密的圆箍（采用焊接搭接）或四肢箍外加矩形箍，也能达到螺旋箍的约束效果。

箍筋间距密，约束效果好（图 1-45d）。直径小、间距密的箍筋的约束效果优于直径大、间距大的箍筋。箍筋间距不超过纵筋直径的 6～8 倍时，才能显示箍筋形式对约束效果的影响。

以弯曲变形为主的构件进入屈服后，塑性铰的转动能力与单位长度截面上塑性转动能力即截面的曲率延性直接相关。截面曲率延性系数的计算式为：

$$\mu_{\Phi} = \Phi_u / \Phi_y \tag{1-7}$$

式中　　μ_{Φ}——截面曲率延性系数；

Φ_y、Φ_u——分别为截面屈服曲率和极限曲率。

影响钢筋混凝土构件截面曲率延性的主要因素有：

（1）混凝土强度。如前所述，高强混凝土的应力-应变曲线的下降段比普通强度混凝土的下降段陡，表现出脆性，塑性变形能力小。

（2）箍筋。箍筋约束混凝土的应力-应变曲线的下降段平缓，在一定范围内增大配箍特征值，混凝土极限压应变增大，则极限曲率和曲率延性系数也增大。

（3）轴压比。增大轴压比，混凝土相对受压区高度增大，极限曲率降低。试验结果说明，截面曲率延性系数随相对受压区高度的增大而减小，对称配筋柱的轴压比增大，其混凝土相对受压区高度也增大。因此，在其他条件相同的情况下，轴压比增大，则截面曲率延性系数减小。

（4）纵向钢筋。包括屈服强度和配筋率两方面。受拉纵筋的屈服强度高，则屈服应变也大，使屈服曲率值提高，但对极限曲率影响不大。受拉纵筋为高强度钢筋时，曲率延性降低。配置受压纵筋可以增大截面的曲率延性。提高配筋率可以提高截面的轴压承载力，也就是降低了截面的轴压比。

（5）截面的几何形状。同样条件下，方形、矩形截面柱的曲率延性大于 T 形、L 形等异形截面柱，异形截面柱的适用刚度、轴压比限值应比方形、矩形截面柱的限值更低。

1.6　巨型结构、混合结构等复杂高层建筑结构体系介绍

巨型框架结构也称为主次框架结构，主框架为巨型框架，次框架为普通框架。巨型框架相邻层的巨梁之间设置次框架，一般为 4～10 层，次框架支承在巨梁上，次框架梁柱截面尺寸较小，仅承受竖向荷载，竖向荷载由巨型框架传至基础；水平荷载由巨型框架承

担。巨型框架一般设置在建筑的周边，中间无柱，提供大的可使用的自由空间。

整幢结构用巨柱、巨梁和巨型支撑等巨型杆件组成空间桁架，相邻立面的支撑交汇在角柱，形成巨型空间桁架结构。空间桁架可以抵抗任何方向的水平作用。水平作用产生的层剪力成为支撑斜杆的轴向力，可最大限度地利用材料。楼板和围护墙的重量通过次构件传至巨梁，再通过柱和斜撑传至基础。巨型桁架是既高效又经济的抗侧力结构。

建筑高度达500m甚至更高时，巨型框架结构或巨型空间桁架结构已不再适用，必须采用刚度更大、更经济合理的结构体系。巨型框架（支撑框架）-核心筒-伸臂桁架结构是我国目前抗震设防房屋建筑可以达到的最高的结构体系。

巨型框架（支撑框架）-核心筒-伸臂桁架结构属于双重抗侧力结构体系，其巨型框架（支撑框架）必须分担一定量的地震层剪力，其巨柱和巨型支撑成为结构抗震的关键构件。

现代高层建筑的多功能、综合用途与结构竖向构件的正常布置之间产生矛盾，建筑的使用功能往往底部为商业、中部为办公、顶部为公寓，要求底部为大空间，上部为小空间，而结构竖向构件的正常布置为从下到上连续不间断，或底部间距小，上部间距大。为了满足建筑多功能的需要，部分竖向构件（墙，柱）不能直接落地，需要通过转换构件将其内力转移至相邻的落地构件。设置转换构件的楼层，称为转换层；设置转换层的高层建筑，即为带转换层的结构，又称组合结构（图1-46）。

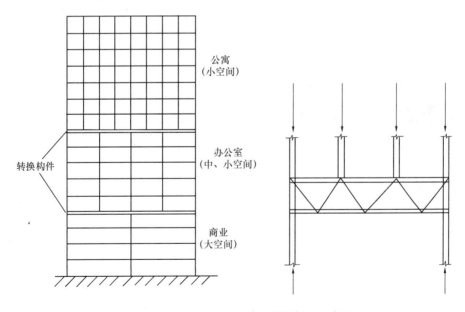

图1-46 带转换层的高层建筑结构剖面示意图

高层建筑竖向结构构件的转换有两种形式：上部剪力墙转换为底部框架，其转换层称为托墙转换层，上部框筒（或周边框架）框架转换为底部稀柱框架（或巨型框架），其转换层称为托柱转换层。托墙转换层用于剪力墙结构，将其中不能落地的剪力墙通过转换构件支承在框架上，形成框支剪力墙。托柱转换层采用框筒结构、筒中筒结构及框架-核心筒结构，将外框筒（或周边框架）中不能落地的柱通过转换构件支承在稀柱框架（或巨型框架）上。

转换构件可采用梁、桁架、空腹桁架、箱形结构、斜撑等，统称为转换梁、转换桁架等。6 度抗震设计时可采用厚板作为转换构件，7、8 度抗震设计时地下室的转换构件也可采用厚板，其他情况下不能用厚板转换。

对于钢筋混凝土剪力墙结构，不允许全部剪力墙为托墙转换的框支剪力墙，必须有部分剪力墙从基础到屋顶连续、贯通，形成部分框支剪力墙结构。地面以上设置转换层的位置不宜过高。

思 考 题

1-1 高层建筑结构的体系有哪些？各有什么优点？

1-2 高层建筑结构的发展趋势是什么？

1-3 为什么世界各国仍然将高层建筑定位在 10 层或高度 30m 左右？

1-4 高层建筑材料有哪些？

1-5 分别简述风荷载和水平地震作用对高层建筑作用的特点。

第 2 章 高层建筑结构设计基本规定

2.1 控制结构高宽比 (H/B)

钢筋混凝土高层建筑结构的最大适用高度分为 A 级和 B 级。A 级高度钢筋混凝土乙类和丙类高层建筑的最大适用高度应符合表 2-1 的规定，B 级高度钢筋混凝土乙类和丙类高层建筑的最大适用高度应符合表 2-2 的规定。

A 级高度钢筋混凝土乙类和丙类高层建筑的最大适用高度（m）　　表 2-1

结构体系		抗震设防烈度				
		6 度	7 度	8 度		9 度
				0.20g	0.30g	
框架		60	50	40	35	—
框架-剪力墙		130	120	100	80	50
剪力墙	全部落地剪力墙	140	120	100	80	60
	部分框支剪力墙	120	100	80	50	不应采用
筒体	框架-核心筒	150	130	100	90	70
	筒中筒	180	150	120	100	80
板柱-剪力墙		80	70	55	40	不应采用

B 级高度钢筋混凝土乙类和丙类高层建筑的最大适用高度（m）　　表 2-2

结构体系		抗震设防烈度			
		6 度	7 度	8 度	
				0.20g	0.30g
框架-剪力墙		160	140	120	100
剪力墙	全部落地剪力墙	170	150	130	110
	部分框支剪力墙	140	120	100	80
筒体	框架-核心筒	210	180	140	120
	筒中筒	280	230	170	150

房屋建筑适用的高宽比，是对结构刚度、整体稳定、承载能力和经济合理性的宏观控制，房屋的高宽比越大，水平荷载作用下的侧移越大，抗倾覆作用的能力越小。因此，应控制房屋的高宽比，避免设计高宽比很大的建筑物。

现浇钢筋混凝土结构房屋建筑、混合结构房屋建筑、装配整体式混凝土结构房屋建筑、民用钢结构房屋建筑适用的最大高宽比分别列于表 2-3～表 2-6。

现浇钢筋混凝土结构房屋建筑适用的最大高宽比　　　　　　表 2-3

结构类型	非抗震设计	抗震设防烈度		
		6度、7度	8度	9度
框架	5	4	3	—
板柱-剪力墙	6	5	4	—
框架-剪力墙、剪力墙	7	6	5	4
框架-核心筒	8	7	6	4
筒中筒	8	8	7	5

混合结构房屋建筑适用的最大高宽比　　　　　　表 2-4

结构类型	抗震设防烈度		
	6度、7度	8度	9度
框架-核心筒	7	6	4
筒中筒	8	7	5

装配整体式混凝土结构房屋建筑适用的最大高宽比　　　　　　表 2-5

结构类型	抗震设防烈度	
	6度、7度	8度
装配整体式框架	4	3
装配整体式框架-现浇剪力墙	6	5
装配整体式剪力墙	6	5
装配整体式框架-现浇核心筒	7	6

民用钢结构房屋建筑适用的最大高宽比　　　　　　表 2-6

设防烈度	6度、7度	8度	9度
最大高宽比	6.5	6	5.5

计算房屋建筑的高宽比时，房屋高度指室外地面到主要屋面板顶的高度，宽度指房屋平面轮廓边缘的最小宽度尺寸。

在复杂体型的高层建筑中，如何计算高宽比是难以解决的问题。一般场合可按所考虑方向的最小投影宽度计算高宽比，但对突出建筑物平面很小的局部结构（如楼梯间、电梯间等），一般不应包含在计算宽度内；对于不宜采用最小投影宽度计算高宽比的情况，应由设计人员根据实际情况确定合理的计算方法；对带有裙房的高层建筑，当裙房的面积和刚度相对于其上部塔楼的面积和刚度较大时，计算高宽比的房屋高度和宽度可按裙房以上部分考虑。

2.2　结构的平面布置

2.2.1　结构平面布置原则

1. 在高层建筑的一个独立结构单元内，结构平面形状宜简单、规则，质量、刚度和承载力分布宜均匀。不应采用严重不规则的平面布置。

2. 高层建筑宜选用风作用效应较小的平面形状。

3. 抗震设计的混凝土高层建筑，其平面布置宜符合下列规定：

（1）平面宜简单、规则、对称，减少偏心；

（2）平面长度不宜过长（图 2-1），L/B 宜符合表 2-7 的要求；

（3）平面突出部分的长度 l 不宜过大、宽度 b 不宜过小（图 2-1），l/B_{max}、l/b 宜符合表 2-7 的要求；

（4）建筑平面不宜采用角部重叠或细腰形平面布置。

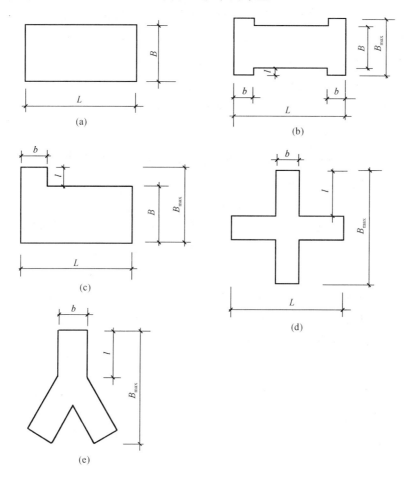

图 2-1　建筑平面示意图

平面尺寸及突出部位尺寸的比值限值　　　　　　　　　　表 2-7

设防烈度	L/B	l/B_{max}	l/b
6、7 度	≤6.0	≤0.35	≤2.0
8、9 度	≤5.0	≤0.30	≤1.5

4. 抗震设计时，B 级高度钢筋混凝土高层建筑、混合结构高层建筑及《高规》第 10 章所规定的复杂高层建筑结构，其平面布置应简单、规则，减少偏心。

5. 结构平面布置应尽量减少扭转的影响。在考虑偶然偏心影响的水平地震作用下，规定楼层竖向构件最大的水平位移和层间位移，A 级高度高层建筑不宜大于该楼层平均值的 1.2 倍，不应大于该楼层平均值的 1.5 倍；B 级高度高层建筑、超过 A 级高度的混合结构及《高规》所指的复杂高层建筑不宜大于该楼层平均值的 1.2 倍，不应大于该楼层平均值的 1.4 倍。结构扭转为主的第一自振周期 T_t 与平动为主的第一自振周期 T_1 之比，A 级高度高层建筑不应大于 0.9，B 级高度高层建筑、超过 A 级高度的混合结构及《高规》所指的复杂高层建筑不应大于 0.85。

6. 当楼板平面比较狭长、有较大的凹入或开洞时，应在设计中考虑其对结构产生的不利影响。有效楼板宽度不宜小于该层楼面宽度的 50%；楼板开洞总面积不宜超过楼面面积的 30%；在扣除凹入或开洞后，楼板在任一方向的最小净宽度不宜小于 5m，且开洞后每一边的楼板净宽度不应小于 2m。

7. 井字形等外伸长度较大的建筑，当中央部分楼板有较大削弱时，应加强楼板以及连接部位墙体的构造措施，必要时可在外伸段凹槽处设置连接梁或连接板。

8. 楼板开大洞削弱后，宜采取下列措施：

(1) 加厚洞口附近楼板，提高楼板的配筋率，采用双层双向配筋；

(2) 洞口边缘设置边梁、暗梁；

(3) 在楼板洞口角部集中配置斜向钢筋。

9. 抗震设计时，高层建筑宜调整平面形状和结构布置，避免设置防震缝。体型复杂、平立面不规则的建筑，应根据不规则程度、地基基础条件和技术经济等因素的比较分析，确定是否设置防震缝。

10. 在进行结构平面布置时，应与建筑专业相互配合，适当调整和优化建筑平面布置，在满足建筑功能和建筑外观要求的基础上，使结构布置更为经济合理，有利于减轻外界作用对结构的破坏，提高结构的性能。

2.2.2　平面不规则的类型

高层建筑结构平面布置必须考虑有利于抵抗水平和竖向荷载，平面宜简单、规则、对称，刚度和承载力分布均匀，减少偏心，不应采用严重不规则的平面布置，平面不规则类型见表 2-8。

平面不规则类型　　　　　　　　　　　　　　　　　　　表 2-8

不规则类型	定义
扭转不规则	楼层的最大弹性水平位移（层间位移），大于该楼层两端弹性水平位移平均值的 1.2 倍
凹凸不规则	结构平面凹进的一侧尺寸，大于相应投影方向总尺寸的 30%
不连续	楼板的尺寸和平面刚度急剧变化，如有效楼板宽度小于该层楼板典型宽度的 50%，或开洞面积大于该层楼面面积的 30%，或有较大的楼层错层

当结构平面布置超过表 2-8 中一项或多项的不规则指标，称为平面不规则；当超过多项不规则指标或某一项超过规定指标很多，具有明显的抗震薄弱部位，称为特别不规则；

当结构体型复杂，多项不规则指标超过表中规定值或大大超过规定值，具有严重的抗震薄弱环节，称为严重不规则。

2.3　结构的竖向布置

2.3.1　结构竖向布置原则

1. 高层建筑的竖向体型宜规则、均匀，避免有过大的外挑和收进。结构的侧向刚度宜下大上小，逐渐均匀变化。

2. 设计时，高层建筑相邻楼层的侧向刚度变化应符合下列规定：

（1）对框架结构，楼层与其相邻上层的侧向刚度比可按式（2-1）计算，且本层与相邻上层的比值不宜小于 0.7，与相邻上部三层刚度平均值的比值不宜小于 0.8。

$$\gamma_1 = \frac{V_i \Delta_{i+1}}{V_{i+1} \Delta_i} \tag{2-1}$$

式中　γ_1——楼层侧向刚度比；

V_i、V_{i+1}——第 i 层和第 $i+1$ 层的地震剪力标准值（kN）；

Δ_i、Δ_{i+1}——第 i 层和第 $i+1$ 层在地震作用标准值作用下的层间位移（m）。

（2）对框架-剪力墙结构、板柱-剪力墙结构、剪力墙结构、框架-核心筒结构、筒中筒结构，楼层与其相邻上层的侧向刚度比 γ_2 可按式（2-2）计算，且本层与相邻上层的比值不宜小于 0.9；当本层层高大于相邻上层层高的 1.5 倍时，该比值不宜小于 1.1；对结构底部嵌固层，该比值不宜小于 1.5。

$$\gamma_2 = \frac{V_i \Delta_{i+1}}{V_{i+1} \Delta_i} \frac{h_i}{h_{i+1}} \tag{2-2}$$

式中　γ_2——考虑层高修正的楼层侧向刚度比。

3. A 级高度高层建筑的楼层抗侧力结构的层间受剪承载力不宜小于其相邻上一层受剪承载力的 80%，不应小于其相邻上一层受剪承载力的 65%；B 级高度高层建筑的楼层抗侧力结构的层间受剪承载力不应小于其相邻上一层受剪承载力的 75%。

注：楼层抗侧力结构的层间受剪承载力是指在所考虑的水平地震作用方向上，该层全部柱、剪力墙、斜撑的受剪承载力之和。

4. 抗震设计时，结构竖向抗侧力构件宜上、下连续贯通。

5. 抗震设计时，当结构上部楼层收进部位到室外地面的高度 H_1 与房屋高度 H 之比大于 0.2 时，上部楼层收进后的水平尺寸 B_1 不宜小于下部楼层水平尺寸 B 的 75%（图 2-2a、b）；当上部结构楼层相对于下部楼层外挑时，上部楼层水平尺寸 B_1 不宜大于下部楼层的水平尺寸 B 的 1.1 倍，且水平外挑尺寸不宜大于 4m（图 2-2c、d）。

6. 楼层质量沿高度宜均匀分布，楼层质量不宜大于相邻下部楼层质量的 1.5 倍。

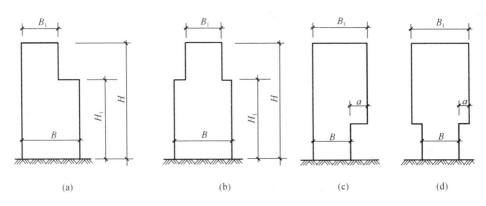

图 2-2　结构竖向收进和外挑示意图

7. 不宜采用同一楼层刚度和承载力变化同时不满足上述第 2 条和第 3 条规定的高层建筑结构。

8. 侧向刚度变化、承载力变化、竖向抗侧力构件连续性不符合上述第 2 条、第 3 条、第 4 条要求的楼层，其对应于地震作用标准值的剪力应乘以 1.25 的增大系数。

9. 结构顶层取消部分墙、柱形成空旷房间时，宜进行弹性或弹塑性时程分析补充计算并采取有效的构造措施。

2.3.2　竖向不规则的类型

高层建筑的竖向布置也应注意刚度的连续和均匀，尽量避免刚度的突变或结构不连续。具体来说，就是要求竖向体形宜规则、均匀，避免有过大的外挑和内收，结构的侧向刚度宜下大上小，逐渐均匀变化，不应采用竖向布置严重不规则的结构，竖向不规则类型见表 2-9。在立面设计中，应优先考虑几何形状和楼层刚度变化均匀的建筑形式，如矩形、梯形、三角形等，避免建筑物竖向结构刚度、承载力和质量突变，以及错层和夹层。

竖向不规则类型　　　　　　　　　　　　　　　　　　　表 2-9

不规则类型	定义
侧向刚度不规则	该层的侧向刚度小于相邻上一层的 70%，或小于其上相邻三个楼层侧向刚度平均值的 80%；除顶层外，局部收进的水平向尺寸大于相邻下一层的 25%
竖向抗侧力构件不规则	竖向抗侧力构件（柱、抗震墙、抗震支撑）的内力由水平转换构件（梁、桁架等）向下传递
楼层承载力突变	抗侧力结构的层间受剪承载力小于相邻上一楼层的 80%

2.4　高层建筑楼盖结构基本规定

2.4.1　楼盖结构的类型和特点

整体式钢筋混凝土楼盖常见的类型有：

1. 肋形楼盖：这种楼盖由板、次梁、主梁组成，是楼盖中最普通的形式，除用以建造屋盖、楼盖外，也用于建造整片式基础（此时主次梁为反梁）。

2. 密肋楼盖：多用于平面狭长，层高较矮的房间，不设主梁，而次梁排列得很密，密肋楼盖其实也是肋形楼盖的一种。

3. 井式楼盖：当房间平面或柱网尺寸接近正方形，常将两方向的梁做成不分主次的等高梁，互相交叉，形成井式楼盖。这种楼盖的板和梁，在两个方向的受力比较均匀，易于建筑装饰处理，常用于公共建筑的大厅。

4. 无梁楼盖：这种楼盖完全没有梁，而将整个楼板直接支承在柱上，因而比肋形楼盖净空高，通风采光条件好。这种楼盖适用于厂房、仓库、商场以及用作水池的顶盖或整片式基础。

钢筋混凝土楼盖按其施工方法可分为现浇式、装配式和装配整体式三种：

1. 现浇钢筋混凝土楼盖。整体刚度好，抗震性强，防水性能好，适用于布置上有特殊要求的楼面，有振动要求的楼面，公共建筑的门厅部分，平面布置不规则的局部楼面，防水要求高的楼面（如卫生间、厨房等），高层建筑和抗震结构的楼面等。现浇梁板结构按楼板受力和支承条件的不同，又分为单向板肋式楼盖，双向板肋式楼盖，双重井式楼盖和无梁楼盖等。

2. 装配式钢筋混凝土楼盖。楼板采用预制构件，便于工业化生产，在多层民用建筑和多层工业厂房中得到广泛应用，此种楼面因其整体性、抗震性及防水性能较差，而且不便于开设孔洞，故对高层建筑及有防水要求和开孔洞的楼盖不宜采用。若在多层抗震设防的房屋使用，要按现行国家标准《建筑抗震设计规范》GB 50011（以下简称《抗震规范》）采取加强措施。

3. 装配整体式钢筋混凝土楼盖。其整体性较装配式好，又较现浇式节省支模。但这种楼盖要进行混凝土二次浇筑，有时还需增加焊接工作量，故对施工进度和造价有不利影响。因此仅适用于荷载较大的多层工业厂房、高层民用建筑及有抗震设防要求的一些建筑。

2.4.2　楼盖结构的选型与构造要求

1. 房屋高度超过 50m 时，框架-剪力墙结构、筒体结构及《高规》所规定的复杂高层建筑结构应采用现浇楼盖结构，剪力墙结构和框架结构宜采用现浇楼盖结构。

2. 房屋高度不超过 50m 时，8、9 度抗震设计时宜采用现浇楼盖结构；6、7 度抗震设计时可采用装配整体式楼盖，且应符合下列要求：

（1）无现浇叠合层的预制板，板端搁置在梁上的长度不宜小于 50mm。

（2）预制板板端宜预留胡子筋，其长度不宜小于 100mm。

（3）预制空心板孔端应有堵头，堵头深度不宜小于 60mm，并应采用强度等级不低于 C20 的混凝土浇灌密实。

（4）楼盖的预制板板缝上缘宽度不宜小于 40mm，板缝大于 40mm 时应在板缝内配置钢筋，并宜贯通整个结构单元。现浇板缝、板缝梁的混凝土强度等级宜高于预制板的混凝土强度等级。

（5）楼盖每层宜设置钢筋混凝土现浇层。现浇层厚度不应小于 50mm，并应双向配置直径不小于 6mm、间距不大于 200mm 的钢筋网，钢筋应锚固在梁或剪力墙内。

3. 房屋的顶层、结构转换层、大底盘多塔楼结构的底盘顶层、平面复杂或开洞过大的楼层、作为上部结构嵌固部位的地下室楼层应采用现浇楼盖结构。一般楼层现浇楼板厚度不应小于 80mm，当板内预埋暗管时不宜小于 100mm；顶层楼板厚度不宜小于 120mm，宜双层双向配筋；转换层楼板应符合《高规》的规定；普通地下室顶板厚度不宜小于 160mm；作为上部结构嵌固部位的地下室楼层的顶楼盖应采用梁板结构，楼板厚度不宜小于 180mm，应采用双层双向配筋，且每层每个方向的配筋率不宜小于 0.25%。

4. 现浇预应力混凝土楼板厚度可按跨度的 1/50～1/45 采用，且不宜小于 150mm。

5. 现浇预应力混凝土板设计中应采取措施防止或减小主体结构对楼板施加预应力的阻碍作用。

2.5 缝的设置与构造

在高层建筑中，由于温度变化和混凝土干缩变形而产生裂缝，常隔一定距离设置温度伸缩缝；当结构平面狭长而立面有较大变化，或地基基础有显著变化，或高层塔楼与低层裙房之间，可能产生不均匀沉降，此时可设置沉降缝；对于有抗震设防要求的建筑物，当其平面形状复杂而又无法调整其平面形状和结构布置使之成为较规则结构时，宜设置防震缝。在设计时事先将房屋划分成若干个独立部分，使各部分能自由独立地变化，这种将建筑物垂直分开的预留缝称为变形缝，包括伸缩缝、沉降缝和防震缝。

高层建筑设置变形缝是出于结构安全的需要，但却存在以下问题：缝两侧均需布置剪力墙或框架而使建筑使用不便、建筑立面处理困难；地下室部分容易漏水，防水困难；地震中防震缝两侧结构产生弹塑性变形，使楼层位移增大，结构发生相互碰撞，加重震害等。因此，高层建筑结构宜调整平面形状、尺寸和结构布置，采取构造措施和施工措施，尽量不设变形缝；当需要设缝时，则应将高层建筑结构划分为独立的结构单元，并设置必要的缝宽，以防止震害。

2.5.1 伸缩缝

为防止建筑构件因温度变化，热胀冷缩使房屋出现裂缝或破坏，在沿建筑物长度方向相隔一定距离预留垂直缝隙。这种因温度变化而设置的缝叫作伸缩缝。

混凝土的温度裂缝有两种：混凝土由水灰比过大，水泥用量过多，养护不当，或浇灌大体积混凝土时产生大量的水化热，致使混凝土硬化后产生收缩裂缝，这是混凝土早期产生的温度裂缝。当混凝土硬化后，结构在使用阶段由于外界温度变化，混凝土结构膨胀或收缩，而当收缩变形受到结构约束时，就会在混凝土构件中产生裂缝，这是混凝土在使用阶段产生的温度裂缝。设置伸缩缝可以释放建筑平面尺寸较大的房屋因温度变化和混凝土干缩产生的结构内力，减少结构构件裂缝的出现。

伸缩缝是从基础顶面开始，将墙体、楼板、屋顶全部断开使其分成若干段，从而允许结构自由伸缩而不致引起较大约束应力及裂缝，混凝土结构伸缩缝的最大间距不宜超过表2-10 的限值。当房屋超过规定长度时，除基础外，上部结构用伸缩缝断开，考虑不同结构形式，缝宽也应满足相应规定，伸缩缝的宽度一般为 20～30mm。当采取以下构造措施和施工措施时，可适当放宽伸缩缝间距：

1. 在房屋的顶层、低层、山墙和纵墙端开间等温度应力较大的部位提高配筋率。对于剪力墙结构，这些部位的最小构造配筋率为 0.25%，而实际工程都在 0.3% 以上。

2. 在屋顶加强保温隔热措施或设置架空通风双层屋面，减少温度变化对屋盖结构的影响；外墙设置外保温层，减少温度变化对主体结构的影响。

3. 施工中每隔 30～40m 间距留后浇带，带宽为 800～1000mm，钢筋采用搭接接头，后浇带混凝土宜在两个月后浇筑。

4. 房屋的顶部楼层改用刚度较小的结构形式，或顶部设局部温度缝，将结构划分为长度较短的区段。

5. 采用收缩小的水泥，减少水泥用量，在混凝土中加入适宜的外加剂，以减小混凝土收缩。

6. 提高每层楼板的构造配筋率或采用部分预应力混凝土结构。

伸缩缝的最大间距　　　　　　　　　　表 2-10

结构类型	施工方法	最大间距（m）
框架	装配式	75
框架-剪力墙	现浇式	55
剪力墙	外墙装配	65
	外墙现浇	45

2.5.2　沉降缝

为防止建筑物相邻部分基础埋深不一致、地基土层变化很大或房屋层数、荷载悬殊等原因引起的地基不均匀沉降而导致房屋破坏所需设置的垂直缝称为沉降缝。

沉降缝从基础底部断开，并贯穿建筑物全高，使两侧各为独立的单元，可以垂直自由地沉降。高层建筑在以下平面位置，应设置沉降缝：

1. 建筑物平面的转折部位。

2. 建筑的高度和荷载差异较大处。

3. 过长建筑物的适当部位。

4. 地基土的压缩性有着显著差异处。

5. 建筑物基础类型不同以及分期建造房屋的交界处。

设置沉降缝后，虽然解决了建筑物因差异沉降而造成的结构过大裂缝问题，但由于上部结构必须在沉降缝的两侧均设独立的抗侧力结构，形成双梁、双柱和双墙，给建筑在使用上和立面处理等方面带来不便，结构上也存在基础埋置深度、整体稳定等问题，地下室渗漏也不容易解决。因此，在地基条件允许的情况下，对于高层建筑的裙房和主体结构，当采取以下措施时，可不设置沉降缝：

1. 当压缩性很小的土质不太深时，可以利用天然地基，把主楼和裙房部分放在一个刚度很大的整体基础上，采用桩基、桩支撑在基岩上，使它们之间不产生沉降差；或采取减少沉降的有效措施并经计算，使沉降差在允许范围内。

2. 主体结构与裙房采用不同的基础形式，主体结构采用整体刚度较大的箱形基础或筏板基础，降低土压力，并加大埋深，减少附加应力；裙房采用埋深较浅的十字交叉条形基础等，增大土压力，使主体结构与裙房沉降接近。

3. 当土质比较好，且地基土压缩可在不太长的时间内完成时，可先施工主楼，留后浇带。因主楼工期长，待主楼基本建成，沉降基本稳定后，再施工裙房，使它们后期沉降基本相近。设计时要考虑两个阶段基础受力状态不同，分别进行验算。

对于后两种情况，施工时应该在主体结构和裙房之间预留后浇带，待沉降基本稳定后再连为整体。

2.5.3　防震缝

对于体型复杂、平立面不规则的高层建筑，为防止建筑物各部分由于地震引起结构产生过大的扭转、应力集中、局部破坏等破坏面设置的垂直缝称为防震缝。

防震缝从基础顶面断开，并贯穿建筑物全高，缝的两侧应有墙，将建筑物分为若干体型简单、结构刚度均匀的独立单元，高层建筑结构在以下位置应设置防震缝：

1. 房屋立面高差在 6m 以上。

2. 房屋有错层，并且楼板高差较大。

3. 各组成部分的刚度、荷载或质量相差很远，而又没有采取有效措施。

防震缝的最小宽度应满足：框架结构房屋，高度不超过 15m 时不应小于 100mm，超过 15m 时，6 度、7 度、8 度和 9 度抗震设计时分别每增加高度 5m、4m、3m 和 2m，宜加宽 20mm；框架-剪力墙结构房屋不应小于框架结构房屋规定数值的 70%，剪力墙结构房屋不应小于框架结构房屋规定数值的 50%，且两者均不宜小于 100mm。防震缝两侧结构体系不同时，缝宽度按不利的结构类型确定；防震缝两侧的房屋高度不同时，缝宽度可按较低的房屋高度确定。当相邻结构基础存在较大沉降差时，宜增大防震缝的宽度。

8 度、9 度抗震设计的框架结构房屋，防震缝两侧结构层高相差较大时，防震缝两侧框架柱的箍筋应沿房屋全高加密，并可根据需要沿房屋全高在缝两侧各设置不少于两道垂直于防震缝的抗撞墙。

防震缝宜沿房屋全高设置，地下室、基础可不设置防震缝，但在与上部防震缝对应处应加强构造和连接，在地震设防区，当建筑物需设置伸缩缝或沉降缝时，应统一按防震缝对待。

结构单元之间或主体结构与裙房之间如无可靠措施，不应采用牛腿托梁的做法设置防震缝。

钢结构房屋宜避免采用不规则建筑结构方案，不设防震缝；需要设防震缝时，缝宽不小于相应钢筋混凝土结构房屋的 1.5 倍。

2.6　基础形式及基础埋置深度

2.6.1　基础类型及选型方法

高层建筑的上部结构荷载很大，基础底面压力也很大，应采用整体性好、能满足地基的承载力和建筑物容许变形要求并能够调节不均匀沉降的基础形式。根据上部结构类型、层数、荷载及地基承载力，可采用单独柱基、交叉梁式条形基础、筏形基础或箱形基础；当地基承载力或变形不能满足设计要求时，可采用桩基或复合地基。

1. 单独柱基

当高层建筑的裙房无地下室或水位较低，地下室无需设满堂筏板防水时，框架柱可采用单独柱基。单独柱基的形式一般有阶梯形、锥形，底面形状一般为正方形或矩形（图 2-3）。

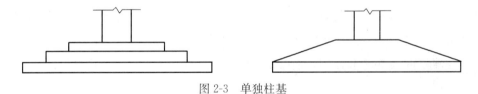

图 2-3　单独柱基

2. 交叉梁式条形基础

当地质条件好、荷载小，且能满足地基承载力和变形要求时，可在柱网下纵横两向设置钢筋混凝土条形基础，这样就形成了交叉式基础（也称十字交叉条形基础）。这种结构形式整体刚度好，有利于荷载分布（图 2-4）。

3. 筏形基础

若上部结构传来的荷载很大，可采用筏形基础（图 2-5）。筏形基础是指柱下或墙下连续的平板式或梁板式钢筋混凝土基础。筏形基础不仅能使地基土单

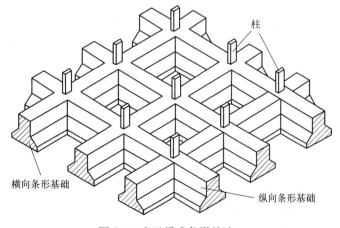

图 2-4　交叉梁式条形基础

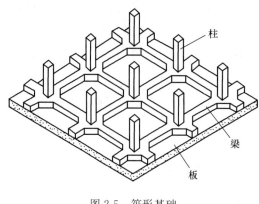

图 2-5 筏形基础

位面积的压力减小，还提高了地基土的承载能力，增强了基础的整体性，并可以减少高层建筑的不均匀沉降。因此，采用筏形基础能使地基土的承载力随着基础埋深和宽度的增加而增大，而基础的沉降则随着基础埋深的增加而减少。

平板式筏形基础为地基上的等厚度钢筋混凝土平板，一般厚度为 $1.0 \sim 2.5$m。梁板式筏形基础是带肋梁的钢筋混凝土板。肋梁可以根据结构的要求单向平行布置，也可以按柱网纵横向布置。肋梁的位置可以布置在板面上，也可以向下嵌入地基。通常，筏形基础可用于 $15 \sim 20$ 层高层建筑。若地基较好，其层数可适当增加。

4. 箱形基础

当上部结构荷载较大，底层墙柱间距过大，地基承载能力相对较低，采用筏形基础不能满足要求时，可采用箱形基础。箱形基础是由底板、顶板、侧墙及一定数量内隔墙构成的整体刚度较好的单层或多层钢筋混凝土基础，如图 2-6 所示。

5. 桩基础

桩基础是高层建筑常用的基础形式，具有承载力大，能抵御复杂荷载以及能良好地适应各种地质条件的优点，尤其对于软弱地基上的高层建筑，桩基础是最理想的基础形式之一。常用的桩基础支撑形式按桩的传力及作用性质可分为端承桩、摩擦桩（图 2-7）。端承桩主要靠桩端的支撑力起作用，而摩擦桩则主要靠桩与土的摩擦力来支承。

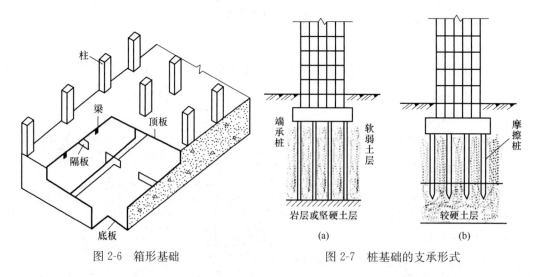

图 2-6 箱形基础　　　　图 2-7 桩基础的支承形式

随着高层建筑的发展，目前在设计中已不再采用上述的单一基础形式，而是采用多种基础的混合形式，如桩-筏基础、桩-箱形基础等。

2.6.2　基础埋置深度及影响因素

基础应有一定的埋置深度。基础的埋置深度是指从基础底面到设计地面的垂直距离。

基础埋置的深度，对建筑物的施工技术、施工期限、建筑物的造价以及房屋是否可以正常使用等有很大影响。基础埋得太深，不但会增加房屋造价，而且在有些情况下，还可能增大房屋的沉降。但如果埋置太浅，又不能保证房屋的稳定性。因此，在地基基础设计中，合理确定基础埋置深度是一个十分重要的问题。

确定基础埋深的原则：在满足地基稳定和变形要求的前提下，基础应尽量浅埋，除岩石地基外，一般不宜小于 0.5m。另外，基础顶面应低于设计地面 100mm 以上，以避免基础外露。

在确定高层建筑基础埋置深度时，应当综合考虑以下因素：

1. 基础应有一定的埋置深度。在确定埋深时，应考虑建筑物的高度、体型、地基土质、抗震设防烈度等因素。埋深为室外地坪至基础底面的垂直距离，并符合下列要求：

（1）天然地基或复合地基，可取房屋高度的 1/15；

（2）桩基础，可取房屋高度的 1/18（桩长不计在内）。

当建筑采用岩石地基或采取有效措施时，在满足地基承载力、稳定性要求的前提下，上述要求可适当放宽，但应验证建筑物的倾覆和滑移。

2. 天然地基中的基础埋深，不宜大于邻近的原有房屋基层深度，否则应有足够的间距（可根据土质情况取高差的 1.5～2 倍）或采取可靠的措施，确保在施工期间及投入使用后相邻建筑的安全和正常使用。

3. 高层建筑的基础与相连的裙房的基础，可通过计算确定是否需设沉降缝，当设置沉降缝时，应考虑高层主楼基础有可靠的侧面约束及有效埋深。当不设沉降缝时，应采取有效措施减少不均匀沉降及其影响。

《高规》关于基础的若干规定：

1. 为使高层建筑结构在水平力和竖向荷载作用下，其地基应力不致过于集中，同时保证高层建筑的抗倾覆能力具有足够的安全储备，对基础底面压应力较小一端的应力状态做了限制，具体规定如下：

高宽比不大于 4 的高层建筑，基础底面不宜出现零应力区；高宽比不大于 4 的高层建筑，基础底面与地基之间零应力区不应超过基础底面面积的 15%。计算时，质量偏心较大的裙楼与主楼分开考虑。

2. 高层建筑由于质心高、荷载大，对基础底面一般难免偏心。建筑物在沉降过程中，由于偏心造成倾覆力矩加大，导致基础倾斜加大，因此为减少基础倾斜带来的不利影响，对基础偏心做如下规定：

在地基比较均匀的条件下，箱形基础及筏形基础的基础平面形心宜与上部结构竖向永久荷载重心重合。不能重合时，其偏心距 e 宜符合下式要求，即：

$$e \leqslant \frac{0.1W}{A} \tag{2-3}$$

式中　W——与偏心方向一致的基础底面边缘抵抗矩（m³）；

　　　A——基础底面面积（m²）；

　　　e——基底平面形心与上部结构在永久荷载与楼（屋）面可变荷载准永久组合下的重心的偏心距（m）。

2.7　水平位移和舒适度要求

在正常使用条件下，高层建筑结构应具有足够的刚度，避免产生过大的位移而影响结构的承载力、稳定性和使用要求。

正常使用条件下，按弹性方法计算的风荷载或多遇地震标准值作用下的楼层层间最大水平位移与层高之比 $\Delta u/h$ 宜符合下列规定：

1. 高度不大于 150m 的高层建筑，其楼层层间最大位移与层高之比不宜大于表 2-11 的限值。

楼层层间最大位移与层高之比的限值　　　　　　　　　　表 2-11

结构体系	限值	结构体系	限值
框架	1/550	筒中筒、剪力墙	1/1000
框架-剪力墙、框架-核心筒、板柱-剪力墙	1/800	除框架结构外的转换层	1/1000

2. 对于高度不小于 250m 的高层建筑，其楼层层间最大位移与层高之比 $\Delta u/h$ 不宜大于 1/500。

3. 高度在 150～250m 之间的高层建筑，其楼层层间最大位移与层高之比 $\Delta u/h$ 的限值可按以上限值线性插值选取。

高层建筑结构在罕遇地震作用下的薄弱层弹塑性变形验算，应符合下列规定：

1. 下列结构应进行弹塑性变形验算：

（1）7～9 度地震时，楼层屈服强度系数小于 0.5 的框架结构；

（2）甲类建筑和 9 度抗震设防的乙类建筑结构；

（3）采用隔震和消能减震设计的建筑结构；

（4）房屋高度大于 150m 的结构。

2. 下列结构宜进行弹塑性变形验算：

（1）《高规》规定的竖向不规则高层建筑结构；

（2）7 度Ⅲ、Ⅳ类场地和 8 度抗震设防的乙类建筑结构；

（3）板柱-剪力墙结构。

房屋高度不小于 150m 的高层混凝土建筑结构应满足风振舒适度要求。在现行国家标准《建筑结构荷载规范》GB 50009（以下简称《荷载规范》）规定的 10 年一遇的风荷载标准值作用下，结构顶点的顺风向和横风向振动最大加速度计算值不应超过表 2-12 的限值。结构顶点的顺风向和横风向振动最大加速度可按现行行业标准《高层民用建筑钢结构技术规程》JGJ 99 的有关规定计算，也可通过风洞试验结果判断确定，计算时结构阻尼比宜取 0.01～0.02。

结构顶点风振加速度限值 a_{lim} 　　　　　　　表 2-12

使用功能	a_{lim}（m/s²）
住宅、公寓	0.15
办公、旅馆	0.25

楼盖结构应具有适宜的舒适度。楼盖结构的竖向振动频率不宜小于 3Hz，竖向振动加速度峰值不应超过表 2-13 的限值，楼盖结构竖向振动加速度可按《高规》附录 A 计算。

楼盖竖向振动加速度限值 　　　　　　　表 2-13

人员活动环境	峰值加速度限值（m/s²）	
	竖向自振频率不大于 2Hz	竖向自振频率不小于 4Hz
住宅、办公	0.07	0.05
商场及室内连廊	0.22	0.15

楼盖结构竖向自振频率为 2～4Hz 时，峰值加速度限值可按线性插值选取。

2.8　构件承载力设计要求

高层建筑结构构件的承载力应按下列公式验算：

持久设计状况、短暂设计状况

$$\gamma_0 S_d \leqslant R_d \tag{2-4}$$

地震设计状况

$$S_d \leqslant R_d / \gamma_{RE} \tag{2-5}$$

式中　γ_0——结构重要性系数，对安全等级为一级的结构构件不应小于 1.1，对安全等级为二级的结构构件不应小于 1.0；

S_d——作用组合的效应设计值，应符合《高规》第 5.6.1～5.6.4 条的规定；

R_d——构件承载力设计值；

γ_{RE}——构件承载力抗震调整系数。

抗震设计时，钢筋混凝土构件的承载力抗震调整系数应按表 2-14 采用；型钢混凝土构件和钢构件的承载力抗震调整系数应按《高规》第 11.1.7 条的规定采用。当仅考虑竖向地震作用组合时，各类结构构件的承载力抗震调整系数均应取为 1.0。

承载力抗震调整系数 表 2-14

构件类别	梁	轴压比小于 0.15 的柱	轴压比不小于 0.15 的柱	剪力墙		各类构件	节点
受力状态	受弯	偏压	偏压	偏压	局部承压	受剪、偏拉	受剪
γ_{RE}	0.75	0.75	0.80	0.85	1.0	0.85	0.85

2.9 抗震设计的一般原则和基本规定

2.9.1 地震作用的特点

地震波传播产生地面运动，通过基础影响上部结构。上部结构产生的强迫振动称为结构的地震反应，包括加速度、速度和位移反应。

地震波可以分解为 6 个振动分量：2 个水平分量，1 个竖向分量和 3 个转动分量。对建筑结构造成破坏的主要是水平振动。地面水平振动使结构产生移动和摇摆，结构不对称时，也使结构产生扭转；地面转动使结构扭转，但目前尚无法计算，主要采用概念设计方法加大结构抵抗能力以减小其破坏作用。地面竖向振动在震中附近的高烈度区对房屋结构的影响比较大。目前，建筑结构抗震计算和抗震设计主要考虑水平地震作用，水平长悬臂构件、9 度抗震设计时，需要考虑竖向地震作用。

地震地面运动的特性可以用 3 个特征量来描述：强度、频谱和持续时间或有效持续时间。

强度可以是地面运动的峰值加速度（Peak Ground Acceleration，简称 PGA）、峰值速度（Peak Ground Velocity，简称 PGV）或峰值位移（Peak Ground Displacement，简称 PGD）。加速度与地震作用大小直接相关，而速度与地震对结构输入的能量相关。

频谱是指地震地面运动的能量随频率的分布规律，通常以傅氏谱、自功率谱或反应谱曲线的形式体现。通常高频（2~6Hz）范围的能量较大，随频率的降低能量密度下降，结构的加速度响应下降。地震震级越高，地震释放的能量越大，频谱的谱值也就越大；震中距越小，高频范围的能量越密集、短周期结构的响应越大，长周期部分的能量密度相比就较低；震中距越大，低频长周期部分的能量密度相对越大。由于工程场地对地震波的过滤作用，通常岩土与硬土场地高频短周期的能量比较丰富，长周期的能量衰减较快，反之，如果为软土场地则中长周期范围的能量较丰富。

持续时间可定义为地震从开始到结束的时间长度。有效持续时间有多种定义，定义之一是指一个地震记录中，第一次与最后一次达到 $0.05g$ 的时间长度。强烈地震地面运动的加速度或速度峰值一般比较大，但如果有效持续时间很短，对建筑物的破坏可能不大；地震地面运动的加速度或速度峰值并不很大，而有效持续时间很长，有可能对建筑物造成严重破坏。

强度、频谱与持时被称为地震地面运动特性三要素。地震地面运动的特性除了与震源所在位置、深度、地震发生原因、传播距离等因素有关外，还与地震传播经过的区域和建筑物所在区域的场地有密切关系。

不同性质的土壤对地震波包含的各种频率成分的吸收和过滤效果不同。地震波在传播过程中，振幅逐渐衰减，在土层中高频成分易被吸收，低频成分振动传播得更远。因此，在震中附近或在岩石等坚硬土壤中，地震波中短周期成分丰富；在距震中很远的地方，或当冲积土层厚、土壤又较软时，短周期成分被吸收而以长周期成分为主。长周期成分为主的地震对高层建筑十分不利。此外，当深层地震波传到地面时，土壤又会将振动放大，土壤性质不同，放大作用也不同，软土的放大作用较大。

建筑本身的动力特性对建筑物是否破坏和破坏程度有很大影响。建筑物动力特性是指建筑物的自振周期、振型与阻尼，它们与建筑物的质量、结构的刚度及所用的材料有关。通常质量大、刚度大、周期短的建筑物在地震作用下的惯性力也大；刚度小、周期长的建筑物位移较大，但惯性力小。当地震波的主要振动周期与建筑物自振周期相近时，会引起类共振，结构的地震反应加剧。

2.9.2　抗震设防标准、抗震设计目标和二阶段设计方法

1. 抗震设防标准

抗震设防标准是衡量抗震设防要求高低的尺度，由抗震设防烈度或设计地震动参数及建筑抗震设防类别确定。抗震设防标准与一个国家的科学水平和经济条件密切相关。我国实行抗震设防依据的"双轨制"，即采用设防烈度（一般情况下用基本烈度）或设计地震参数（如地面运动加速度峰值等）。

《抗震规范》将建筑物按使用功能的重要性分为甲、乙、丙三类建筑。

甲类建筑：属于重要建筑工程和地震时可能发生严重次生灾害的建筑。

乙类建筑：属于地震时使用功能不能中断或需尽快恢复的建筑。如医疗、广播、通信交通、供电、供水、消防和粮食等工程及设备所使用的建筑。

丙类建筑：属于除甲、乙以外的一般建筑。

对于甲类建筑，地震作用应按高于本地区抗震设防烈度的要求确定，其值应按批准的地震安全性评价结果确定。

对乙、丙类建筑，地震作用应按本地区抗震设防烈度计算。

2. 抗震设防目标

我国的房屋建筑采用三水准抗震设防目标，即：小震不坏，中震可修，大震不倒。

按《抗震规范》进行抗震设计的建筑，其抗震设防目标是：当遭受低于本地区抗震设防烈度的多遇地震影响时，一般不受损坏或不需修理可继续使用（简称"小震不坏"，俗称第一水准）；当遭受相当于本地区抗震设防烈度的地震影响时，可能损坏，经一般修理

或不需修理仍可继续使用（简称"中震可修"，俗称第二水准）；当遭受高于本地区抗震设防烈度预估的罕遇地震影响时，不致倒塌或发生危及生命的严重破坏（简称"大震不倒"，俗称第三水准）。

小震、中震、大震是指概率统计意义上的地震大小；小震指该地区 50 年内超越概率约为 63% 的地震烈度，即众值烈度，又称多遇地震，其重现期为 50 年或 50 年重现期内可能发生 1 次的地震；中震指该地区 50 年内超越概率约为 10% 的地震烈度，又称为基本烈度或抗震设防烈度，其重现期为 475 年或 475 年重现期内可能发生 1 次的地震；大震指该地区 50 年内超越概率约为 2%～3% 的地震烈度，又称为罕遇地震，其重现期为 1600（7 度）～2400 年（9 度）或 1600～2400 年重现期内可能发生 1 次的地震。

3. 抗震设计的二阶段方法

第一阶段为结构设计阶段。在这一阶段，用相应于该地区设防烈度的小震作用计算结构的弹性位移和构件内力，并进行结构变形验算，用极限状态方法进行截面承载力验算，按延性和耗能要求进行截面配筋及构造设计，采取相应的抗震构造措施。经过第一阶段设计，结构应该实现"小震不坏、中震可修、大震不倒"的目标。

第二阶段为弹塑性变形验算阶段。对地震时抗震能力较低、容易倒塌的高层建筑结构（如纯框架结构）以及抗震要求较高的建筑结构（如甲类建筑），要进行易损部位（薄弱层）的塑性变形验算，并检验是否达到了"大震不倒"的目标。如果大震作用下结构的弹塑性层间位移角超过了《抗震规范》规定的限值，则应修改结构设计，直到层间变形满足要求。如果存在薄弱层，可能造成严重破坏，则应视其部位及可能出现的后果进行处理，采取相应的改进措施。

2.9.3 高层房屋的抗震等级和抗震措施

抗震设计时，高层建筑钢筋混凝土结构构件应根据抗震设防分类、烈度、结构类型和房屋高度采用不同的抗震等级，并应符合相应的计算和构造措施要求。A 级高度丙类建筑钢筋混凝土结构的抗震等级应按表 2-15 确定。当本地区的设防烈度为 9 度时，A 级高度乙类建筑的抗震等级应按特一级采用，甲类建筑应采取更有效的抗震措施。

A 级高度的高层建筑结构抗震等级　　　　　　　　表 2-15

结构类型		烈度						
		6 度		7 度		8 度		9 度
框架结构		三		二		一		一
框架-剪力墙结构	高度（m）	≤60	>60	≤60	>60	≤60	>60	≤50
	框架	四	三	三	二	二	一	一
	剪力墙	三		二		一		一
剪力墙结构	高度（m）	≤80	>80	≤80	>80	≤80	>80	≤60
	剪力墙	四	三	三	二	二	一	一

续表

结构类型		烈度					
		6 度		7 度		8 度	9 度
部分框支剪力墙结构	非底部加强部位的剪力墙	四	三	三	二	二	
	底部加强部位的剪力墙	三	二	二	一	一	—	—
	框支框架	二		二		一	
筒体结构	框架-核心筒	框架	三		二		一	一
		核心筒	二		二		一	
	筒中筒	内筒	三		二		一	
		外筒						
板柱-剪力墙结构	高度	≤35	>35	≤35	>35	≤35	>35	
	框架、板柱及柱上板带	三	二	二	二	一	一	
	剪力墙	二	二	二	二	一	二	

抗震设计时，B 级高度丙类建筑钢筋混凝土结构的抗震等级按表 2-16 确定。

B 级高度的高层建筑结构抗震等级 表 2-16

结构类型		烈度		
		6 度	7 度	8 度
框架-剪力墙	框架	二	一	一
	剪力墙	二	一	特一
剪力墙	剪力墙	二	一	一
部分框支剪力墙	非底部加强部位的剪力墙	二	一	一
	底部加强部位的剪力墙	一	一	特一
	框支框架	一	特一	特一
框架-核心筒	框架	二	一	一
	筒体	二	一	特一
筒中筒	外筒	二	一	特一
	内筒	二	一	特一

抗震设计的高层建筑，当地下室顶层作为上部结构的嵌固端时，地下一层相关范围的抗震等级应按上部结构采用，地下一层以下抗震构造措施的抗震等级可逐层降低一级，但不应低于四级；地下室中超出上部主楼相关范围且无上部结构的部分，其抗震等级可根据具体情况采用三级或四级。

在进行抗震设计时，与主楼连为整体的裙房的抗震等级，除应按裙房本身确定外，相关范围不应低于主楼的抗震等级；主楼结构在裙房顶板上、下各一层应适当加强抗震构造措施。裙房与主楼分离时，应按裙房本身确定抗震等级。

各抗震设防类别的高层建筑结构，其抗震措施应符合下列要求：

1. 甲类、乙类建筑：应按本地区抗震设防烈度提高一度的要求加强其抗震措施，但抗震设防烈度为 9 度时应按比 9 度更高的要求采取抗震措施；当建筑场地为 I 类时，应允许仍按本地区抗震设防烈度的要求采取抗震构造措施。

2. 丙类建筑：应按本地区抗震设防烈度确定其抗震措施；当建筑场地为 I 类时，除 6 度外，应允许按本地区抗震设防烈度降低一度的要求采取抗震构造措施。

当建筑场地为 III、IV 类时，对设计基本地震加速度为 0.15g 和 0.30g 的地区，宜分别按抗震设防烈度 8 度（0.20g）和 9 度（0.40g）时各类建筑的要求采取抗震构造措施。

当甲、乙类建筑按规定提高一度确定抗震措施时，或 III、IV 类场地且设计基本地震加速度为 0.15g 和 0.30g 的丙类建筑提高一度确定抗震构造措施时，如果房屋高度超过提高一度后对应的房屋最大适用高度，则应采取比对应抗震等级更有效的抗震构造措施。

思　考　题

2-1　为什么要控制结构的高宽比？

2-2　结构平面不规则和竖向不规则类型有哪些？是如何进行判断的？

2-3　高层建筑结构的平面布置和竖向布置原则是什么？

2-4　高层建筑楼盖结构有哪些常见类型？如何对其进行选型？

2-5　变形缝分为哪几种？它们的设置原则分别是什么？

2-6　高层建筑结构的基础主要有哪些类型？如何确定其基础埋置深度？

2-7　地震地面运动特性三要素分别是什么？其影响因素包括哪些？

2-8　我国房屋建筑采用的三水准抗震设防目标是什么？

2-9　抗震设计的二阶段方法是指哪两个阶段？

第3章 风和地震作用

高层建筑结构需要有足够的能力承担外荷载作用。作用在高层建筑结构上的外荷载分为竖向荷载和水平荷载。竖向荷载分为自重等恒荷载和使用荷载等活荷载，其计算与一般的房屋建筑并无区别，本章仅做简要介绍；水平荷载分为风荷载和地震作用，是本章介绍的重点内容。

3.1 恒荷载及活荷载的类型与计算

3.1.1 恒荷载

恒荷载包括结构构件、围护构件（如填充墙）、面层及装饰、固定设备、长期储物的自重。根据计算荷载效应的需要，竖向恒荷载可表示为面荷载（单位为"kN/m²"）、分布荷载（单位为"kN/m"）、集中力或荷载总值（单位为"kN"）。恒荷载标准值，一般可根据构件截面尺寸、建筑构造做法厚度及相应的材料自重计算确定；材料自重可从《荷载规范》中查取；固定设备的恒荷载一般由设备样本提供。

3.1.2 活荷载

1. 楼面活荷载

高层建筑楼面均布活荷载的标准值及其组合值、频遇值和准永久值系数，可按《荷载规范》的规定取用。在荷载汇集及内力计算中，应按未经折减的活荷载标准值进行计算，楼面活荷载的折减可在构件内力组合时取用。

2. 屋面活荷载

高层建筑屋面均布活荷载的标准值及其组合值、频遇值和准永久值系数，可按《荷载规范》的规定取用。在有些情况下，应考虑屋面直升机平台的活荷载。

3.2 风荷载的计算

风荷载是高层建筑结构的主要侧向荷载。在地震区，刚度和质量较大的高层结构以地震作用为主。但在低烈度地震区和虽在地震区，但对于房屋较高、质量较轻的钢结构高层建筑，风荷载往往起着主要的作用，有时甚至起着决定性的作用。

高层建筑的风荷载与其所处的地域、高层建筑对风荷载的敏感程度、高层建筑之间的群体效应等因素密切相关，其取值还应根据高层建筑自身的重要程度综合考虑。对风荷载比较敏感的高层建筑（如房屋高度大于 60m 的高层建筑等），承载力设计时的风压应按基本风压的 1.1 倍取值，对房屋高度不超过 60m 且对风荷载比较敏感的高层建筑，承载力设计时的风压取值宜比基本风压有适当的提高。结构的位移计算时，一般可采用基本风压值（或可根据实际情况确定）。

3.2.1　风对高层建筑结构作用的特点

空气流动形成的风遇到建筑物时，受到建筑物的阻挡，从建筑物周围流过的空气气流

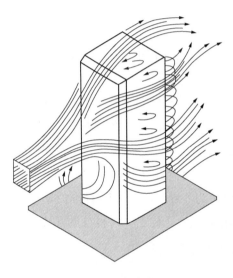

图 3-1　风荷载

的运动方向与速度发生了变化（图 3-1），就在建筑物表面产生压力和吸力，这种压力和吸力作用称为风荷载。在设计抗侧力结构、围护构件及考虑使用者的舒适度时都要用到风荷载。风的作用是不规则的，风压随着风速、风向的紊乱变化而不停地改变，风荷载是随时间而波动的动力荷载，但房屋设计中通常把它看成静荷载。对于高度较大且比较柔软的高层建筑，需要考虑动力效应影响，适当加大风荷载数值。

确定高层建筑风荷载的方法有两种：高度 200m 以下的建筑一般可按照《荷载规范》规定的方法计算风荷载值高度大于 200m 及其他一些情况的建筑，还要通过风洞试验判断确定其风荷载。

3.2.2　单位面积上的风荷载标准值及基本风压

按《荷载规范》规定的方法计算风荷载时，首先确定建筑物表面单位面积上的风荷载标准值，然后计算作用在建筑物表面的风荷载。《荷载规范》规定，主要受力结构 z 高度处垂直作用于建筑物表面单位面积上的风荷载标准值 w_{zk}（kN/m^2）按式（3-1）计算，围护结构 z 高度处垂直作用于围护结构表面单位面积上的风荷载标准值 w_{zk}（kN/m^2）按式（3-2）计算：

$$w_{zk} = \beta_z \mu_s \mu_z w_0 \tag{3-1}$$

$$w_{zk} = \beta_{gz} \mu_{sl} \mu_z w_0 \tag{3-2}$$

式中　w_0——基本风压值（kN/m^2）；

　　　μ_s——风荷载体型系数；

μ_z——风压高度变化系数；

β_z——高度 z 处的风振系数；

μ_{s1}——风荷载局部风压体型系数；

β_{gz}——高度 z 处的阵风系数。

1. 基本风压值 w_0

基本风压值 w_0 指重现期为 50 年（50 年一遇）、空旷平坦地面上离地 10m 处、10min 平均的最大风压值，与风速大小有关。《荷载规范》给出了各地区、各城市的基本风压值 w_0，为该地区（城市）空旷平坦地面上离地 10m 处、重现期为 50 年的 10min 平均最大风速 v_0(m/s) 按式（3-3）计算得到，也可近似按照 $v_0^2/1600$ 计算。

$$w_0 = \frac{1}{2}\rho v_0^2 \tag{3-3}$$

式中 ρ ——空气密度（t/m³）。

《荷载规范》附录 E 给出了我国各地区、各城市对应重现期分别为 10 年与 100 年的风压值。一般情况下，设计使用年限为 50 年的高层建筑取重现期为 50 年的风压值计算风荷载，对于安全等级为一级的高层建筑以及对风荷载比较敏感的高层建筑，承载力设计时采用 100 年重现期的风压值，水平位移计算时采用 50 年重现期的风压值。对风荷载是否敏感，主要与结构的自振特性有关，目前尚无实用的划分标准，可将高度大于 60m 的高层建筑视为对风荷载比较敏感的高层建筑。基本风压值不得小于 0.3kN/m²。在进行舒适度验算时，取重现期为 10 年的风压值计算风荷载。

2. 风压高度变化系数 μ_z

风速由地面处为零沿高度按曲线逐渐增大。当离地面高度低于一定值时，风速变化不大，该高度一般称为截断高度。风速随离地面高度的增加而增加，其变化主要取决于地表粗糙度与温度垂直梯度。当达到某高度处时风速将达到最大值，高度继续增加时风速基本不变，该稳定风速通常称为梯度风速，达梯度风速时的高度称为梯度风高度，将风速变化的高度范围称为大气边界层。地面粗糙度等级低的地区，其截断高度与梯度风高度比等级高的地区低。《荷载规范》将地面粗糙度分为 A、B、C、D 四类，其风速随高度的变化曲线见图 3-2。A 类指近海海面、海岛、海岸、湖岸及沙漠地区；B 类指田野、乡村、丛林、丘陵以及房屋比较稀疏的乡镇和城市郊区；C 类指有密集建筑群的城市市区；D 类指有密集建筑群且房屋较高的大城市中心。城区的地面粗糙度可以采用如下方法确定：以拟建房为原点，以 2km 为半径的迎风半圆作为影响范围，计算其中建筑物高度的面域面积加权平均高度 h，当 h 不小于 18m 时为 D 类，不大于 9m 时为 B 类，B 与 D 类之间为 C 类。面域面积指每座建筑物向外延伸距离为其高度时的面积，在此面域面积内的建筑高度取该建筑物高度；当不同高度的面域相交时，交叠部分的高度取大者。迎风方向以该地区最大风的方向为主，也可取其主导风。

式（3-4）给出了《荷载规范》中平坦或稍有起伏地形、对应各类地面粗糙度时风压

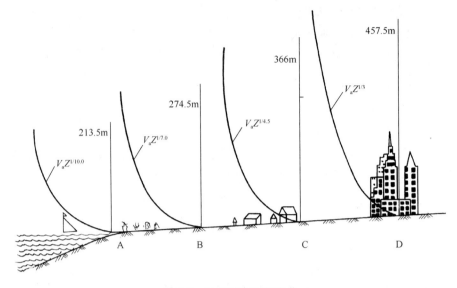

图 3-2 风速随高度的变化

高度变化系数的近似计算公式，计算结果见表 3-1。可以看出，对应 A、B、C、D 类地面粗糙度类型，各自的截断高度分别为 5m、10m、15m 和 30m，梯度风高度分别为 300m、350m、450m 与 550m。

$$\mu_z^A = 1.248 \left(\frac{z}{10}\right)^{0.24} \tag{3-4a}$$

$$\mu_z^B = 1.000 \left(\frac{z}{10}\right)^{0.30} \tag{3-4b}$$

$$\mu_z^C = 0.544 \left(\frac{z}{10}\right)^{0.44} \tag{3-4c}$$

$$\mu_z^D = 0.262 \left(\frac{z}{10}\right)^{0.60} \tag{3-4d}$$

风压高度变化系数 μ_z 表 3-1

离地面或海平面高度 (m)	地面粗糙度类别			
	A	B	C	D
5	1.09	1.00	0.65	0.51
10	1.28	1.00	0.65	0.51
15	1.42	1.13	0.65	0.51
20	1.52	1.23	0.74	0.51
30	1.67	1.39	0.88	0.51
40	1.79	1.52	1.00	0.60
50	1.89	1.62	1.10	0.69
60	1.97	1.71	1.20	0.77
70	2.05	1.79	1.28	0.84

续表

离地面或海平面高度	地面粗糙度类别			
(m)	A	B	C	D
80	2.12	1.87	1.36	0.91
90	2.18	1.93	1.43	0.98
100	2.23	2.00	1.50	1.04
150	2.46	2.25	1.79	1.33
200	2.64	2.46	2.03	1.58
250	2.78	2.63	2.24	1.81
300	2.91	2.77	2.43	2.02
350	2.91	2.91	2.60	2.22
400	2.91	2.91	2.76	2.40
450	2.91	2.91	2.91	2.58
500	2.91	2.91	2.91	2.74
≥550	2.91	2.91	2.91	2.91

对于建造在山区的高层建筑，风压高度变化系数除可参照平坦地面的粗糙度分类按表 3-1 确定外，还应考虑地形条件的影响，乘以修正系数 η。对于山间盆地、谷地等闭塞地形，修正系数 η 可在 0.75～0.85 之间选取。对山峰和山坡地形（图 3-3），对于山脚与顶部平坦地段（图 3-3 中的 A 与 C 点），修正系数 η 取 1.0；对于顶部（图 3-3 中的 B 点），修正系数 η 按式（3-5）计算，AB 间和 BC 间的修正系数 η 按线性插值确定。

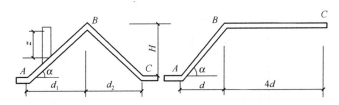

图 3-3 山峰与山坡示意

$$\eta = \left[1 + \kappa \tan\alpha \left(1 - \frac{z}{2.5H}\right)\right]^2 \tag{3-5}$$

式中 α——山峰或山坡在迎风面一侧的坡度；当 $\tan\alpha$ 大于 0.3 时，取 0.3；

    κ——系数，山峰取 2.2，山坡取 1.4；

    H——山顶或山坡全高（m）；

    z——建筑物计算位置离建筑物地面的高度（m）；当 z 大于 2.5H 时，取 $z=$ 2.5H。

对于远海海面和海岛的高层建筑，其风压高度变化系数除可按表 3-1 中 A 类粗糙度确定外，还要根据建筑距离海岸的远近修正，当建筑距离海岸小于 40m 时修正系数取 1.0，当距离海岸为 40～60m 时修正系数取 1.0～1.1，当距离海岸为 60～100m 时修正系数取 1.1～1.2。

3. 风荷载体型系数 μ_s

当风流动经过建筑物时，对建筑物不同的部位会产生不同的效果，有压力，也有吸力。空气流动还会产生涡流，对建筑物局部会产生较大的压力或吸力。因此，风对建筑物表面的作用力并不等于基本风压值，风的作用力随建筑物的体型、尺度、表面位置、表面状况而改变。风作用力大小和方向可以通过实测或风洞试验得到。图 3-4 是一个矩形建筑物的实测结果，图中系数是指表面风压值与基本风压的比值，正值是压力，负值是吸力。图 3-4（a）是房屋平面风压分布系数，表明当空气流经房屋时，在迎风面产生压力，在背风面产生吸力，在侧风面也产生吸力，而且各面风作用力并不均匀；图 3-4（b）、（c）是房屋立面风压分布系数，表明沿房屋每个立面风压值也并不均匀。但在设计时，采用各个表面风作用力的平均值，该平均值与基本风压的比值称为风荷载体型系数。由风荷载体型系数计算的每个表面的风荷载都垂直于该表面。

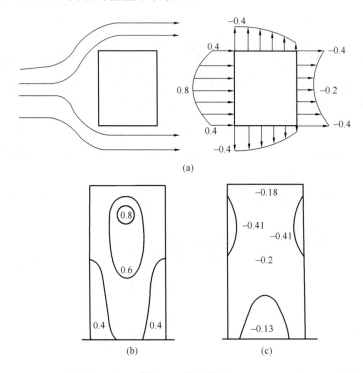

图 3-4　风压分布

（a）空气流经建筑物时风压对建筑物的作用（平面）；（b）迎风面风压分布系数；（c）背风面风压分布系数

计算主体结构的风荷载效应时，风荷载体型系数 μ_s 可按照建筑物的平面形状确定：圆形平面建筑取 0.8；正多边形及截角三角形平面建筑取 $\mu_s = 0.8 + \dfrac{1.2}{\sqrt{n}}$（$n$ 为多边形的边数）；高宽比 H/B 不大于 4 的矩形、方形、十字形平面建筑取 1.3；V 形、Y 形、弧形、双十字形、井字形、L 形、槽形和高宽比 H/B 大于 4 的十字形、高宽比 H/B 大于 4 但长宽比 L/B 不大于 1.5 的矩形和鼓形平面建筑取 1.4。表 3-2 给出了一般高层建筑常用的各种平面形状、各个表面的风荷载体型系数，《高规》附录 B 给出了其他情况的风荷载体型系数。对于重要且体型复杂的高层建筑，其风荷载体型系数应由风洞试验确定。

高层建筑风荷载体型系数　　　　　　　　　　　　表 3-2

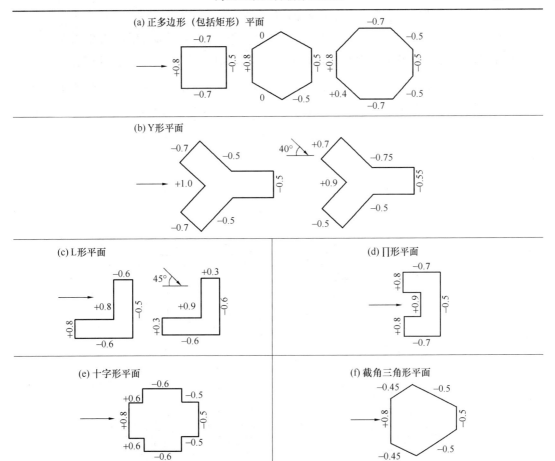

(a) 正多边形（包括矩形）平面

(b) Y形平面

(c) L形平面

(d) ∏形平面

(e) 十字形平面

(f) 截角三角形平面

(g) 矩形截面高层建筑

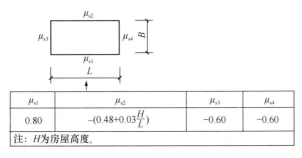

μ_{s1}	μ_{s2}	μ_{s3}	μ_{s4}
0.80	$-(0.48+0.03\dfrac{H}{L})$	-0.60	-0.60
注：H为房屋高度。			

(h) 圆形平面

$\mu_{s2}=0.8$

当多栋或群集高层建筑相互间距较近时，高层建筑间存在风力相互干扰的群体效应，导致建筑物的实际风荷载体型系数比一座单独建筑物的体型系数大。高层建筑特别是超高建筑，不仅沿风荷载作用方向（顺风向）的风压会增加，尤其会出现与顺风向垂直方向的强烈振动（称为横风效应），有时横风效应会大于顺风效应。图 3-5 所示为相同高度的两座建筑间考虑风力相互干扰效应时，其顺风向和横风向风荷载相互干扰系数研究结果，图中左侧建筑为施扰建筑，右侧建筑为受扰建筑。假定风由左向右吹，b 为受扰建筑的迎风面宽度，x 和 y 分别为施扰建筑离受扰建筑的纵向和横向距离。可以看出，在距离施扰建筑较近，特别是位于施扰建筑顺风向方向时，顺风向的荷载相互干扰系数在 1.0～1.1 之间，横风向的荷载相互干扰系数在 1.0～1.3 之间。

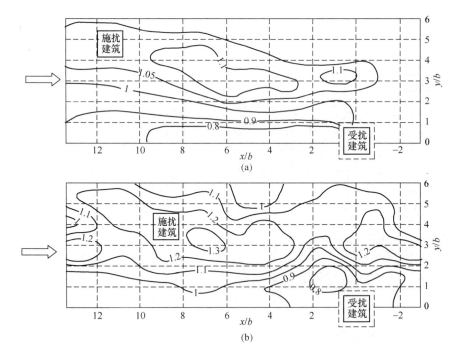

图 3-5　高层建筑间的风荷载相互干扰效应

（a）单个施扰建筑作用的顺风向风荷载相互干扰系数；

（b）单个施扰建筑作用的横风向风荷载相互干扰系数

对于高层建筑间风力相互干扰的群体效应，一般可按单独建筑物的体型系数乘以相互干扰系数的方法计算。对单个施扰建筑，建筑平面为矩形且高度相近时，根据施扰建筑的位置，顺风向风荷载的相互干扰系数可取 1.00～1.10，横风向风荷载的相互干扰系数可取 1.00～1.20；其他情况可参考类似条件的风洞试验资料确定，必要时宜通过风洞试验确定。

4. 风振系数 β_z

风的作用是不规则的。通常近似将风速的平均值看成稳定风速或平均风速，使建筑物产生静侧移；实际风速在平均风速附近波动，风压也在平均风压附近波动，称为波动风压，因此建筑物实际上是在平均侧移附近摇摆，见图 3-6。

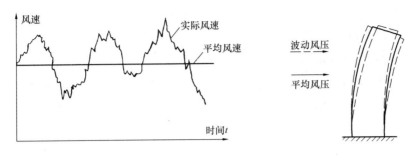

图 3-6　风振动作用

对于高度大于 30m 且高宽比大于 1.5 的房屋建筑，风引起的结构振动比较明显，随着结构自振周期的增长，风振也随之增加。因此，在设计中应考虑风速随时间、空间的变异性和结构阻尼特性等风压脉动对结构产生顺风向风振的影响，原则上应考虑多个振型的影响，按照结构随机振动理论计算。否则取 $\beta_z = 1.0$。

风振响应计算时，近似按照准静态的背景分量及建筑基本周期附近结构的风振共振响应分量之和计算，其中对准静态的背景分量，通过脉动风荷载的背景分量因子 B_z 考虑；对建筑基本周期附近结构的风振共振响应分量，通过共振风量因子 R 考虑。对于沿竖向变化比较规则的高层建筑，其频谱比较稀疏，第 1 振型一般起控制作用，可仅考虑结构第 1 振型的风振影响。结构的顺风向风荷载按式（3-1）计算，其中风振系数 β_z 即用考虑第 1 阶风振惯性力峰值的方法计算，见式（3-6）：

$$\beta_z = 1 + 2gI_{10}B_z\sqrt{1+R^2} \tag{3-6}$$

式中　g——峰值因子，可取 2.5；

　　　I_{10}——10m 高度名义湍流强度，对应 A、B、C 和 D 类地面粗糙度，可分别取 0.12、0.14、0.23 和 0.39；

　　　R——脉动风荷载的共振分量因子；

　　　B_z——脉动风荷载的背景分量因子。

脉动风荷载的共振分量因子 R 按式（3-7）计算，其中考虑了建筑结构第 1 阶自振频率 f_1（Hz）、地面粗糙度修正系数 k_w、基本风压 ω_0 以及结构阻尼比 ξ_1 等因素的影响。结构阻尼比 ξ_1 按照主体结构的材料类型与填充墙的多少确定，钢结构可取 0.01，有填充墙的钢结构可取 0.02，钢筋混凝土与砌体结构可取 0.05，其他结构可根据工程经验确定。

$$R = \sqrt{\frac{\pi}{6\xi_1}\frac{x_1^2}{(1+x_1^2)^{4/3}}} \tag{3-7a}$$

$$x_1 = \frac{30f_1}{\sqrt{k_w\omega_0}},\ x_1 > 5 \tag{3-7b}$$

式中　f_1——建筑结构第 1 阶自振频率（Hz）；

k_w——地面粗糙度修正系数，A、B、C 和 D 类地面粗糙度分别取 1.28、1.0、
　　　0.54 和 0.26；

ξ_1——结构阻尼比。

脉动风荷载的背景分量因子考虑了建筑结构自振频率、结构总高度以及建筑迎风面与侧风面的宽度沿建筑高度的变化情况、脉动风的空间相关系数等因素的影响。对于体型和质量沿高度均匀分布的高层建筑，其脉动风荷载的背景分量因子 B_z 可按式（3-8）计算：

$$B_z = kH^{\alpha_1}\rho_x\rho_z\frac{\phi_1(z)}{\mu_z} \tag{3-8}$$

式中　$\phi_1(z)$——结构第 1 阶振型系数，应根据结构动力计算确定，对外形、质量、刚度
　　　　　　　沿高度比较均匀的高层建筑，也可根据相对高度 z/H 按《荷载规范》
　　　　　　　附录 G 确定；

　　　H——结构总高度（m），对 A、B、C 和 D 类地面粗糙度，H 的取值分别不应
　　　　　大于 300m、350m、450m 和 550m；

　　　ρ_x——脉动风荷载水平方向相关系数，$\rho_x = \dfrac{10\sqrt{B+50e^{-B/50}-50}}{B}$，$B$ 为迎风面
　　　　　宽度（m），$B \leqslant 2H$，对于迎风面宽度 B 较小的结构，$\rho_x = 1$；

　　　ρ_z——脉动风荷载竖直方向相关系数，$\rho_z = \dfrac{10\sqrt{H+60e^{-B/60}-60}}{H}$；

　　　k、α_1——系数，按表 3-3 取值。

系数 k、α_1　　　　　　　　　　　表 3-3

粗糙度类别	A	B	C	D
k	0.944	0.670	0.295	0.112
α_1	0.155	0.187	0.261	0.346

对迎风面和侧风面的宽度沿高度为直线变化或接近直线变化，而质量沿高度按线性规律变化的高耸结构，按式（3-8）计算的脉动风荷载的背景分量因子 B_z 应乘以修正系数 θ_B 与 θ_v。θ_B 为建筑物 z 高度处的迎风面宽度 $B(z)$ 与底部宽度 $B(0)$ 的比值。θ_v 可按表 3-4 确定。

修正系数 θ_v　　　　　　　　　　　表 3-4

$B(H)/B(0)$	1.0	0.9	0.8	0.7	0.6	0.5	0.4	0.3	0.2	$\leqslant 0.1$
θ_v	1.00	1.10	1.20	1.32	1.50	1.75	2.08	2.53	3.0	5.60

5. 风荷载局部风压体型系数 μ_{s1}

当风流动经过建筑物时，对建筑物的不同部位会产生不同的效果，特别在角隅、檐口、边棱处和在附属结构的某些部位（如阳台、雨篷等外挑构件），局部风压会远超过主体结构风荷载的基本风压，如设计不当会造成附属结构局部破坏或附属结构与主体结构间

的连接节点破坏。为了考虑这种建筑物表面局部部位的风压超过全表面平均风压的情况，引入了风荷载局部风压体型系数。

对于封闭式矩形房屋，其墙面与屋面的局部风压体型系数取值如图 3-7 所示。如果围护结构的墙面是迎风面，则局部风压体型系数取 1.0；如为背风面则取 -0.6；如为侧风面（图 3-7a），则靠近迎风面的角隅范围取 -1.4，其他范围取 -1.0，角隅范围按 $\min(B, 2H)/5$ 计算。如果封闭式矩形房屋的屋顶为双坡屋面（图 3-7b）或单坡屋面（图 3-7c），则屋顶的局部风压体型系数不仅考虑屋面的倾角变化的影响，而且考虑边棱处的局部影响，具体取值方法如图 3-7（b）、（c）所示。

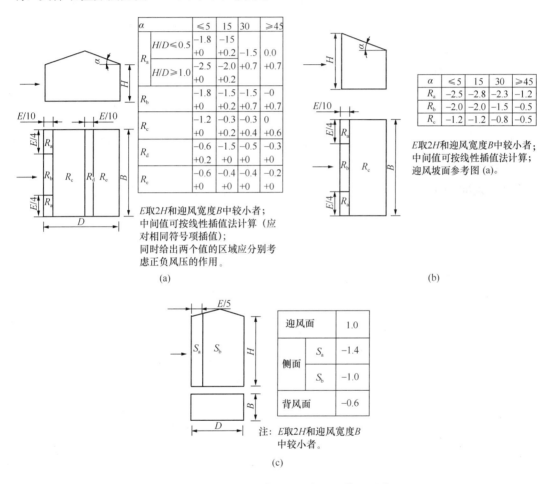

图 3-7　封闭式矩形房屋的局部风压体型系数

（a）墙面；（b）双坡屋面；（c）单坡屋面

对檐口、雨篷、遮阳板、边棱处的装饰条等突出构件，取 -2.0。其他房屋可按主体结构的规定体型系数的 1.25 倍取值。

计算非直接承受风荷载的围护构件的风荷载时，如屋面檩条、幕墙骨架等，局部风压体型系数可按构件的从属面积折减：当从属面积不大于 $1m^2$ 时，折减系数取 1.0；当从属面积不大于或等于 $25m^2$ 时，对墙面折减系数取 0.8，对局部风压体型系数绝对值大于 1.0

的屋面区域折减系数取 0.6，对其他屋面区域折减系数取 1.0；当从属面积大于 $1m^2$，小于 $25m^2$ 时，墙面与局部风压体型系数绝对值大于 1.0 的屋面的局部风压体型系数可采用对数插值，按照下式计算：

$$\mu_{sl}(A) = \mu_{sl}(1) + [\mu_{sl}(25) - \mu_{sl}(1)]\log A/1.4 \qquad (3-9)$$

计算围护构件的风荷载时，其外表面直接承受表面压力或吸力，还需要考虑围护构件内表面的局部压力，通过内部局部风压体型系数确定，具体计算时根据墙面开洞率（一面墙上单个主导洞口面积与该墙面全部面积的比值）大小来确定。对于封闭式建筑或仅一墙面开洞且开洞率不大于 0.02 的建筑物，按照其外表面风压的正负情况取 −0.2 或 0.2。对仅一面墙有主导洞口的建筑物，应参照主导洞口对应位置的局部风压体型系数 μ_{sl} 根据主导洞口开洞率确定：当开洞率大于 0.02 且不大于 0.10 时取 $0.4\mu_{sl}$，当开洞率大于 0.10 且不大于 0.30 时取 $0.6\mu_{sl}$，当开洞率大于 0.30 时取 $0.8\mu_{sl}$。其他情况按照开放式建筑物的 μ_{sl} 取值。

6. 阵风系数 β_{gz}

计算围护结构（包括门窗）的风荷载时，不再区分幕墙与其他构件的差异，全部根据地面粗糙度的类型与计算围护结构离地面的高度确定阵风系数 β_{gz}，取值按表 3-5 确定，其中阵风系数对应的截断高度与梯度风高度和表 3-1 风压高度变化系数的相同。

阵风系数 β_{gz}　　　　　　　　　　　　　　　　　　　　表 3-5

离地面高度（m）	地面粗糙度类别			
	A	B	C	D
5	1.65	1.70	2.05	2.40
10	1.60	1.70	2.05	2.40
15	1.57	1.66	2.05	2.40
20	1.55	1.63	1.99	2.40
30	1.53	1.59	1.90	2.40
40	1.51	1.57	1.85	2.29
50	1.49	1.55	1.81	2.20
60	1.48	1.54	1.78	2.14
70	1.48	1.52	1.75	2.09
80	1.47	1.51	1.73	2.04
90	1.46	1.50	1.71	2.01
100	1.46	1.50	1.69	1.98
150	1.43	1.47	1.63	1.87
200	1.42	1.45	1.59	1.79
250	1.41	1.43	1.57	1.74
300	1.40	1.42	1.54	1.70
350	1.40	1.41	1.53	1.67

离地面高度（m）	地面粗糙度类别			
	A	B	C	D
400	1.40	1.41	1.51	1.64
450	1.40	1.41	1.50	1.62
500	1.40	1.41	1.50	1.60
550	1.40	1.41	1.50	1.59

7. 横向风与扭转风振

在风作用下，建筑物不仅顺风向可能发生风振，在一定条件下由于气流的尾流激励（或旋涡脱落激励）、横风向紊流激励与建筑振动与风之间的耦合效应（气动弹性激励）等原因，建筑物在一定条件下会发生横风向风振效应（称为横风效应），特别当尾流激励频率与结构自振频率相近时，结构可能发生强风共振现象，可能出现严重的振动甚至破坏，国内外都曾发生过很多类似的损坏与破坏事例。

横风向风振效应与建筑的高度、高宽比、结构的自振频率、阻尼比、风速、建筑物迎风面宽度等因素有关。当高层建筑物的高度超过 150m、高宽比大于 5 时可能出现明显的横风效应，并且随着建筑高度或建筑高宽比的增加而增加，一般按照横风向风振的等效风荷载计算。对于平面为圆形、矩形、凹角或削角矩形的高层建筑，其横风向风振的等效风荷载按照《荷载规范》规定的方法计算，对于平面或立面体型较复杂的高层建筑，横风向风振的等效风荷载宜通过风洞试验确定。

由于建筑各个立面风压的非对称性，风荷载作用下建筑物会因为风荷载对结构的偏心而增加结构的扭转效应，这种现象叫扭转风振。扭转风振受建筑物的平面形状、湍流度等因素的影响较大。根据建筑物的高度、高宽比、深宽比、结构自振频率、结构刚度与质量的偏心等因素判断是否需要考虑扭转风振的影响。当建筑的高度超过 150m、高宽比大于 3、深宽比大于 1.5 时，可能出现明显的扭转风振效应，宜考虑扭转风振影响。

高层建筑结构由于高度大，在脉动风荷载作用下，其顺风向荷载、横风向风振等效荷载和扭转风振等效荷载一般同时发生，但 3 种荷载的最大值不一定同时出现，工程设计中需要分别考虑 3 种风荷载独立作用下的效应或 60%顺风向风荷载与 100%横风向风振等效风荷载作用下的效应 4 种情况。

3.2.3　总体风荷载与局部风荷载

总体风荷载是建筑物各表面承受风作用力的合力，是沿高度变化的分布荷载，用于计算抗侧力结构的侧移及各构件内力。首先按式（3-1）计算得到某高度 z 处风荷载标准值 ω_{zk}，然后计算该高度处各个受风面上风荷载的合力值（各受风面上的风荷载垂直于该表面投影后求合力）。也可按下式直接计算 z 高度处沿建筑物高度每米的风荷载：

$$\omega_z = \sum_{i=1}^{n} \beta_z \mu_z \mu_{si} \omega_0 B_i \cos\alpha_i = \beta_z \mu_z \sum_{i=1}^{n} \omega_i \qquad (3\text{-}10)$$

式中　n——建筑外围表面数；

　　　　B_i——第 i 个表面的宽度（m）；

　　　　μ_{si}——第 i 个表面的风荷载体型系数；

　　　　α_i——第 i 个表面法线与总风荷载作用方向的夹角（°）；

　　　　ω_i——第 i 个表面在基本风压荷载作用下沿高度每米的风荷载在计算方向的分力（kN/m），$\omega_i = \omega_0 B_i \cos\alpha_i$。

要注意建筑物每个表面体型系数的正负号，即是风压力还是风吸力，以便在求合力时作矢量相加。由式（3-10）计算得到的 ω_z 是线荷载，单位是"kN/m"。

各表面风力的合力作用点，即为总体风荷载的作用点。设计时，将沿高度分布的总体风荷载的线荷载换算成作用在各楼盖位置的集中荷载，再计算结构的内力及位移。

局部风荷载用于计算结构局部构件、围护构件，或围护构件与主体的连接，如水平悬挑构件、幕墙构件及其连接件等，其单位面积上的风荷载标准值 ω_{zk} 用式（3-2）计算，需要确定相应的风荷载局部风压体型系数与阵风系数。对于檐口、雨篷、遮阳板、阳台等突出构件的上浮力，风荷载局部风压体型系数取 -2.0。

风荷载的组合值系数、频遇值系数和准永久值系数可分别取 0.6、0.4 和 0.0。

3.3　地震作用的计算方法

结构抗震计算的方法主要有 3 种：静力法、反应谱法和时程分析法（直接动力法）。《抗震规范》要求在设计阶段采用反应谱方法计算地震作用及进行结构抗震计算，有些高层建筑结构需要采用时程分析法进行补充计算；第二阶段变形验算采用弹塑性静力分析或弹塑性时程分析方法。在这里主要介绍反应谱方法。

3.3.1　设计反应谱曲线

1. 反应谱法

反应谱法是采用加速度反应谱计算结构地震作用及进行结构抗震计算的方法。20 世纪 40 年代开始，国外开始研究反应谱及采用反应谱进行结构抗震计算，到 20 世纪 50 年代末已基本取代了静力法，反应谱法是结构抗震设计理论和设计方法的一大飞跃。

反应谱是通过单自由度弹性体系的地震反应计算得到的谱曲线。图 3-8（a）所示的单自由度弹性体系在地面加速度运动作用下的运动方程为：

$$m\ddot{x} + c\dot{x} + kx = -m\ddot{x}_0 \qquad (3\text{-}11)$$

式中　m、c、k——分别为单自由度体系的质量、阻尼常数和刚度系数；

x、$\dot{x}$、$\ddot{x}$——分别为质点的位移、速度和加速度反应时程，为时间 t 的函数；

$\ddot{x}_0$——地面运动加速度时程，为时间 t 的函数。

运动方程式（3-11）可通过杜哈梅积分或通过数值计算求解，计算得到随时间变化的质点的加速度、速度、位移反应。图 3-8（a）给出了某个地面运动加速度时程 $\ddot{x}_0(t)$ 作用下质点的加速度反应时程曲线 $\ddot{x}(t)$，刚度为 k_1 的结构加速度反应为 $\ddot{x}_1(t)$，其绝对值最大为 S_{a1}，刚度为 k_2 的结构加速度反应为 $\ddot{x}_2(t)$，其绝对值最大为 S_{a2}，若改变刚度还会有不同的加速度反应最大值。

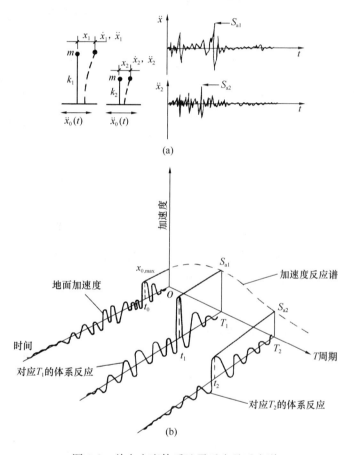

图 3-8 单自由度体系地震反应及反应谱

S_a 与地震作用和结构刚度有关，若将结构刚度用结构周期 T（或频率 f）表示，用某一次地震记录对具有不同结构周期 T 的结构进行计算，可求出不同的 S_a 值，如图 3-8（b）所示，将最大绝对值 S_{a1}、S_{a2}、S_{a3}……在 S_a-T 坐标图上相连，得到一条 S_a-T 关系曲线，称为该地震加速度反应谱。如果结构的阻尼比不同，得到的地震加速度反应谱也不同，阻尼比增大，谱值降低。图 3-9 为 1940 年 El Centro 地震 NS 分量记录的加速度反应谱，各条谱曲线用不同阻尼比计算。同理，取出最大位移及最大速度反应，可以得到位移反应谱和速度反应谱曲线。

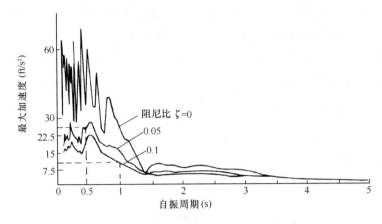

图 3-9　1940 年 El Centro 地震 NS 分量记录加速度反应谱

场地、震级和震中距都会影响地震波的性质，从而影响反应谱曲线形状，因此反应谱的形状也可反映场地土的性质，图 3-10 是不同性

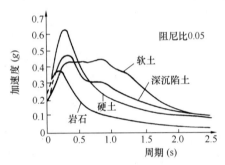

图 3-10　不同性质土壤的地震反应谱

质土壤的场地上记录的地震波的反应谱曲线。硬土反应谱的峰值对应的周期较短，即硬土的卓越周期短，峰值对应周期可近似代表场地的卓越周期，卓越周期是指地震功率谱中能量占主要部分的周期；软土的反应谱峰值对应的周期较长，即软土的卓越周期长，且曲线的平台（较大反应值范围）较硬土大，说明长周期结构在软土地基上的地震作用更大。

目前我国抗震设计都采用加速度反应谱计算地震作用。取加速度反应绝对值最大的值计算惯性力作为地震作用，即：

$$F = mS_a \tag{3-12a}$$

将公式的右边改写成：

$$F = mS_a = \frac{\ddot{x}_{0,\max}}{g} \frac{S_a}{\ddot{x}_{0,\max}} mg = k\beta G = \alpha G \tag{3-12b}$$

式中　α——地震影响系数，$\alpha = k\beta$；

　　　G——质点的重量，$G = mg$；

　　　g——重力加速度；

　　　k——地震系数，$k = \ddot{x}_{0,\max}/g$，即地面运动最大加速度与重力加速度比值；

　　　β——动力系数，$\beta = S_a/\ddot{x}_{0,\max}$，即结构最大加速度反应相对于地面最大加速度的放大系数；β 与 $\ddot{x}_{0,\max}$、结构周期 T 及阻尼比 ξ 有关，β-T 曲线称为 β 谱。

计算发现，不同地震波的 $\beta_{\max}$ 值在一定范围内，平均值在 2.25～2.5 上下。采用一定

数量的地震波的 β-T 曲线的平均曲线作为设计依据，称为标准 β 谱曲线。我国房屋建筑抗震设计采用 α 曲线，即 $k\beta$ 曲线，该曲线还表达了地面运动的强烈程度。由于同一烈度的 k 值为常数，α 曲线的形状与谱曲线的形状相同，α 曲线又称为地震影响系数曲线。后面将详细介绍。

2. 设计反应谱曲线

（1）地震影响系数曲线

《抗震规范》规定的设计反应谱以地震影响系数曲线的形式给出。该曲线是基于不同场地的国内外大量地震加速度记录的反应谱得到的。计算这些地震加速度记录的动力系数 β 谱曲线，经过处理，得到标准 β 谱曲线；计入 k 值后形成 α 曲线，即规范给出的地震影响系数曲线，见图 3-11。

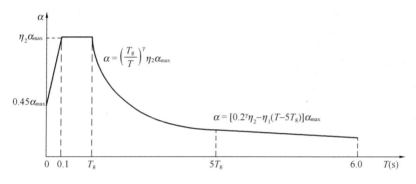

图 3-11 地震影响系数曲线

α—地震影响系数；$\alpha_{\max}$—地震影响系数最大值；η_1—直线下降段的下降斜率调整系数；

γ—衰减指数；T_g—特征周期；η_2—阻尼调整系数；T—结构自振周期

由图 3-11 可见，地震影响系数曲线由 4 段组成：①直线上升段，周期小于 0.1s 的区段；②水平段，自 0.1s 至特征周期 T_g 的区段，地震影响系数取 $\eta_2\alpha_{\max}$；η_2 为阻尼调整系数，$\alpha_{\max}$ 为地震影响系数最大值；③曲线下降段，自特征周期至 5 倍特征周期的区段，衰减指数为 γ，与结构阻尼比有关；④直线下降段，自 5 倍特征周期至 6.0s 的区段，下降斜率调整系数为 η_1，也与结构阻尼比有关。对于周期大于 6s 的结构，地震影响系数需要专门研究。表 3-6 列出了水平地震影响系数最大值 $\alpha_{\max}$。

水平地震影响系数最大值 $\alpha_{\max}$ 表 3-6

地震影响	烈度			
	6	7	8	9
多遇地震	0.04	0.08（0.12）	0.16（0.24）	0.32
设防地震	0.12	0.23（0.34）	0.45（0.68）	0.90
罕遇地震	0.28	0.50（0.72）	0.90（1.20）	1.40

注：括号中数值分别用于设计基本地震加速度为 0.15g 和 0.30g 的地区。

图 3-11 给出了地震影响系数曲线下降段和直线下降段的表达式，公式中各系数与结

构阻尼比 ζ 有关。曲线下降段的衰减指数 γ 用下式计算：

$$\gamma = 0.9 + \frac{0.05 - \zeta}{0.3 + 6\zeta} \qquad (3-13)$$

直线下降段的下降斜率调整系数 η_1 用下式计算，小于 0 时取 0：

$$\eta_1 = 0.02 + \frac{0.05 - \zeta}{4 + 32\zeta} \qquad (3-14)$$

阻尼调整系数 η_2 用下式计算，小于 0.55 时取 0.55：

$$\eta_2 = 1 + \frac{0.05 - \zeta}{0.08 + 1.6\zeta} \qquad (3-15)$$

结构阻尼比 ζ 确定后，代入公式计算系数，然后计算结构周期 T 对应的 α 值。钢筋混凝土结构取 $\zeta = 0.05$，钢结构按其高度确定阻尼比。阻尼比为 0.05 时，衰减指数 $\gamma = 0.9$，直线下降段斜率调整系数 $\eta_1 = 0.02$，阻尼调整系数 $\eta_2 = 1.0$。

（2）特征周期 T_g 与场地土和场地

地震影响系数 α 值除与烈度、结构自振周期及阻尼比有关外，还与特征周期 T_g 有关。地震影响曲线水平段的终点对应的周期即为特征周期 T_g，特征周期与设计地震分组及场地类别有关，按表 3-7 确定。

特征周期（s）　　　　　　　　　　　　　　　　表 3-7

设计地震分组	场地类别				
	I_0	I_1	II	III	IV
第一组	0.20	0.25	0.35	0.45	0.65
第二组	0.25	0.30	0.40	0.55	0.75
第三组	0.30	0.35	0.45	0.65	0.90

建筑的场地类别，根据土层等效剪切波速和场地覆盖层厚度按表 3-8 划分为 I、II、III、IV 四类，其中 I 类场地分为 I_0 场地和 I_1 场地两亚类。由表 3-8 可见，剪切波速越小、场地覆盖层厚度越大，则场地类别越高。

各类建筑场地的覆盖层厚度（m）　　　　　　　　　表 3-8

岩石的剪切波速或土的等效剪切波速（m/s）	场地类别				
	I_0	I_1	II	III	IV
$v_s > 800$	0				
$800 \geqslant v_s > 500$		0			
$500 \geqslant v_s > 250$		<5	$\geqslant 5$		
$250 \geqslant v_s > 150$		<3	3～50	>50	
$v_s \leqslant 150$		<3	3～15	15～80	>80

注：v_s 系岩石的剪切波速。

建筑的场地，是指工程群体所在地，具有相似的反应谱特征；其范围相当于厂区、居民小区和自然村或不小于 $1.0km^2$ 的平面面积。土层的剪切波速及覆盖层厚度可在场地初步勘察阶段和详细勘察阶段测试得到。对丁类建筑及丙类建筑中层数不超过 10 层、高度不超过 24m 的多层建筑，当无实测剪切波速时，可根据岩土名称和性状，按表 3-9 划分土的类型，再利用当地经验在表 3-8 的剪切波速范围内估算各土层的剪切波速。

由表 3-9 可见，土的类型分为五类：岩石、坚硬土或软质岩石、中硬土、中软土和软弱土；场地土越软，土层剪切波速越小。

土的类型划分和剪切波速范围

表 3-9

土的类型	岩土名称和性状	土层剪切波速范围 (m/s)
岩石	坚硬、较硬且完整的岩石	$v_s>800$
坚硬土或软质岩石	破碎和较破碎的岩石或软和较软的岩石，密实的碎石土	$800 \geqslant v_s>500$
中硬土	中密、稍密的碎石土，密实、中密的砾砂、粗砂、中砂，$f_{ak}>150$ 的黏性土和粉土，坚硬黄土	$500 \geqslant v_s>250$
中软土	稍密的砾砂、粗砂、中砂，除松散外的细砂、粉砂，$f_{ak} \leqslant 150$ 的黏性土和粉土，$f_{ak}>130$ 的填土，可塑新黄土	$250 \geqslant v_s>150$
软弱土	淤泥和淤泥质土，松散的砂，新近沉积的黏性土和粉土，$f_{ak} \leqslant 130$ 的填土，流塑黄土	$v_s \leqslant 150$

注：f_{ak} 为由载荷试验等方法得到的地基承载力特征值（kPa）；v_s 为土层剪切波速。

为了反映震级与震中距的影响，依据 2001 版《中国地震动反应谱特征周期区划图》，《抗震规范》将建筑工程的设计地震分为三组：将区划图中特征周期为 0.35s 的区域作为设计地震第一组；区划图中特征周期为 0.40s 的区域作为设计地震第二组；区划图中特征周期为 0.45s 的区域作为设计地震第三组。2008 年汶川地震后，依据 2008 年第 1 号对特征周期区划图的修改单，对设计地震分组进行了调整。依据第五代地震区划图，《抗震规范》附录 A 列出了我国各县级及县级以上城镇的中心地区建筑工程抗震设计时所采用的抗震设防烈度、设计基本地震加速度和所属的设计地震分组。震害调查表明，在相同烈度下，震中距离远近不同和震级大小不同的地震，产生的震害是不同的。例如，同样是 7 度，如果距离震中较近，则地面运动的短周期成分多，特征周期短，对刚性结构造成的震害大，长周期的结构反应较小；距离震中远，短周期振动衰减比较多，特征周期比较长，则高柔结构受地震的影响大。《抗震规范》用设计地震分组，粗略地反映这一宏观现象。分在第三组的城镇，由于特征周期 T_g 较大，长周期结构的地震作用会较大。

3.3.2　反应谱方法计算

《抗震规范》规定，设防烈度为 6 度及以上地区的建筑必须进行抗震设计。而对于 7、8、9 度以及 6 度设防的不规则建筑及建造在 IV 类场地上的较高的高层建筑应计算多遇地震的地震作用及进行多遇地震作用下的截面抗震验算和抗震变形验算。

　　一般情况下，应至少在建筑结构的两个主轴方向分别计算水平地震作用，各方向的水平地震作用由该方向的抗侧力构件承担；有斜交抗侧力构件的结构，当相交角度大于15°时，应分别计算各抗侧力构件方向的水平地震作用；质量和刚度分布明显不对称的结构，应计入双向水平地震作用下的扭转影响，其他情况应允许采用调整地震作用效应的方法计入扭转影响；8、9度时的大跨度和长悬臂结构及9度时的高层建筑，应计算竖向地震作用。

　　由于地震作用的大小、方向、频率均具有随机性，难以精准计算，因此需要采用等效计算的方法，可采用反应谱底部剪力法和振型分解反应谱法，特别不规则的建筑、甲类建筑和7度及以上较高的高层建筑应采用弹性时程分析法进行多遇地震下的补充计算。

　　1. 反应谱底部剪力法

　　反应谱底部剪力法适用于高度不超过40m、以剪切变形为主且质量和刚度沿高度分布比较均匀的结构；用反应谱底部剪力法计算地震作用时，将多自由度体系等效为单自由度体系，采用结构基本自振周期计算总水平地震作用，然后再按一定方法分配到各个楼层。

　　结构底部总水平地震作用标准值为：

$$F_{Ek} = \alpha_1 G_{eq} \tag{3-16}$$

式中　α_1——相应于结构基本自振周期的水平地震影响系数值，按3.3.1节计算得到；

　　　　G_{eq}——结构等效总重力荷载，单质点结构取$G_{eq}=G_E$；

　　　　G_E——结构总重力荷载代表值，为各层重力荷载代表值之和；重力荷载代表值是指100%的恒荷载、50%～80%的楼面活荷载、50%的雪荷载和50%的屋面积灰荷载之和，不计入屋面活荷载。

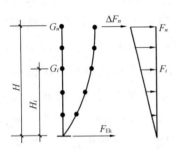

图 3-12　水平地震
作用沿高度分布

　　水平地震作用沿高度分布形式如图3-12所示，i楼层处的水平地震作用标准值F_i按下式计算：

$$F_i = \frac{G_i H_i}{\sum_{j=1}^{n} G_j H_j} F_{Ek}(1-\delta_n) \quad (i=1, 2, \cdots, n) \tag{3-17}$$

式中　δ_n——顶部附加地震作用系数；

　　　　G_i——第i层（i质点）的重力荷载代表值，与G_E计算相同。

　　为了考虑高振型对水平地震作用沿高度分布的影响，在顶部附加水平地震作用。顶部附加水平地震作用ΔF_n为：

$$\Delta F_n = \delta_n F_{Ek} \tag{3-18}$$

　　基本周期$T_1 \leqslant 1.4T_g$时，高振型影响小，不考虑顶部附加水平地震作用，$\delta_n=0$。基

本周期 $T_1 > 1.4T_g$ 时，δ_n 与 T_g 有关，见表 3-10。

顶部附加水平地震作用系数 δ_n 表 3-10

T_g（s）	$T_1>1.4T_g$	$T_1 \leqslant 1.4T_g$
$T_g \leqslant 0.35$	$0.08T_1+0.07$	
$0.35<T_g \leqslant 0.55$	$0.08T_1+0.01$	0.0
$T_g>0.55$	$0.08T_1-0.02$	

由于顶部鞭梢效应的影响，突出屋面的屋顶间、女儿墙、烟囱等的地震作用效应将被放大。当采用反应谱底部剪力法计算地震作用效应时，宜乘以增大系数 3，但此增大部分不往下传递，与该突出部分相连的构件应计入其影响。

2. 振型分解反应谱法

较高的结构，除基本振型的贡献外，高振型的影响比较大，因此高层建筑都采用振型分解反应谱法考虑多个振型的组合计算地震作用。一般可将质量集中在楼盖位置，首先分别计算各振型的水平地震作用及其效应（弯矩、轴力、剪力、位移等），然后进行内力与位移的振型组合。

按照结构是否考虑扭转耦联振动影响，采用不同的振型分解反应谱法计算结构的地震作用及地震作用效应。

（1）不考虑扭转耦联的振型分解反应谱法

不考虑扭转耦联振动影响的结构，一个水平主轴方向每个楼层为一个平移自由度，n 个楼层有 n 个自由度、n 个频率和 n 个振型，其中一个水平主轴的振型示意如图 3-13 所示。

结构第 j 振型、i 质点的水平地震作用标准值 F_{ji} 为：

$$F_{ji} = \alpha_j \gamma_j x_{ji} G_i \quad (i = 1, 2, \cdots, n, \ j = 1, 2, \cdots, m) \quad (3-19)$$

式中 α_j——相应于 j 振型自振周期的地震影响系数；

    x_{ji}——j 振型 i 质点的水平相对位移；

    G_i——质点 i 的重力荷载代表值，与底部剪力法中 G_E 计算相同；

    γ_j——j 振型的振型参与系数，按下式计算：

$$\gamma_j = \frac{\sum\limits_{i=1}^{n} x_{ij} G_i}{\sum\limits_{i=1}^{n} x_{ij}^2 G_i} \quad (3-20)$$

    n——结构计算总质点数，小塔楼宜每层作为一个质点参与计算；

    m——结构计算振型数，规则结构可取 3，当建筑较高、结构沿竖向刚度不均匀时可取 5～6。

每个振型的水平地震作用方向与图 3-13 给出的水平相对位移方向相同，每个振型都

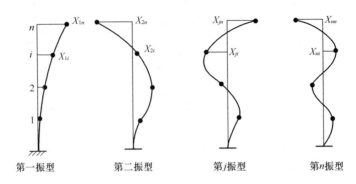

图 3-13　不考虑扭转耦联的结构振型示意图

可由水平地震作用计算得到结构的位移和各构件的弯矩、剪力和轴力。

反应谱法中各振型的水平地震作用是振动过程中的最大值，其产生的内力和位移也是最大值，实际上各振型的内力和位移达到最大值的时间一般并不相同，因此，不能简单地将各振型的内力和位移直接相加，而应通过概率统计将各个振型的内力和位移进行组合，这就是振型组合。

高层建筑并非所有的振型都起主要作用，而是前几个振型起主要作用，因此，只需要用有限个振型计算内力和位移。如果有限个振型参与的有效质量达到总质量的 90% 以上，所取的振型数就够了。

第 j 振型参与的等效质量由式（3-21a）计算：

$$\gamma G_j = \frac{\left(\sum_{i=1}^{n} x_{ij} G_i\right)^2}{\sum_{i=1}^{n} x_{ji}^2 G_i} \tag{3-21a}$$

若取前 m 个振型，则参与的有效质量总和的百分比为：

$$\gamma_G^m = \frac{\sum_{j=1}^{m} \gamma G_j}{G_E} \tag{3-21b}$$

不考虑扭转耦联振动影响的结构，一般取前 3 个振型进行组合；但如果建筑较高或较柔，基本自振周期大于 1.5s，或房屋高宽比大于 5，或结构沿竖向刚度不均匀时，振型数应增加，一般取 5～6 个振型进行组合；组合的振型数是否足够，可采用式（3-21）检验有效参与质量是否达到 90% 以上。

不考虑扭转耦联振动影响的结构，根据随机振动理论，地震作用下的内力和位移由各振型的内力和位移平方求和以后再开方的方法（Square Root of Sum of Square，简称 SRSS 方法）组合得到：

$$S_{Ek} = \sqrt{\sum_{j=1}^{m} S_j^2} \tag{3-22}$$

式中 m——参与组合的振型数；

S_j——j 振型水平地震作用标准值的效应（弯矩、剪力、轴力、位移等）；

S_{Ek}——水平地震作用标准值的效应。

采用振型分解反应谱法时，突出屋面的小塔楼按每层作为一个质点参与计算，鞭梢效应可在高振型中体现。

（2）扭转耦联振型分解反应谱法

考虑扭转影响的平面、竖向不规则结构，按扭转耦联振型分解反应谱法计算地震作用及其效应时，各楼层可取两个正交的水平位移和一个转角位移共 3 个自由度，即 x、y、z 3 个自由度，k 个楼层有 $3k$ 个自由度、$3k$ 个频率和 $3k$ 个振型，每个振型中各质点振幅有 3 个分量，当其中两个分量不为零时，振型耦联。

由于振型耦联，计算一个方向的地震作用时，会同时得到 x、y 方向及转角方向的地震作用。j 振型 i 层的水平地震作用标准值，按下列公式确定：

$$F_{xji} = \alpha_j \gamma_{tj} x_{ji} G_i \tag{3-23a}$$

$$F_{yji} = \alpha_j \gamma_{tj} y_{ji} G_i \quad (i = 1,2,\cdots,n; j = 1,2,\cdots,m) \tag{3-23b}$$

$$F_{tji} = \alpha_j \gamma_{tj} r_i^2 \theta_{ji} G_i \tag{3-23c}$$

式中 F_{xji}、F_{yji}、F_{tji}——分别为 j 振型 i 层的 x 方向、y 方向和转角方向的地震作用标准值；

x_{ji}、y_{ji}——分别为 j 振型 i 层质心在 x、y 方向的水平相对位移；

θ_{ji}——j 振型 i 层的相对扭转角；

r_i——i 层转动半径，可按下式计算：

$$r_i^2 = I_i g / G_i \tag{3-24}$$

I_i——i 层质量绕质心的转动惯量；

γ_{tj}——计入扭转的 j 振型的参与系数，可按下列公式确定：

当仅取 x 方向地震作用时：

$$\gamma_{tj} = \sum_{i=1}^{n} x_{ij} G_i / \sum_{i=1}^{n} (x_{ji}^2 + y_{ji}^2 + \theta_{ji}^2 r_i^2) G_i \tag{3-25a}$$

当仅取 y 方向地震作用时：

$$\gamma_{tj} = \sum_{i=1}^{n} y_{ij} G_i / \sum_{i=1}^{n} (x_{ji}^2 + y_{ji}^2 + \theta_{ji}^2 r_i^2) G_i \tag{3-25b}$$

当取与 x 方向斜交的地震作用时：

$$\gamma_{tj} = \gamma_{xj} \cos\theta + \gamma_{yj} \sin\theta \tag{3-25c}$$

式中 n——总自由度数；

θ——地震作用方向与 x 方向的夹角。

单向水平地震作用下的扭转耦联效应采用完全二次方程法（Complete Quadratic Combination，简称 CQC 法）确定：

$$S_{Ek} = \sqrt{\sum_{j=1}^{m} \sum_{r=1}^{m} \rho_{jr} S_j S_r} \tag{3-26}$$

$$\rho_{jr} = \frac{8\sqrt{\zeta_j \zeta_r}(\zeta_j + \lambda_T \zeta_r)\lambda_T^{3/2}}{(1-\lambda_T^2)^2 + 4\zeta_j \zeta_r \lambda_T (1+\lambda_T)^2 + 4(\zeta_j^2 + \zeta_r^2)\lambda_T^2} \tag{3-27}$$

式中　S_{Ek}——考虑扭转的地震作用标准值的效应；

S_j、S_r——分别为 j 振型和 r 振型地震作用标准值的效应；

　　m——参与组合的振型数，一般情况下可取 9～15，多塔楼建筑每个塔楼的振型数不小于 9；

　　ρ_{jr}——j 振型与 r 振型的耦联系数；

　　λ_T——j 振型与 r 振型的周期比，$\lambda_T = T_j/T_r$。

ζ_j、ζ_r——分别为结构 j、r 振型的阻尼比，当 $\zeta_j = \zeta_r = \zeta$ 时，式（3-27）变为：

$$\rho_{jr} = \frac{8\zeta^2(1+\lambda_T)\lambda_T^{3/2}}{(1-\lambda_T^2)^2 + 4\zeta^2 \lambda_T (1+\lambda_T)^2 + 8\zeta^2 \lambda_T^2} \tag{3-28}$$

当 T_j 小于 T_r 较多时，λ_T 很小，由式（3-27）计算的 ρ_{jr} 值也很小，在式（3-26）中该项可以忽略；当 $T_j = T_r$ 时，$\lambda_T = 1$，因此 $\rho_{jr} = 1$，在式（3-26）中该项为 S_j 的平方，这样，CQC 公式就简化为 SSRS 公式了。因此可以说，SSRS 方法是 CQC 方法的特例，适用于不考虑扭转耦联的结构。

双向水平地震作用下的扭转耦联效应，可以按式（3-29）和式（3-30）的较大值确定：

$$S_{Ek} = \sqrt{S_x^2 + (0.85S_y)^2} \tag{3-29}$$

$$S_{Ek} = \sqrt{S_y^2 + (0.85S_x)^2} \tag{3-30}$$

式中　S_x、S_y——分别为 x 向、y 向单向水平地震作用按照式（3-25）计算的扭转效应。

3. 时程分析法

特别不规则的高层建筑，甲类建筑，8 度 Ⅰ、Ⅱ 类场地和 7 度高度超过 100m 的高层建筑，8 度 Ⅲ、Ⅳ 类场地高度超过 80m 和 9 度高度超过 60m 的房屋建筑，需采用弹性时程分析法做多遇地震作用下的补充计算。所谓"补充"，主要指对计算结果的底部剪力、楼层剪力和层间位移进行比较，当时程分析法大于振型分解反应谱法时，相关部位的构件内力和配筋作相应的调整。

弹性时程分析的计算并不困难，各种商用计算程序中都可以实现，困难在于选用合适的地震加速度时程曲线，这是因为地震是随机的，很难预估结构未来可能遭受到什么样的地面运动，因此，一般要选数条地震波进行多次计算。《抗震规范》要求应选用两组实际强震记录和一组人工模拟的地震加速度时程曲线或五组实际强震记录和两组人工模拟的地震加速度时程曲线作为输入。应按建筑场地类别和设计地震分组，选用实际强震记录和人工模拟的地震加速度时程曲线，多组时程曲线的平均地震影响系数曲线应与振型分解反应谱法所采用的地震影响系数曲线在统计意义上相符，即多组时程波的平均地震影响系数曲线与振型分解反应谱法所用的地震影响系数曲线相比，在对应于结构主要振型的周期点上相差不大于 20%。其加速度时程的最大值，即地震波的加速度峰值，根据设防烈度按表 3-11 的规定取用。双向（两个水平方向）或三向（两个水平方向与一个竖向）地震输入时，其加速度最大值通常按照 1（水平 1）：0.85（水平 2）：0.65（竖向）的比例调整。

时程分析所用地震加速度时程的最大值（cm/s²）　　　　　　表 3-11

设防烈度	6 度	7 度	8 度	9 度
多遇地震	18	35(55)	70(110)	140
设防烈度地震	50	100(150)	200(300)	400
罕遇地震	125	220(310)	400(510)	620

注：括号内数值分别用于设计基本地震加速度为 0.15g 和 0.30g 的地区。

输入的地震加速度时程曲线的有效持续时间（从首次达到该时程曲线最大值的 10% 那一点算起到最后一点到达最大值的 10% 为止的间隔）一般为结构基本周期的 5～10 倍，保证结构顶点的位移可按基本周期往复 5～10 次，防止输入的加速度持时太短，结构还没有完成一次基本动力响应地震就结束。弹性时程分析时，每条时程曲线计算所得结构底部剪力不应小于振型分解反应谱法计算结果的 65%，多条时程曲线计算所得结构底部剪力的平均值不应小于振型分解反应谱法计算结果的 80%。从工程角度考虑，这样可以保证时程分析结果满足最低安全要求。但时程分析的计算结果也不能太大，每条地震波输入计算不大于反应谱法的 135%，平均不大于 120%。工程设计中，可以通过选择合适的地震加速度记录，达到上述要求。

3.3.3　竖向地震作用计算

9 度抗震设计时的高层建筑等，需要计算竖向地震作用。竖向地震作用可以用下述方法计算：

结构总竖向地震作用标准值：

$$F_{\mathrm{Evk}} = \alpha_{\mathrm{v,max}} G_{\mathrm{eq}} \tag{3-31}$$

第 i 层竖向地震作用：

$$F_{\mathrm{v}i} = \frac{G_i H_i}{\sum_{j=1}^{n} G_j H_j} F_{\mathrm{Evk}} \tag{3-32}$$

第 i 层竖向总轴力：

$$N_{\mathrm{v}i} = \sum_{j=1}^{n} F_{\mathrm{v}i} \tag{3-33}$$

式中 $\alpha_{v,\max}$——竖向地震影响系数，取水平地震影响系数（多遇地震）的 0.65 倍；

    G_{eq}——结构等效总重力荷载，取 $G_{eq} = 0.75G_E$，G_E 为结构总重力荷载代表值。

求得第 i 层竖向总轴力后，按各墙、柱所承受的重力荷载代表值大小，将 N_{vi} 分配到各墙、柱上。竖向地震引起的轴力可能为拉，也可能为压，组合时按不利值取用。

3.3.4 反应谱方法的优缺点

反应谱法以其概念清晰、计算简单而被广泛应用，至今仍是各国规范的基本计算方法。反应谱法根据《抗震规范》按 4 类场地土给出的设计反应谱进行计算，对于常规的高层建筑结构计算，只取少数几个低阶振型就可以求得较为满意的结果，计算量少；并且反应谱法将时变动力问题转化为拟静力问题，易于为工程师接受，这些都是反应谱法的优点所在。

由于目前采用的反应谱法对结构地震作用采用弹性反应谱理论，反应谱法的最大缺点是假定结构是弹性状态，原则上只适用于弹性结构体系。然而地震是一种不经常发生的偶然荷载，一般允许结构在强烈地震中进入非线性状态，弹性反应谱法不能直接使用。另外，地震反应谱失掉相位信息，经叠加得到的结构反应最大值是一个近似值，尽管可能是一个很好的近似值，但各种叠加方案都有一定的局限性，不是任何情况下都能给出满意的结果。计算结果只能给出最大反应值，而不能给出发生反应的全过程。在抗震设计中最大的内力反应是最受关注的，但相邻截面的最大反应或即使在同一截面上各个内力的最大反应发生的时刻各不相同，在结构强度或应力验算中应取发生在同一时刻的反应值，如最大弯矩相应的轴力和剪力，或最大轴力相应的弯矩和剪力等，这一点反应谱法无法做到。

3.4 结构的自振周期

结构自振周期的计算方法可分为：理论计算、半理论半经验公式计算和经验公式计算三类。

3.4.1 刚度法求多自由度体系周期和振型的概念

1. 刚度法

理论方法即采用刚度法或柔度法，通过求解特征方程，得到结构的自振周期和振型。采用振型分解反应谱法计算地震作用时，采用理论方法和程序计算结构的自振周期和振型。理论方法适用于各类结构，在这里主要介绍刚度法求解。

n 个自由度体系有 n 个频率，直接计算结果是圆频率 ω，单位是 "rad/s"，各阶频率的排列次序为 $\omega_1 < \omega_2 < \omega_3 \cdots$；通过换算可得工程频率 f，$f = \omega/2\pi$，单位为赫兹（Hz，即 1/s），周期 T 与频率的关系为 $T = 1/f = 2\pi/\omega$，$T_1 > T_2 > T_3 \cdots$。实际上，工程设计中只需

要前面若干个周期及振型。

求解过程如下：

（1）求刚度矩阵 K

每层侧移刚度的物理意义是：该层上、下端发生相对单位侧移时，该层柱子的剪力之和。通过每层侧移刚度，计算出刚度系数并列出刚度矩阵 K。

（2）求频率

根据各楼层质量写出质量矩阵 M，利用 $K-\omega^2 M$ 展开行列式整理出频率方程，求解出频率。

（3）求振型

将各阶频率代入关于振幅列阵的齐次线性方程组（即振型列阵）：

$$(K-\omega^2 M)C = 0 \tag{3-34}$$

同时令第一个自由度的振幅为 1，这时求出的振幅列阵称为规范化的振型列阵，用 $\boldsymbol{\Phi}_j$ （$j=1$，2，$\cdots$，n）表示。即代入式：

$$\begin{cases} (K-\omega^2 M)\boldsymbol{\Phi}_j = 0 \\ \boldsymbol{\Phi}_j(1) = 1 \end{cases} (j=1,2,\cdots,n) \tag{3-35}$$

求解出振型。

理论方法得到的周期比结构的实际周期长，原因是计算中没有考虑填充墙等非结构构件对刚度的增大作用，实际结构的质量分布、材料性能、施工质量等也不像计算模型那么理想。若直接用理论周期值计算地震作用，则地震作用可能偏小，因此必须对周期值（包括高振型周期值）作修正。修正（缩短）系数 m 为：框架结构取 0.6～0.7，框架-剪力墙结构取 0.7～0.8（非承重填充墙较少时，取 0.8～0.9），剪力墙结构不需修正。

2. 振型

振型是指体系振动的形式，而与振动位移的大小无关。体系振动时，质点的振动位移随时间而变化。当各质点位移均增大或减小某一倍数时，它的振动形式不变，而有一确定的振型。振型是结构体系的一种固有属性，且理论得出的振型与结构体系实际的振动形态不一定相同。

3.4.2 周期的近似计算

1. 半理论半经验公式

半理论半经验公式是对理论公式加以简化，并应用了一些经验系数，所得公式计算方便、快捷，但只能得到基本自振周期，也不能给出振型，通常只在采用底部剪力法时应用。常用的公式介绍如下：

（1）顶点位移法

适用于质量、刚度沿高度分布比较均匀的框架结构、剪力墙结构和框架-剪力墙结构。按等截面悬臂梁作理论计算，简化后得到计算基本周期的公式：

$$T_1 = 1.7\alpha_0\sqrt{\Delta_T} \tag{3-36}$$

式中　Δ_T——结构顶点假想位移，即把各楼层重量 θ_i 作为 i 层楼面的假想水平荷载，视结构为弹性，计算得到的顶点侧移，其单位必须为"m"；

　　　　α_0——结构基本周期修正系数，与理论计算方法的取值相同。

（2）能量法

以剪切变形为主的框架结构，可以用能量法（也称瑞雷法）计算基本周期：

$$T_1 = 2\pi\alpha_0\sqrt{\dfrac{\sum\limits_{i=1}^{N}G_i\Delta_i^2}{g\sum\limits_{i=1}^{N}G_i\Delta_i}} \tag{3-37}$$

式中　G_i——i 层重力荷载；

　　　　Δ_i——假想侧移，是把 G_i 作为 i 层楼面的假想水平荷载，用弹性方法计算得到的结构 i 层楼面的侧移，假想侧移可以用反弯点法或 D 值法计算；

　　　　N——楼层数；

　　　　α_0——基本周期修正系数，取值同理论方法。

2. 经验公式

通过对一定数量的、同一类型的已建成结构进行动力特性实测，可以回归得到结构自振周期的经验公式。这种方法也有局限性和误差，一方面，一个经验公式只适用于某类特定结构，结构变化，经验公式就不适用；另一方面，实测时，结构的变形很微小，实测的结构周期短，它不能反映地震作用下结构的实际变形和周期，因此在应用时要将实测周期的统计回归值乘以 1.1～1.5 的加长系数，作为计算周期的经验公式。

经验公式表达简单，使用方便，但比较粗糙，而且也只有基本周期，因此常常用于初步设计，可以很容易估算出底部地震剪力；也可以用于对理论计算值的判断与评价，若理论值与经验公式结果相差太多，有可能是计算错误，也有可能所设计的结构不合理，结构太柔或太刚。

钢筋混凝土剪力墙结构，高度为 25～50m、剪力墙间距为 6m 左右：

$$\begin{cases} T_{1横} = 0.06N \\ T_{1纵} = 0.05N \end{cases} \tag{3-38}$$

钢筋混凝土框架-剪力墙结构：

$$T_1 = (0.06 \sim 0.09)N \tag{3-39}$$

钢筋混凝土框架结构：

$$T_1 = (0.08 \sim 0.1)N \qquad (3\text{-}40)$$

钢结构：

$$T_1 = 0.1N \qquad (3\text{-}41)$$

式中 N——建筑物层数。

框架-剪力墙结构要根据剪力墙的多少确定系数，框架结构要根据填充墙的材料和多少确定系数。

3.5 荷 载 效 应 组 合

在构件承载力验算及位移验算的公式中，左边项 S_d 是组合的内力设计值或位移设计值，是由恒载、活载、风载、地震作用分别计算内力及位移后，进行组合，然后选择最不利内力和位移作为设计值。高层建筑在使用期间可能出现多种荷载效应组合情况（也称为"工况"），结构设计时要将可能的各种组合都考虑到，也就是要做多种组合，不同构件的最不利内力不一定来自同一工况。

荷载效应组合是满足可靠度要求的基本方法，是结构设计的重要环节，是技术性很强而又十分烦琐的工作，在高层建筑结构设计中采用计算程序完成。结构工程师，应当了解荷载效应组合的要求与方法，必要时可以进行检查与校核，判断程序计算结果的合理性和正确性。

荷载效应组合包括内力组合和位移组合。内力组合的目的是要得到构件控制截面的内力，位移组合主要是组合水平荷载作用下的结构侧移和层间位移。组合工况分为持久、短暂设计状况，以及地震设计状况，前者也称为无地震作用效应组合，后者也称为有地震作用效应组合。

承载力验算是极限状态验算，在内力组合时，根据荷载性质不同，荷载效应要乘以各自的分项系数和组合值系数。

1. 持久、短暂设计状况效应组合

持久、短暂设计状况下，当荷载与荷载效应按线性关系考虑时，荷载基本组合的效应设计值按下式确定：

$$S_d = \gamma_G S_{Gk} + \gamma_L \psi_Q \gamma_Q S_{Qk} + \psi_w \gamma_w S_{wk} \qquad (3\text{-}42)$$

式中 S_d——荷载组合的效应设计值；

S_{Gk}、S_{Qk}、S_{wk}——分别为永久荷载标准值的效应，楼面活荷载标准值的效应和风荷载标准值的效应；

γ_G、γ_Q、γ_w——分别为上述各荷载的分项系数；

γ_L——考虑结构设计使用年限的荷载调整系数，设计使用年限为 50 年时取 1.0，设计使用年限为 100 年时取 1.1；

ψ_Q、ψ_w——分别为楼面活荷载组合值系数和风荷载组合值系数，当永久荷载效应起控制作用时应分别取 0.7 和 0.0，当可变荷载效应起控制作用时应分别取 1.0 和 0.6 或 0.7 和 1.0，对书库、档案库、储藏室、通风机房和电梯机房，楼面活荷载组合值系数取 0.7 的场合应取为 0.9。

承载力验算时，荷载基本组合的分项系数取值为：永久荷载的分项系数 γ_G，当其效应对结构承载力不利时，对由可变荷载效应控制的组合取 1.2，对由永久荷载效应控制的组合取 1.35；当其效应对结构承载力有利时，取 1.0；一般情况下，楼面活荷载的分项系数 γ_Q 取 1.4；风荷载的分项系数 γ_w 取 1.4。位移计算为正常使用状态，各分项系数取 1.0。

高层建筑持久、短暂设计状况效应组合基本的荷载工况有两种，即：

① 恒载＋活载

1.2×恒载效应＋1.4×活载效应

1.35×恒载效应＋1.4×0.7×活载效应

② 恒载＋活载＋风荷载

1.2×恒载效应＋1.4×活载效应＋1.0×风荷载效应

2. 地震设计状况效应组合

建筑结构要进行地震设计状况效应组合。当作用与作用效应按线性关系考虑时，荷载和地震作用基本组合的效应设计值按下式确定：

$$S_d = \gamma_G S_{GE} + \gamma_{Eh} S_{Ehk} + \gamma_{Ev} S_{Evk} + \psi_w \gamma_w S_{wk} \tag{3-43}$$

式中　　　　　　　　S_d——荷载和地震作用组合的效应设计值；

S_{GE}、S_{Ehk}、S_{Evk}、S_{wk}——分别为重力荷载代表值的效应，水平地震作用标准值的效应（尚应乘以相应的增大系数、调整系数），竖向地震作用标准值的效应（尚应乘以相应的增大系数、调整系数），风荷载标准值的效应；

γ_G、γ_{Eh}、γ_{Ev}、γ_w——分别为上述各荷载的分项系数；

ψ_w——风荷载组合值系数，取 0.2。

重力荷载代表值是指结构和构配件自重标准值和各可变荷载组合值之和，可变荷载包括雪荷载、屋面积灰荷载、楼面活荷载等，其组合值系数为 0.5～1.0。

高层建筑地震设计状况时，其荷载和地震作用效应组合的基本工况、荷载和作用的分项系数列于表 3-12。当重力荷载代表值效应对构件的承载力有利时，表 3-12 中的 γ_G 取不大于 1.0 的值。位移计算时，各分项系数取 1.0。

高层建筑地震设计状况效应组合时，地震作用效应的标准值应首先乘以相应的调整系数、增大系数，然后再进行效应组合。如薄弱层剪力增大，楼层地震剪力系数调整等。

高层建筑结构抗震设计时，应分别按式（3-42）和式（3-43）计算荷载效应和地震作用效应组合，并按《高规》规定对组合内力计算值进行调整，得到内力设计值，采用内力设计值进行构件截面承载力验算。同一构件的不同截面或不同设计要求，可能对应不同的组合工况，应分别进行验算。

地震设计状况荷载和作用的分项系数　　　　　　　　　　表 3-12

参与组合的荷载和作用	γ_G	γ_{Eh}	γ_{Ev}	γ_w	说明
重力荷载及水平地震作用	1.2	1.3	—	—	高层建筑均应考虑
重力荷载及竖向地震作用	1.2	—	1.3	—	9 度抗震设计时考虑；水平长悬臂和大跨度结构 7 度（0.15g）、8 度、9 度抗震设计时考虑
重力荷载、水平地震作用及竖向地震作用	1.2	1.3	0.5	—	9 度抗震设计时考虑；水平长悬臂和大跨度结构 7 度（0.15g）、8 度、9 度抗震设计时考虑
重力荷载、水平地震作用及风荷载	1.2	1.3	—	1.4	60m 以上的高层建筑考虑
重力荷载、水平地震作用、竖向地震作用及风荷载	1.2	1.3	0.5	1.4	60m 以上的高层建筑，9 度抗震设计时考虑；水平长悬臂和大跨度结构 7 度（0.15g）、8 度、9 度抗震设计时考虑
	1.2	0.5	1.3	1.4	水平长悬臂和大跨度结构，7 度（0.15g）、8 度、9 度抗震设计时考虑

注：1. g 为重力加速度；

　　2. "—"表示组合中不考虑该项荷载或作用效应。

3.6　结构简化计算原则

3.6.1　结构计算的一般原则

应保证在荷载作用下结构有足够的承载能力及刚度，以保证结构的安全和正常使用。在使用荷载作用下，结构应处于弹性阶段或有荷载时小的裂缝出现。结构应满足承载能力及水平位移限值的要求。在地震作用下，原则上应满足三个水准抗震设计目标的要求；在具体做法上，现行规范采用了二阶段设计法。《抗震规范》要求用小震下的地震作用等效荷载，用弹性静力方法计算地震作用效应（内力和位移），并将其与荷载及其他荷载效应组合，用验算承载力和限制位移的方式进行第一水准设计。结构进入弹塑性阶段，一般不再进行地震作用的分析计算（某些特殊情况除外），而是从构造上采取措施保证构件有足够延性，即第二水准设计。以上属于第一阶段设计，要求对大多数结构进行分析计算。第二阶段设计是通过进行地震作用下结构薄弱层（部位）弹塑性变形验算，并采取相应的构造措施，以满足第三水准要求，保证结构大震不倒。此外，结构设计还应满足承载力、水平位移限值与舒适度、重力二阶效应与结构稳定的要求。

3.6.2　结构简化计算的原则和若干假定

为使计算既符合实际又比较简单，近似方法采用以下的一般计算原则和基本简化假定：

1. 荷载沿主轴方向作用

实际荷载及水平作用方向是随意的、不定的。但是在结构计算中常常假设水平力 P_x、P_y 作用在结构布置平面图中的主轴方向，而对互相正交的两个主轴 x 方向和 y 方向分别进行内力分析。在矩形平面中，主轴分别平行于矩形两条边。

2. 平面结构假定

采用简化方法或手算方法计算荷载与作用效应时，允许将多高层建筑结构划分为若干个平面结构，考虑它们空间协同工作来进行计算。目前最广泛应用的框架结构、框架-剪力墙结构和剪力墙结构，在按这个假定进行简化计算时，可以把整个结构视为由若干片抗侧力结构即平面框架、平面剪力墙所组成。在正交布置的情况下，可以认为每一个方向的水平力只由本方向的各片抗侧力结构承担，其垂直于荷载方向的抗侧力结构在计算中不考虑。当抗侧力结构与主轴斜交时，在简化计算中可将柱和剪力墙的刚度转换到主轴方向再进行计算。

3. 假定楼板在自身平面内刚度无穷大

各个平面抗侧力结构之间通过楼板联系形成空间工作。楼板在其自身平面内刚度很大，可视为刚度无限大的平板，楼板平面外的刚度很小，可以忽略不计。

4. 水平力按位移协调的原则分配

经过荷载和地震作用计算后，层水平力是已知的，但每片框架、每片墙受到的力是多少还不知道。如果简单地按柱距或剪力墙间距分配，必然会使刚度大的、起主要作用的结构分配得少，刚度小的结构分配得多，偏于不安全。在不考虑结构扭转时，由于楼板在平面内的刚度可视为无穷大，所以同一楼层上水平位移相同。因此，水平力的分配与各片抗侧力结构的刚度有关，刚度越大的结构单元分配到的水平力越大。

5. 结构计算采用弹性分析方法

我国混凝土结构设计规范均采用弹性内力分析、弹塑性截面配筋的设计方法，即不考虑钢筋混凝土结构材料的弹塑性性质和开裂对内力分布的影响。因此，高层建筑结构也用弹性分析方法计算，只在部分情况下考虑弹塑性性能影响。在内力与位移计算中，所有的构件均可采用弹性刚度，在框架-剪力墙结构中，连梁的刚度可折减，折减系数不应小于 0.55。

6. 等效刚度原则

如果结构在某一组水平荷载作用下其顶点位移为 u，而另一个竖向悬臂弯曲梁在相同水平荷载作用下也有相同的顶点水平位移，则可以认为此悬臂梁与结构有相同的刚度，称此悬臂梁的刚度为原结构的等效刚度。等效刚度显然与原结构顶点位移有关，故实质上是用位移的大小来间接表达结构的刚度。

3.7　结构抗震性能设计

我国建筑抗震设计主要由以下三部分组成：（1）《抗震规范》限定的适用条件；（2）结构和构件的计算分析；（3）结构和构件的构造要求。对于一个新建建筑物的抗震设计，当满足以上三部分要求时，就是符合规范的设计；当不满足第一部分要求时，就被称为超限工程，需要采取比规范第二、三部分更严格的计算和构造，以证明该建筑可以达到抗震设防目标，即"小震不坏，中震可修，大震不倒"。近年来，随着结构抗震性能设计理论的应用，它实现了结构抗震设计从宏观性的目标向具体量化的多重目标的过渡。结构抗震性能设计是一种解决超限工程抗震设计的基本方法。

结构抗震性能设计定义为：以结构抗震性能目标为基准的结构设计方法。抗震性能设计是解决复杂结构抗震设计问题的基本方法，常用于复杂结构、超限建筑工程的结构设计中，结构抗震性能设计着重于通过现有手段（计算措施及构造措施），采用包络设计方法，解决工程设计中的复杂问题。

结构抗震性能设计特点：使抗震设计从宏观性的目标向具体量化的多重目标过渡，业主和设计师可以选择所需的性能目标；抗震设计中更强调实施性能目标的深入分析和论证，通过论证可以采用《抗震规范》中还未明确规定的新结构体系、新技术、新材料；有利于针对不同抗震设防要求、场地条件及建筑的重要性采用不同的性能目标和抗震措施。建筑结构抗震设计是一个十分复杂的问题，有许多难点，例如：地震地面运动的不确定性；抗震设防水准及对地震作用的预估；地震作用下结构反应分析的正确性；对影响结构抗震性能因素的认识及所采取措施的有效性等。

3.7.1　高层建筑结构抗震性能设计一般方法

当前高层建筑结构抗震设计主要采用以下两种方法：

1. 拟静力法——加速度反应谱法

加速度反应谱法将影响地震作用大小和分布的各种因素通过加速度反应谱曲线予以综合反映，建筑结构抗震设计时利用反应谱得到地震影响系数，进而得到作用于建筑物的拟静力的水平地震作用。目前此方法接受度比较高，且适合大多数建筑。

此理论虽然接受度比较高，也比较适用，但仍存在一些问题。加速度反应谱法的不足有：（1）反应谱虽然考虑了结构动力特性所产生的共振效应，但在设计中仍然把地震惯性力按照静力来对待，所以反应谱理论只是一种准动力理论；（2）地震动的三要素是振幅、频谱和持续时间，在制作反应谱过程中只考虑了地震动的前两个要素——振幅和频谱，未能反映地震动持续时间对结构破坏程度的重要影响；（3）反应谱是根据弹性结构地震反应绘制的，只能笼统地给出结构进入弹塑性状态的结构整体最大地震反应，不能给出结构地震反应的全过程，更不能给出地震过程中各构件进入弹塑性变形阶段的内力和变形状态，因而也就无法找出结构的薄弱环节。

2. 直接动力法——时程分析法

时程分析法根据建筑物所在地区的基本烈度、设计分组的判断估计、建筑物所在场地的类别，选择适当数量的比较适合的地震地面运动加速度的记录或人工模拟合成波等时程曲线，通过数值积分求解运动方程，直接求出建筑结构在模拟的地震运动全过程中的位移、速度和加速度的响应，进而进行建筑结构的抗震设计。这种方法适用于特别重要、特别不规则的建筑及超高层建筑。时程分析需要注意以下事项：（1）频谱特性相符：所选多组地震波的平均地震影响系数曲线与振型分解反应谱法所采用的地震影响曲线在统计意义上相符；（2）计算结果相近：弹性时程的分析结果应与振型分解反应谱法的结果相近；（3）有效峰值和持续时间：加速度的有效峰值按《抗震规范》表 5.1.2.2 中所列地震加速度最大值采用，即以地震影响系数最大值除以放大系数（约 2.25）得到；有效持续时间一般从首次达到该时程曲线最大峰值的 10% 那一点算起，到最后达到最大峰值的 10% 那一点为止；不论是实际的强震记录还是人工模拟波形，有效持续时间一般为结构基本周期的 5～10 倍且不小于 15s。

3.7.2 基于性能的结构抗震设计理论与方法

基于性能的抗震设计（Performance Based Seismic Design）思想是 20 世纪 90 年代初由美国学者提出的，它是使设计出的结构在未来的地震灾害下能够维持所要求的性能水平。投资-效益准则和建筑结构目标性能的"个性"化是基于性能的抗震设计的重要思想。基于性能的设计克服了目前《抗震规范》的局限性。在基于性能的设计中，明确规定了建筑的性能要求，而且可以用不同的方法和手段去实现这些性能要求，这样可以使新材料、新结构体系、新的设计方法等更容易得到应用。

1. 基于性能的结构抗震设计理论的研究内容

基于性能的抗震设计理论是设计者根据不同的设防目标，将结构的性能水准划分为不同的等级。根据建设者的要求，以结构的抗震性能分析为基础，选取合理的抗震性能目标进行抗震设计，其主要内容有以下几点：

（1）地震动水准

作为自然现象的地震有着很大的不确定性，性能化设计需要对不同水准的地震作用进行预先估计，同时也要考虑不同地方发生地震时近场地震的影响。《抗震规范》中按照基准期 50 年对应的不同超越概率，给出的地震作用有多遇地震、设防地震和罕遇地震。结构抗震设计的基准期是《抗震规范》确定地震作用取值时选用的统计时间参数，与国内外一般建筑结构取用的结构设计使用年限一致，均为 50 年。不同设防地震的基本加速度值及加速度时程最大值均在《抗震规范》中给出，对于设计使用年限不到 50 年的结构，其地震作用取值需经过专门研究及批准后确定。

（2）结构抗震性能目标

结构抗震设计的性能目标是对应于不同地震动水准而预估出现的预期损坏状态或使用功能，在《抗震规范》提出的"小震不坏、中震可修、大震不倒"这三个水准的要求，明确大震时不发生危及生命的严重破坏，保证生命安全就是属于一般情况的性能设计目标。《抗震规范》及《建筑地震破坏等级划分标准》中对地震破坏分级和直接经济损失估计方法都有明确划分，总体上分为基本完好、轻微损坏、中等破坏、严重破坏及倒塌这五个结构的性能水准，这与国外标准的一些描述并不完全相同，对应于上述等级划分，规范中也给出了 4 个可选的高于一般情况的抗震性能目标级别。结构性能目标的建立需要综合考虑抗震设防类别、设防烈度、场地特征、结构类型、功能，投资大小，震后的损失与修复难度，潜在的历史、文化价值及业主的承受能力等诸多因素。同时，性能目标可根据需要分别选定整个结构、结构的某些关键部位、重要构件、次要构件以及建筑、机电构配件等，具有很强的针对性和灵活性。考虑到地震运动的不确定性、结构在强震下的非线性分析方法本身存在的经验因素，以及工程在实际震害中抗震性能的判断难以做到十分准确，规范中对于性能目标的选择是倾向于偏安全一些的。

（3）结构性能设计的量化指标

设计过程中性能目标的实现需要落实到若干具体的设计指标，以便应用于具体的工程设计，如不同地震动水准下结构或构件的承载力、变形以及细部构造等。《抗震规范》中对结构构件实现抗震性能要求所需要的抗震承载力、变形能力以及构造的抗震等级，均有对应的条文规定，对于不同性能水准要求的构件承载力复核所涉及的地震内力计算和调整、地震作用效应组合、材料强度取值和验算方法等，也有不同组合公式的表达方式。整个结构不同部位构件的抗震性能要求不尽相同，当以提高抗震承载力安全性为主时，结构构件对应于不同性能要求的承载力参考指标；而当需要按照残余变形确定使用性能时，结构构件除了满足提高抗震安全性的性能要求外，不同性能要求的层间位移也对应有相应的参考指标；结构构件细部的构造对应不同性能要求的抗震等级，结构中的不同构件可按各自最低的性能要求选用对应的抗震等级。

2. 基于性能的抗震设计方法

目前基于性能的抗震设计仍延续了现行的结构设计体系，强调结构的位移性状和非线性静力分析，主要有以下 3 种方法。

（1）位移影响系数法

位移影响系数法的基本原理为：非线性单自由度（SDOF）体系的最大位移等于具有相同阻尼和刚度的弹性 SDOF 体系的最大位移乘以一个和强度折减系数 R、周期 T_e 等有关的位移修正系数：

$$\Delta_i = C_R \delta_e = C_0 C_1 C_2 C_3 S_a \frac{T_e^2}{4\pi^2} \tag{3-44}$$

式中　Δ_i，δ_e——分别为非线性和线性体系的最大位移；

C_R——$C_R = C_0 C_1 C_2 C_3$，为位移修正系数；

C_0——反映等效 SDOF 体系位移与建筑物顶点位移关系的修正系数；

C_1——利用弹性位移估计弹塑性位移的修正系数；

C_2——反映滞回环形状对最大位移反应影响的调整系数；

C_3——反应效应对位移影响的修正系数；

S_a——SDOF 体系的等效自振周期和阻尼比对应谱加速度反应；

T_e——结构等效自振周期。

（2）直接基于位移的方法

国内外学者对基于位移的抗震设计理论进行了大量的研究，并提出了适用于不同类型结构的基于位移的抗震设计方法。基于位移的计算方法（DCB）需要对结构的期望位移最大值进行计算，然后进行结构设计，使结构和构件的变形能力超过期望位移最大计算值。

基于位移限值的迭代计算方法（IDSB）与基于位移的计算方法相似，不同的是结构的位移限值是给定的，在进行结构设计时，需要对结构体系进行反复修改，直到计算分析的位移值小于位移限值，整个设计过程需要迭代计算。

直接基于某一限值位移的方法（DDSB）是从某一给定的目标位移出发开始结构设计，并得到结构的需求强度、刚度等，最后得到满足某一设计地震水平的目标位移，该方法的设计过程不需要迭代，也不需要对结构进行预先设计。

（3）能力谱法和改进的能力谱法

能力谱法最早是在 1975 年由 Freeman 等提出的，是目标位移估计的常用方法。它实质上是通过地震反应谱曲线和结构能力谱曲线的叠加来评估结构在给定地震作用下的反应特性。能力谱法的一个显著特点是：使用线性等效的方法。该方法对结构在地震作用下的"需"与"供"较为明确，有助于结构性能目标的选取。

根据美国规范 ATC-40，能力谱法的基本步骤是：

① 对所研究的结构选定一合适的单元恢复力模型，进行非线性静力分析，得到结构的底部剪力-顶点位移（V_b-u_n）曲线。通过这一步的分析，可以得到结构在该水平荷载分布下屈服机制、塑性铰出现顺序与塑性铰分布，并可以绘出结构的 V_b-u_n 曲线。

②建立结构能力谱曲线。采用等效单自由度体系代替原结构，将 V_b-u_n 曲线转化为谱加速度-谱位移曲线（S_a-S_d 曲线），即能力谱曲线。

其中，
$$S_a = \frac{V_b}{M_1^*}, \quad S_d = \frac{u_n}{\Gamma_1}$$

式中　M_1^*，Γ_1——分别为结构第一振型的等效模态质量和振型参与系数。

$$M_1^* = \frac{\left(\sum_{j=1}^{N} m_j \phi_{j1} \right)^2}{\sum_{j=1}^{N} m_j \phi_{j1}^2}, \quad \Gamma_1 = \frac{\sum_{j=1}^{N} m_j \phi_{j1}}{\sum_{j=1}^{N} m_j \phi_{j1}^2}$$

式中　m_j——第 j 层的集中质量；

ϕ_{j1} ——基本振型在 j 层的分量；

N ——结构的层数。

当所用的模态不同时，M_1^* 及 Γ_1 不同，S_a-S_d 曲线也不同。

③ 建立需求谱曲线。等价单自由度弹性体系在给定的阻尼下（一般为 5%），输入给定的地震记录，得到该体系的最大响应，以此绘出结构的拟加速度谱，同时也可以采用抗震设计规范给出的设计反应谱（此时应将规范的加速度反应谱转化为在结构等效阻尼或延性比下的 S_a-S_d 曲线），再将结构的自振周期 T_n 变换成位移响应，得到用谱加速度-谱位移表示的结构的需求谱曲线。

④ 检验结构抗震能力。将上面得到的需求谱曲线按照对结构的延性要求进行折减后，与能力谱曲线在同一坐标系中绘出。若两曲线无交点，则说明结构在给定的地震记录下抗震能力不足，需重新设计，若两曲线相交，交点对应的位移为等效自由度体系在该地震作用下达到的最大位移响应，称为目标位移。

⑤ 最后将上一步所得到的单自由度体系的目标位移再反变换为实际的多自由度体系的顶点位移，根据结构的能力曲线，得到此时结构的底部剪力，再根据 Push-over 各步的计算结果，进一步可以得到各出铰截面此时的塑性铰转角值。这种方法用于判断结构在给定地震作用下的弹塑性反应，其结果取决于性能反应点的位置。

3.7.3　基于能力设计原理的结构抗震分析

能力设计法是建筑结构抗震延性设计的基础。能力设计法是新西兰 Park R. 教授和 Paulay T. 教授提出的，新西兰、美国、欧洲、日本和我国《抗震规范》的房屋建筑抗震设计方法不尽相同，但都在一定程度上采用了能力设计法原理。

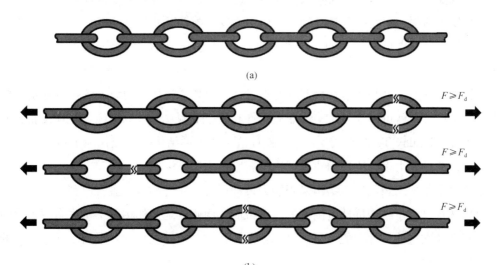

(a)

(b)

图 3-14　等承载力设计的链条

（a）链条；（b）破坏模式

图 3-14 所示为按等承载力设计的一根链条，各链环均按其受拉承载力 F_d 设计，且各链环均不具有延性，当施加的外荷载 F 达到 F_d 时，某个链环将断裂（由于生产制造等原因，各链环的承载力会略有差异），而哪个链环断裂是设计者无法预知和控制的。将建筑结构视为一根链条，各结构构件视为组成链条的链环，如果全部构件均按照考虑地震作用组合的内力值进行承载力设计且不具备延性，一旦地震强度达到设计地震，某个构件将破坏，其他构件将相继破坏，最终结构倒塌。哪个构件首先破坏，设计者无法预测；结构倒塌，设计者也无法控制。

图 3-15 所示为按能力设计法设计的链条。中间链环（也可以是其他某个链环）按链条的拉力设计值 F_d 进行承载力设计，且具有延性，其他链环的承载力设计值大于中间链环。

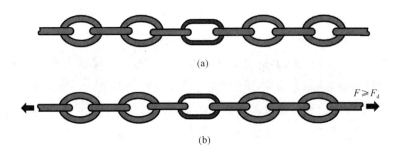

(a)

(b)

图 3-15　能力设计法设计的链条
(a) 链条；(b) 破坏模式

当施加的外荷载 F 达到 F_d 时，由于具有延性，中间链环不会发生断裂，还能继续承载，但承载能力随着变形增大而降低。同时，链条的拉力不再增大，保证其他链环处于弹性，不会发生断裂。中间链环具有延性，也不会发生脆性断裂。这个链条的破坏模式是可以预测的，是设计者可以控制的。这个预设破坏的链环，就好比房屋建筑结构中预设的"塑性铰"。

尽管地震动的强度和频谱特性都具有随机性，但如果采用能力设计法进行建筑结构的抗震设计，设计者就可以预设结构的屈服构件和屈服机制，并采取措施，使预设屈服的构件具有延性。Paulay T. 教授认为，能力设计法是"告诉结构在地震作用下该如何工作"。工程师可以通过能力设计法控制建筑结构的屈服机制和破坏模式。

基于以上基本思想，建筑结构采用能力设计法时，应遵循以下主要原则：

（1）选择有利于结构抗地震倒塌的屈服机制，明确在地震作用下结构中出现塑性的构件以及塑性铰在这些构件中的位置。例如：框架强柱弱梁屈服机制，梁为出现塑性铰的构件，塑性铰在梁端。

（2）构件塑性铰区截面的实际承载力尽可能与其内力设计值所需的承载力接近。

（3）对塑性铰区进行详细的构造设计，确保塑性铰区具有所需的延性。

（4）对于明确出现塑性铰的构件，通过承载力设计（如强剪弱弯设计、强锚固设计等），确保其在地震中不发生剪切破坏、轴压破坏、钢筋锚固粘结破坏、局部失稳或整体失稳等非延性破坏。

（5）对于其他构件，通过承载力设计，使其在地震中不屈服或推迟屈服。

3.8　重力二阶效应和结构的稳定

3.8.1　重力二阶效应

在水平力作用下，高层建筑结构产生水平位移，竖向重力荷载由于水平位移而使结构产生附加内力，附加内力又增大水平位移，这种现象称为重力二阶效应，也称为几何非线性、P-Δ 效应。

水平力作用下的重力附加弯矩大于初始弯矩的 10% 时，高层建筑结构设计需计入重力二阶效应的影响，即计入重力二阶效应影响的条件为：

$$\theta_i = \frac{M_a}{M_0} = \frac{\Sigma G_i \Delta u_i}{V_i h_i} > 0.1 \tag{3-45}$$

式中　θ_i——稳定系数；

M_a——水平力作用下的重力附加弯矩，为任一楼层以上全部重力荷载与该楼层水平力作用下平均层间位移的乘积；

M_0——初始弯矩，为该楼层水平剪力与楼层层高的乘积；

ΣG_i——i 层以上全部重力荷载计算值；

Δu_i——第 i 层楼层质心处的弹性或弹塑性层间位移；

V_i——第 i 层水平剪力计算值；

h_i——第 i 层层高。

钢结构房屋建筑的侧向刚度相对较小，水平力作用下计算分析时，应计入重力二阶效应的影响；高层建筑结构进行罕遇地震作用下的弹塑性分析时，应计入重力二阶效应的影响。对于高层建筑钢筋混凝土结构，也可用下述方法判断弹性计算分析时是否需要计入重力二阶效应的影响。满足下式规定的剪力墙结构、框架-剪力墙结构和筒体结构，弹性计算分析时可不考虑重力二阶效应的影响：

$$EJ_d \geqslant 2.7 H^2 \sum_{i=1}^{n} G_i \tag{3-46}$$

满足下列规定的钢筋混凝土框架结构，弹性计算分析时可不考虑重力二阶效应的影响：

$$D_i \geqslant 20 \sum_{j=1}^{n} G_j / h_i \quad (i = 1, 2, \cdots, n) \tag{3-47}$$

式中　EJ_d——结构一个主轴方向的弹性等效侧向刚度，可按倒三角形分布荷载作用下结构顶点位移相等的原则，将结构的侧向刚度折算为竖向悬臂受弯构件的等效侧向刚度；假定倒三角形分布荷载的最大值为 q，在该荷载作用下结构顶点质心的弹性水平位移为 u，房屋高度为 H，则结构的弹性等效侧向刚度 $EJ_d = 11qH^4/(120u)$；

　　　　H——房屋高度；

G_i、G_j——分别为第 i 层、第 j 层重力荷载设计值，取 1.2 倍的永久荷载标准值与 1.4 倍的楼面可变荷载标准值的组合值；

　　　　h_i——第 i 层层高；

　　　　D_i——第 i 层的弹性等效侧向刚度，可取该层剪力与层间位移的比值；

　　　　n——结构计算总层数。

当高层建筑钢筋混凝土结构不满足式（3-46）或式（3-47）时，结构弹性计算时应考虑重力二阶效应对水平力作用下结构内力和位移的影响。混凝土柱考虑多遇地震作用产生的重力二阶效应的内力时，不与其承载力计算时考虑的重力二阶效应重复。

重力二阶效应的影响可采用有限元方法计算，也可采用对未考虑重力二阶效应的计算结果乘以增大系数的方法近似考虑。重力二阶效应产生的内力、位移增量宜控制在一定范围内，不宜过大。考虑重力二阶效应后计算的位移仍应满足层间位移角限值的规定。

3.8.2　高层建筑结构的整体稳定

结构整体稳定性是高层建筑结构设计的基本要求。高层建筑混凝土结构仅在竖向重力荷载作用下不会发生整体失稳。高层建筑结构的稳定性验算主要是控制在风荷载或水平地震作用下重力二阶效应不致过大，以免引起结构失稳、倒塌。

钢筋混凝土剪力墙结构、框架-剪力墙结构、框架-核心筒结构和筒中筒结构的整体稳定应符合下式要求：

$$EJ_d \geqslant 1.4H^2 \sum_{i=1}^{n} G_i \tag{3-48}$$

钢筋混凝土框架结构的整体稳定应符合下式要求：

$$D_i \geqslant 10 \sum_{j=1}^{n} G_j / h_i \quad (i = 1, 2, \cdots, n) \tag{3-49}$$

将上两式不等号右侧的符号移至左侧，右侧分别只剩数字 1.4 和 10，左侧的表达式称为结构的刚重比。钢筋混凝土房屋建筑结构满足式（3-48）或式（3-49）时，重力二阶效应的内力、位移增量可控制在 20% 以内，结构的稳定具有适宜的安全储备；若不满足式（3-48）或式（3-49），则重力二阶效应呈非线性关系急剧增长，可能引起结构整体失稳，应增大结构的侧向刚度。

3.9　高层建筑结构计算的基本假定、计算简图和计算要求

实际工程中的高层建筑结构往往是一个很复杂的空间体系，它是由水平的刚性楼板和竖向的受力构件（框架柱、剪力墙、筒体等）组成的空间结构。其实际上受到的荷载也是很复杂的，而且钢筋混凝土结构又会有开裂、屈服等现象，并不是弹性匀质材料。即便使用计算机计算，可以按照三维受力状态来进行结构内力和位移分析，要对高层建筑结构作精确计算是十分困难的。在设计计算时，需要对结构进行简化并做出基本假定，得到合理的计算图形，以便简化计算。本节只讨论一些结构计算中的基本简化原则。

3.9.1　弹性工作状态假定

线弹性分析方法是最基本的结构分析方法，也是最成熟的方法，可用于所有高层建筑结构体系的计算分析。理论分析、试验研究和工程实践表明，在承载能力极限状态和正常使用极限状态，线弹性分析结果可以满足工程精度要求，保证结构安全。

该假定认为，结构在永久荷载作用和可变荷载作用下，从整体上看处于弹性工作状态，其内力和位移按弹性方法计算。因为是弹性计算，叠加原理可以使用，不同荷载作用时，可以进行内力组合。

某些情况下可以考虑局部构件的塑性变形内力重分布，以及罕遇地震作用下的第二阶段验算，此时结构均已进入弹塑性阶段。《抗震规范》的设计处理方法仍多以弹性计算的结果通过调整或修正来解决。

3.9.2　平面抗侧力结构和刚性楼板假定下的整体共同工作

任何结构都是一个空间结构，但为简化计算，对框架、剪力墙以及框架-剪力墙结构体系和框筒结构，大多数可以把空间结构简化为平面结构，使计算大大简化。近似计算有两个基本假定：

1. 平面结构假定

框架及剪力墙只在其自身平面内有刚度，平面外刚度很小，可以忽略，框架及剪力墙只能抵抗其自身平面内的水平荷载。因此，整个结构可以划分为若干榀平面结构共同抵抗与其平行的水平荷载，垂直于该方向的结构不参与受力。

2. 刚性楼盖假定

楼盖在其自身平面内刚度无限大，平面外刚度很小，可以忽略。因而，在水平荷载作用下，楼盖为刚体平移或转动，各个平面抗侧力结构之间通过楼盖互相联系并协同工作。

近似计算方法都是基于这两个假定。例如，图 3-16 所示的框架-剪力墙结构平面图，在 x 方向，结构有 3 榀抗侧力平面结构单元，每榀 6 跨，中间一榀由框架和剪力墙组成，在 y 方向，结构可以简化为 5 榀框架和 2 片剪力墙，即结构有 7 榀平面抗侧力结构单元，

共同抵抗 y 方向的水平力。在水平力作用下，楼板只作刚体平移，如果结构有偏心，楼板作刚体转动，因而各榀抗侧力结构之间的侧移值或相等或呈直线关系。

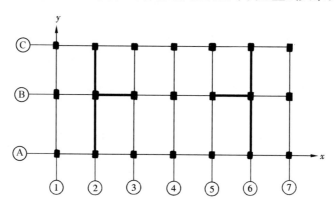

图 3-16　框架-剪力墙结构平面图

3.9.3　风荷载和地震作用的方向

高层建筑结构实际上受到的风荷载和地震作用方向是随机的，但是在结构计算中常常假定水平力作用在结构的主轴方向，然后分别对每个主轴方向进行内力分析。在矩形平面中，主轴分别平行于两个边长方向。在其他形状的平面中，可根据平面几何形状和尺寸确定主轴方向。

思 考 题

3-1　计算总风荷载和局部风荷载的目的是什么？二者计算有何异同？

3-2　用什么特征量描述地震地面运动特性？地震作用下结构破坏与地面运动特性有什么关系？

3-3　地震作用与风荷载各有什么特点？

3-4　什么是小震、中震和大震？其概率含义是什么？与抗震设防烈度是什么关系？建筑抗震设防目标要求结构在小震、中震和大震作用下处于什么状态？怎样实现？

3-5　什么是抗震设计的二阶段方法？为什么要采用二阶段设计方法？

3-6　加速度反应谱是通过什么样的结构计算模型得到的？阻尼比对反应谱有什么影响？钢筋混凝土结构及钢结构的阻尼比分别取多少？

3-7　什么是设计地震分组？设计地震分组对设计反应谱有什么影响？

3-8　地震作用大小与场地有什么关系？分析影响因素及其影响原因。如果两幢相同建筑，基本自振周期都是 3s，地震分组都属于第一组，场地类别分别为 Ⅰ 类和 Ⅳ 类，两幢建筑的地震作用相差多少？如果地震分组分别属于第一组和第三组，都是 Ⅳ 类场地，地震作用又相差多少？

3-9　计算水平地震作用有哪些方法？各适用于什么样的建筑结构？

3-10　试述底部剪力法计算水平地震作用及其效应的方法和步骤。什么情况下需要在结构顶部附加水平地震作用？为什么需要附加水平地震作用？

3-11　试述振型分解反应谱法计算水平地震作用及其效应的步骤。为什么不能直接将各振型的效应相加?

3-12　不考虑扭转耦联振型分解反应谱法和考虑扭转耦联振型分解反应谱法一般各取多少个振型进行效应组合? 振型参与系数与振型参与等效质量公式有何区别?

3-13　什么是荷载效应组合? 内力组合和位移组合的项目及分项系数、组合系数有什么异同? 为什么?

3-14　高层建筑结构设计过程中有哪些结构简化计算原则?

3-15　基于性能的结构抗震设计理论有哪些研究内容? 具体可以通过哪些方法实现?

3-16　P-Δ 效应计算与结构总体稳定的含义有何不同?

3-17　平面结构和楼板在自身平面内具有无限刚性这两个基本假定是什么意义? 在框架、剪力墙、框架-剪力墙结构近似计算中为什么要应用这两个基本假定?

第 4 章　框架结构设计与构造

4.1　框架结构的布置与计算方法

　　框架结构只能承受自身平面内的水平力，因此沿建筑的两个主轴方向都应设置框架。有抗震设防要求的框架结构，或非地震区层数较多的房屋框架结构，横向和纵向均应设计为刚接框架，设计成双向梁柱抗侧力体系。主体结构除个别部位外，不应采用铰接。梁柱刚接可增大结构的刚度和整体性。甲、乙类建筑以及高度大于 24m 的丙类建筑，不应采用单跨框架结构，高度不大于 24m 的丙类建筑不宜采用单跨框架结构。图 4-1 为映秀镇漩口中学三层钢筋混凝土框架结构教学楼在地震中倒塌。

图 4-1　映秀镇漩口中学三层钢筋混凝土框架结构教学楼在地震中倒塌

　　布置框架时，首先要确定柱网尺寸。框架的抗侧刚度除了与柱截面尺寸有关外，梁的截面尺寸对抗侧刚度影响很大，但是由于抗震结构的延性框架要求，抗震框架的梁不宜太强。因此抗震的钢筋混凝土框架柱网一般不宜超过 10m×10m。柱网的开间和进深，可设计成大柱网或小柱网（图 4-2）。大柱网适用于建筑平面要求有较大空间的房屋，但将增大梁柱的截面尺寸。小柱网梁柱截面尺寸小，适用于饭店、办公楼、医院病房楼等分隔墙体较多的建筑。在有抗震设防要求的框架房屋中，过大的柱网将对实现强柱弱梁及延性框架增加一定困难。

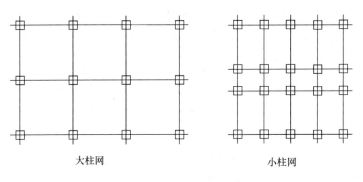

图 4-2　柱网

框架梁、柱中轴线宜重合。当梁柱中心线不能重合时，在计算中应考虑梁荷载对柱子的偏心影响。为承托隔墙而又要尽量减少梁轴线与柱轴线的偏心距，可采用梁上挑板承托墙体的处理方法（图 4-3）。梁、柱中心线之间的偏心距不宜大于柱截面在该宽度的 1/4。当为 8 度及 9 度抗震设防时，如偏心距大于该方向柱宽的 1/4 时，可采取增设梁的水平加腋（图 4-4）等措施。设置水平加腋后，仍须考虑梁荷载对柱子的偏心影响。

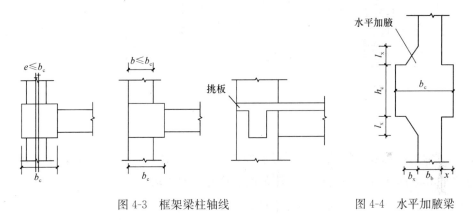

图 4-3　框架梁柱轴线　　　　　　　图 4-4　水平加腋梁

框架结构按抗震设计时，不得采用部分由砌体墙承重的混合形式。框架结构中的楼、电梯及局部突出屋顶的电梯机房、楼梯间、水箱间等，应采用框架承重，不应采用砌体墙承重。框架结构中有填充墙时，填充墙在平面和竖向的布置，宜均匀对称。一、二级抗震的框架，宜采用轻质填充墙，或与框架柔性连接的墙板，二级且层数不超过 5 层、三级且层数不超过 8 层、四级框架等情况才可考虑黏土砖填充墙的抗侧力作用，但黏土砖填充墙应符合框架-剪力墙的布置要求。框架结构的围护墙和隔墙，应估计其设置对结构抗震的不利影响。避免不合理设置而导致主体结构的破坏，并应设置拉结筋、水平系梁、圈梁、构造柱等与主体结构可靠拉结，应能适应主体结构不同方向的层间位移。尤其对于建筑物入口处上方墙体，应采取加强的构造连接措施。砌体填充墙宜与柱脱开或采用柔性连接，沿柱高每 500mm 设置 2φ6 拉结筋。墙长大于 5m 时，墙顶与梁要有拉结。墙高大于 4m 时，墙体半高宜设置水平系梁。

抗震设计的框架结构中，当楼、电梯间采用钢筋混凝土剪力墙时，结构分析计算中，应考虑该剪力墙与框架的协同工作。如果在框架结构中布置了少量剪力墙（例如楼梯间），而剪力墙的抵抗弯矩小于总倾覆力矩的 50％时，《抗震规范》要求该结构按框架结构确定构件的抗震等级，但是内力及位移分析仍应按框架-剪力墙结构进行，否则对剪力墙不利。如因楼、电梯间位置较偏等原因，不宜作为剪力墙考虑时，可采取将此种剪力墙减薄、开竖缝、开结构洞、配置少量单排钢筋等方法，以减少墙的作用，此时与墙相连的柱子，配筋宜适当增加。

框架按支承楼板方式，可分为横向承重框架、纵向承重框架和双向承重框架（图 4-5）。但是就抗风荷载和地震作用而言，无论横向承重还是纵向承重，框架都是抗侧力结构。

框架沿高度方向各层平面柱网尺寸宜相同。柱子截面变化时，尽可能使轴线不变，或上下仅有较小的偏心。当某楼层高度不等形成错层时，或上部楼层某些框架柱取消形成不规则框架时，应视不规则程度采取措施加强楼层，如加厚楼板、增加边梁配筋。

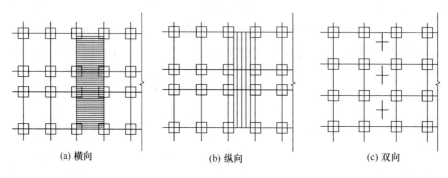

(a) 横向　　　　　　　　　(b) 纵向　　　　　　　　　(c) 双向

图 4-5　框架承重方式

框架结构的填充墙及隔墙宜选用轻质墙体。抗震设计时，框架结构如采用砌体填充墙，在平面和竖向布置宜均匀对称，其布置宜符合下列要求：

（1）避免形成上、下层刚度变化过大；

（2）避免形成短柱；

（3）减少因抗侧刚度偏心所造成的扭转。

抗震设计时，填充墙及隔墙应注意与框架及楼板拉结，并注意填充墙及隔墙自身的稳定性，做到以下几点：

（1）砌体的砂浆强度等级不应低于 M5，实心块体的强度等级不宜低于 MU2.5，空心块体的强度等级不宜低于 MU3.5，墙顶应与框架梁或楼板密切结合；

（2）填充墙应沿框架柱全高每隔 $500\sim600$mm 设 $2\phi6$ 拉结筋，拉结筋伸入墙内的长度，6、7 度时宜沿墙全长贯通，8、9 度时应全长贯通；

（3）墙长大于 5m 时，墙顶与梁宜有拉结；墙长超过 8m 或层高 2 倍时，宜设置钢筋混凝土构造柱；墙高超过 4m 时，墙体半高宜设置与柱连接且沿墙全长贯通的钢筋混凝土水平系梁；

（4）一、二级框架的围护墙和分隔墙，宜采用轻质墙体。

高层框架结构分析可以采用平面分析模型（包括平面结构平面协同分析模型及平面结构空间协同分析模型）和空间三维结构分析模型（包括空间杆-薄壁杆系、空间杆-墙板元及其他组合有限元等）。平面协同分析模型是将高层框架结构沿两个正交主轴方向划分为若干榀平面抗侧力结构。每一个方向上的水平荷载，仅由该方向上的平面抗侧力结构承受，而同方向的各抗侧力结构所承受的水平荷载，按平面抗侧力刚度进行分配。平面外刚度很小，忽略不计，不考虑扭转的影响，各抗侧力结构水平位移相等。垂直于水平荷载方向的抗侧力结构不参加抵抗水平荷载的工作，这就是平面抗侧力结构假定。

随着高层建筑的平面形状与体型日益复杂化，很难再将结构的抗侧力结构沿某几个方向进行分解，平面分析或平面协同分析法的应用受到很大的限制。三维空间矩阵位移法对结构的布置和体型几乎没有限制，所以在目前实际高层建筑结构设计计算中，绝大部分采用三维空间矩阵位移法。将结构作为空间体系，梁和柱均采用空间杆单元，剪力墙单元模型一般采用开口薄壁杆件模型、空间膜元模型、板壳元模型以及墙组元模型。有刚性楼板（楼板在其自身平面内刚度无穷大）和弹性楼板假定。

虽然框架结构是一个高次超静定的空间结构体系，由框架等竖向结构组成竖向抗侧力结构；同时水平放置的楼板又将竖向抗侧力结构连为整体，是一个复杂的空间结构。但在初步设计阶段，为确定结构布置方案和构件截面尺寸，还是需要采用一些简单的近似计算方法进行估算，以求既快又省地解决问题。另外，近似的手算方法虽然计算精度较低，但概念明确，能够直观地反映结构的受力特点，因此，工程设计中也常利用手算的结果来定性地校核、判断电算结果的合理性。因此在本书中仍将重点介绍框架结构的近似手算方法。

1. 基本假定

（1）框架计算简图的主要尺寸以框架的梁柱截面几何轴线来确定；

（2）当框架横梁为坡度 $i \leqslant 1/8$ 的折梁时，可以简化为直杆；

（3）对于不等跨框架，当各跨跨度相差不大于 10% 时可简化为等跨框架，跨度取原框架各跨跨度的平均值；

（4）当框架横梁为有支托的加腋梁时，如 $I_端/I_中 < 4$ 或 $h_端/h_中 < 1.6$，则可不考虑支托影响面而简化为无支托的等截面梁。$I_端$、$h_端$ 为支托端最高截面的惯性矩和高度；$I_中$、$h_中$ 为跨中等截面梁的惯性矩和高度。

2. 刚度确定

在结构内力与位移计算中，现浇楼盖和装配整体式楼盖中，梁的刚度可考虑翼缘的作用予以增大。现行国家标准《混凝土结构设计规范》GB 50010 第 5.2.4 条规定了对现浇楼盖和装配整体式楼盖，宜考虑楼板作为翼缘对梁刚度和承载力的影响。即将楼面的楼板作为梁的有效翼缘，与梁一起形成 T 形截面，提高楼面梁的刚度，结构分析时应予以考虑。梁受压区有效翼缘计算宽度 b_f' 可按表 4-1 所列情况中的最小值取用；也可采用梁刚度增大系数法近似考虑，即根据梁有效翼缘尺寸与梁截面尺寸的相对比例确定，此时应考虑各梁截面尺寸大小的差异，以及各楼层楼板厚度的差异。采用 T 形截面方式考虑楼板的刚度贡献，相对来说比较合理。

受弯构件受压区有效翼缘计算宽度 b'_f

表 4-1

情况		T 形、I 形截面		倒 L 形截面
		肋形梁（板）	独立梁	肋形梁（板）
1	按计算跨度 l_0 考虑	$l_0/3$	$l_0/3$	$l_0/6$
2	按梁（肋）净距 s_n 考虑	$b+s_n$	—	$b+s_n/2$
3	按翼缘高度 h'_f 考虑　$h'_f/h_0 \geqslant 0.1$	—	$b+12h'_f$	—
	$0.1 > h'_f/h_0 \geqslant 0.05$	$b+12h'_f$	$b+bh'_f$	$b+5h'_f$
	$h'_f/h_0 < 0.05$	$b+12h'_f$	b	$b+5h'_f$

注：1. 表中 b 为梁的腹板厚度；

　　2. 肋形梁在梁跨内设有间距小于纵肋间距的横肋时，可不考虑表中情况 3 的规定；

　　3. 加腋 T 形、I 形和倒 L 形截面，当受压区加腋的高度 h_h 不小于 h'_f 且加腋的长度不大于 $3h_h$ 时，其翼缘计算宽度可按表中情况 3 的规定分别增加 $2h_h$（T 形、I 形截面）和 h_h（倒 L 形截面）；

　　4. 独立梁受压区的翼缘板在荷载作用下经验算沿纵肋方向可能产生裂缝时，其计算宽度应取腹板宽度 b。

柱的刚度取值，按其实际截面确定。作用在框架上的荷载在设计中允许作适当的简化，以简化内力的计算，具体简化方法如下：

（1）可将不等距的集中荷载移动为等距的集中荷载，但集中荷载的位置允许移动不超过梁的计算跨度的 1/20；

（2）次梁传至主梁上的荷载，允许不考虑次梁的连续性，各跨均按简支计算支座反力并作为主梁的集中荷载；

（3）作用在框架上的次要荷载，可以简化为与主要荷载相同的荷载形式，但对结构的主要受力部位应维持等效。如主梁自重荷载相对于次梁传来的集中荷载可称为次要荷载，则此线荷载可化为等效集中荷载叠加于次梁集中荷载内；

（4）分布风荷载可以简化为框架节点荷载；

（5）竖向荷载和水平荷载分别单独作用到结构上分析内力，然后进行叠加。

3. 计算简图

（1）计算单元的确定：框架结构是由多榀框架单元通过各种联系连接成为一个空间整体的。当一榀框架上受了外荷载榀的作用，与之相联系的其他框架也会分担直接受荷框架上的一部分荷载。但是对于框架结构是以承受竖向荷载为主，因此这种"空间工作效应"较小。为了简化计算，我们在设计时，可以不考虑各榀框架间的空间工作，忽略结构纵向和横向之间的联系，忽略各构件的抗扭作用，将纵向框架和横向框架分别按平面框架进行分析计算，并分别从横向和纵向的各榀框架中选出一榀或几榀具有代表性的框架作为计算单元来进行内力分析，作用于各计算单元上的荷载按该单元的负载面积确定。如图 4-6 所示。

（2）杆件轴线：计算简图中，框架杆件用其轴线表示，杆件之间的连接区为节点。杆件长度用节点间距表示。荷载的作用位置也转移到轴线节点上。

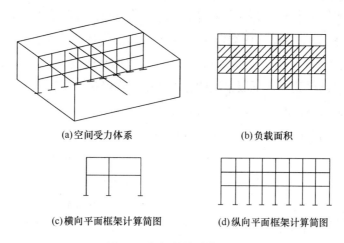

(a)空间受力体系　　　　　　(b)负载面积

(c)横向平面框架计算简图　　　(d)纵向平面框架计算简图

图 4-6　框架结构计算简图

　　一般情况下，等截面柱的轴线取截面形心线（图 4-7a）。上、下层柱截面尺寸不同时，往往取顶层柱的形心线作为柱轴线，此时应注意按此计算简图算出的内力是计算简图轴线上的内力，对下层柱而言，此轴线不一定是柱截面的形心轴，进行构件截面设计时，应将算得的内力转化为截面形心轴处的内力（图 4-7b）。

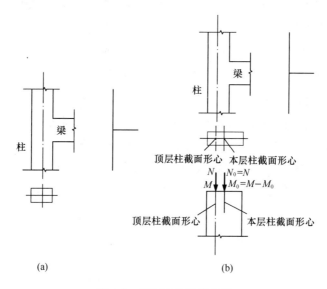

图 4-7　框架结构轴线位置

4.2　高层多跨框架在竖向荷载作用下的近似计算——分层法

　　框架结构在竖向荷载作用下的侧移一般较小，当这种侧移可以忽略时，可近似按无侧移框架进行内力分析。对于图 4-8 所示的框架结构，当仅某层梁上作用竖向荷载时，梁两端的固端弯矩构成了节点 i，j 的不平衡弯矩 M_i，M_j；根据分配系数可分别得到柱端的分配弯矩 M_{ik}、M_{in} 和 M_{jl}、M_{jn}；柱端弯矩向远端传递，传递系数为 $1/2$，即 $M_{ki}=M_{ik}/2$、$M_{ni}=M_{in}/2$、$M_{lj}=M_{jl}/2$、$M_{nj}=M_{jn}/2$；这些远端弯矩又构成了节点 k、l、m、n 的不平衡弯矩；进一步可以得到上、下层梁端的分配弯矩，在经过柱子传递和节点分配后，其值比直接受荷层的梁端弯矩要小得多，并随着传递和分配次数的增加而衰减。可见，当框架某一层梁上作用竖向荷载时，其他各层的弯矩很小。

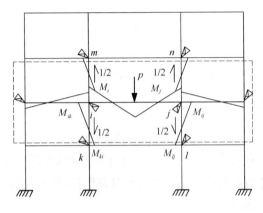

图 4-8　某层框架梁受竖向荷载时的
弯矩分配和传递

在上述分析的基础上，对于竖向荷载下框架结构的内力分析作如下基本假定：

（1）多层框架的侧移极小可忽略不计；

（2）每一层框架梁上的竖向荷载只对本层的梁及与本层梁相连的框架柱产生弯矩和剪力，忽略对其他各层梁、柱的影响。

根据上述两个假定，对于图 4-8 所示的框架，只需取出虚框部分的结构（开口框架）进行分析，并加上适当的支座条件，这可以使计算工作量大大减少。对于一般的框架结构，可忽略柱子的轴向变形，因而支座

处没有竖向位移，也没有水平位移（基本假定 1）。然而，上、下层梁对柱端的转动约束并不是绝对固结，所以，支座形式实际上应视为带弹簧的铰支座（图 4-9a），即介于铰结和固结之间。其中，弹簧的刚度取决于梁对柱子的转动约束能力，是未知的，这将给分析带来困难。因此，近似将支座取为固支，如图 4-9（b）所示。将柱端支座从实际情况的带弹簧铰支座改为固支，对节点的弯矩分配和柱弯矩的传递有一定影响，为此，应对柱的线刚度和传递系数进行修正。计算节点弯矩分配系数时，两端固支杆件的刚度系数为 $4i$，一端固支、一端铰支杆件的刚度系数为 $3i$。现对柱的线刚度乘以折减系数 0.9，这相当于取柱的刚度系数为 $0.9\times4=3.6i$。两端固支杆件的传递系数为 $1/2$，一端固支、一端铰支杆件的传递系数为零。现取柱的传递系数为 $1/3$。

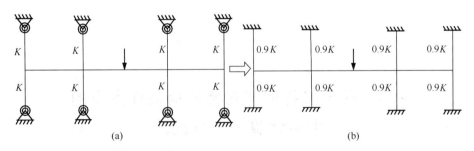

图 4-9　开口框架计算简图

于是，多层框架在各层竖向荷载同时作用下的内力，可以看成是各层竖向荷载单独作

用下内力的叠加；进一步，可以对一系列开口框架进行计算，如图 4-10 所示。除底层柱子外，其余各层柱的线刚度乘以 0.9 的折减系数，弯矩传递系数取为 1/3。

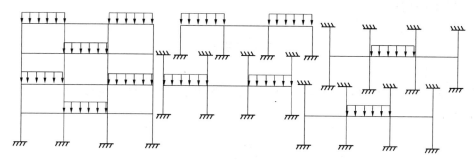

图 4-10　整框架分解为一系列开口框架

在求得图 4-10 各开口框架的内力后，将相邻两个开口框架中相同柱的内力相叠加，即为原框架中的柱内力；而开口框架计算所得的各层梁内力即为原框架梁内力。这种将整框架分解为一系列开口框架计算的方法称为分层法。

由分层法计算所得的框架节点弯矩一般并不等于零。为减小误差，对于不平衡弯矩较大的节点，可对不平衡弯矩再作一次分配，但不传递。

4.3　高层多跨框架在水平荷载作用下内力的近似计算——反弯点法

风荷载、水平地震作用下的框架内力计算一般采用 D 值法。对于低层框架（如 2～4 层），如果梁柱线刚度比大于等于 3，则可直接用反弯点法进行计算，其弯矩图如图 4-11 所示。

1. 基本假定

反弯点法适用于各层结构比较均匀（各层层高变化不大、梁的线刚度变化不大）、节点梁柱线刚度比 $\sum i_b / \sum i_c \geqslant 3$ 的多层框架。其基本假定如下：

（1）梁柱线刚度比很大，在水平荷载作用下，柱上下端转角为零。

（2）忽略梁的轴向变形，即同一层各节点水平位移相同。

（3）底层柱的反弯点在距柱底 2/3 高度处，其余各层柱的反弯点在柱中。

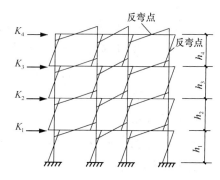

图 4-11　框架在水平力作用下的弯矩图

（4）梁端弯矩可由节点平衡条件求出，并按节点左右梁的线刚度进行分配。按照上述假定，即可确定反弯点高度、侧移刚度、反弯点处剪力以及杆端弯矩。

2. 柱的侧移刚度 D

侧移刚度 D 是表示柱上下端产生单位相对水平位移时，在柱顶所需施加的水平剪力，可按式（4-1）计算：

$$V = \frac{12i_c}{h^2}\delta \tag{4-1}$$

根据假定各柱无转角，只有层间位移，由结构力学中杆件转角位移方程求得柱的侧移刚度 D 为：

$$D = \frac{V}{\delta} = \frac{12i_c}{h^2} \tag{4-2}$$

$$i_c = \frac{EI}{h} \tag{4-3}$$

式中　V——柱剪力；

　　　δ——柱层间位移；

　　　h——层高；

　　EI——柱抗弯刚度；

　　i_c——柱线刚度；

　　D——柱的侧移刚度。

3. 柱剪力的确定

任意第 i 层层间剪力，等于该层以上水平力之和。而每一根柱分配到的剪力与该柱侧移刚度呈正比，各柱剪力为：

$$V_{ij} = \frac{d_{ij}}{\sum d_{ij}}V_i \tag{4-4}$$

式中　V_{ij}——第 i 层第 j 柱承受的剪力；

　　　d_{ij}——第 i 层第 j 柱的侧移刚度；

　　$\sum d_{ij}$——第 i 层各柱侧移刚度之和，即层间侧移刚度；

　　　V_i——第 i 层层间剪力。

4. 柱端弯矩

根据各柱分配到的剪力及反弯点位置，可计算柱端弯矩。

对于标准层柱：

上下端弯矩相等：

$$M_{i\text{上}} = M_{i\text{下}} = V_i \times \frac{h}{2} \tag{4-5}$$

对于底层柱：

上端弯矩：

$$M_{i\text{上}} = V_i \times \frac{h}{3} \tag{4-6}$$

下端弯矩：

$$M_{i\text{下}} = V_i \times \frac{2h}{3} \tag{4-7}$$

5. 梁端弯矩

根据节点平衡，可得到梁端弯矩：

边柱：

$$M_{\text{b}} = M_{\text{c上}} + M_{\text{c下}} \tag{4-8}$$

中柱：

$$M_{\text{b左}} = \frac{i_{\text{b左}}}{i_{\text{b左}} + i_{\text{b右}}}(M_{\text{c上}} + M_{\text{c下}})$$

$$M_{\text{b右}} = \frac{i_{\text{b右}}}{i_{\text{b左}} + i_{\text{b右}}}(M_{\text{c上}} + M_{\text{c下}}) \tag{4-9}$$

式中　$i_{\text{b左}}$——左边梁的线刚度；

$\quad\quad\ i_{\text{b右}}$——右边梁的线刚度。

6. 梁的剪力

以各梁为隔离体，将梁的左右弯矩之和除以该梁的计算长度，得梁的剪力。

7. 柱轴力

自上而下逐层叠加节点左右的梁端剪力，得柱轴力。

4.4　高层多跨框架在水平荷载作用下的修正反弯点法

4.4.1　柱侧移刚度D值的计算

反弯点法假定梁柱刚度比为无限大，从而得出各层柱的反弯点高度是一定值，各柱的抗侧刚度只与柱本身的刚度有关。如果框架梁的线刚度并不比柱的线刚度大很多，节点转角位移为零的假定将会引起较大的误差。

实际上，对于两端同时存在转角位移和相对线位移的杆件，其转角位移方程可以为：

$$\begin{cases} M_{\text{AB}} = 4i\theta_{\text{A}} + 2i\theta_{\text{B}} - 6i\dfrac{\Delta u}{h} \\ M_{\text{BA}} = 4i\theta_{\text{B}} + 2i\theta_{\text{A}} - 6i\dfrac{\Delta u}{h} \end{cases} \tag{4-10}$$

可见反弯点位置与 θ_{A}、θ_{B} 有关。当 $\theta_{\text{A}} = \theta_{\text{B}}$，反弯点在中点；如果 $\theta_{\text{A}} > \theta_{\text{B}}$，则反弯点偏向 A 端；反之，偏向 B 端。而 θ_{A}、θ_{B} 与梁柱刚度比、上下层梁的刚度、柱 AB 所处位置

等因素有关，同样，柱的抗侧刚度也与 θ_A、θ_B 有关。

1963 年日本学者武藤清教授提出了修正柱的抗侧刚度和调整反弯点高度的一个方法，修正后的柱抗侧刚度以 D 表示，故该方法称为修正反弯点法或 D 值法。

在图 4-12(a) 所示的框架结构中，围绕柱 AB 取一部分来分析，如图 4-12(b) 所示。柱 AB 除了发生层间位移 Δu_i 外，还存在转角位移 θ。为了简化，作如下假定：

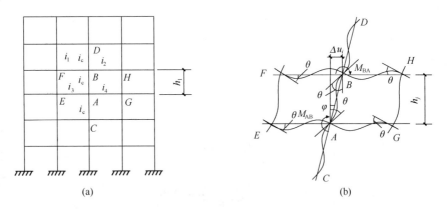

图 4-12　对柱 AB 抗侧刚度影响最大的相邻构件

（1）柱 AB 两端节点及上下、左右相邻节点的转角全等于 θ；

（2）柱 AB 及其上下相邻柱的弦转角均为 $\varphi = \dfrac{\Delta u_i}{h_j}$；

（3）柱 AB 及其上下相邻柱的线刚度均为 i_c。

根据式（4-10）的转角位移方程，并利用上面 3 个假定，可以得到：

$$\begin{cases} M_{AB} = 4i_c\theta + 2i_c\theta - 6i_c\varphi = 6i_c(\theta - \varphi) \\ M_{BA} = 6i_c(\theta - \varphi) \\ M_{AC} = 6i_c(\theta - \varphi) \\ M_{BD} = 6i_c(\theta - \varphi) \end{cases} ; \begin{cases} M_{BF} = 4i_c\theta + 2i_c\theta = 6i_1\theta \\ M_{BH} = 6i_2\theta \\ M_{AE} = 6i_3\theta \\ M_{AG} = 6i_4\theta \end{cases} \tag{4-11}$$

对节点 A、节点 B 分别取力矩平衡，有：

$$\begin{cases} M_{AE} + M_{AB} + M_{AG} + M_{AC} = 0 \\ M_{BF} + M_{BA} + M_{BH} + M_{BD} = 0 \end{cases} \Rightarrow \begin{cases} 6\theta(i_3 + i_4 + 2i_c) - 12i_c\varphi = 0 \\ 6\theta(i_1 + i_2 + 2i_c) - 12i_c\varphi = 0 \end{cases} \tag{4-12}$$

将以上两式相加，简化后得到：

$$\theta = \frac{2}{2+k}\varphi \tag{4-13}$$

其中：

$$k = \frac{i_1 + i_2 + i_3 + i_4}{2i_c} \tag{4-14}$$

柱 AB 的剪力：

$$V_{AB} = \frac{M_{AB} + M_{BA}}{h_j} = \frac{12i_c}{h_j}(\varphi - \theta) \qquad (4\text{-}15)$$

将 θ 代入上式，得到：

$$V_{AB} = \frac{12i_c}{h_j}\left(\varphi - \frac{2}{2+K}\varphi\right) = \frac{12i_c}{h_j}\frac{\Delta u_j}{h_j}\left(\frac{K}{2+K}\right) = \alpha\frac{12i_c}{h_j^2} \qquad (4\text{-}16)$$

式中，$\alpha = \dfrac{K}{2+K}$，α、K 的计算公式见表 4-2。

根据定义，柱 AB 的抗侧刚度为：

$$D_{AB} = \frac{V_{AB}}{\Delta u_j} = \alpha\frac{12i_c}{h_j^2} \qquad (4\text{-}17)$$

上式中的 α 反映了梁柱线刚度比对柱抗侧刚度的影响，它是一个小于 1 的系数。当 $K \to \infty$ 时，$\alpha \to 1$，即为反弯点法采用的抗侧刚度。

同理可以推导出底层柱的修正抗侧刚度。表 4-2 列出了各种情况下 α 值和 K 值的计算公式。

不同情况下 α 和 K 计算公式　　　　　　　　　　　　表 4-2

楼层		K	α
一般层		$K = \dfrac{i_1 + i_2 + i_3 + i_4}{2i_c}$	$\alpha = \dfrac{K}{2+K}$
底层	固结	$K = \dfrac{i_1 + i_2}{i_c}$	$\alpha = \dfrac{0.5 + K}{2+K}$
	铰结	$K = \dfrac{i_1 + i_2}{i_c}$	$\alpha = \dfrac{0.5K}{1+2K}$
	铰结有连梁	$K = \dfrac{i_1 + i_2 + i_{p1} + i_{p2}}{2i_c}$	$\alpha = \dfrac{K}{2+K}$

注：边柱情况下，式中 i_1、i_3 或 i_{p1} 取值为 0。

4.4.2　确定柱反弯点高度比

如图 4-13(a) 所示，对受节点水平荷载作用的多层框架，作如下假定：

(1) 同层各节点的转角相等；

(2) 各层横梁中点无竖向位移。

由假定 (1)，横梁的反弯点在梁的中点，因而此处可以加上一个铰；再由假定 (2)，此处无竖向位移，图 4-13(a) 的框架可以简化为图 4-13(b) 的形式。

各柱的反弯点高度与该柱上下端的转角有关。影响转角的因素有层数、柱子所在层次、梁柱线刚度比及上下层层高变化。

1. 梁柱线刚度比、层数、层次对反弯点高度的影响

考虑梁柱线刚度比、层数、层次对反弯点高度的影响时，假定框架各层横梁的线刚

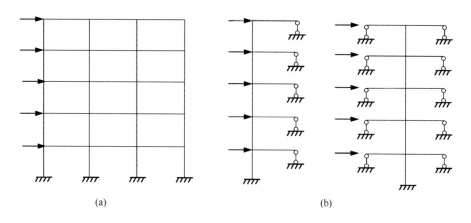

图 4-13　框架在水平荷载下的简化计算简图

度、框架柱的线刚度和层高沿框架高度不变，计算简图如图 4-14(a) 所示。采用结构力学中的无剪力分配法，可以求得各层柱的反弯点高度 $y_0 h$，y_0 称为标准反弯点高度比。

2. 上下横梁线刚度比对反弯点高度的影响

考虑上下横梁线刚度比对反弯点影响的计算简图如图 4-14(b) 所示，假定上层的横梁线刚度均为 i_1（如果是中柱，左右侧横梁分别为 i_2、i_1）；下层的横梁线刚度均为 i_3（如果是中柱，左右侧横梁分别为 i_4、i_3）。当上层横梁线刚度比下层小时，反弯点上移；反之下移。反弯点高度的变化值用 $y_1 h$ 表示，正号代表向上移动。y_1 根据上下横梁线刚度比 I 和 K 得出，其中 $I = \dfrac{i_1 + i_2}{i_3 + i_4}$。当 $I > 1$ 时，取 $1/I$ 查表，并将查得的 y_1 冠以负号。对于底层柱，不考虑修正值 y_1，即取 $y_1 = 0$。

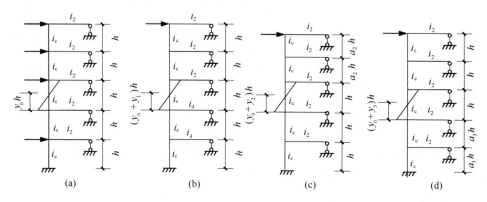

图 4-14　确定修正反弯点高度的计算简图

3. 层高变化对反弯点高度的影响

如果上下层层高与某柱所在层的层高不同时，该柱的反弯点位置将不同于标准反弯点高度，上层层高发生变化，反弯点位置的移动量用 $y_2 h$ 表示，下层层高发生变化，反弯点位置的移动量用 $y_3 h$ 表示，计算简图分别如图 4-14(c) 和图 4-14(d) 所示。对于顶层柱，不考虑修正值 y_2；对于底层柱，不考虑修正值 y_3。

经过各项修正后，柱底到反弯点的高度 y_h 为：

$$y_h = (y_0 + y_1 + y_2 + y_3)h \tag{4-18}$$

按式（4-17）求得各柱的抗侧刚度，按式（4-18）求得各柱的反弯点高度后，即可按反弯点法的步骤求出各柱的剪力、弯矩和轴力，梁的弯矩和剪力。

4.5　高层多跨框架在水平荷载作用下侧移的近似计算

4.5.1　梁柱弯曲变形产生的侧移

框架结构的侧向位移主要由水平荷载引起，故一般仅进行水平荷载下的侧移计算。

根据结构力学知识，结构的位移由各杆件的弯曲变形、轴向变形和剪切变形引起（如果存在支座沉降或温度变化，也将产生结构位移）。框架结构属于杆系结构，截面尺寸相对其长度较小，因而可以不考虑剪切变形的影响（对于剪力墙一类的构件，位移计算则必须考虑剪切变形的影响）。框架结构在水平荷载作用下的变形由两部分组成：即总体剪切变形（图 4-15a）和总体弯曲变形（图 4-15b）。总体剪切变形是由梁、柱弯曲变形所引起的框架变形，它是由层间剪力引起的，其侧移曲线与悬臂梁的剪切变形曲线相似，故称为总体剪切变形。总体弯曲变形是由框架柱中轴力引起的柱伸长或压缩所导致的框架变形，它与悬臂梁的弯曲变形规律一致。

由框架梁柱弯曲变形引起的侧移如图 4-15（a）所示。顶点侧移 u_M 为各层层间侧移之和，即：

$$u_M = \sum_{j=1}^{n} \Delta u_j \tag{4-19}$$

其中：

$$\Delta u_j = \frac{V_{jk}}{D_{jk}} = \frac{V_{fj}}{\sum_{k=1}^{m} D_{jk}} \tag{4-20}$$

对于规则框架，各层柱的抗侧刚度大致相等，而层间剪力自上向下逐层增加，因而层间侧移自上向下逐层增加，整个结构的变形曲线类似悬臂构件剪切变形引起的位移曲线，故称为"剪切型"侧移曲线。

4.5.2　柱轴向变形产生的侧移

框架柱轴向变形引起的侧移如图 4-15（b）所示。杆件轴向变形引起的位移计算公式为：

$$u_N = \Sigma \int_0^H \frac{N_1 N}{EA} dz \tag{4-21}$$

式中　Σ——对所有柱子求和；

　　　N_1——顶点作用单位水平力时在各柱内产生的轴力；

　　　N——水平外荷载作用下的柱轴力；

　　　A——柱的截面面积；

　　　E——柱弹性模量。

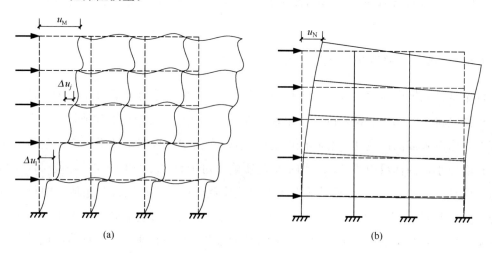

图 4-15　框架结构在水平荷载下的侧向位移

框架在水平荷载作用下，一侧的柱产生轴向拉力，另一侧的柱产生轴向压力；外侧柱的轴力大，内侧柱的轴力小。为了简化，忽略内柱的轴力，并近似取外侧柱轴力为：

$$N = \pm \frac{M}{B} \tag{4-22}$$

式中　M——上部水平荷载对任一高度处产生的弯矩；

　　　B——外侧柱之间的距离。

将节点水平荷载化为分布荷载 $q(z)$，在高度 z 处，有：

$$\begin{cases} N_1 = \pm \dfrac{1 \times (H - z)}{B} \\ N = \pm \displaystyle\int_z^H \dfrac{q(y)dy(y - z)}{B} \end{cases} \tag{4-23}$$

将上式代入位移计算公式可得到顶点侧移，与 $q(z)$ 的形式有关。假定柱截面沿高度不变，则对于框架顶点受集中水平荷载、框架受均匀分布水平荷载和倒三角分布荷载作用，框架柱轴向变形引起的顶点侧移分别为：

$$u_\text{N} = \begin{cases} \dfrac{2V_0 H^3}{3EAB^2} & \text{（顶点集中荷载）} \\[2mm] \dfrac{V_0 H^3}{4EAB^2} & \text{（均匀分布荷载）} \\[2mm] \dfrac{11V_0 H^3}{30EAB^2} & \text{（倒三角分布荷载）} \end{cases} \tag{4-24}$$

式中　V_0——水平外荷载在框架底面产生的总剪力。

从上式可以看出，当房屋高度越高（H 越大）、宽度越窄（B 越小），由柱轴向变形引起的顶点侧移 u_N 越大。计算表明，对于高度 $H \leqslant 50\text{m}$ 或高宽比 $H/B \leqslant 4$ 的钢筋混凝土框架，柱轴向变形引起的顶点位移约占框架梁柱弯曲变形所引起的顶点侧移的 $5\% \sim 11\%$。因此，当高度和高宽比大于上述数值时，应考虑轴向变形的影响。

4.6　框架结构截面设计与构造要求

4.6.1　框架结构抗震设计的一般原则

基于多遇地震即小震设计的混凝土建筑结构，具有在小震作用下保持弹性的承载能力和一定的侧向刚度，在预估的罕遇地震即大震作用下，部分构件屈服，结构进入弹塑性，承载能力降低，结构变形（如层间位移）远大于小震作用下的弹性变形。为了避免大震作用下房屋建筑倒塌，结构的弹塑性变形能力必须大于大震作用下的弹塑性变形，结构的承载能力仍能支承结构的重力荷载及地震作用产生的内力（弯矩、剪力和轴力）。总结地震震害的经验和教训，以及试验研究、工程实践和理论分析的成果，为避免大震作用下倒塌，钢筋混凝土框架的抗震设计应采取以下原则。

1. 强柱弱梁

在重力荷载代表值和水平地震作用组合下，框架梁柱两端的弯矩大于中间区段的弯矩，梁柱两端纵向受力钢筋受拉屈服、混凝土压坏，形成尚有一定抗弯能力的塑性铰。框架梁柱除两端以外，中间区段一般不会发生地震引起的破坏。

2. 梁（柱）延性受弯（压弯）破坏

混合铰机制框架的部分梁端及部分柱端屈服，形成塑性铰，因此，框架每个节点的梁端和柱端的塑性铰都应具有满足抗震要求的弹塑性变形能力，实现延性受弯或压弯破坏。

为实现上述目标，梁端及柱端的塑性铰长度范围应设置为箍筋加密区，配置比中间区段更多的箍筋。研究表明，塑性铰长度为梁截面高或柱截面长边长的 $1 \sim 2$ 倍。通过加密箍筋，提高塑性铰区混凝土的受压变形能力，同时，箍筋作为纵向钢筋的支点，防止塑性铰区纵向钢筋在混凝土压坏以前压曲。纵向钢筋压曲会导致钢筋侧向鼓出，使保护层混凝土崩掉，降低梁柱的承载力。

3. 避免非延性破坏

剪切破坏、轴压破坏、钢筋粘结锚固破坏、节点核心区破坏都属于非延性破坏。梁、柱剪切破坏属于脆性破坏。剪切破坏的梁、柱，达到其受剪承载力后，随变形增大承载力很快下降，弹塑性变形能力小；其力-变形滞回曲线"捏拢"严重，耗能能力差。柱剪切破坏还会降低其轴向受压承载力，引起柱轴压破坏。因此，框架梁、柱应按"强剪弱弯"设计，即梁、柱的受剪承载力应大于其受弯承载力对应的剪力。

4. 避免非结构构件对框架抗震的不利影响

对框架结构抗震可能造成不利影响的非结构构件主要是砖填充墙和现浇钢筋混凝土楼梯。

由于砖填充墙有一定的刚度和承载力，布置不合理将对框架结构抗震产生不利影响，甚至改变框架或梁柱的抗震性能，主要包括：砖填充墙增大了框架梁的抗弯刚度和受弯承载力，汶川地震中，很少有梁端出现塑性铰的震害，砖填充墙的影响是原因之一；造成软弱层或薄弱层，形成柱铰机制，甚至导致结构坍塌；使结构刚度偏心，扭转造成破坏；使长柱变成短柱，造成剪切破坏。

4.6.2　框架梁设计

在抗震设计中，一般要求框架结构呈现"强柱弱梁""强剪弱弯"的受力性能。"强柱弱梁""强剪弱弯"是一个从结构抗震设计角度提出的结构概念。就是柱子不先于梁破坏，因为梁破坏属于构件破坏，是局部性的。而柱子破坏将危及整个结构的安全，可能会使结构整体倒塌，后果严重。所以我们要保证柱子更"相对"安全，因此"强柱弱梁"就是使梁端的塑性铰先出、多出，尽量减少或推迟柱端塑性铰的出现。适当增加柱的配筋可以达到上述目的。"强剪弱弯"指结构在进行抗震设计中，剪力是通过弯矩计算得出的。该原则的目的是防止梁、柱子在弯曲屈服之前出现剪切破坏。适当增加抵抗剪切力的钢筋可以达到上述目的。

1. 正截面受弯承载力计算

框架梁正截面受弯承载力计算：

$$M_b \leqslant \frac{1}{\gamma_{RE}} \left[(A_s - A'_s) f_y (h_0 - 0.5x) + A'_s f_y (h_0 - a') \right] \tag{4-25}$$

式中　M_b——考虑地震作用组合的梁弯矩设计值；

　　　γ_{RE}——承载力抗震调整系数；

　　　f_y——受拉钢筋强度设计值；

　A_s，A'_s——受拉、受压钢筋截面积；

　　　x——受压区高度；

　　　h_0——截面有效高度；

　　　a'——受压区全部纵向钢筋合力点至截面受压边缘的距离。

2. 斜截面受剪承载力计算

（1）梁端剪力设计值

梁端剪力设计值应按下式取用：

$$V_b \leqslant \eta_{Vb} \frac{M_b^l + M_b^r}{l_n} + V_{Gb} \tag{4-26}$$

一级的框架结构和 9 度的一级框架梁、连梁可不按上式调整，但应符合下式要求：

$$V_b \leqslant 1.1 \frac{M_{bua}^l + M_{bua}^r}{l_n} + V_{Gb} \tag{4-27}$$

式中　η_{Vb}——梁剪力增大系数，一级取 1.3，二级取 1.2，三级取 1.1；

　　　l_n——梁的净跨；

　　　V_{Gb}——梁在重力荷载代表值（9 度时应包括竖向地震作用标准值）作用下，按简支梁分析的梁端截面剪力设计值；

　M_b^l，M_b^r——分别为梁左、右两端截面逆时针或顺时针方向组合的弯矩设计值（图 4-16），一级框架梁两端均为负弯矩时，绝对值较小的一端的弯矩应取零；

M_{bua}^l，M_{bua}^r——分别为梁左、右两端截面逆时针或顺时针方向实配的正截面受弯承载力所对应的弯矩值（图 4-16），可根据实配钢筋面积（计入受压钢筋，包括有效翼缘宽度范围内的楼板钢筋）和材料强度标准值并考虑承载力抗震调整系数计算。

　　四级抗震等级时可直接取考虑地震作用组合的剪力计算值。

　　（2）斜截面受剪承载力

　　一般矩形、T 形及工字形截面的框架梁，斜截面受剪承载力按下式验算：

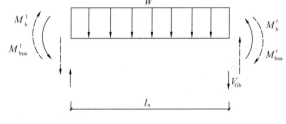

图 4-16　梁端弯矩及剪力

$$V_b \leqslant \frac{1}{\gamma_{RE}} \left(0.6\alpha_{cv} f_t b h_0 + f_{yv} \frac{A_w}{s} h_0 \right) \tag{4-28}$$

式中　V_b——梁端剪力设计值；

　　　γ_{RE}——承载力抗震调整系数，取 0.85。

　　其余符号意义及取值同普通混凝土梁。

　　由于梁端部在地震作用下会出现交叉斜裂缝，如图 4-17 所示，因此，框架梁不采用弯起钢筋抗剪。

　　（3）剪压比限制

　　跨高比大于 2.5 的梁，其受剪截面应符合下式要求：

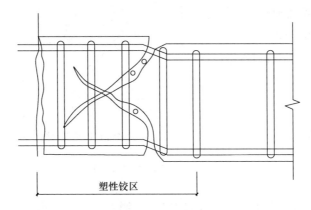

塑性铰区

图 4-17 梁端塑性铰区域的交叉斜裂缝

$$V_b \leqslant \frac{1}{\gamma_{RE}}(0.2\beta_c f_c bh_0) \tag{4-29}$$

跨高比不大于 2.5 的梁，其受剪截面应符合下式要求：

$$V_b \leqslant \frac{1}{\gamma_{RE}}(0.15\beta_c f_c bh_0) \tag{4-30}$$

式中 V_b——梁端剪力设计值；

γ_{RE}——承载力抗震调整系数，取 0.85。

4.6.3 框架柱设计

对于框架柱的抗震设计，必须满足"强柱弱梁"的要求，力求避免框架形成柱铰机构，促使结构的非弹性变形限于框架梁内。此外，还必须防止框架柱过早地发生剪切破坏，设计中应满足"强剪弱弯"的要求。

1. 正截面承载力计算

（1）一、二、三、四级框架的梁柱节点处，除框架顶层和柱轴压比小于 0.15 者及框支梁与框支柱的节点外，柱端组合的弯矩设计值应符合下式要求：

$$\sum M_c \leqslant \eta_c \sum M_b \tag{4-31}$$

一级的框架结构和 9 度的一级框架可不符合上式要求，但应符合下式要求：

$$\sum M_c \leqslant 1.2 \sum M_{bua} \tag{4-32}$$

式中 $\sum M_c$——节点上、下柱端截面顺时针或逆时针方向组合弯矩设计值之和。上、下柱端的弯矩设计值可按弹性分析的弯矩比例进行分配；

$\sum M_b$——节点左、右梁端截面逆时针或顺时针方向组合弯矩设计值之和，当抗震等级为一级且节点左、右梁端均为负弯矩时，绝对值较小的弯矩应取零；

$\sum M_{bua}$——节点左、右梁端截面逆时针或顺时针方向实配的正截面受弯承载力所对应的弯矩值之和，可根据实际配筋面积（计入受压钢筋，包括有效翼缘宽度范围内的楼板钢筋）和材料强度标准值并考虑承载力抗震调整系数计算；

η_c——柱端弯矩增大系数，一、二、三、四级可分别取 1.7、1.5、1.3、1.2。

节点处梁、柱截面的弯矩如图 4-18 所示。

当反弯点不在层高范围内时，柱端截面的弯矩设计值，可取为最不利内力组合的柱端弯矩值乘以上述柱端弯矩增大系数。

（2）正截面承载力验算：框架柱的正截面承载力，可按钢筋混凝土偏心受压构件或偏心受拉构件计算，但在其所有的承载力计算公式中，承载力项均应除以相应的正截面承载力抗震调整系数 γ_{RE}。

2. 斜截面受剪承载力计算

（1）柱端剪力设计值

柱端剪力设计值应按下列规定采用：

一、二、三、四级的框架柱和框支柱组合的剪力设计值应按下式调整：

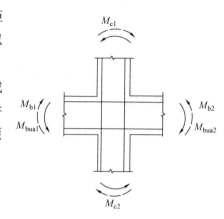

图 4-18　节点处梁、柱截面的弯矩

$$V_b \leqslant \eta_{uc}(M_c^t + M_c^b)/H_n \tag{4-33}$$

一级的框架结构和 9 度的一级框架可不按上式调整，但应符合下式要求：

$$V \leqslant 1.2(M_{cua}^t + M_{cua}^b)/H_n \tag{4-34}$$

式中　M_c^t、M_c^b——分别为柱的上、下端顺时针或逆时针方向截面组合的弯矩设计值（应取调整增大后的设计值），且取顺时针方向之和及逆时针方向之和两者的较大值；

　　M_{cua}^t、M_{cua}^b——分别为柱的上、下端顺时针或逆时针方向实配的正截面受弯承载力所对应的弯矩值，根据实际配筋面积、材料强度标准值和重力荷载代表值产生的轴向压力设计值并考虑承载力抗震调整系数计算；

　　H_n——柱的净高；

　　η_{uc}——柱剪力增大系数；对框架结构，一、二、三、四级可分别取 1.5、1.3、1.2、1.1；对其他结构类型的框架，一级可取 1.4，二级可取 1.2，三、四级可取 1.1。

考虑到地震扭转效应的影响明显，一、二、三级框架的角柱，经上述调整后的柱端剪力设计值尚应乘以不小于 1.1 的增大系数。

（2）受剪承载力验算

有地震作用组合时，框架柱的受剪承载力按下式验算：

$$V \leqslant \frac{1}{\gamma_{\mathrm{RE}}}\left(\frac{1.05}{\lambda+1}f_{\mathrm{t}}bh_0 + f_{\mathrm{yv}}\frac{A_{\mathrm{sv}}}{s}h_0 + 0.056N\right) \tag{4-35}$$

偏心受拉：

$$V \leqslant \frac{1}{\gamma_{\mathrm{RE}}}\left(\frac{1.05}{\lambda+1}f_{\mathrm{t}}bh_0 + f_{\mathrm{yv}}\frac{A_{\mathrm{sv}}}{s}h_0 - 0.2N\right) \tag{4-36}$$

式中 　N——与剪力设计值 V 相应的轴向力设计值。当为轴向压力时，$N \leqslant 0.3f_{\mathrm{c}}bh$；当为轴向拉力时公式右边括号内的值不应小于 $f_{\mathrm{yv}}\dfrac{A_{\mathrm{sv}}}{s}h_0$，且 $f_{\mathrm{yv}}\dfrac{A_{\mathrm{sv}}}{s}h_0$ 不应小于 $0.36f_{\mathrm{t}}bh_0$；

　　　γ_{RE}——承载力抗震调整系数，取 0.85。

（3）剪压比限值

对于剪跨比大于 2 的矩形截面框架柱，应满足：

$$V_{\mathrm{b}} \leqslant \frac{1}{\gamma_{\mathrm{RE}}}(0.2\beta_{\mathrm{c}}bh_0) \tag{4-37}$$

对于剪跨比不大于 2 的矩形截面框架柱，应满足：

$$V_{\mathrm{b}} \leqslant \frac{1}{\gamma_{\mathrm{RE}}}(0.15\beta_{\mathrm{c}}bh_0) \tag{4-38}$$

4.6.4　框架节点设计和配筋构造

在涉及延性框架时，除了保证梁、柱构件具有足够的强度和延性外，保证梁柱节点区的抗剪强度，使之不过早破坏也是十分重要的。由震害调查可见，梁柱节点区的破坏，大多由于节点区无箍筋或少箍筋，在剪压作用下混凝土出现斜裂缝甚至挤压破碎，纵向钢筋压屈呈灯笼状。因此，保证节点区不过早发生剪切破坏的主要措施是保证节点区混凝土强度及密实性、在节点核心区内配置足够的箍筋。

设计梁、柱常采用不同等级的混凝土，在施工时必须注意梁柱节点部位混凝土等级应该和柱混凝土等级相同或略低（相差不能超过 5MPa）。

节点的受剪承载力按以下计算：

（1）节点核心区的剪力设计值：根据"强节点"的概念，取梁端截面达到受弯承载力时的核心区剪力作为剪力设计值。图 4-19 为中柱节点受力简图，根据平衡条件可以得出核心区剪力的表达式。《抗震规范》给出的节点核心区剪力设计值如下：

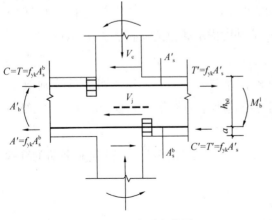

图 4-19　节点受力简图

一、二级框架：

$$V_{\mathrm{j}} \leqslant \frac{\eta_{\mathrm{jb}} \sum M_{\mathrm{b}}}{h_{\mathrm{b0}} - a'} \left(1 - \frac{h_{\mathrm{b0}} - a'}{H_{\mathrm{c}} - h_{\mathrm{b}}}\right) \tag{4-39}$$

一级框架结构和 9 度抗震设计的结构可不符合上式，但应符合：

$$V_{\mathrm{j}} \leqslant \frac{1.15 \sum M_{\mathrm{b}}}{h_{\mathrm{b0}} - a'} \left(1 - \frac{h_{\mathrm{b0}} - a'}{H_{\mathrm{c}} - h_{\mathrm{b}}}\right) \tag{4-40}$$

式中　h_{b0}——梁截面的有效高度，节点两侧梁截面高度不等时可采用平均值；

　　a'——梁受压钢筋合力点到受压边缘的距离；

　　H_{c}——柱的计算高度，可采用节点上、下柱反弯点之间的距离；

　　η_{jb}——节点剪力增大系数，一级取 1.35，二级取 1.2。

其余符号意义同前所述。

当抗震等级为三、四级时，核心区剪力较小，一般不需计算，节点箍筋可按构造设置。

（2）受剪承载力验算：

$$V_{\mathrm{j}} \leqslant \frac{1}{\gamma_{\mathrm{RE}}} \left(1.1 \eta_{\mathrm{j}} f_{\mathrm{t}} b_{\mathrm{j}} + 0.05 \eta_{\mathrm{j}} N \frac{b_{\mathrm{j}}}{b_{\mathrm{c}}} + f_{\mathrm{yv}} A_{\mathrm{svj}} \frac{h_{\mathrm{b0}} - a'}{s}\right) \tag{4-41}$$

9 度时：

$$V_{\mathrm{j}} \leqslant \frac{1}{\gamma_{\mathrm{RE}}} \left(0.9 \eta_{\mathrm{j}} f_{\mathrm{t}} b_{\mathrm{j}} + f_{\mathrm{yv}} A_{\mathrm{svj}} \frac{h_{\mathrm{b0}} - a'}{s}\right) \tag{4-42}$$

式中　N——对应于组合剪力设计值的上柱组合轴向压力较小值，当 $N > 0.5 f_{\mathrm{c}} b_{\mathrm{c}} h_{\mathrm{c}}$ 时，取 $N = 0.5 f_{\mathrm{c}} b_{\mathrm{c}} h_{\mathrm{c}}$；当 N 为拉力时，取 $N = 0$；

　　b_{j}——核心区截面有效验算宽度，按下面规定取用；

　　h_{j}——核心区截面高度，可采用验算方向的柱截面高度；

b_{c}、h_{c}——分别为验算方向柱截面宽度和高度；

　　A_{svj}——核心区有效验算宽度范围内同一截面验算方向箍筋的总截面面积；

　　η_{j}——正交梁的约束影响系数，楼板为现浇，梁柱中线重合，四侧各梁截面宽度不小于该侧柱截面宽度的 1/2，且正交方向梁高度不小于框架梁高度的 3/4 时，可采用 1.5；9 度时宜采用 1.25；其他情况均采用 1.0。

核心区截面有效验算宽度 b_{j}，按下列规定采用：

当验算方向的梁截面宽度不小于该侧柱截面宽度的 1/2 时，可采用该侧柱截面宽度，当小于时可采用下列两者的较小值：

$$b_{\mathrm{j}} = b_{\mathrm{b}} + 0.5 h_{\mathrm{c}} \tag{4-43}$$

$$b_{\mathrm{j}} = b_{\mathrm{c}} \tag{4-44}$$

当梁、柱的中线不重合且偏心距不大于柱宽的 1/4 时，可采用上述两式和下式计算结果的较小值：

$$b_j = 0.5(b_b + b_c) + 0.25h_c - e \tag{4-45}$$

式中　e——梁与柱中线偏心距。

核心区组合的剪力设计值应符合下式要求：

$$V_j \leqslant \frac{1}{\gamma_{RE}}(0.3\eta_j f_c b_j h_j) \tag{4-46}$$

抗震设计时，框架梁、柱的纵向钢筋在框架节点区的锚固和搭接（图 4-20），应符合下列要求：

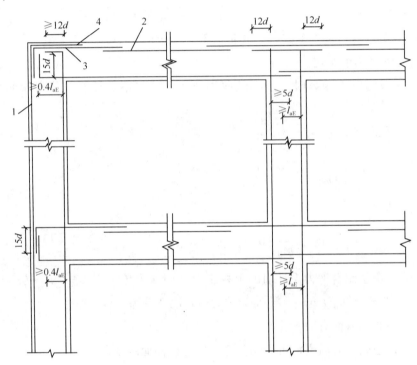

图 4-20　抗震设计时框架梁、柱纵向钢筋在节点区的锚固示意图

1—柱外侧纵向钢筋，截面面积为 A_{cs}；2—梁上部纵向钢筋；

3—梁内的柱外侧纵向钢筋，截面面积不小于 $0.65A_{cs}$；

4—不能伸入梁内的柱外侧纵向钢筋可伸入板内

（1）顶层中节点处：柱纵向钢筋和边节点柱内侧纵向钢筋应伸至柱顶；当从梁底边计算的直线锚固长度不小于 l_{aE} 时，可不必水平弯折，否则应向柱内或梁、板内水平弯折，锚固段弯折前的竖直投影长度不应小于 $0.4l_{aE}$，弯折后的水平投影长度不宜小于 12 倍的柱纵向钢筋直径。此处，l_{aE} 为抗震时钢筋的基本锚固长度，一、二级取 $1.15l_{aE}$，三、四级分别取 $1.05l_{aE}$ 和 $1.00l_{aE}$。

（2）顶层端节点处：柱外侧纵向钢筋可与梁上部纵向钢筋搭接，搭接长度不应小于 $1.5l_{aE}$；且伸入梁内的柱外侧纵向钢筋截面面积不宜小于柱外侧全部纵向钢筋截面面积的

65%；在梁宽范围以外的柱外侧纵向钢筋可伸入现浇板内，其伸入长度与伸入梁内的相同。当柱外侧纵向钢筋的配筋率大于 1.2% 时，伸入梁内的柱纵向钢筋宜分两批截断，其截断点之间的距离不宜小于 20 倍的柱纵向钢筋直径。

（3）梁上部纵向钢筋伸入端节点的锚固长度，直线锚固时不应小于 l_{aE}，且伸过柱中心线的长度不宜小于 5 倍的梁纵向钢筋直径；当柱截面尺寸不足时，梁上部纵向钢筋应伸至节点对边并向下弯折，锚固段弯折前的水平投影长度不应小于 $0.4l_{aE}$，弯折后的竖直投影长度应取 15 倍的梁纵向钢筋直径。

（4）梁下部纵向钢筋的锚固与梁上部纵向钢筋相同，但采用 90° 弯折方式锚固时，竖直段应向上弯入节点内。

4.7　装配式框架结构设计思路与方法

装配整体式结构设计的一般要求：

（1）建筑设计应遵循少规格、多组合的原则；

（2）宜采用主体结构、装修和设备管线的装配化集成技术；

（3）建筑设计应符合建筑模数协调标准；

（4）围护结构及建筑部品等宜采用工业化、标准化产品；

（5）宜选用大开间、大进深的平面布置；

（6）宜采用规则平面和立面布置。

结构设计是一个复杂的体系，但是装配式建筑设计需要把复杂的体系分步骤来解决问题。做装配式建筑很重要的是首先要具有工业化的思维，就是我们常说的概念设计，需要把成本因素、施工的便利性考虑进去。例如，我们说标准化是为了降低成本，不做标准化设计构件规格和数量就会很多，必然会提高成本。对于施工的便利性，传统设计中开间会选用 2~3m 的跨度，板厚度较小，而对装配式的叠合楼板来说，可能 4~6m 是比较合适的正常板跨，也有一些案例选取了更大板跨。

从设计方法来看，规范明确了装配式框架结构等同于现浇混凝土框架结构，不是说连接、构造等做法都等同于现浇混凝土框架结构，而是指性能上等同于现浇混凝土框架结构，节点满足现浇结构要求。

从结构布置来看，还是需要有工业化思维。装配式建筑的要求是对齐，柱网布置对齐，梁柱对中布置，在现浇混凝土结构设计中，构件贴边放置的情况大量存在，而在装配式建筑中，构件贴边放置就被认为是不合适的方案，因为构件放在中间并不会影响主体结构的设计，而放在边上确实严重影响节点的连接。装配式建筑中，相交两方向梁底宜留设高差，如果忽视了高差，在节点处梁的钢筋会相遇，现场再考虑避让会带来更多的问题，虽然也有办法解决，但是设计中留设梁底高差是更合适的选择。建筑大开间设计就会提到宜采用大板跨，减少梁数的要求。同时应该合理归并，减少构件类型。此外，以下这 3 条主要是为了节点连接的需要：（1）采用适当的构件截面，避免配筋量过大，比如现浇结构中强调柱子宽度是梁宽度的 1.5 倍，而装配式建筑不特别强调；（2）采用高强度钢筋，减小配筋量；（3）采用大直径、少根数、大间距的配筋方式。

　　具体到装配式框架结构连接设计，最重要的部分是连接方式和现浇混凝土结构不同。装配整体式结构中，接缝的截面承载力应符合现行国家标准《装配式混凝土建筑技术标准》GB/T 51231 的规定，接缝的受剪承载力应验算并符合持久设计和地震设计状况，一般情况下连接部分的承载力都不会小于杆件，所以接缝的正截面受压、受拉及受弯承载力可不必计算，只需验算受剪承载力。其中，接缝受剪承载力增大系数，抗震等级为一、二级取 1.2，抗震等级为三、四级取 1.1，在梁、柱端部箍筋加密区及剪力墙底部加强部位，有强接缝弱构件的要求。

习　题

　　4-1　试述高层框架结构计算时的基本假定。对于不同施工方法的框架体系如何确定梁的惯性矩？

　　4-2　试述单跨框架结构在高层建筑结构中的应用原则。

　　4-3　用分层法计算框架结构在竖向荷载下的内力时，对哪些杆件的线刚度作了折减？哪些杆件的传递系数用 1/3？为什么？

　　4-4　高层框架结构计算内力的方法是什么？各有何基本假定？

　　4-5　框架结构在水平荷载作用下的侧移由哪几部分组成？由框架梁柱弯曲和剪切变形产生的水平位移如何计算？请写出计算公式。

　　4-6　如何对框架梁端弯矩进行塑性调幅？

　　4-7　在地震作用下，框架节点的震害表现有哪些？节点设计应进行哪方面的计算？

　　4-8　框架结构抗震设计时，是如何实现"强柱弱梁""强剪弱弯"这一要求？

　　4-9　如何进行高层框架结构梁柱截面尺寸的估算？

　　4-10　某 12 层框架，底层层高 5.0m，其余层高 3.2m，如图 4-21 所示，采用 C40 混凝土，截面尺寸：横梁 250mm × 600mm；中柱：700mm × 700mm；边柱 600mm × 600mm。荷载条件：各层横梁均布荷载：12kN/m；水平均布荷载：3kN/m。计算此框架在竖向荷载作用下的弯矩。

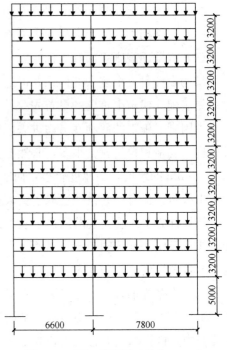

图 4-21　框架荷载图（单位：mm）

第5章 剪力墙结构设计与构造

5.1 剪力墙结构的布置与计算特点

用钢筋混凝土剪力墙（用于抗震结构时也称为抗震墙）承受竖向荷载和抵抗侧向力的结构称为剪力墙结构或抗震墙结构。剪力墙是一种平面构件，其特点是平面内刚度及承载力大，而平面外刚度及承载力很小。因此，受力分析时只考虑各方向墙体对其平面内侧向力的抵抗能力，而不考虑墙体平面外的承载能力。

为了使剪力墙结构具有较好的空间工作能力，具备适宜的侧向刚度，布置时应遵循如下规定：

（1）平面布置宜简单、规则，宜沿两个主轴方向或其他方向双向布置剪力墙，形成空间结构，且两个方向的侧向刚度应接近。抗震设计时，应避免单向布置剪力墙。

（2）沿高度方向，剪力墙宜连续布置，避免刚度突变。剪力墙的抗侧刚度较大，如果在某一层或几层切断剪力墙，易造成结构刚度突变，因此，剪力墙从上到下宜连续设置。

（3）当剪力墙上需要开洞作为门窗时，洞口宜上下对齐，成列布置，形成具有规则洞口的联肢剪力墙，如图5-1(a)所示，避免出现不规则布置的错洞口，如图5-1(b)所示。当墙的长度很长时，可间隔一定长度在墙上开设洞口，洞口上设置跨高比大、受弯承载力小的连梁，将长墙分隔成若干个较短的墙段，各墙段的高度与墙段长度之比不宜小于3，墙段长度不宜大于8。

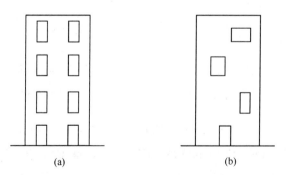

图 5-1 剪力墙洞口布置

（a）规则洞口的联肢剪力墙；（b）不规则的错洞口

图 5-2 是剪力墙结构平面布置的示例。

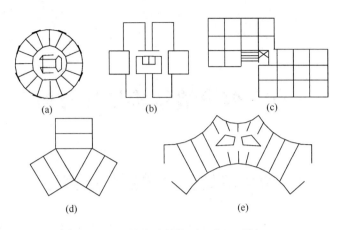

图 5-2 剪力墙结构平面布置示例

开设洞口后，剪力墙被分割为墙肢和连梁，如图 5-3 所示。墙肢截面宜简单、规则，墙体两端应尽可能与另一方向的墙体连接，形成工字形、T 形或 L 形等有翼缘的墙，以增大剪力墙的刚度和稳定性。在楼、电梯间，两个方向的墙互相连接成井筒，以增大结构的抗扭性能。两端与剪力墙在平面内相连的梁为连梁，当连梁的跨高比（梁的计算跨度 l_n 与梁的计算高度之比）大于等于 5 时，应按框架梁来设计。

在侧向力作用下，剪力墙结构的侧向位移曲线呈弯曲型，即层间位移由下至上逐渐增大，见图 5-4。

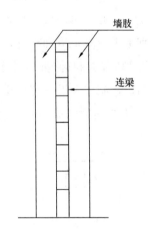

图 5-3 剪力墙的墙肢和连梁

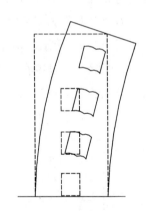

图 5-4 剪力墙的侧移曲线

剪力墙底部是塑性铰出现及保证剪力墙安全的重要部位。因此，抗震设计时，为保证剪力墙底部出现塑性铰后具有足够的延性，应对可能出现塑性铰的部位加强抗震措施，这些加强部位称为"底部加强部位"。在确定底部加强部位的范围时，应符合下列规定：

（1）底部加强部位的高度应从地下室顶板算起；

（2）底部加强部位的高度一般可取底部两层和墙体总高度 1/10 二者中的较大值；

（3）当结构计算嵌固端位于地下一层底板或者以下时，底部加强部位宜延伸到计算嵌固端。

短肢剪力墙结构是指截面厚度不大于 300mm、各肢截面高厚比（计算高度与厚度的比值）的最大值大于 4 但不大于 8 的剪力墙结构。该结构体系近年来在住宅建筑中被逐渐采用。短肢剪力墙有利于住宅建筑平面布置和减轻结构自重，但由于短肢剪力墙的抗震性能较差，地震区应用经验少，因此在高层住宅结构中短肢剪力墙布置不宜过多，更不应采用全部为短肢剪力墙的结构，应设置一定数量的一般剪力墙或井筒，形成短肢墙与井筒（或一般墙）共同抵抗水平作用的剪力墙结构。

在规定的水平地震作用下，短肢剪力墙承担的底部倾覆力矩不小于结构底部总地震倾覆力矩的 30% 时称为具有较多短肢剪力墙的剪力墙结构，此时房屋的最大适用高度应适当降低。

按照墙上洞口的大小、多少及排列方式的不同，剪力墙可划分为以下几类：

（1）整体墙，如图 5-5(a) 所示。当墙体上没有门窗洞口或门窗洞口的面积之和不超过剪力墙侧面积的 15%，且洞口间净距及孔洞至墙边的净距大于洞口长边尺寸时，可以忽略洞口的影响。假设截面上应力为直线分布，可按整体悬臂墙（静定结构）进行计算。

（2）联肢墙，如图 5-5(b) 所示。当剪力墙上开有一列或多列洞口，洞口尺寸相对较大且排列整齐时，剪力墙的受力相当于通过洞口之间的连梁连在一起的一系列墙肢，称为联肢墙。联肢墙是超静定结构，近似计算方法很多，如小开口剪力墙计算方法、连续化方法、带刚域框架方法等。

（3）不规则洞口剪力墙，如图 5-5(c) 所示。为满足建筑物的使用要求，有时需要在剪力墙上开设较大且排列不规则的洞口，形成不规则洞口剪力墙。这种墙不能简化成杆件体系进行计算，若要精确分析其应力分布，则需采用平面有限元法。

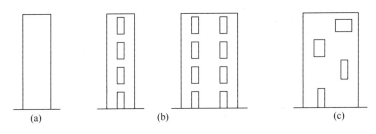

图 5-5 剪力墙分类

(a) 整体墙；(b) 联肢墙；(c) 不规则洞口剪力墙

5.2 整体剪力墙及整体小开口剪力墙的计算

5.2.1 整体剪力墙的计算

凡墙面上无门窗洞口或开孔面积不超过墙面面积 15%，且孔洞间净距及孔洞至墙边净距大于孔洞长边时，可以忽略洞口的影响（图 5-6），将剪力墙按整体悬臂墙方法来计算水平荷载作用下的截面内力（M、V）。

计算位移时，要考虑洞口对截面面积及刚度的削弱。等效截面面积 A_q 取无洞口截面面积乘以洞口削弱系数：

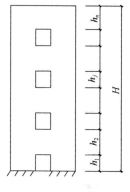

$$A_q = \gamma_0 A \qquad (5\text{-}1)$$

$$\gamma_0 = 1 - 1.25\sqrt{A_d/A_0} \qquad (5\text{-}2)$$

式中　A——剪力墙截面毛面积；

　　　A_0——剪力墙立面总墙面面积；

　　　A_d——剪力墙洞口立面总面积。

等效惯性矩 J_q 取有洞口截面与无洞口截面惯性矩沿竖向的加权平均值：

图 5-6　整体剪力墙

$$J_q = \frac{\sum\limits_{j=1}^{n} J_j h_j}{\sum\limits_{j=1}^{n} h_j} \qquad (5\text{-}3)$$

式中　J_j——剪力墙沿竖向各段的截面惯性矩，无洞口段与有洞口段分别计算，n 为总分段数；

　　　h_j——各段相应高度，$\sum\limits_{j=1}^{n} h_j = H$，见图 5-6。

计算位移时，除弯曲变形外，还要考虑剪切变形的影响。在 3 种常用水平荷载下，悬臂杆顶点位移的计算公式见下式，括号中后一项为剪切变形影响项。

$$\Delta = \begin{cases} \dfrac{11}{60}\dfrac{V_0 H^3}{EJ_q}\left(1 + \dfrac{3.64\mu EJ_q}{H^2 GA_q}\right) & \text{（倒三角分布荷载）} \\[3mm] \dfrac{1}{8}\dfrac{V_0 H^3}{EJ_q}\left(1 + \dfrac{4\mu EJ_q}{H^2 GA_q}\right) & \text{（均布荷载）} \\[3mm] \dfrac{1}{3}\dfrac{V_0 H^3}{EJ_q}\left(1 + \dfrac{3\mu EJ_q}{H^2 GA_q}\right) & \text{（顶部集中荷载）} \end{cases} \qquad (5\text{-}4)$$

式中　V_0——底部截面剪力；

　　　μ——剪力不均匀系数，矩形截面取 $\mu = 1.2$，I 形截面取 $\mu =$ 全面积/腹板面积，T 形截面取值见表 5-1。

T 形截面剪力不均匀系数　　　　　　　　　　　　　　表 5-1

H/t \ B/t	2	4	6	8	10	12
2	1.383	1.496	1.521	1.511	1.483	1.445
4	1.441	1.876	2.287	2.682	3.061	3.424

H/t ＼ B/t	2	4	6	8	10	12
6	1.362	1.097	2.033	2.367	2.698	3.026
8	1.313	1.572	1.838	2.106	2.374	2.641
10	1.283	1.489	1.707	1.927	2.148	2.370
12	1.264	1.432	1.614	1.800	1.988	2.178
15	1.245	1.374	1.519	1.669	1.820	1.073
20	1.228	1.317	1.422	1.534	1.648	1.763
30	1.214	1.264	1.328	1.399	1.473	1.549
40	1.208	1.240	1.284	1.334	1.387	1.442

注：B 为翼缘宽度；t 为剪力墙厚度；H 为剪力墙截面高度。

引入等效刚度 EJ_{eq}，在 3 种常用水平荷载下分别为：

$$EJ_{eq} = \begin{cases} EJ_q \Big/ \Big(1 + \dfrac{3.64\mu EJ_q}{H^2 GA_q}\Big) & \text{（倒三角分布荷载）} \\[2mm] EJ_q \Big/ \Big(1 + \dfrac{4\mu EJ_q}{H^2 GA_q}\Big) & \text{（均布荷载）} \\[2mm] EJ_q \Big/ \Big(1 + \dfrac{3\mu EJ_q}{H^2 GA_q}\Big) & \text{（顶部集中荷载）} \end{cases} \tag{5-5}$$

将上式代入式（5-4），可得：

$$\Delta = \begin{cases} \dfrac{11}{60} \dfrac{V_0 H^3}{EJ_{eq}} & \text{（倒三角分布荷载）} \\[2mm] \dfrac{1}{8} \dfrac{V_0 H^3}{EJ_{eq}} & \text{（均布荷载）} \\[2mm] \dfrac{1}{3} \dfrac{V_0 H^3}{EJ_{eq}} & \text{（顶部集中荷载）} \end{cases} \tag{5-6}$$

对式（5-5）作进一步简化，将 3 种荷载作用下的公式统一，系数取平均值，则 3 种水平荷载下的等效刚度 EJ_{eq} 可统一写为：

$$EJ_{eq} = \frac{EJ_q}{1 + 9\mu J_q / H^2 A_q} \tag{5-7}$$

在分配剪力时，整体悬臂墙的等效抗弯刚度可直接由式（5-7）计算。

5.2.2　小开口整体墙的计算

1. 小开口整体墙的判定方法

当剪力墙连梁刚度和墙肢宽度基本均匀时，如符合下述条件，联肢墙可按小开口整体墙的方法作近似分析和计算。

$$a \geqslant 0$$

$$J_A/J \leqslant Z \text{ 或 } J_A/J \leqslant Z_i \tag{5-8}$$

式中　a——联肢墙整体系数，有：

$$a = H\sqrt{\frac{6}{h(J_1+J_2)} \times \frac{J_b^0 c^2}{a^3} \times \frac{J}{J_A}} \quad \text{（双肢墙）}$$

$$a = H\sqrt{\frac{6}{Th\sum\limits_{i=1}^{k+1} J_i} \sum\limits_{i=1}^{k} \frac{J_{bi}^0 c_i^2}{a_i^3}} \quad \text{（多肢墙）} \tag{5-9}$$

T——轴向变形影响系数，其物理意义将在下文中加以叙述，计算时，T 可按表 5-2 取值；

轴向变形影响系数 T　　　　　　　　　　　　　　　　　表 5-2

墙肢数目	3～4	5～7	8 肢以上
T	0.80	0.85	0.90

J_A——各墙肢截面面积与各截面形心到组合截面形心距离平方的乘积之和：

$$J_A = J - \sum_{i=1}^{k+1} J_i = \sum_{i=1}^{k+1} A_i y_i^2 \tag{5-10}$$

J——组合截面对形心惯性矩；

Z，Z_i——系数，与 a 及层数 N 有关。当各墙肢及各连梁都比较均匀时，可查表 5-3 得到 Z 值。当各墙肢相差较大时可根据表 5-4 先查得 S 值，再按下式计算第 i 个墙肢的 Z_i 值：

$$Z_i = \frac{1}{S}\left(1 - \frac{3}{2N}J\frac{A_i/\sum A_i}{J_i/\sum J_i}\right) \tag{5-11}$$

系数 Z　　　　　　　　　　　　　　　　　表 5-3

荷载	均布荷载					倒三角分布荷载				
层数 N　　a	8	10	12	16	20	8	10	12	16	20
10	0.832	0.897	0.945	1.000	1.000	0.887	0.938	0.974	1.000	1.000
12	0.810	0.874	0.926	0.978	1.000	0.867	0.915	0.950	0.994	1.000
14	0.797	0.858	0.901	0.957	0.993	0.853	0.901	0.933	0.976	1.000
16	0.788	0.847	0.888	0.943	0.977	0.844	0.889	0.924	0.963	0.989
18	0.781	0.838	0.879	0.932	0.956	0.832	0.875	0.913	0.953	0.978
20	0.775	0.832	0.871	0.923	0.956	0.832	0.875	0.906	0.945	0.970
22	0.771	0.827	0.864	0.917	0.948	0.828	0.871	0.901	0.939	0.964
24	0.768	0.823	0.861	0.911	0.943	0.825	0.867	0.897	0.935	0.959

荷载	均布荷载					倒三角分布荷载				
层数 N a	8	10	12	16	20	8	10	12	16	20
26	0.766	0.820	0.857	0.907	0.937	0.822	0.864	0.893	0.931	0.956
28	0.763	0.818	0.854	0.903	0.934	0.820	0.861	0.889	0.928	0.953
≥30	0.762	0.815	0.853	0.900	0.930	0.818	0.858	0.885	0.925	0.949

系数 S　　　　　　　　　　　　　　　　　　　　表 5-4

层数 N a	8	10	12	16	20
10	0.915	0.907	0.890	0.888	0.882
12	0.937	0.929	0.921	0.912	0.906
14	0.952	0.945	0.938	0.929	0.923
16	0.963	0.956	0.950	0.941	0.936
18	0.971	0.965	0.959	0.951	0.945
20	0.977	0.973	0.966	0.958	0.953
22	0.982	0.976	0.971	0.964	0.960
24	0.985	0.980	0.976	0.969	0.965
26	0.988	0.984	0.980	0.973	0.968
28	0.991	0.987	0.984	0.976	0.971
≥30	0.993	0.991	0.998	0.979	0.974

2. 小开口整体墙的计算方法

小开口整体墙的内力和应力分布有如下特点，如图 5-7 所示：

（1）墙肢中大部分层都没有反弯点；

（2）截面上正应力分布接近于直线分布。

小开口整体墙可近似按下述公式计算墙肢内力：

$$\left.\begin{array}{l} M_i(x) = 0.85 M_\mathrm{p}(x)\dfrac{J_i}{J} + 0.15 M_\mathrm{p}(x)\dfrac{J_i}{\sum J_i} \\[2mm] N_i(x) = 0.85 M_\mathrm{p}(x)\dfrac{A_i y_i}{J} \end{array}\right\} \tag{5-12}$$

式中　$M_i(x)$，$N_i(x)$ —— 第 i 个墙肢在 x 截面处的弯矩和轴力；

　　　　$M_\mathrm{p}(x)$ —— x 截面的外弯矩；

　　　　A_i，J_i，y_i —— 第 i 个墙肢的截面面积，惯性矩和截面形心到组合截面形心的距离；

　　　　J —— 组合截面惯性矩。

墙肢截面剪力为：

$$V_i(x) = V_p(x) \frac{A_i}{\sum A_i} \qquad (5\text{-}13)$$

在各墙肢宽度相差很大的多肢剪力墙中，要用式（5-8）分别验算每一个墙肢是否满足小开口整体墙的条件。一般说来，宽度大的墙肢容易满足 $J_A/J \leqslant Z_i$，这些墙肢可以按式（5-12）计算内力。而对于一些很细的墙肢，常常不满足 $J_A/J \leqslant Z_i$ 的要求，这时，就应对式（5-12）算得到的弯矩 M_i 加以修正。因为细墙肢中要有反弯点，可按框架柱的方法计算柱剪力在两端产生的弯矩。假定反弯点在门洞边墙肢的中点，如图 5-8 所示。

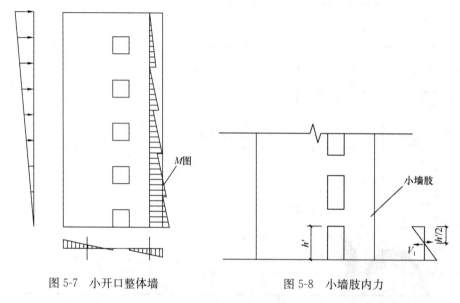

图 5-7 小开口整体墙   图 5-8 小墙肢内力

修正后，门洞底部小墙肢的弯矩为：

$$M'_i = M_i(x) + V_i(x) \cdot h'_i/2 \qquad (5\text{-}14)$$

连梁剪力可由上下层墙肢轴力之差得到（由梁和墙肢节点力平衡关系得到）；从而进一步由剪力计算连梁端部弯矩。

小开口整体墙的顶点位移可由整体墙的计算式（5-4）得到，但计算结果应乘以修正系数 1.2；等效弯曲刚度则由式（5-7）的计算结果除以 1.2 得到。

5.3 双 肢 墙 的 计 算

5.3.1 连续连杆法的基本假设

通常情况下，剪力墙中门窗洞口的排列都很整齐，剪力墙可划分为许多墙肢和连梁，将连梁看成墙肢间的连杆，并将它们沿墙高离散为均匀分布的连续连杆，再用微分方程进行求解，这种方法称为连续化方法，也称为连续连杆法，是联肢墙内力及位移分析中一种较好的近似方法。

用连续连杆法对联肢墙进行受力分析时，作如下假定：

（1）连梁作用按连续连杆考虑。

（2）忽略连梁的轴向变形，假定同一标高处各墙肢的水平位移相同。

（3）假定同一标高处各墙肢截面的转角和曲率相等，因此连梁两端转角相等，连梁的反弯点在梁的中点。

（4）各墙肢、连梁的截面参数及层高等沿高度为常数。

由这些假定可见，连续连杆法适用于开洞规则、由下到上墙厚及层高都不变的联肢墙。但在实际工程中，变化是难以避免的，如果变化不多，可取各楼层的平均值进行计算；如果剪力墙很不规则，则本方法不适用。此外，层数越多，本方法计算结果越好。对低层或多层建筑中的墙，计算误差较大。

5.3.2　力法方程的建立

图 5-9（a）是一片典型的双肢墙，墙面沿高度方向开有一列排列整齐的洞口。双肢墙的墙肢可以是矩形或 T 形截面（当翼缘参加工作时），且以截面的形心线作为墙肢轴线，连梁一般取为矩形截面。

将每一楼层处的连梁假想为均匀分布在该楼层高度内的连续连杆，双肢墙的计算简图如图 5-9（b）所示，求解内力的基本方法是力法。力法要求把超静定结构分解成静定结构，即建立基本体系，切开处暴露出基本未知力，并在切开处建立变形连续条件，以求解该未知力。图 5-9（c）是双肢墙的基本体系，沿梁中点切开，切开后连杆弯矩为 0（假定反弯点在中点），连杆剪力 $\tau(x)$ 是多余未知力，是一个连续函数。未知轴力 $\sigma(x)$ 虽然存在，但与求解 $\tau(x)$ 无关。

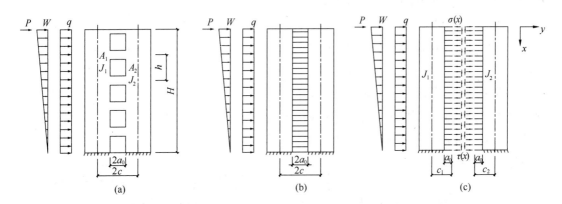

图 5-9　双肢墙计算简图及基本体系

（a）结构尺寸；（b）计算简图；（c）基本体系

由切开处的变形连续条件建立 $\tau(x)$ 的微分方程，求解微分方程可得连杆剪力 $\tau(x)$。将一个楼层高度范围内各点剪力积分，还原成一根连梁中的剪力。各层连梁中的剪力求出后，所有墙肢及连梁内力都可以相继求出，这就是连续连杆法的基本思路。

切开处沿 $\tau(x)$ 方向的变形连续条件可用下式表达：

$$\delta_1(x) + \delta_2(x) + \delta_3(x) = 0 \tag{5-15}$$

其中，$\delta_1(x)$ 为由墙肢的弯曲变形和剪切变形产生的相对位移，见图 5-10。

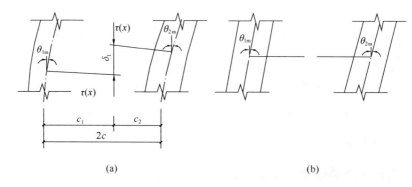

(a)   (b)

图 5-10　墙肢转角变形

图 5-10(a)给出了墙肢转角与切口处沿 $\tau(x)$ 方向相对位移的关系。用 θ_m 表示墙肢弯曲变形产生的转角，且以顺时针方向为正，则根据假定（3）可知：

$$\theta_{1m} = \theta_{2m} = \theta_m \tag{5-16}$$

此外，由于墙肢的剪切变形不会使连梁切口处产生相对位移，如图 5-10（b）所示，因此：

$$\delta_1(x) = -2c\theta_m(x) \tag{5-17}$$

式中，$2c$ 是根据弯曲变形时连梁与墙肢在轴线处保持垂直的假定而得；负号则表示连梁位移与方向 $\tau(x)$ 相反。

$\delta_2(x)$ 为由墙肢轴向变形产生的相对位移，见图 5-11。

在水平荷载作用下，一个墙肢受拉，另一个墙肢受压。墙肢轴向变形将使连梁切口处产生相对位移。两墙肢轴向力方向相反、大小相等，由隔离体平衡可得：

$$N(x) = \int_0^x \tau(x)\mathrm{d}x$$

即：

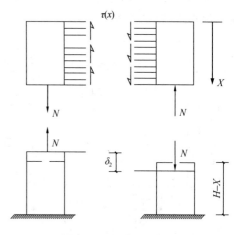

图 5-11　墙肢轴向变形

$$\frac{\mathrm{d}N(x)}{\mathrm{d}x} \tag{5-18}$$

墙肢底截面处相对位移为 0，随着高度增加轴向变形产生的相对位移增大，在坐标 x 处，相对位移为：

$$\delta_2(x) = \int_x^H \frac{N(x)}{EA_1}\mathrm{d}x + \int_x^H \frac{N(x)}{EA_2}\mathrm{d}x = \frac{1}{E}\left(\frac{1}{A_1} + \frac{1}{A_2}\right)\int_x^H N(x)\mathrm{d}x$$

$$= \frac{1}{E}\left(\frac{1}{A_1} + \frac{1}{A_2}\right)\iint_x^H \int_0^x \tau(x)\mathrm{d}x\mathrm{d}x \tag{5-19}$$

$\delta_3(x)$ 为由连梁弯曲和剪切变形产生的相对位移，见图 5-12。

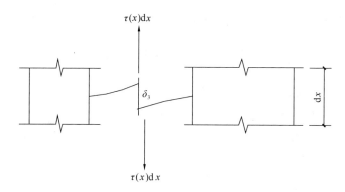

图 5-12　连梁弯曲及剪切变形

水平荷载产生的连梁切口处剪力集度为 $\tau(x)$，由悬臂梁变形公式可得：

$$\delta_3(x) = \delta_{3m} + \delta_{3v} = 2\frac{\tau(x)ha^3}{3EJ_b} + 2\frac{\mu\tau(x)ha}{A_bG}$$

$$= 2\frac{\tau(x)ha^3}{3EJ_b}\left(1 + \frac{3\mu EJ_b}{A_bGa^2}\right) = \frac{2\tau(x)ha^3}{3EJ_b^0} \tag{5-20}$$

式中　δ_{3m}——由弯曲变形产生的相对位移；

　　　δ_{3v}——由剪切变形产生的相对位移；

　　　μ——截面的剪切不均匀系数；

　　　G——剪切模量。

$$J_b^0 = \frac{J_b}{1 + \dfrac{3\mu EJ_b}{A_bGa^2}} \tag{5-21}$$

J_b^0 为连梁的折算惯性矩，它以弯曲变形的形式给出，考虑了弯曲和剪切变形的共同作用。当连梁是矩形截面时，$J_b/A_b = h_b^2/12$，$\mu = 1.2$，混凝土材料 $G = 0.42E$，代入式 (5-21)，可得：

$$J_b^0 = \frac{J_b}{1 + 0.7(h_b/a)^2} \tag{5-22}$$

将式 (5-18)～式(5-20) 代入式 (5-15)，可得位移协调方程为：

$$-2c\theta_{\mathrm{m}}(x)+\frac{1}{E}\Big(\frac{1}{A_1}+\frac{1}{A_2}\Big)\int_x^H\int_0^x\tau(x)\mathrm{d}x\mathrm{d}x+\frac{2\tau(x)ha^3}{3EJ_{\mathrm{b}}^0}=0 \tag{5-23}$$

对 x 求导一次，得：

$$-2c\theta'_{\mathrm{m}}(x)-\frac{1}{E}\Big(\frac{1}{A_1}+\frac{1}{A_2}\Big)\int_0^x\tau(x)\mathrm{d}x+\frac{2\tau'(x)ha^3}{3EJ_{\mathrm{b}}^0}=0 \tag{5-24}$$

再对 x 求导一次，得：

$$-2c\theta''_{\mathrm{m}}(x)-\frac{1}{E}\Big(\frac{1}{A_1}+\frac{1}{A_2}\Big)\tau(x)+\frac{2\tau''(x)ha^3}{3EJ_{\mathrm{b}}^0}=0 \tag{5-25}$$

引入外荷载的作用，在 x 处截断双肢剪力墙，由平衡条件可得：

$$M_1(x)+M_2(x)=M_{\mathrm{p}}(x)-N(x)\cdot 2c=M_{\mathrm{p}}(x)-2c\int_0^x\tau(x)\mathrm{d}x \tag{5-26}$$

式中　$M_{\mathrm{p}}(x)$——外荷载产生的倾覆力矩；

　　　$M_1(x)$——墙肢 1 的弯矩，以左边受拉右边受压为正，下同；

　　　$M_2(x)$——墙肢 2 的弯矩。

由梁的弯曲理论，知：

$$EJ_1\frac{\mathrm{d}^2y_{1\mathrm{m}}}{\mathrm{d}x^2}=M_1(x),\ EJ_2\frac{\mathrm{d}^2y_{2\mathrm{m}}}{\mathrm{d}x^2}=M_2(x) \tag{5-27}$$

由假定（3）可得：

$$y_{1\mathrm{m}}=y_{2\mathrm{m}}=y_{\mathrm{m}},\ \theta_{1\mathrm{m}}=\theta_{2\mathrm{m}}=\theta_{\mathrm{m}} \tag{5-28}$$

故：

$$M_1(x)+M_2(x)=E(J_1+J_2)\frac{\mathrm{d}^2y_{\mathrm{m}}}{\mathrm{d}x^2}=M_{\mathrm{p}}(x)-2c\int_0^x\tau(x)\mathrm{d}x \tag{5-29}$$

$$\theta'_{\mathrm{m}}(x)=\frac{\mathrm{d}^2y_{\mathrm{m}}}{\mathrm{d}x^2}=-\frac{1}{E(J_1+J_2)}\Big[M_{\mathrm{p}}(x)-2c\int_0^x\tau(x)\mathrm{d}x\Big] \tag{5-30}$$

$$\theta'_{\mathrm{m}}(x)=-\frac{1}{E(J_1+J_2)}\big[V_{\mathrm{p}}(x)-2c\cdot\tau(x)\big] \tag{5-31}$$

$V_{\mathrm{p}}(x)$ 是外荷载在截面 x 处产生的总剪力。$V_{\mathrm{p}}(x)$、$M_{\mathrm{p}}(x)$ 与外荷载形式有关，对于常用的 3 种荷载，有：

$$V_{\mathrm{p}}(x)=\begin{cases}V_0\Big[1-\Big(1-\dfrac{x}{H}\Big)^2\Big] & \text{（倒三角分布荷载）}\\[2mm] V_0\,\dfrac{x}{H} & \text{（均布荷载）}\\[2mm] V_0 & \text{（顶部集中荷载）}\end{cases} \tag{5-32}$$

式中　V_0——$x=H$ 处的底部剪力。

将式（5-32）代入式（5-31），可对应得到 3 种荷载下的 $\theta'_{\mathrm{m}}(x)$ 为：

$$\theta''_m(x) = \begin{cases} \dfrac{1}{E(J_1+J_2)}\left\{ V_0\left[\left(1-\dfrac{x}{H}\right)^2-1\right]+2c\cdot\tau(x)\right\} & \text{（倒三角分布荷载）} \\[3mm] \dfrac{1}{E(J_1+J_2)}\left[-V_0\left(\dfrac{x}{H}\right)+2c\cdot\tau(x)\right] & \text{（均布荷载）} \\[3mm] \dfrac{1}{E(J_1+J_2)}\left[-V_0+2c\cdot\tau(x)\right] & \text{（顶部集中荷载）} \end{cases} \tag{5-33}$$

再将 $\theta''_m(x)$ 代入式（5-25），并令连续刚度系数：

$$D = \frac{J_b^0 c^2}{a^3} \tag{5-34}$$

不考虑墙肢轴向变形时连梁和墙肢的刚度比：

$$a_1^2 = \frac{6H^2}{h(J_1+J_2)}D \tag{5-35}$$

组合截面形心轴的静矩：

$$S = \frac{2cA_1A_2}{A_1+A_2} \tag{5-36}$$

整理后，对应不同荷载形式可得：

$$\tau''(x)-\tau(x)\frac{1}{H^2}\left(\frac{6H^2D}{h\cdot S\cdot 2c}+a_1^2\right) = \begin{cases} -\dfrac{a_1^2}{H^2}\dfrac{V_0}{2c}\left[1-\left(1-\dfrac{x}{H}\right)^2\right] & \text{（倒三角分布荷载）} \\[3mm] -\dfrac{a_1^2}{H^2}\dfrac{V_0}{2c}\dfrac{x}{H} & \text{（均布荷载）} \\[3mm] -\dfrac{a_1^2}{H^2}\dfrac{V_0}{2c} & \text{（顶部集中荷载）} \end{cases}$$

$$\tag{5-37}$$

进一步令：

$$m(x) = 2c\cdot\tau(x) \tag{5-38}$$

$$a^2 = a_1^2 + \frac{6H^2}{h\cdot S\cdot 2c}\cdot D \tag{5-39}$$

其中，$m(x)$ 称为连梁对墙肢的约束弯矩；a 是考虑墙肢轴向变形时连梁与墙肢的刚度比。

则式（5-37）可写成：

$$m''(x)-\frac{a^2}{H^2}m(x) = \begin{cases} -\dfrac{a_1^2}{H^2}V_0\left[1-\left(1-\dfrac{x}{H}\right)^2\right] & \text{（倒三角分布荷载）} \\[3mm] -\dfrac{a_1^2}{H^2}V_0\dfrac{x}{H} & \text{（均布荷载）} \\[3mm] -\dfrac{a_1^2}{H^2}V_0 & \text{（顶部集中荷载）} \end{cases} \tag{5-40}$$

式（5-40）就是连续连杆法计算双肢墙的基本方程，它是一个二阶线性齐次常微分方程。墙肢内力如图5-13所示。

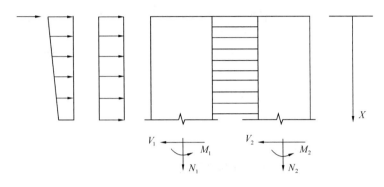

图5-13　墙肢内力

5.3.3　基本方程的解

令：

$$\xi = \frac{x}{H} \tag{5-41}$$

$$m(x) = \varphi(x)V_0\,\frac{\alpha_1^2}{\alpha^2} \tag{5-42}$$

则基本方程（5-40）可简化为：

$$\varphi''(x) - \alpha^2\varphi(x) = \begin{cases} -\alpha^2\left[1 - (1-\xi)^2\right] & \text{（倒三角分布荷载）} \\ -\alpha^2\xi & \text{（均布荷载）} \\ -\alpha^2 & \text{（顶部集中荷载）} \end{cases} \tag{5-43}$$

非齐次微分方程的解由通解和特解构成，即：

$$\varphi(\xi) = \Phi_{通} + \Phi_{特}$$

$$= \left[C_1\cosh(\alpha\xi) + C_2\cosh(\alpha\xi)\right] + \begin{cases} 1 - (1-\xi)^2 - (2/\alpha^2) & \text{（倒三角分布荷载）} \\ \xi & \text{（均布荷载）} \\ 1 & \text{（顶部集中荷载）} \end{cases}$$

$$\tag{5-44}$$

其中，C_1 和 C_2 是待定常数，由边界条件确定。

边界条件如下：

（1）当 $x=0$，即 $\xi=0$ 时，墙顶弯矩为0，因而：

$$\theta_m'(0) = -\frac{\mathrm{d}^2 y_m}{\mathrm{d}\xi^2} = 0 \tag{5-45}$$

把 $\theta_m'(0)$ 代入式（5-24），并注意到该式中第二项在 $x=0$ 处为零，可得：

$$\tau'(0) = 0 \tag{5-46}$$

对式（5-44）给出的一般解在 $\xi=0$ 处求一阶导数，可得：

$$\varphi'(\xi)_{\xi=0} = 0 = C_1\cosh(\alpha\xi) + C_2\cosh(\alpha\xi) + \begin{cases} 2(1-\xi) & \text{（倒三角分布荷载）} \\ 1 & \text{（均布荷载）} \\ 0 & \text{（顶部集中荷载）} \end{cases} \tag{5-47}$$

解出：

$$C_2 = \begin{cases} -2/\alpha & \text{（倒三角分布荷载）} \\ -1/\alpha & \text{（均布荷载）} \\ 1 & \text{（顶部集中荷载）} \end{cases} \tag{5-48}$$

（2）当 $x=H$，即 $\xi=1$ 时，墙底弯曲变形转角 $\theta_m(H)=0$。

把 $\theta_m(H)=0$ 代入变形协调方程（5-24），并注意到在底截面处轴向变形引起的相对位移 $\delta_2=0$，故有：

$$\tau(1) = 0 \tag{5-49}$$

由 $\varphi(\xi)$ 的一般解式（5-44）可得：

$$C_1 = \begin{cases} -\left(1 - \dfrac{2}{\alpha^2} - \dfrac{2\sinh\alpha}{\alpha}\right)\dfrac{1}{\cosh\alpha} & \text{（倒三角分布荷载）} \\[2ex] -\left(1 - \dfrac{\sinh\alpha}{\alpha}\right)\dfrac{1}{\cosh\alpha} & \text{（均布荷载）} \\[2ex] -\dfrac{1}{\cosh\alpha} & \text{（顶部集中荷载）} \end{cases} \tag{5-50}$$

将 C_1，C_2 的表达式代入式（5-44），则一般解为：

$$\varphi(\xi) = \begin{cases} -\left(1 - \dfrac{2}{\alpha^2} - \dfrac{2\sinh\alpha}{\alpha}\right)\dfrac{1}{\cosh\alpha} \\[2ex] -\left(1 - \dfrac{\sinh\alpha}{\alpha}\right)\dfrac{1}{\cosh\alpha} \\[2ex] -\dfrac{1}{\cosh\alpha} \end{cases}\cosh(\alpha\xi) + \begin{cases} -\dfrac{2}{\alpha} \\[2ex] -\dfrac{1}{\alpha} \\[2ex] 0 \end{cases}\sinh(\alpha\xi) + \begin{cases} 1 - (1-\xi)^2 - \dfrac{2}{\alpha^2} \\[2ex] \xi \\[2ex] 1 \end{cases} \tag{5-51}$$

上式经整理后，3 种典型水平荷载下 $\varphi(\xi)$ 的表达式可分列如下：

倒三角分布荷载：

$$\varphi(\xi) = 1 - (1-\xi)^2 - \frac{2}{\alpha^2} + \left(\frac{2\sinh\alpha}{\alpha} - 1 + \frac{2}{\alpha^2}\right)\frac{\cosh(\alpha\xi)}{\cosh\alpha} - \frac{2}{\alpha}\sinh(\alpha\xi) \tag{5-52}$$

均布荷载：

$$\varphi(\xi) = \xi + \left(\frac{\sinh\alpha}{\alpha} - 1\right)\frac{\cosh(\alpha\xi)}{\cosh\alpha} - \frac{\sinh(\alpha\xi)}{\alpha} \tag{5-53}$$

顶点集中荷载：

$$\varphi(\xi) = 1 - \frac{\cosh(\alpha\xi)}{\cosh\alpha} \tag{5-54}$$

3 种典型水平荷载下的 $\varphi(\xi)$ 均为相对坐标 ξ 及整体系数 α 的函数。

5.3.4　双肢墙的内力计算

得到 $\varphi(\xi)$ 后，由式（5-42）可求得连梁的约束弯矩：

$$m(\xi) = \varphi(\xi)V_0\frac{\alpha_1^2}{\alpha^2} \tag{5-55}$$

$m(\xi)$ 的作用点在连梁的中心坐标处，当层高为 h 时，可进一步求得：

j 层连梁的约束弯矩：

$$m_j = m(\xi_j) \cdot h \tag{5-56}$$

j 层连梁的剪力：

$$V_{bj} = m(\xi_j) \cdot h/2c \tag{5-57}$$

j 层连梁的端部弯矩：

$$M_{bj} = V_{bj} \cdot a \tag{5-58}$$

再由平衡条件求出墙肢轴力和弯矩。

某截面处墙肢轴力为该截面以上所有连梁剪力之和，两个墙肢轴力必然大小相等、方向相反，即

j 层墙肢轴力：

$$N_j = \sum_{j=1}^{n} V_{bj} \tag{5-59}$$

由基本假定可知，两个墙肢弯矩按刚度分配，即：

$$\left. \begin{array}{l} M_{1j} = \dfrac{J_1}{J_1 + J_2}\left(M_{pj} - \displaystyle\sum_{j=1}^{n} V_{bj}\right) \\[4mm] M_{2j} = \dfrac{J_2}{J_1 + J_2}\left(M_{pj} - \displaystyle\sum_{j=1}^{n} V_{bj}\right) \end{array} \right\} \tag{5-60}$$

式中　M_{pj}——水平荷载在 j 层截面处的倾覆力矩。

假定墙肢剪力按考虑弯曲和剪切变形后墙肢的抗剪刚度进行分配，则有：

$$\left. \begin{array}{l} V_{1j} = \dfrac{J_1^0}{J_1^0 + J_2^0}V_{pj} \\[4mm] V_{2j} = \dfrac{J_2^0}{J_1^0 + J_2^0}V_{pj} \end{array} \right\} \tag{5-61}$$

$$J_i^0 = \frac{J_i}{1 + \frac{12\mu EI_i}{GA_ih^2}} \quad (i = 1, 2) \tag{5-62}$$

式中　J_i^0——考虑剪切变形后的墙肢折算惯性矩；

$\quad\quad V_{pj}$——水平荷载在 j 层截面处的总剪力。

墙肢内力见图 5-14。

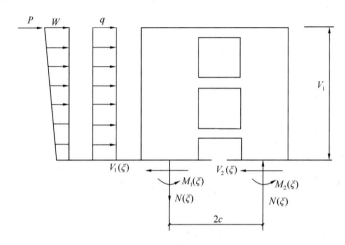

图 5-14　双肢墙内力

5.3.5　双肢墙的位移与等效刚度

在求得了双肢墙的内力后，其水平位移可进一步求出。双肢墙的水平位移由两部分叠加而得，分别是墙肢弯曲变形产生的水平位移 y_m 和墙肢剪切变形产生的水平位移 y_v，即：

$$y = y_m + y_v = \int_1^\xi \int_1^\xi \frac{d^2 y_m}{d\xi^2} d\xi d\xi + \int_1^\xi \frac{dy_v}{d\xi} d\xi \tag{5-63}$$

由式（5-25）可知：

$$\frac{d^2 y_m}{d\xi^2} = \frac{1}{E(J_1 + J_2)} \left[M_p(\xi) - \int_0^\xi m(\xi) d\xi \right] \tag{5-64}$$

此外，由剪切变形与墙肢剪力的关系得：

$$\frac{dy_v}{d\xi} = -\frac{\mu V_p(\xi)}{G(A_1 + A_2)} \tag{5-65}$$

将式（5-64）和式（5-65）代入式（5-63），双肢墙的水平位移为：

$$y = y_m + y_v = \frac{1}{E\sum_{i=1}^2 J_i} \int_1^\xi \int_1^\xi M_p(\xi) d\xi d\xi - \frac{1}{E\sum_{i=1}^2 J_i} \int_1^\xi \int_1^\xi \int_0^\xi m(\xi) d\xi d\xi d\xi$$

$$\tag{5-66}$$

$$- \frac{\mu}{G\sum_{i=1}^2 A_i} \int_1^\xi V_p(\xi) d\xi$$

将 3 种荷载作用下的 $m(\xi)$，$M_p(\xi)$ 及 $V_p(\xi)$ 分别代入，积分后可求得 3 种荷载下的水平位移。

倒三角分布荷载下：

$$
\begin{aligned}
y =\ & \frac{V_0 H^3}{60E\sum J_i}(1-T)(11-15\xi+5\xi^4-\xi^5)+\frac{\mu V_0 H}{G\sum A_i}\left[(1-\xi)^2-\frac{1}{3}(1-\xi^3)\right] \\
& -\frac{V_0 H^3 T}{E\sum J_i}\left\{C_1\frac{1}{\alpha^3}\left[\sinh\alpha\xi+(1-\xi)\alpha\cosh\alpha-\sinh\alpha\right]\right. \\
& +C_2\frac{1}{\alpha^3}\left[\cosh\alpha\xi+(1-\xi)\alpha\sinh\alpha-\cosh\alpha-\frac{1}{2}\alpha^2\xi^2+\alpha^2\xi-\frac{\alpha^2}{2}\right] \\
& \left.-\frac{1}{3\alpha^2}(2-3\xi+\xi^2)\right\}
\end{aligned}
$$

$$(5\text{-}67)$$

均布荷载下：

$$
\begin{aligned}
y =\ & \frac{V_0 H^3}{60E\sum J_i}(1-T)(3-4\xi+\xi^4)+\frac{\mu V_0 H}{2G\sum A_i}(1-\xi^2) \\
& -\frac{V_0 H^3 T}{E\sum J_i}\left\{C_1\frac{1}{\alpha^3}\left[\sinh\alpha\xi+(1-\xi)\alpha\cosh\alpha-\sinh\alpha\right]\right. \\
& \left.+C_2\frac{1}{\alpha^3}\left[\cosh\alpha\xi+(1-\xi)\alpha\sinh\alpha-\cosh\alpha-\frac{1}{2}\alpha^2\xi^2+\alpha^2\xi-\frac{\alpha^2}{2}\right]\right\}
\end{aligned}
$$

$$(5\text{-}68)$$

顶部集中荷载下：

$$
\begin{aligned}
y =\ & \frac{V_0 H^3}{6E\sum J_i}(1-T)(2-3\xi+\xi^3)+\frac{\mu V_0 H}{G\sum A_i}(1-\xi) \\
& -\frac{V_0 H^3 T}{E\sum J_i}\left\{C_1\frac{1}{\alpha^3}\left[\sinh\alpha\xi+(1-\xi)\alpha\cosh\alpha-\sinh\alpha\right]\right. \\
& \left.+C_2\frac{1}{\alpha^3}\left[\cosh\alpha\xi+(1-\xi)\alpha\sinh\alpha-\cosh\alpha-\frac{1}{2}\alpha^2\xi^2+\alpha^2\xi-\frac{\alpha^2}{2}\right]\right\}
\end{aligned}
$$

$$(5\text{-}69)$$

以上各式中，轴向变形影响系数 $T=\dfrac{\alpha_1^2}{\alpha^2}$。其中，$\alpha_1$ 与 α 的物理意义都是连梁与墙肢的刚度比，前者未考虑墙肢轴向变形，而后者计入了墙肢轴向变形的影响。当墙肢有轴向变形时，相当于墙肢变"软"了，因此 $\alpha>\alpha_1$，$T<1$。

当 $\xi=0$，得顶点水平位移如下：

倒三角分布荷载下：

$$
\begin{aligned}
\Delta =\ & \frac{11V_0 H^3}{60E\sum J_i}(1-T)+\frac{2\mu V_0 H}{3G\sum A_i}-\frac{V_0 H^3 T}{E\sum J_i}\left\{C_1\frac{1}{\alpha^3}(\alpha\cosh\alpha-\sinh\alpha)\right. \\
& \left.+C_2\frac{1}{\alpha^3}\left(1+\alpha\sinh\alpha-\cosh\alpha-\frac{\alpha^2}{2}\right)-\frac{2}{3\alpha^2}\right\}
\end{aligned}
$$

$$(5\text{-}70)$$

均布荷载下：

$$\Delta = \frac{V_0 H^3}{8E\Sigma J_i}(1-T) + \frac{\mu V_0 H}{2G\Sigma A_i} - \frac{V_0 H^3 T}{E\Sigma J_i}\Big\{ C_1 \frac{1}{\alpha^3}(\alpha\cosh\alpha - \sinh\alpha)$$
$$+ C_2 \frac{1}{\alpha^3}\Big(1 + \alpha\sinh\alpha - \cosh\alpha - \frac{\alpha^2}{2}\Big)\Big\} \tag{5-71}$$

顶部集中荷载下：

$$\Delta = \frac{V_0 H^3}{3E\Sigma J_i}(1-T) + \frac{\mu V_0 H}{G\Sigma A_i} - \frac{V_0 H^3 T}{E\Sigma J_i}\Big\{ C_1 \frac{1}{\alpha^3}(\alpha\cosh\alpha - \sinh\alpha)$$
$$+ C_2 \frac{1}{\alpha^3}(1 + \alpha\sinh\alpha - \cosh\alpha - \frac{\alpha^2}{2})\Big\} \tag{5-72}$$

将式（5-48）和式（5-50）的 C_1 和 C_2 代入并整理，3 种常用荷载下墙肢顶点的水平位移依次为：

$$\Delta = \begin{cases} \dfrac{11V_0 H^3}{60E\Sigma J_i}(1 + 3.64\gamma^2 - T + \psi_a T) & \text{（倒三角分布荷载）} \\[3mm] \dfrac{V_0 H^3}{8E\Sigma J_i}(1 + 4\gamma^2 - T + \psi_a T) & \text{（均布荷载）} \\[3mm] \dfrac{V_0 H^3}{3E\Sigma J_i}(1 + 3\gamma^2 - T + \psi_a T) & \text{（顶部集中荷载）} \end{cases} \tag{5-73}$$

式中：

$$\gamma = \frac{E\Sigma J_i}{H^2 G\Sigma A_i / \mu_i} \tag{5-74}$$

3 种荷载下的 ψ_a 分别为：

$$\psi_a = \begin{cases} \dfrac{60}{11\alpha^2}\Big(\dfrac{2}{3} + \dfrac{2\sinh\alpha}{\alpha^3\cosh\alpha} - \dfrac{2}{\alpha^2\cosh\alpha} - \dfrac{\sinh\alpha}{\alpha\cosh\alpha}\Big) & \text{（倒三角分布荷载）} \\[3mm] \dfrac{8}{\alpha^2}\Big(\dfrac{1}{2} + \dfrac{1}{\alpha^2} - \dfrac{1}{\alpha^2\cosh\alpha} - \dfrac{\sinh\alpha}{\alpha\cosh\alpha}\Big) & \text{（均布荷载）} \\[3mm] \dfrac{3}{\alpha^2}\Big(1 - \dfrac{\sinh\alpha}{\alpha\cosh\alpha}\Big) & \text{（顶部集中荷载）} \end{cases} \tag{5-75}$$

ψ_a 是 α 的函数。

由式（5-73）可引出等效抗弯刚度。以悬臂墙顶点位移公式的形式重写式（5-73），有：

$$\Delta = \begin{cases} \dfrac{11V_0 H^3}{60EJ_{eq}} & \text{（倒三角分布荷载）} \\[3mm] \dfrac{V_0 H^3}{8EJ_{eq}} & \text{（均布荷载）} \\[3mm] \dfrac{V_0 H^3}{3EJ_{eq}} & \text{（顶部集中荷载）} \end{cases} \tag{5-76}$$

式中　EJ_{eq}——双肢剪力墙等效刚度。

于是，3 种荷载下的等效刚度分别为：

$$EJ_{eq} = \begin{cases} \dfrac{E\Sigma J_i}{1 + 3.64\gamma_1^2 - T + \psi_a T} & (倒三角分布荷载) \\[3mm] \dfrac{E\Sigma J_i}{1 + 4\gamma_1^2 - T + \psi_a T} & (均布荷载) \\[3mm] \dfrac{E\Sigma J_i}{1 + 3\gamma_1^2 - T + \psi_a T} & (顶部集中荷载) \end{cases} \tag{5-77}$$

将 EJ_{eq} 代入式（5-78），可计算剪力墙结构中各片墙的剪力分配值。

第 i 层第 j 片剪力墙分配到的剪力：

$$V_{ij} = \frac{E_i I_{eq,j}}{\Sigma E_i I_{eq,j}} V_{pi} \tag{5-78}$$

式中　V_{pi}——第 i 层总剪力；

$E_i I_{eq,j}$——第 j 片墙的等效抗弯刚度。

图 5-15 给出了按连续化方法计算得到的双肢墙侧移、连梁剪力、墙肢轴力及墙肢弯矩沿高度分布的曲线，可见它们都与整体系数 α 密切相关。α 是一个很重要的几何参数，它通过反映连梁与墙肢刚度间的比例关系，体现了墙的整体性。双肢墙位移和内力的分布与 α 的关系可总结如下：

（1）双肢墙的侧移曲线呈弯曲型，α 值越大，墙的刚度越大，侧移越小；

（2）连梁的剪力分布具有明显的特点：剪力最大（也是弯矩最大）的连梁不在底层，它的位置及大小随 α 值而改变。α 值越大，连梁剪力越大，且剪力最大的连梁也越靠近底层；

（3）墙肢的轴力与 α 值有关。因为墙肢轴力即该截面以上所有连梁剪力之和，当 α 值增大时，连梁剪力加大，墙肢轴力也必然加大；

（4）墙肢的弯矩也与 α 值有关，但不同于墙肢轴力，随着 α 值的增大，墙肢弯矩将减小。

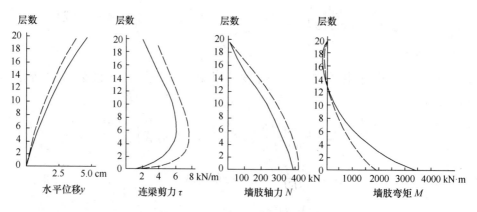

图 5-15　双肢墙侧移及内力分布

5.4　多肢墙的计算

5.4.1　基本方程的建立

当剪力墙上开有多列排列整齐的孔洞，且洞口较大，不满足整体小开口墙的要求时，即形成了多肢剪力墙，见图 5-16。

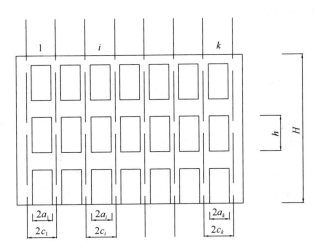

图 5-16　多肢墙

多肢墙也可以采用连续连杆法求解，其基本假定如前所述。多肢墙的基本体系和未知力如图 5-17 所示，对于有 k 列洞口的墙，在每个连梁切口处建立一个变形协调方程，则可得到 k 个微分方程。与双肢墙不同的是，在建立第 i 个切口处的协调方程时，除了 i 跨连梁内力的影响外，还要考虑第（$i-1$）跨连梁内力对 i 墙肢和（$i+1$）跨连梁内力对 i 墙肢的影响。

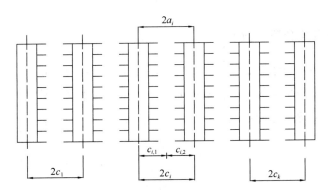

图 5-17　多肢墙计算基本体系

通过直接求解微分方程组来计算多肢剪力墙的内力，工作量大，计算冗繁，且随着洞口列数的增加，计算难度也将加大。为便于求解，将采用一种近似解法，即将 k 个微分方程叠加，设各列连梁切口处未知力的和 $\sum_{i=1}^{k} m_i(x) = m(x)$ 为未知量，在求出 $m(x)$ 后按一定比例拆分，分配到各排连杆中，再进一步求解各连梁的剪力、弯矩和各墙肢弯矩、轴力等内力。该方法通过叠加运算，对多肢墙建立了与双肢墙完全相同的微分方程，取得了完全相同的微分方程解且双肢墙的公式和图表都可以相应采用，因此简化了计算。

5.4.2　微分方程的解

1. 对于开有 k 列洞口的多肢墙，墙肢数量为 $(k+1)$。因此，要把双肢墙中墙肢惯性矩和及面积和改为多肢墙的惯性矩和及面积和，即用 $\sum_{i=1}^{k+1} J_i$ 代替 $(J_1 + J_2)$，用 $\sum_{i=1}^{k+1} A_i$ 代替 $(A_1 + A_2)$。

2. 多肢墙中 k 个连梁的刚度 D_i 用下式计算：

$$D_i = J_{bi}^0 c_i^2 / a_i^3 \quad (i = 1, 2, \cdots, k) \tag{5-79}$$

式中　a_i——第 i 列连续梁计算跨度的一半；

　　　c_i——i 和 $(i+1)$ 墙肢轴线距离的一半。

连梁与墙肢刚度比参数 α_1 由下式计算：

$$\alpha_1^2 = \frac{6H^2}{h \cdot \sum_{i=1}^{k+1} J_i} \sum_{i=1}^{k} D_i \tag{5-80}$$

3. 多肢墙整体系数 α 的表达式与双肢墙不同，多肢墙中计算墙肢轴向变形影响比较困难，因此 T 值按表 5-2 中所给数值近似采用。整体系数 α 进而由下式计算：

$$\alpha^2 = \alpha_1^2 / T \tag{5-81}$$

5.4.3　约束弯矩分配系数 η

由于多肢墙有多跨连梁，必须按比例将每层连梁的总约束弯矩分配给每跨连梁，故首先计算连梁约束弯矩分配系数 η_i，而双肢墙仅有一跨连梁不必计算。

多肢墙连梁约束弯矩分配系数 η_i：

$$\eta_i = \frac{D_i \varphi_i}{\sum_{i=1}^{k} D_i \varphi_i} \tag{5-82}$$

$$\varphi_i = \frac{1}{1 + \alpha/4} \left[1 + 1.5\alpha \frac{r_i}{B} \left(1 - \frac{r_i}{B} \right) \right] \tag{5-83}$$

式中　φ_i——第 i 列连梁跨中剪应力与平均值之比；

r_i——第 i 列连梁中点距墙边的距离，如图 5-18 所示；

B——总墙宽。

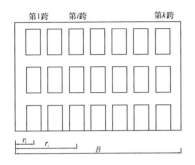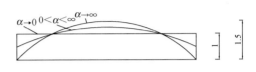

图 5-18 多肢墙连梁的剪力分布示意

5.4.4 内力和位移计算公式

j 层第 i 跨连梁的约束弯矩：

$$m_i(\xi) = \eta_i m(\xi) = \eta_i \varphi(\xi) V_0 T h_j \tag{5-84}$$

j 层第 i 跨连梁的剪力：

$$V_{bji} = \frac{1}{2c_i} m_{ji}(\xi) \tag{5-85}$$

梁端弯矩：

$$M_{bji} = V_{bji} \frac{l_{ni}}{2} \tag{5-86}$$

由于 j 层墙肢的轴力为 j 层以上的连梁剪力之和，故有：

j 层第 1 肢墙轴力：

$$N_{j1} = \sum_{j}^{n} V_{bj1} \tag{5-87}$$

j 层第 i 肢墙轴力：

$$N_{ji} = \sum_{j}^{n} (V_{bji} - V_{b,j,i-1}) \tag{5-88}$$

j 层第（$k+1$）肢墙轴力：

$$N_{j,k+1} = \sum_{j}^{n} V_{bjk} \tag{5-89}$$

由基本假定可知，墙肢的弯矩按其刚度进行分配。由平衡可得 j 层各墙肢弯矩为：

$$M_{ji} = \frac{I_i}{\sum\limits_{i=1}^{k+1} I_i} \left(M_{pj} - \sum_{j}^{n} m_j \right) \tag{5-90}$$

j 层各墙肢的剪力近似按各墙肢的折算惯性矩进行分配：

$$V_{ji} = \frac{I_i^0}{\sum\limits_{i=1}^{k+1} I_i^0} V_{pj} \tag{5-91}$$

$$I_i^0 = \frac{I_i}{1 + \dfrac{12\mu E I_i}{G A_i h^2}} \quad (i = 1, 2, \cdots, k, k+1) \tag{5-92}$$

式中　M_{pj}，V_{pj}——水平荷载在 j 层截面处的总弯矩和总剪力；

　　　　I_i^0——考虑剪切变形影响后第 i 肢墙的等效惯性矩。

3 种常见荷载下多肢墙的顶点位移公式与双肢墙一样，仍为：

$$\Delta = \begin{cases} \dfrac{11V_0 H^3}{60 E J_{eq}} & \text{（倒三角分布荷载）} \\[3mm] \dfrac{V_0 H^3}{8 E J_{eq}} & \text{（均布荷载）} \\[3mm] \dfrac{V_0 H^3}{3 E J_{eq}} & \text{（顶部集中荷载）} \end{cases} \tag{5-93}$$

3 种荷载下多肢剪力墙的等效抗弯刚度 EJ_{eq} 按下式计算：

$$EJ_{eq} = \begin{cases} \dfrac{E\Sigma J_i}{1 + 3.64\gamma_1^2 - T + \psi_a T} & \text{（倒三角分布荷载）} \\[3mm] \dfrac{E\Sigma J_i}{1 + 4\gamma_1^2 - T + \psi_a T} & \text{（均布荷载）} \\[3mm] \dfrac{E\Sigma J_i}{1 + 3\gamma_1^2 - T + \psi_a T} & \text{（顶部集中荷载）} \end{cases} \tag{5-94}$$

5.4.5　双肢墙、多肢墙计算步骤及计算公式汇总

综合以上分析，双肢墙及多肢墙的计算步骤，以及每一步中主要涉及的计算公式总结如下。式中几何尺寸及截面几何参数符号见图 5-9（双肢墙）及图 5-16（多肢墙）。公式中，凡未特殊注明者，当 k 取 1 时，对应双肢墙。

1. 计算基本参数

首先计算各墙肢的截面面积 A_i 和惯性矩 J_i 以及连梁的截面面积 A_{bi} 和惯性矩 J_{bi}，然后再分别算出以下各参数：

（1）考虑剪切变形后连梁的折算惯性矩

$$J_{bi}^0 = \frac{J_{bi}}{1 + 3\mu E J_{bi}/a_i^2 G A_{bi}} \tag{5-95}$$

（2）连梁的刚度

$$D_i = J_{bi}^0 c_i^2 / a_i^3 \tag{5-96}$$

式中　a_i——i 列连梁计算跨度的一半，设连梁净跨为 $2a_{i0}$，则取 $a_i = a_{i0} + h_{bi}/4$。

（3）不考虑墙肢轴向变形时连梁和墙肢的刚度比

$$\alpha_1^2 = \frac{6H^2}{h\sum\limits_{i=1}^{k+1} J_i} \sum\limits_{i=1}^{k} D_i \tag{5-97}$$

（4）墙肢轴向变形影响系数

双肢墙时：

$$\left. \begin{array}{l} T = J_A/J \\ J_A = A_1 y_1^2 + A_2 y_2^2 \end{array} \right\} \tag{5-98}$$

多肢墙时，由表 5-1 查得。

（5）考虑墙肢轴向变形时连梁和墙肢的刚度比

$$\alpha^2 = \frac{\alpha_1^2}{T} \tag{5-99}$$

（6）剪切影响系数

$$\gamma^2 = \frac{E\sum\limits_{i=1}^{k+1} J_i}{H^2 G \sum\limits_{i=1}^{k+1} \dfrac{A_i}{\mu_i}} \tag{5-100}$$

式中　μ_i——i 个墙肢截面剪应力不均匀系数，根据各个墙肢截面形状确定，见式（5-4）说明。

当墙肢少、层数多、$H/B \geqslant 4$ 时，可不考虑墙肢剪切变形的影响，取 $\gamma^2 = 0$。

（7）计算墙肢等效刚度

3 种典型水平荷载可近似取统一计算公式如下：

$$J_{eq} = \frac{\sum\limits_{i=1}^{k+1} J_i}{1 - T + 3.5\gamma_1^2 + \psi_a T} \tag{5-101}$$

2. 计算内力

（1）计算连梁内力

首先计算连梁约束弯矩分配系数，如下所示，其中双肢墙不必计算。

多肢墙连梁约束弯矩分配系数：

$$\left. \begin{array}{l} \eta_i = \dfrac{D_i \varphi_i}{\sum\limits_{i=1}^{k} D_i \varphi_i} \\[4mm] \varphi_i = \dfrac{1}{1 + \alpha/4}\left[1 + 1.5\alpha \dfrac{r_i}{B}\left(1 - \dfrac{r_i}{B}\right)\right] \end{array} \right\} \tag{5-102}$$

j 层连梁总约束弯矩：

$$m_j = ThV_0\varphi(\xi_j) \tag{5-103}$$

j 层第 i 个连梁剪力：

$$V_{\mathrm{b}ij} = (\eta_i/2c_i)m_j \tag{5-104}$$

j 层第 i 个连梁梁端弯矩：

$$M_{\mathrm{b}ji} = V_{\mathrm{b}ji} \cdot a_{i0} \tag{5-105}$$

（2）计算墙肢轴力

j 层第 1 肢墙轴力：

$$N_{j1} = \sum_{j}^{n} V_{\mathrm{b}j1} \tag{5-106}$$

j 层第 i 肢墙轴力：

$$N_{ji} = \sum_{j}^{n} (V_{\mathrm{b}ji} - V_{\mathrm{b},j,i-1}) \tag{5-107}$$

j 层第 $(k+1)$ 肢墙轴力：

$$N_{j,k+1} = \sum_{j}^{n} V_{\mathrm{b}jk} \tag{5-108}$$

（3）计算墙肢弯矩及剪力

j 层第 i 个墙肢弯矩：

$$M_{ji} = \frac{I_i}{\sum\limits_{i=1}^{k+1} I_i}(M_{\mathrm{p}j} - \sum_{j}^{n} m_j) \tag{5-109}$$

j 层第 i 个墙肢剪力：

$$V_{ji} = \frac{I_i^0}{\sum\limits_{i=1}^{k+1} I_i^0} V_{\mathrm{p}j} \tag{5-110}$$

$$I_i^0 = \frac{I_i}{1 + \dfrac{12\mu EI_i}{GA_i h^2}} \tag{5-111}$$

3. 计算顶点位移

$$\Delta = \begin{cases} \dfrac{11V_0 H^3}{60 EJ_{\mathrm{eq}}} & \text{（倒三角分布荷载）} \\[3mm] \dfrac{V_0 H^3}{8 EJ_{\mathrm{eq}}} & \text{（均布荷载）} \\[3mm] \dfrac{V_0 H^3}{3 EJ_{\mathrm{eq}}} & \text{（顶部集中荷载）} \end{cases} \tag{5-112}$$

5.5 壁式框架的计算

5.5.1 计算图及其特点

当剪力墙的洞口尺寸较大，连梁的刚度接近于或大于洞口侧墙肢的刚度时，在水平荷载作用下，大部分墙肢会出现反弯点，剪力墙的受力性能已接近框架，在梁、墙相交部分形成面积大、变形小的刚性区域，故可以把梁、墙肢简化为杆端带刚域的变截面杆件。假定刚域部分没有任何弹性变形，因此称为带刚域，框架也称作壁式框架，其计算简图如图 5-19 所示。

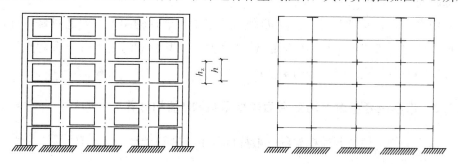

图 5-19 壁式框架计算简图

壁式框架取连梁和墙肢的形心线作为梁柱的轴线。两层梁之间的距离为 h_z，h_z 与层高 h 不一定相等，但将其简化为 $h_z = h$。

刚域长度的计算方法见图 5-20。

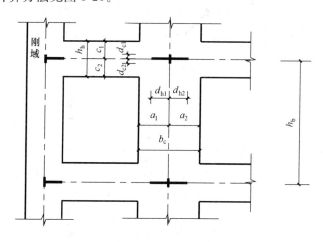

图 5-20 刚域长度

梁的刚域长度：

$$\begin{cases} d_{h1} = a_1 - \dfrac{h_b}{4} \\ d_{h2} = a_2 - \dfrac{h_b}{4} \end{cases} \tag{5-113}$$

柱的刚域长度：

$$\begin{cases} d_{c1} = c_1 - \dfrac{b_c}{4} \\[2mm] d_{c2} = c_2 - \dfrac{b_c}{4} \end{cases} \tag{5-114}$$

式中 h_b、h_c——分别为梁高和柱宽。

当计算的刚域长度小于零时，则刚域长度取为零。

计算壁式框架内力和位移的方法有下面两种：

（1）用杆件有限元矩阵位移法计算，且在程序计算时，可考虑杆件的弯曲变形、剪切变形及轴向变形。

（2）用修正的 D 值法计算。沿用 D 值法假定不考虑柱轴向变形，通过修正杆件刚度来考虑梁、柱的剪切变形。利用普通框架的 D 值法及其相应的表格确定反弯点高度，是一种较方便的近似计算方法，适用于手算。

5.5.2 带刚域杆考虑剪切变形后刚度系数和D值的计算

壁式框架的梁、柱与普通框架的一般杆件的主要区别在于：杆端有刚域；杆件截面尺寸大，必须考虑剪切变形。

当杆端有刚域时（图 5-21），可利用等截面杆的刚度系数，推导在节点处有单位转角时的杆端弯矩。

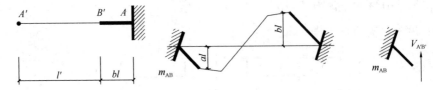

图 5-21 带刚域杆件的转角与内力

$$m_{AB} = m_{A'B'} + V_{A'B'}al = \frac{6EI(1+a-b)}{(1+\beta)(1-a-b)^3 l} = 6ic \tag{5-115}$$

$$m_{BA} = m_{B'A'} + V_{B'A'}bl = \frac{6EI(1-a+b)}{(1+\beta)(1-a-b)^3 l} = 6ic' \tag{5-116}$$

$$m = m_{AB} + m_{BA} = \frac{12EI}{(1+\beta)(1-a-b)^3 l} = 6i(c+c') \tag{5-117}$$

$$\left. \begin{aligned} c &= \frac{1+a-b}{(1+\beta)(1-a-b)^3} \\[2mm] c' &= \frac{1-a+b}{(1+\beta)(1-a-b)^3} \\[2mm] i &= \frac{EI}{l} \\[2mm] \beta &= \frac{12\mu EI}{GAl'^2} \end{aligned} \right\} \tag{5-118}$$

式中　β——剪切影响系数；

　　　μ——剪切不均匀系数；

　a、b——刚域长度系数。

壁式框架中用杆件修正刚度 k 代替线刚度 i；壁式框架梁取 $k = ci_b$ 或 $c'i_b$，壁式框架柱取 $k_c = \dfrac{c + c'}{2} i_b$。带刚域框架柱的抗侧刚度 D 值为：

$$D = \alpha \frac{12k_c}{h^2} = \alpha \frac{12}{h^2} \frac{c + c'}{2} i_b \tag{5-119}$$

式中　α——柱刚度修正系数，其计算见表 5-5。

壁式框架柱的 α 计算　　　　　　　　表 5-5

楼层	情况	k	α
一般层	边柱	$\dfrac{k_2 + k_4}{2k_c}$	$\dfrac{k}{2 + k}$
一般层	中柱	$\dfrac{k_1 + k_2 + k_3 + k_4}{2k_c}$	$\dfrac{k}{2 + k}$
底层	边柱	$\dfrac{k_2}{k_c}$	$\dfrac{0.5 + k}{2 + k}$
底层	中柱	$\dfrac{k_1 + k_2}{k_c}$	$\dfrac{0.5 + k}{2 + k}$

5.5.3　反弯点高度比的修正

壁式框架柱的反弯点高度系数为（图 5-22）：

$$y = a + sy_0 + y_1 + y_2 + y_3 \tag{5-120}$$

式中　a——柱下端刚域长度与总柱高的比值；

　　　s——无刚域部分柱高与总柱高的比值；

　　　y_0——标准反弯点高度比，由附表 1～附表 2 查得。查表时，k 值用 k' 代替。k' 按下式计算：

$$k' = s^2 \frac{k_1 + k_2 + k_3 + k_4}{2i_c}$$

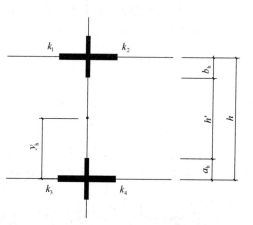

图 5-22　带刚域柱的反弯点高度

　　　y_1——上下梁刚度变化时的修正值，由附表 3 得到，其中，$a_1 = \dfrac{k_1 + k_2}{k_3 + k_4}$ 或 $a_1 = \dfrac{k_3 + k_4}{k_1 + k_2}$；

y_2——上层层高变化时的修正值，由附表 4 得到，其中，$\alpha_2 = \dfrac{h_{上}}{h}$；

y_3——下层层高变化时的修正值，由附表 4 得到，其中，$\alpha_3 = \dfrac{h_{下}}{h}$。

壁式框架的楼层剪力在各柱间的分配，柱端弯矩的计算，梁端弯矩、剪力的计算，柱轴力的计算，以及框架侧移的计算，均与普通框架相同，仅需将修正后的杆件刚度替代原杆件刚度即可。

5.6 剪力墙的截面设计及构造要求

5.6.1 剪力墙的配筋形式

1. 高层建筑剪力墙中竖向和水平分布钢筋不应采用单排配筋。当剪力墙截面厚度 b_w 不大于 400mm 时，可采用双排配筋；当 b_w 大于 400mm，但不大于 700mm 时，宜采用三排配筋；当 b_w 大于 700mm 时，宜采用四排配筋。受力钢筋可均匀分布成数排。各排分布钢筋之间的拉结筋间距不应大于 600mm，直径不应小于 6mm，在底部加强部位，约束边缘构件以外的拉结筋间距尚应适当加密。

2. 为了防止混凝土墙体在受弯裂缝出现后立即达到极限受弯承载力，配置的竖向分布钢筋必须大于或等于最小配筋百分率。同时为了防止斜裂缝出现后发生脆性的剪拉破坏，规定了水平分布钢筋的最小配筋百分率。

剪力墙分布钢筋的配置应符合下列要求：

（1）一般剪力墙竖向和水平分布钢筋的配筋率，一、二、三级抗震设计时均不应小于 0.25%，四级抗震设计时不应小于 0.20%；

（2）一般剪力墙竖向和水平分布钢筋间距均不应大于 300mm；分布钢筋直径均不应小于 8mm。

3. 剪力墙竖向、水平分布钢筋的直径不宜大于墙肢截面厚度的 1/10，且不应小于 8mm，竖向分布钢筋直径不宜小于 10mm。

4. 房屋顶层剪力墙以及长矩形平面房屋的楼梯间和电梯间剪力墙、端开间的纵向剪力墙、端山墙的水平和竖向分布钢筋的最小配筋率不应小于 0.25%，钢筋间距不应大于 200mm。

5. 剪力墙钢筋锚固和连接应符合下列要求：

抗震设计时，剪力墙纵向钢筋最小锚固长度应取 l_{aE}。l_{aE} 应按下列要求取值：

一、二级抗震：

$$l_{aE} = 1.15 l_a \tag{5-121}$$

三级抗震：

$$l_{aE} = 1.05 l_a \tag{5-122}$$

四级抗震：

$$l_{aE} = 1.00 l_a \tag{5-123}$$

剪力墙竖向及水平分布钢筋的搭接连接（图 5-23），一级、二级抗震等级剪力墙的加强部位，接头位置应错开，每次连接的钢筋数量不宜超过总数量的 50%，错开净距不宜小于 500mm，其他情况剪力墙的钢筋可在同一部位连接。

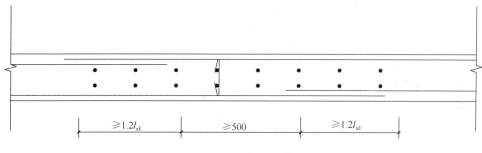

图 5-23　墙内分布钢筋的连接

抗震设计时，分布钢筋的搭接长度不应小于 $1.2 l_{aE}$。

暗柱及端柱内纵向钢筋连接和锚固要求宜与框架柱相同。

5.6.2　墙肢正截面承载力

（1）一级抗震等级剪力墙墙肢截面组合弯矩设计值

底部加强部位及以上一层应取墙肢底部截面的组合弯矩设计值；对其他部位，墙肢截面组合弯矩设计值应取墙肢截面组合弯矩计算值的 1.2 倍。

（2）双肢墙墙肢截面组合弯矩设计值与剪力设计值

抗震设计的双肢墙中，墙肢不宜出现小偏心受拉。当任一墙肢为大偏心受拉时，应将另一墙肢的剪力设计值与弯矩设计值乘以增大系数 1.25。

（3）矩形、T 形、工字形截面偏心受压剪力墙的正截面受压承载力

其截面尺寸如图 5-24 所示，可按现行国家标准《混凝土结构设计规范》GB 50010 的有关规定计算，

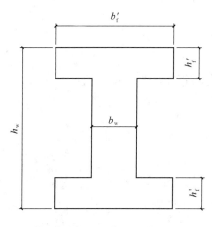

图 5-24　截面尺寸

也可按下式进行计算：

$$N \leqslant \frac{(A'_s f'_s - A_s \sigma_s - N_{sw} + N_c)}{\gamma_{RE}} \tag{5-124}$$

$$N\left(e_0 - h_{w0} - \frac{h_w}{2}\right) \leqslant \frac{A'_s f'_s (h_{w0} - a'_s) - M_{sw} + M_c}{\gamma_{RE}} \tag{5-125}$$

若 $x > h'_f$：

$$N_c = \alpha_1 f_c b_w x + \alpha_1 f_c (b'_f - b_w) h'_f \tag{5-126}$$

$$M_c = \alpha_1 f_c b_w x \left(h_{w0} - \frac{x}{2}\right) + \alpha_1 f_c (b'_f - b_w) h'_f \left(h_{w0} - \frac{h'_f}{2}\right) \tag{5-127}$$

若 $x \leqslant h'_f$：

$$N_c = \alpha_1 f_c b'_f x \tag{5-128}$$

$$M_c = \alpha_1 f_c b'_f x \left(h_{w0} - \frac{x}{2}\right) \tag{5-129}$$

若墙肢为大偏心受压（$x \leqslant \xi_b h_{w0}$）：

$$\sigma_s = f_y \tag{5-130}$$

$$N_{sw} = (h_{w0} - 1.5x) b_w f_{yw} \rho_w \tag{5-131}$$

$$M_{sw} = \frac{1}{2}(h_{w0} - 1.5x)^2 b_w f_{yw} \rho_w \tag{5-132}$$

若墙肢为小偏心受压（$x > \xi_b h_{w0}$）：

$$\sigma_s = \frac{f_y}{\xi_b - 0.8}\left(\frac{x}{h_{w0}} - \beta_1\right) \tag{5-133}$$

$$N_{sw} = 0$$
$$M_{sw} = 0$$

$$\xi_b = \frac{\beta_1}{1 + \dfrac{f_y}{E\varepsilon_{cu}}} \tag{5-134}$$

式中　　N——组合的轴向压力；

e_0——偏心距，$e_0 = M/N$；

f_y，f'_y，f_{yw}——分别为墙肢端部受拉、受压钢筋和竖向分布钢筋的强度设计值；

f_c——混凝土轴心抗压强度设计值；

ρ_w——墙肢竖向分布钢筋配筋率；

ξ_b——界限相对受压区高度；

A_s，A'_s——墙肢端部受拉、受压钢筋截面积；

x——受压区高度；

γ_{RE}——承载力抗震调整系数，取 0.85；

α_1——受压区混凝土矩形应力图的应力与混凝土轴心抗压强度设计值的比值；当混凝土强度等级不超过 C50 时取 1.0；混凝土强度等级为 C80 时取 0.94；混凝土强度等级在 C50 与 C80 之间时，按线性内插取值；

β_1——系数，其值随混凝土强度等级提高而逐渐降低；当混凝土强度等级不超过 C50 时取 0.8；混凝土强度等级为 C80 时取 0.74；混凝土强度等级在 C50 与 C80 之间时，按线性内插取值；

ε_{cu}——混凝土极限压应变，按现行国家标准《混凝土结构设计规范》GB 50010 的规定采用；

b_f'，h_f'——T 形或工字形截面受压区翼缘宽度、高度；

h_{w0}——墙肢截面有效高度，$h_{w0} = h_w - a_s'$；

a_s'——墙肢受压区端部钢筋合力点到受压区边缘的距离。

（4）矩形截面偏心受拉墙肢的正截面承载力

其可按下式作近似计算：

$$N \leqslant \frac{1}{\gamma_{RE}} \left[\frac{1}{\dfrac{1}{N_{0u}} + \dfrac{e_0}{M_{wu}}} \right] \tag{5-135}$$

$$N_{0u} = 2A_s f_y + A_{sw} f_{yw} \tag{5-136}$$

$$M_{wu} = A_s f_y (h_{w0} - a_s') + A_{sw} f_{yw} \frac{h_{w0} - a_s'}{2} \tag{5-137}$$

式中　A_{sw}——墙肢腹板竖向分布钢筋的全部截面面积。

上式中 $\gamma_{RE} = 1$，并取 N 为无地震作用时的墙肢组合轴向压力，即可得不考虑地震作用时矩形、T 形、工字形截面偏心受力墙肢平面内正截面受压承载力验算公式。

5.6.3　墙肢斜截面受剪承载力计算

1. 墙肢底部加强区截面组合剪力计算

现行行业标准《高层建筑混凝土结构技术规程》JGJ 3 采用增大剪力墙底部加强区剪力设计值的方法来避免剪力墙底部塑性铰区发生剪切破坏。具体而言，对一、二、三级剪力墙底部加强部位的截面组合剪力设计值应按下式计算：

$$V = \eta_{vw} V_w \tag{5-138}$$

9 度抗震设计时尚应符合：

$$V = 1.1 \frac{M_{wua}}{M_w} V_w \tag{5-139}$$

式中　V——墙肢底部加强区截面组合剪力设计值；

V_w——墙肢底部加强区截面剪力计算值；

M_{wua}——考虑承载力抗震调整系数 γ_{RE} 后的墙肢截面受弯承载力，应按实际配筋面积、材料强度标准值和轴向力设计值确定，有翼墙时应考虑墙两侧各一倍翼墙厚度范围内的纵向钢筋；

M_w——墙肢底部截面组合弯矩设计值；

η_{vw}——剪力增大系数，一级取 1.6，二级取 1.4，三级取 1.2。

对四级剪力墙则不作调整。

对一般剪力墙结构，其底部加强部位的高度取墙肢总高度的 1/8 和底部两层高度二者的较大者。若剪力墙高度超过 150m，则其底部加强部位的高度取墙肢总高度的 1/10。

2. 偏心受压剪力墙的斜截面受剪承载力计算

（1）无地震作用组合时：

$$V \leqslant \frac{1}{\lambda - 0.5}\left(0.5 f_t b_w h_{w0} + 0.13 N \frac{A_w}{A}\right) + f_{yb} \frac{A_{sh}}{s} h_{w0} \tag{5-140}$$

（2）有地震作用组合时：

$$V \leqslant \frac{1}{\gamma_{RE}}\left[\frac{1}{\lambda - 0.5}\left(0.4 f_t b_w h_{w0} + 0.1 N \frac{A_w}{A}\right) + 0.8 f_{yb} \frac{A_{sh}}{s} h_{w0}\right] \tag{5-141}$$

式中　V——墙肢计算截面处组合剪力设计值；

　　　N——墙肢组合轴向压力设计值，当 $N > 0.2 f_c b_w h_w$ 时，取 $N = 0.2 f_c b_w h_w$；

　　　A——墙肢截面面积；

　　　A_w——T 形、工字形截面墙肢腹板的面积，矩形截面墙肢 $A_w = A$；

　　　λ——墙肢计算截面处的剪跨比，$\lambda = M_w / (V_w h_{w0})$，$\lambda < 1.5$ 时取 $\lambda = 1.5$，$\lambda > 2.2$ 时取 $\lambda = 2.2$。此处 M_w、V_w 为属于同一组内力组合的、未进行地震内力调整的墙肢计算截面处弯矩、剪力计算值；当计算截面与墙底之间距离小于 $h_{w0}/2$ 时，应按距墙底 $h_{w0}/2$ 处的组合弯矩值和剪力值计算；

　　　A_{sh}——墙肢水平分布钢筋截面面积；

　　　S——墙肢水平分布钢筋间距；

　　　f_{yb}——墙肢水平分布钢筋抗拉强度设计值；

　　　γ_{RE}——取 0.85；

　　　f_t——混凝土轴心抗拉强度设计值。

3. 偏心受拉剪力墙的斜截面受剪承载力计算

（1）无地震作用组合时：

$$V \leqslant \frac{1}{\lambda - 0.5}\left(0.5 f_t b_w h_{w0} - 0.13 N \frac{A_w}{A}\right) + f_{yb} \frac{A_{sh}}{s} h_{w0} \tag{5-142}$$

若上式右端的计算值小于 $f_{yb} \dfrac{A_{sh}}{s} h_{w0}$，取 $f_{yb} \dfrac{A_{sh}}{s} h_{w0}$。

（2）有地震作用组合时：

$$V \leqslant \frac{1}{\gamma_{RE}}\left[\frac{1}{\lambda - 0.5}\left(0.4 f_t b_w h_{w0} - 0.1 N \frac{A_w}{A}\right) + 0.8 f_{yb} \frac{A_{sh}}{s} h_{w0}\right] \tag{5-143}$$

若上式右端方括号内的计算值小于 $0.8 f_{yb} \dfrac{A_{sh}}{s} h_{w0}$，取 $0.8 f_{yb} \dfrac{A_{sh}}{s} h_{w0}$。

5.6.4　剪力墙构造要求

1. 按抗震设计的剪力墙墙肢截面厚度

对一、二级剪力墙，其底部加强区墙肢截面厚度不应小于层高或剪力墙无支承长度的 1/16，且不应小于 200mm；其他部位墙肢截面厚度不应小于层高的 1/20，且不应小于 160mm；对无端柱或翼墙的一字形剪力墙，其底部加强区墙肢截面厚度不应小于层高的 1/12；其他部位墙肢截面厚度不应小于层高的 1/15，且不应小于 180mm。

对三、四级剪力墙，其底部加强区墙肢截面厚度不应小于层高或剪力墙无支承长度的 1/20；其他部位墙肢截面厚度不应小于层高或剪力墙无支承长度的 1/25，且不应小于 160mm。

2. 矩形截面独立墙肢的截面高度

矩形截面独立墙肢的截面高度 h_w 不宜小于截面厚度 b_w 的 5 倍；当 h_w/b_w 小于 5 时，一、二级其轴压比限值不宜大于表 5-7 所列限值减 0.1，三级不宜大于 0.6。当 h_w/b_w 不大于 3 时，宜按框架柱进行截面设计，底部加强区纵向钢筋配筋率不宜小于 1.2%，一般部位不应小于 1.0%，箍筋宜沿墙肢全高加密。

3. 墙肢受剪最小截面尺寸

（1）无地震作用组合时：

$$V \leqslant 0.25\beta_c f_c b_w h_{w0} \tag{5-144}$$

（2）有地震作用组合时：

剪跨比 $\lambda > 2.5$ 时：

$$V \leqslant \frac{1}{\gamma_{RE}}(0.2\beta_c f_c b_w h_{w0}) \tag{5-145}$$

剪跨比 $\lambda \leqslant 2.5$ 时：

$$V \leqslant \frac{1}{\gamma_{RE}}(0.15\beta_c f_c b_w h_{w0}) \tag{5-146}$$

式中　V——墙肢组合剪力设计值，抗震设计时应取调整后的剪力设计值；

　　　β_c——混凝土强度影响系数；混凝土强度等级不大于 C50 时取 1.0；混凝土强度等级为 C80 时取 0.8；混凝土强度等级在 C50 和 C80 之间时，按线性内插取用；

　　　γ_{RE}——取 0.85。

4. 墙肢轴压比

对一、二级剪力墙，其重力荷载代表值作用下墙肢轴压比不宜超过表 5-6 的限值。

剪力墙轴压比限值　　　　　　　　　　　　　　表 5-6

轴压比	一级（9 度抗震设防）	一级（7、8 度抗震设防）	二级
$\dfrac{N}{f_c A}$	0.4	0.5	0.6

注：N 为重力荷载代表值作用下剪力墙墙肢轴向压力设计值；A 为剪力墙墙肢截面面积；f_c 为混凝土轴心抗压强度设计值。

5. 剪力墙边缘构件

剪力墙两端和洞口两侧设置的暗柱、端柱、翼墙等称为剪力墙边缘构件。边缘构件可分为约束边缘构件与构造边缘构件。按一、二级抗震等级设计的剪力墙，其底部加强部位及相邻的上一层应设置约束边缘构件。一、二级剪力墙的其他部位以及按三、四级抗震等级设计的，其墙肢端部应设置构造边缘构件。

（1）约束边缘构件设置要求：约束边缘构件的设置要求如图 5-25 所示。图中 l_c 与箍筋配箍特征值 λ_v 宜符合要求。按一、二级抗震等级设计的剪力墙，其边缘构件箍筋直径不应小于 8mm，间距不应大于 100mm 与 150mm。图 5-25 中阴影面积所示为箍筋的配筋范围，其体积配箍率应按下式计算：

$$\rho_v = \lambda_v \frac{f_c}{f_{yv}} \tag{5-147}$$

式中　f_c——混凝土轴心抗压强度设计值；

　　　f_{yv}——箍筋或拉筋的抗拉强度设计值，超过 360MPa 时，应按 360MPa 计算；

　　　λ_v——约束边缘构件配箍特征值。

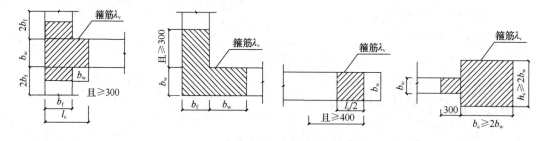

图 5-25　剪力墙的约束边缘构件

约束边缘构件纵向钢筋配筋范围不应小于图 5-25 中阴影面积。按一、二级抗震等级设计的剪力墙，其边缘构件纵向钢筋最小截面积分别不应小于图中阴影面积的 1.2% 和 1.0%，并分别不应小于 6ϕ16 和 6ϕ14。约束边缘构造范围 l_c 及其配箍特征值 λ_v 如表 5-7 所示。

约束边缘构造范围 l_c 及其配箍特征值 λ_v　　　　　　表 5-7

项目	一级（9度抗震设防）	一级（7、8度抗震设防）	二级
λ_v	0.20	0.20	0.20
l_c（暗柱）	$0.25\,h_w$	$0.20\,h_w$	$0.20\,h_w$
l_c（翼墙或端柱）	$0.20\,h_w$	$0.15\,h_w$	$0.15\,h_w$

注：h_w 为剪力墙墙肢长度。翼墙长度小于其厚度 3 倍或端柱截面边长小于墙厚的 2 倍时，视为无翼墙或无端柱。

（2）构造边缘构件设置要求：构造边缘构件的范围以及计算纵向钢筋用量所使用的截

面面积 A_c 宜取图 5-26 中阴影部分。构造边缘构件的纵向钢筋应满足受弯承载力要求。抗震设计时，其最小配筋应符合表 5-8 规定，箍筋的无支承长度不应大于 300mm，拉筋的水平间距不应大于纵向钢筋间距的 2 倍。若剪力墙端部为端柱，则端柱纵向钢筋与箍筋宜按框架柱构造要求配置。对复杂高层建筑结构、混合结构、框架-剪力墙结构、筒体结构以及 B 级高度剪力墙结构中的剪力墙，应将表 5-9 中的 $0.008A_c$，$0.006A_c$，$0.004A_c$ 分别调整为 $0.010A_c$，$0.008A_c$，$0.005A_c$，且其箍筋的配筋范围宜取为图 5-26 中阴影部分，配箍特征值 λ_v 不宜小于 0.1。

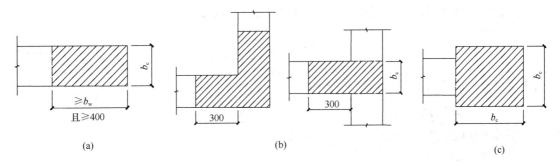

图 5-26　剪力墙的构造边缘条件

(a) 暗柱；(b) 翼柱；(c) 端柱

剪力墙构造边缘构件的配筋要求　　　　　　　　　　　　　　表 5-8

抗震等级	底部加强部位			其他部位		
	纵向钢筋最小量（取较大值）	箍筋		纵向钢筋最小量（取较大值）	箍筋或拉筋	
		最小直径（mm）	最大间距（mm）		最小直径（mm）	最大间距（mm）
一级	$0.010A_c$，$6\phi16$	8	100	$0.008A_c$，$6\phi14$	8	150
二级	$0.008A_c$，$6\phi14$	8	150	$0.006A_c$，$6\phi12$	8	200
三级	$0.005A_c$，$4\phi12$	6	150	$0.005A_c$，$4\phi12$	6	200
四级	$0.005A_c$，$4\phi12$	6	200	$0.004A_c$，$4\phi12$	6	250

注：1. 符号 ϕ 表示钢筋直径；

　　2. 对转角墙的暗柱，表中拉筋宜采用箍筋。

6. 墙肢分布钢筋的配置

(1) 一般剪力墙墙肢竖向与水平分布钢筋的配筋率，一、二、三级抗震设计时不应小于 0.25%，四级抗震设计时不应小于 0.2%。

(2) 一般剪力墙墙肢竖向与水平分布钢筋直径不应小于 8mm，且不宜大于墙肢截面厚度的 1/10，间距则不应大于 300mm。

(3) 房屋顶层剪力墙，长矩形平面房屋的楼梯间和电梯间剪力墙、端开间的纵向剪力墙、端山墙，其墙肢水平与竖向分布钢筋间距不应大于 200mm，配筋率不应小于 0.25%。

5.6.5　连梁设计计算与构造要求

剪力墙中的连梁受到弯矩、剪力和轴力的共同作用，由于轴力较小，可以忽略而按受弯构件设计。

1. 正截面受弯承载力

剪力墙承受水平作用时，连梁两端均承受同方向的弯矩作用，故连梁通常采用上下对称配筋（$A_s = A'_s$）。由于受压区高度很小，通常采用简化计算公式。

考虑地震作用时，连梁正截面承载力可按下式进行验算：

$$M_b \leqslant \frac{1}{\gamma_{RE}} \left[f_y A_s (h_b - a_s - a'_s) \right] \tag{5-148}$$

式中　M_b——连梁承受的组合弯矩设计值；

　　　h_b——连梁截面高度。

不考虑地震作用时，可取上式中 $\gamma_{RE} = 1$。

2. 斜截面受剪承载力

（1）无地震作用组合时：

$$V_b \leqslant 0.7 f_t b_b h_{b0} + f_{yv} \frac{A_{sh}}{s} h_{b0} \tag{5-149}$$

（2）有地震作用组合时：

连梁跨高比 $\frac{l_0}{h_b} > 2.5$ 时：

$$V_b \leqslant \frac{1}{\gamma_{RE}} \left(0.42 f_t b_b h_{b0} + f_{yv} \frac{A_{sv}}{s} h_{b0} \right) \tag{5-150}$$

连梁跨高比 $\frac{l_0}{h_b} \leqslant 2.5$ 时：

$$V_b \leqslant \frac{1}{\gamma_{RE}} \left(0.38 f_t b_b h_{b0} + 0.9 f_{yv} \frac{A_{sv}}{s} h_{b0} \right) \tag{5-151}$$

式中　b_b，h_{b0}——连梁截面宽度、有效高度；

　　　γ_{RE}——取 0.85；

　　　V_b——连梁端部组合剪力设计值。

3. 连梁的截面尺寸构造要求

（1）无地震作用组合时：

$$V \leqslant 0.25 \beta_c f_c b_b h_{b0} \tag{5-152}$$

（2）有地震作用组合时：

跨高比 $\lambda > 2.5$ 时：

$$V \leqslant \frac{1}{\gamma_{RE}}(0.2\beta_c f_c b_b h_{b0}) \tag{5-153}$$

跨高比 $\lambda \leqslant 2.5$ 时：

$$V \leqslant \frac{1}{\gamma_{RE}}(0.15\beta_c f_c b_b h_{b0}) \tag{5-154}$$

式中　V——连梁剪力设计值；

b_b，h_{b0}——连梁截面宽度、有效高度；

β_c——混凝土强度影响系数。

4. 连梁的配筋应满足的要求

（1）连梁顶面、底面纵向受力钢筋伸入墙内的锚固长度，抗震设计时不应小于 l_{aE}。

（2）抗震设计时，沿连梁全长箍筋的最大间距与最小直径要求与框架梁端加密区箍筋要求相同。

（3）顶层连梁纵向钢筋伸入墙体长度范围内应配置间距不大于 150mm 的构造箍筋，箍筋直径应与该连梁箍筋直径相同。

（4）墙肢水平分布钢筋应作为连梁腰筋在连梁范围内拉通连续配置。当连梁截面高度大于 700mm 时，其腰筋直径不应小于 10mm，间距不应大于 200mm。对跨高比不大于 2.5 的连梁，其两侧腰筋的面积配筋率不应小于 0.3%。

5.7　底层大空间剪力墙结构的受力特点和应力、内力系数

5.7.1　底层大空间剪力墙结构的计算图、计算方法和受力特点

底层为框架的剪力墙结构是适应底层要求大开间而采用的一种结构形式。标准层（底层以上）采用剪力墙结构，而底层则改用框架结构，即底层的竖向荷载和水平荷载全部由框架的梁柱来承受。这里，底层可以是 1 层，也可以是地下 2~3 层。

这种结构的侧向刚度在底层楼盖处发生突变。震害表明，在地震作用冲击下，常因底层框架刚度太弱、侧移过大、延伸性差以及强度不足而引起破坏，甚至导致整栋建筑物的倒塌。近年来，这种底层为纯框架的剪力墙结构在地震区已很少采用。

为了改善结构的受力性能，提高建筑物的抗震能力，在结构的平面布置中可以将一部分剪力墙落地，并贯通至基础，称为落地剪力墙；而另一部分剪力墙则在底层改为框架，底层为框架的剪力墙称为框支剪力墙。这样，在水平力作用下，便形成落地剪力墙与框支剪力墙协同工作的体系：借助于框支剪力墙，可以形成较大的空间；依靠落地剪力墙，可以增强和保证结构的抗震能力。图 5-27 为框支剪力墙和落地剪力墙协同工作体系的底层结构平面示意图。

在水平力作用下，由于框支剪力墙底层侧向刚度急剧变小，底层框架承担的水平力亦

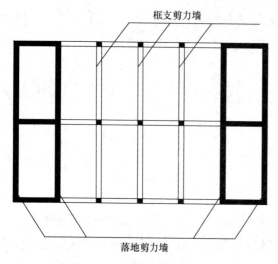

图 5-27　底层大空间剪力墙结构

急剧减小，而落地剪力墙在底层承担的水平力则急剧增加。水平力在底层分配关系的改变，是借助于底层刚性楼盖对内力的传递作用来实现的，因而，通常将底层墙体及底层楼盖特殊加强以适应此特点。也就是说，落地剪力墙作为框支剪力墙的弹性支承，通过底层刚性楼盖给框支剪力墙以水平支承力，此水平支承力与水平外力的方向相反。

图 5-28 表示框支剪力墙和落地剪力墙协同工作体系的计算图。框支剪力墙和落地剪力墙通过刚性链杆（楼盖）连接起来共同承受水平力。

对于底层为框架的剪力墙在水平荷载作用下的内力和位移计算，以及它们与落地剪力墙协同工作时的内力和位移计算问题可以用矩阵位移法由计算机进行计算。当用人工进行手算时，也可以像前面一样，对上部剪力墙采用连梁连续化的假定，取连梁剪力为基本未知量，建立力法方程；对底层框架，取节点位移为基本未知量，建立位移法方程，混合求解。最后得到的解仍可表示为 $\Phi(\alpha, \xi)$ 的形式，求内力和位移的计算步骤和公式也类似。

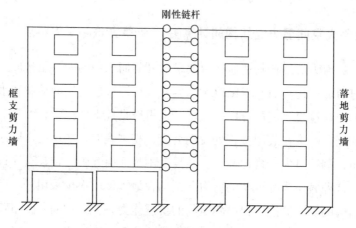

图 5-28　底层大空间剪力墙结构的计算图

5.7.2　框支剪力墙墙-框交接区的应力分布

底层大空间剪力墙结构计算中的另一个问题是，底层为框架的剪力墙在竖向和水平荷载作用下墙-框交接区的应力分布问题。这是属于两种不同性质的构件（一维的杆结构和二维的平面问题）的组合问题，必须用弹性力学的理论去分析。

最有效的分析方法是用有限单元法，采用计算机计算，可以分析任意形状、任意变厚度和任意荷载下的框支剪力墙。

级数解法是分析框支剪力墙的另一种解析解法。它是按照弹性力学平面问题的原理，假定墙-梁界面上的应力函数，由墙板和梁的变形协调条件，求出待定系数，从而求出墙板和支承梁的应力和内力。

为了弄清框支剪力墙墙-框交接区的应力集中情况，为推广使用底层大空间剪力墙结构的设计提供依据，国内在这方面进行了一系列的试验研究和计算分析。

下面对墙-框交接区的应力分布情况作一些介绍。

1. 竖向应力分布

竖向荷载作用下在墙的较高部分（离墙-梁界面 l_0 以外，l_0 为框架净跨），应力均匀分布，不受底层框架影响。在稍低部分，一部分竖向荷载首先沿"大拱"向两边柱传递，其余竖向荷载分别沿"小拱"向边柱、中柱传递。因而，边柱上方比中柱上方荷载集度大。

在墙-梁界面上，跨中竖向应力接近于零。

梁的刚度越大，柱的刚度越小，则边柱上方竖向应力与中柱上方竖向应力之比 σ_{y1}/σ_{y2} 越大，竖向荷载向两边柱传送得越多。不同梁、柱刚度下的 σ_{y1}/σ_{y2} 比值见表 5-9。

σ_{y1}/σ_{y2} 的比值　　　　　　　　　　　　　　表 5-9

h/l	0	0.10			0.13			0.16		
b/l	0.08	0.06	0.08	0.10	0.06	0.08	0.10	0.06	0.08	0.10
σ_{y1}/σ_{y2}	1.00	1.72	1.51	1.35	1.93	1.71	1.59	2.09	1.86	1.75

支承梁刚度越小，支承柱越宽，竖向应力集度越小。在常用尺寸下（$h/l=0.1\sim$ 0.16，$b/l=0.06\sim0.10$），边柱竖向应力约为（$4.0\sim6.0$）q/t，中柱竖向应力约为（$2.0\sim3.5$）q/t。

钢筋混凝土模型试验结果表明，超出弹性阶段后，边柱上方竖向应力 σ_{y1} 与中柱上方竖向应力 σ_{y2} 的比值由 1.55 逐渐降低到破坏前的 1.16。因此，进行设计时，宜将中柱 σ_{y2} 的计算值适当提高。

有纵墙时，由于荷载向纵墙传递，边柱上方与中柱上方竖向应力集度比例会发生变化。

2. 水平应力分布

竖向荷载作用下，墙板在中柱上方部分受拉应力，由图 5-29 可知，墙板内拉应力区近似为三角形，拉应力在中柱上方 O 点处最大，按梁、柱刚度不同，$\sigma_{x0}=$（$0.7\sim1.0$）q/t，$B=$（$0.5\sim0.7$）l，A 则相对稳定，为 $0.4l$。水平应力分布如图 5-29 所示。

梁下缘最大拉应力点 R 距外侧距离为（$0.2\sim0.3$）l，应力值约为（$1.06\sim1.64$）q/t。

水平应力分布在墙高为净跨 l_0 的范围内，更高的区段 σ_x 为零。

3. 剪应力分布

墙板内剪应力分布如图 5-30 所示。

墙板内剪应力只分布在墙高等于净跨 l_0 范围内，在墙板-支承梁界面上数值最大。梁下缘与柱交界处，最大剪应力约为 $(1.2\sim2.0)q/t$。

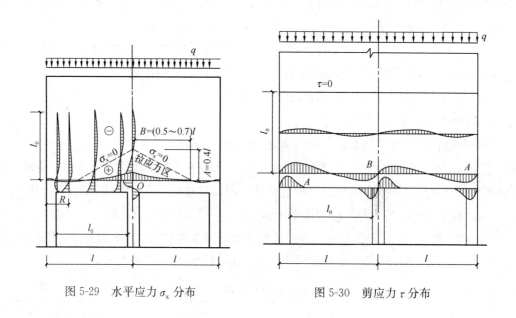

图 5-29 水平应力 σ_x 分布   图 5-30 剪应力 τ 分布

5.7.3 底层为单、双跨框架的框支剪力墙应力、内力系数表

对于常用的梁、柱尺寸 $(h/l=0.10，0.13，0.16；b/l=0.06，0.08，0.10)$，用有限单元法算出了底层为单跨和双跨框架的框支剪力墙墙板应力和框架内力的控制数值（表 5-10、表 5-11），可供设计时参考。

底层为单跨框架的框支剪力墙在竖向荷载作用下的内力系数表　　　表 5-10

$\dfrac{h}{l}$	0.10			0.13			0.16		
$\dfrac{b}{l}$	0.06	0.08	0.10	0.06	0.08	0.10	0.06	0.08	0.10
柱上墙板最大应力 σ_y	−4.7	−4.1	−3.6	−4.1	−3.7	−3.3	−3.6	−3.1	−2.9
框架梁最大拉力 N_1	0.18	0.16	0.15	0.20	0.18	0.16	0.21	0.19	0.17
框架梁跨中弯矩 M_4	0.006	0.005	0.004	0.011	0.009	0.006	0.015	0.013	0.011
框架梁边支座弯矩 M_3	−0.001	−0.001	−0.001	−0.002	−0.002	−0.002	−0.003	−0.003	−0.003
框架柱柱顶弯矩 M_2	−0.003	−0.005	−0.007	−0.003	−0.005	−0.007	−0.003	−0.005	−0.007
框架柱柱脚弯矩 M_1	0.002	0.0030	0.004	0.002	0.003	0.004	0.002	0.003	0.004
框架柱轴力 N_2	0.5	0.5	0.5	0.5	0.5	0.5	0.5	0.5	0.5

注：表中应力 σ_y 数值乘以 q/t；轴力 N_1、N_2 数值乘以 ql；弯矩 M 数值乘以 ql^2。

底层为双跨框架时墙板应力系数和框架内力、位移系数表　　　　　表 5-11

框架梁、柱尺寸	h/l		0.10			0.13			0.16		
	b/l		0.06	0.08	0.10	0.06	0.08	0.10	0.06	0.08	0.10
板	边柱上最大竖向应力 σ_{y1}		−5.9	−5.0	−4.2	−5.4	−4.7	−4.0	−4.8	−4.1	−3.8
	中柱上最大竖向应力 σ_{y2}		−3.4	−3.3	−3.8	−2.8	−2.7	−2.6	−2.3	−2.2	−2.2
	中柱上水平拉应力	σ_{x0}	1.00	0.90	0.77	0.94	0.85	0.77	0.84	0.78	0.70
		拉应力区水平范围 B	0.751	0.701	0.701	0.701	0.651	0.651	0.601	0.551	0.501
		拉应力区垂直范围 A	0.401	0.401	0.401	0.401	0.401	0.401	0.401	0.401	0.401
框架梁	最大拉力 N_1	数值	0.183	0.168	0.154	0.202	0.187	0.167	0.205	0.193	0.174
		距外侧距离	0.351	0.401	0.451	0.351	0.401	0.451	0.451	0.451	0.451
	梁底最大拉应力 σ_x	数值	1.636	1.368	1.252	1.536	1.276	1.122	1.429	1.177	1.061
		距外侧距离	0.201	0.201	0.301	0.201	0.201	0.301	0.201	0.251	0.301
	梁边支座弯矩 M_3		−0.060	−0.062	−0.063	−0.083	−0.088	−0.089	−0.112	−0.113	−0.119
	梁跨中最大正弯矩 M_4	数值	0.309	0.252	0.211	0.538	0.430	0.273	0.792	0.635	0.544
		距外侧距离	0.151	0.201	0.251	0.151	0.201	0.251	0.201	0.251	0.251
	梁中支座弯矩 M_5		−0.487	−0.439	−0.385	−0.768	−0.701	−0.628	−1.014	−0.958	−0.867
框架柱	中柱轴力 N_2		−0.809	−0.819	−0.824	−0.809	−0.819	−0.824	−0.809	−0.819	−0.824
	边柱轴力 N_1		−0.596	−0.590	−0.588	−0.596	−0.590	−0.588	−0.596	−0.590	−0.588
	边柱柱顶弯矩 M_2		−0.149	−0.246	−0.347	−0.144	−0.239	−0.343	−0.126	−0.202	0.313
	边柱柱脚弯矩 M_1		0.067	0.124	0.188	0.066	0.122	0.187	0.059	0.106	0.172
框架梁跨中挠度 f			1.429	1.264	1.133	1.364	1.205	1.100	1.294	1.073	1.050

注：表中应力数值乘以 q/t；轴力数值乘以 ql；弯矩数值乘以 $10^{-2}ql^2$；挠度数值乘以 ql/Et。

习　　题

5-1　什么是剪力墙结构？

5-2　剪力墙结构的布置要求是什么？

5-3　为什么在地震区高层建筑中不应采用全部为短肢墙的剪力墙结构？

5-4　为什么要设置剪力墙底部加强部位？剪力墙底部加强部位的高度范围是怎样规定的？

5-5　整体墙、联肢墙、不规则洞口剪力墙它们各自的特点是什么？各种计算方法是什么？

5-6　连续化方法是什么？进行受力分析时它的基本假定是什么？

5-7　某剪力墙结构的平面布置是一等边三角形，如图 5-31 所示。假定墙厚相同，忽略剪力墙的翼缘作用，求在水平荷载 P 作用下每榀墙承担的剪力。

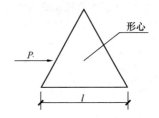

图 5-31　等边三角形布置的剪力墙

5-8　某高层剪力墙结构中的一单肢实体墙，高度 $H=30$m，全高截面相等，混凝土强度等级 C25，墙肢截面惯性矩 $I_w=3.6$m^4，矩形截面面积 $A_w=1.2$m^2，计算该墙肢的等效刚度。

5-9　某整体小开口墙的墙肢布置如图 5-32 所示。已知底层分配剪力 $V_p(0)=561.7$kN；底层分配弯矩 $M_p(0)=13561.6$kN·m。计算墙肢的内力。

图 5-32　整体小开口墙的墙肢布置（单位：m）

5-10　剪力墙截面厚度有哪些要求？

第6章 框架-剪力墙结构设计与构造

6.1 框架-剪力墙结构的布置特点、计算特点和协同工作原理

6.1.1 两种计算图

框架-剪力墙结构是由两种变形性质不同的抗侧力单元——框架和剪力墙通过楼板协调变形而共同抵抗竖向荷载及水平荷载的结构，如图 6-1 所示。框架-剪力墙结构的剪力墙可以分散布置在结构平面内，也可以集中布置在楼、电梯间。

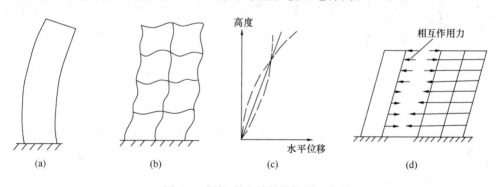

图 6-1 框架-剪力墙结构协同工作

（a）剪力墙变形；（b）框架变形；（c）变形协调；（d）内力协调

在竖向荷载作用下，按各自的承载面积计算每榀框架和每片剪力墙的竖向荷载，分别计算内力。

在水平荷载作用下，因为框架与剪力墙的变形性质不同，不能直接把总水平剪力按抗侧刚度的比例分配到每榀结构上，而是必须采用协同工作方法得到侧移和各自的层剪力及内力。

框架-剪力墙结构计算的近似方法，简称框剪协同工作计算方法，需要将结构分解成平面结构单元，它适用于比较规则的结构，而且只能计算平移时的剪力分配；如果有扭转，要单独进行扭转计算，再将两部分内力叠加。这种方法概念清楚，结果的规律性较好。

该方法将结构中所有的框架集合成总框架，采用 D 值法计算其抗侧刚度及内力，因此该方法需要采用 D 值法的假定；该方法又将所有的墙肢集合成总剪力墙，按照悬臂墙方法

计算其抗侧刚度，该方法也需要采用关于悬臂墙计算的假定；墙肢间的连梁以及墙肢与框架柱之间的梁统称为连系梁，所有连系梁集合成总连系梁，总连系梁简化成带刚域杆件。

协同工作方法计算的主要目的是计算在总水平荷载作用下的总框架层剪力 V_f、总剪力墙的总层剪力 V_w 和总弯矩 M_w、总连系梁的梁端弯矩 M_l 和剪力 V_l，然后按照框架的规律把 V_f 分配到每根柱，按照剪力墙的规律把 V_w、M_w 分配到每片墙，按照连梁刚度把 M_l 和剪力 V_l 分配到每根梁，这样就可以得到每一根杆件截面设计需要的内力。

协同工作方法有两种计算简图：

(1) 铰接体系。如图 6-2 所示的框架-剪力墙结构，墙肢之间没有连梁，或者有连梁而连梁很小（$\alpha \leqslant 1$），墙肢与框架柱之间也没有梁，剪力墙和框架柱之间仅靠楼板协同工作，所有剪力墙和框架在每层楼板标高处的侧移相等，可得到如图 6-2（b）所示的计算简图，总框架与总剪力墙之间为铰接连杆。

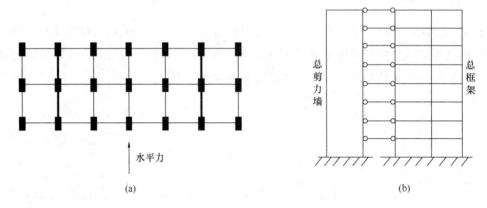

图 6-2 框架-剪力墙协同铰接体系

（a）结构平面；（b）计算简图

(2) 刚接体系。图 6-3（a）与图 6-2（a）的结构平面不同，墙肢之间有连梁（$\alpha \geqslant 1$）

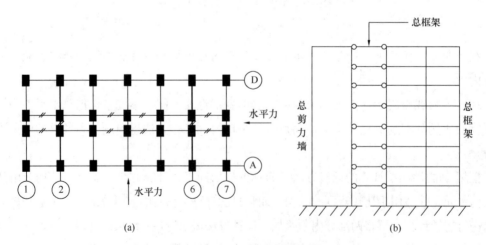

图 6-3 框架-剪力墙协同刚接体系

（a）结构平面；（b）计算简图

和（或）墙肢与框架柱之间有梁（图中用符号"//"标明）相连，这些梁对墙肢和框架柱有约束作用，需要采用如图 6-3（b）所示的刚接体系计算简图。图中的总连系梁刚度为所有连梁和梁的刚度之和。

6.1.2　协同工作的基本原理

框架-剪力墙结构由框架和剪力墙两种不同的抗侧力构件组成，这两种构件的受力特点和变形性质是不同的。在水平力作用下，剪力墙是竖向悬臂弯曲构件，其变形曲线呈弯曲型，如图 6-4（a）所示，在一般剪力墙结构中，由于所有抗侧力构件都是剪力墙，在水平力作用下各道墙的侧向位移曲线相类似。楼层剪力在各道剪力墙之间是按其等效抗弯刚度 EI 的比例进行分配的。楼层越高水平位移增长速度越快，顶点水平位移值与高度是 4 次方关系：

均布荷载时
$$u = \frac{qH^4}{8EI}$$

倒三角分布荷载时
$$u = \frac{q_{max}H^4}{12EI}$$

式中　H——总高度；

　　　EI——弯曲刚度。

纯框架结构在水平力作用下，其变形曲线为剪切型，如图 6-4（b）所示，楼层越高水平位移增长越慢，在纯框架结构中，各框架的变形曲线类似。楼层剪力按框架柱的抗侧刚度 D 值比例进行分配。

框架-剪力墙结构，既有框架，又有剪力墙，它们之间通过平面内刚度无限大的楼板连接在一起，在水平力作用下，使它们水平位移协调一致，在不考虑扭转影响时，同一楼层的水平位移相同，因此，框架-剪力墙结构在水平力作用下的变形曲线呈反 S 形的弯剪型位移曲线，如图 6-5 所示。从图中我们可以看出，框架-剪力墙结构在水平力作用下，由于框架与剪力墙协同工作，在下部楼层，因为剪力墙位移小，它拉着框架，使剪力墙承担了大部分剪力，而上部楼层则相反，剪力墙的位移越来越大，框架的变形反而小，所以，框架除负担水平力作用下的那部分剪力以外，还要负担拉回剪力墙变形的附加剪力，因此

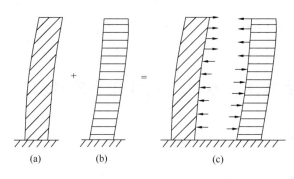

图 6-4　框架-剪力墙结构变形特点

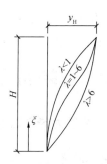

图 6-5　框架-剪力墙结构变形曲线

中上部楼层即使水平力产生的楼层剪力很小，而框架中仍有相当数值的剪力。在水平力作用下，框架与剪力墙之间楼层剪力的分配比例和框架各楼层剪力分布情况，是随着楼层所处高度而变化的，与结构刚度特征值 λ 直接相关，如图 6-5 所示。当 λ 值很小时，如 $\lambda <1$，即总框架的抗侧移刚度比总剪力墙的等效抗弯刚度小很多，结构侧移曲线比较接近于剪力墙结构的侧移曲线，即曲线凸向原始位置。反之，当 λ 较大时，如 $\lambda > 6$ 时，总框架的抗侧移刚度比总剪力墙的等效抗弯刚度大很多，结构侧移曲线比较接近于框架结构的侧移曲线，此时，曲线凹向原始位置。

从图 6-6 可知，框架-剪力墙结构中的框架底部剪力为零，全部水平荷载由剪力墙承受，因此，在框架-剪力墙结构底部是剪力墙帮助框架协同工作；从图中顶部来看，框架顶部受有集中力，而外荷载为线荷载，结构顶部没有集中力，所以，该集中力来自剪力墙，即在框架-剪力墙结构顶部是框架帮助剪力墙工作。剪力控制部位在房屋高度的中部甚至在上部，而纯框架最大的剪力在底部。因此，当实际布置有剪力墙（如楼梯间墙、电梯井道墙、设备管道井墙等）的框架结构，必须按框架-剪力墙结构协同工作计算内力，不应简单地按纯框架分析，否则不能保证框架部分上部楼层构件的安全。

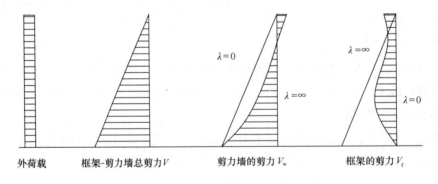

图 6-6　框架-剪力墙结构受力特点

框架-剪力墙结构在水平力作用下，水平位移是由楼层层间位移与层高之比 $\Delta u / h$ 控制，而不是顶点水平位移进行控制。层间位移最大值发生在 $(0.4 \sim 0.8)H$ 范围的楼层，H 为建筑物总高度。具体位置应按均布荷载或倒三角分布荷载，从侧移法计算表中查出框架楼层剪力分布分配系数 φ_{f} 或 φ_{f}' 最大值位置确定。

在水平力作用下，该结构体系剪力取用值比较接近，梁、柱的弯矩和剪力值变化小，使得梁柱构件规格减少，有利于施工。

6.2　框架-剪力墙铰接体系在水平荷载作用下的计算

6.2.1　总剪力墙和总框架刚度的计算

1. 框架总刚度

$$C_i = \overline{D}\,\overline{h} \tag{6-1}$$

其中：

$$\overline{D} = \sum_{i=1}^{n} \frac{D_i h_i}{H} \tag{6-2}$$

框架各层 D_i 值：

$$D_i = \sum \frac{12 \alpha i_c}{h_i^2} \tag{6-3}$$

框架的平均层高：

$$\overline{h} = \sum_{i=1}^{n} \frac{h_i}{n} = \frac{H}{n} \tag{6-4}$$

式中　h_i——第 i 层层高；

　　　　n——框架层数；

　　　　H——结构总高度；

　　　　D_i——框架第 i 层所有柱 D 值之和；

　　　　$\overline{D}$——框架沿高度平均抗侧刚度；

　　　　α——柱刚度修正系数，见表 5-5。

2. 剪力墙的总刚度

$$EI_w = \sum (EI_w)_j \tag{6-5}$$

式中　$(EI_w)_j$——第 j 道剪力墙的等效刚度，可根据剪力墙的类型取其各自的等效刚度；
　　　　　　　　当墙的刚度沿竖向有变化时，可采用各层刚度的加权平均值：

$$EI_w = \sum_{i=1}^{n} \left[(EI_w)_j \right]_i \frac{h_i}{H} \tag{6-6}$$

3. 壁式框架刚度计算

墙肢大小均匀的联肢墙和壁式框架，均可转换成带刚域杆件的壁式框架，壁式框架的计算可参见 5.5 节。

6.2.2　基本方程及其解

如图 6-7 所示，将铰接体系中的连杆切开，建立协同工作微分方程，计算简图如图 6-7 （b）所示。此时总剪力墙是一个竖向受弯构件，如图 6-7 （c）所示，为静定结构，受外荷载 $p(x)$ 和框架反力 $p_f(x)$ 作用。剪力墙上任一截面的转角、弯矩及剪力的正负号采用梁中通用的规定，图 6-8 所示方向为其正方向。把总剪力墙当作悬臂梁，其内力与弯曲变形的关系如下：

$$EI_w \frac{\mathrm{d}^4 y}{\mathrm{d} x^4} = p(x) - p_f(x) \tag{6-7}$$

式中　EI——总剪力墙的等效弯曲刚度。

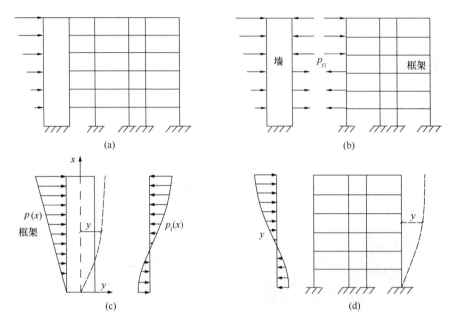

(a)　　　　　　　　　　　　(b)

(c)　　　　　　　　　　　　(d)

图 6-7　铰接体系计算简图

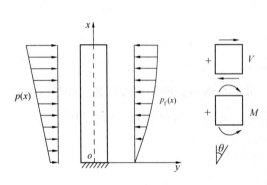

图 6-8　总剪力墙脱离体及符号规则

由楼盖在平面刚度无限大假定可知，总框架和总剪力墙有相同的侧移曲线，取总框架为脱离体，可以给出 $p_f(x)$ 与 $p(x)$ 之间的关系。

定义：框架在楼层间产生单位位移角所需要的水平剪力为 C，称为框架的总刚度。可采用 D 值法计算，$C=Dh$，各柱的 D 值可按式 $D=\alpha k_c \dfrac{12}{h^2}$ 计算。

则当总框架剪切变形为 $\theta=\dfrac{\mathrm{d}y}{\mathrm{d}x}$ 时，由定义可得总框架层间剪力如下：

$$V_f = C_f\theta = C_f\frac{\mathrm{d}y}{\mathrm{d}x} \tag{6-8}$$

对式（6-8）微分得：

$$\frac{\mathrm{d}V_f}{\mathrm{d}x} = -p_f(x) = C_f\frac{\mathrm{d}^2 y}{\mathrm{d}x^2} \tag{6-9}$$

将式（6-7）代入式（6-9），整理后得：

$$\frac{\mathrm{d}^4 y}{\mathrm{d}x^4} - \frac{C_f}{EI_w}\frac{\mathrm{d}^2 y}{\mathrm{d}x^2} = \frac{p(x)}{EI_w} \tag{6-10}$$

引入符号：

$$\xi = \frac{x}{H} \tag{6-11}$$

式中　H——剪力墙总高。

令：

$$\lambda = H\sqrt{\frac{C_f}{EI_w}} \tag{6-12}$$

λ 称为结构刚度特征值。

式（6-12）可写为：$\lambda^2 = \dfrac{C_f H}{\dfrac{EI_w}{H}}$，可见，式中分子是框架发生 H 转角所需的力，或框架总刚度的 H 倍，分母是剪力墙的线刚度，所以 λ 是反映总框架和总剪力墙刚度之比的一个参数，对框架剪力墙结构的受力和变形状态及外力分配都有很大影响。

将式（6-11）、式（6-12）代入式（6-10）得：

$$\frac{d^4 y}{d\xi^4} - \lambda^2 \frac{d^2 y}{d\xi^2} = \frac{H^4}{EI_w} p(\xi) \tag{6-13}$$

上式是一个四阶常系数非齐次线性微分方程，它的解包括两部分，一部分是相应齐次方程的通解，另一部分是该方程的一个特解。

（1）通解 y_1

方程（6-12）的特征方程为：

$$r^4 - \lambda^2 r^2 = 0 \tag{6-14}$$

特征方程的解为

$$r_1 = r_2 = 0, r_3 = \lambda, r_4 = -\lambda$$

因此，齐次方程的通解为

$$y_1 = C_1 + C_2 \xi + C_3 \sinh(\lambda\xi) + C_4 \cosh(\lambda\xi) \tag{6-15}$$

（2）特解 y_2

方程（6-13）的特解 y_2 取决于外荷载的形式，可用待定系数法求解。

① 均布荷载

设均布荷载分布密度为 q，则有 $p(\xi) = q$，另外，特解方程中 $r_1 = r_2 = 0$，故可设：

$$y_2 = a\xi^2 \tag{6-16}$$

可得到：

$$\frac{d^2 y}{d\xi^2} = 2a, \frac{d^4 y}{d\xi^4} = 0 \tag{6-17}$$

代入式（6-13）得：

$$2a\lambda^2 = -\frac{H^4}{EI_w} p(\xi) \tag{6-18}$$

整理，并将式（6-12）代入上式得：

$$a = -\frac{qH^4}{2\lambda^2 EI_w} = -\frac{qH^2}{2C_f} \quad\quad (6-19)$$

将上式代入式（6-16）得：

$$y_2 = -\frac{qH^2}{2C_f}\xi^2 \quad\quad (6-20)$$

② 倒三角分布荷载

设倒三角分布荷载最大分布密度为 q，则任意高度处的分布密度为 $p(\xi) = q\xi$，由 $r_1 = r_2 = 0$，可假设：

$$y_2 = a\xi^3 \qu\quad (6-21)$$

代入式（6-13）可得：

$$-6a\lambda^2\xi = \frac{H^4}{EI_w}p(\xi) = \frac{H^4}{EI_w}q\xi \qu\quad (6-22)$$

因此有：

$$a = -\frac{H^4}{6\lambda^2 EI_w}q = -\frac{qH^2}{6C_f} \qu\quad (6-23)$$

代入式（6-20）得到特解：

$$y_2 = -\frac{qH^2}{6C_f}\xi^3 \qu\quad (6-24)$$

③ 顶部集中荷载

顶部作用有集中荷载 P 时，$p(\xi) = 0$，特解为

$$y_2 = 0 \qu\quad (6-25)$$

综合以上推导，可得微分方程（6-13）的解为：

$$y_1 = C_1 + C_2\xi + C_3\sinh(\lambda\xi) + C_4\cosh(\lambda\xi)$$

$$= \begin{cases} \dfrac{qH^2}{2C_f}\xi^2 & （均布荷载） \\[2ex] \dfrac{qH^2}{6C_f}\xi^3 & （倒三角分布荷载） \\[2ex] 0 & （顶部集中荷载） \end{cases} \qu\quad (6-26)$$

6.2.3 3种水平荷载作用时的计算公式与图表

取剪力墙脱离体，其4个边界条件分别为：

① 当 $\xi = 0$（即 $x = 0$）时，结构底部位移 $y = 0$；

② 当 $\xi = 0$ 时，结构底部转角 $\theta = \dfrac{\mathrm{d}y}{\mathrm{d}\xi} = 0$；

③ 当 $\xi = 1$（即 $x = H$）时，结构顶部弯矩为 0，即 $\dfrac{\mathrm{d}^2 y}{\mathrm{d}x^2} = 0$ ；

④ 当 $\xi = 1$ 时，结构顶部总剪力 $V = V_\mathrm{w} + V_\mathrm{f} = \begin{cases} 0\,(均布荷载) \\ 0\,(倒三角分布荷载)。\\ P\,(顶部集中荷载) \end{cases}$

下面以均布荷载为例来确定积分常数 C_1、C_2、C_3、C_4。

式（6-26）给出框架-剪力墙结构的侧移，由此位移函数可确定剪力墙任意截面处的转角 θ、弯矩 M_w 和剪力 V_w：

$$\theta = \frac{\mathrm{d}y}{\mathrm{d}x} = \frac{1}{H}\frac{\mathrm{d}y}{\mathrm{d}\xi} \tag{6-27}$$

$$M_\mathrm{w} = EI_\mathrm{w}\frac{\mathrm{d}\theta}{\mathrm{d}x} = EI_\mathrm{w}\frac{\mathrm{d}^2 y}{\mathrm{d}x^2} = \frac{EI_\mathrm{w}}{H^2}\frac{\mathrm{d}^2 y}{\mathrm{d}\xi^2} \tag{6-28}$$

$$V_\mathrm{w} = -\frac{\mathrm{d}M_\mathrm{w}}{\mathrm{d}x} = -EI_\mathrm{w}\frac{\mathrm{d}^3 y}{\mathrm{d}x^3} = -\frac{EI_\mathrm{w}}{H^3}\frac{\mathrm{d}^3 y}{\mathrm{d}\xi^3} \tag{6-29}$$

而

$$V_\mathrm{f} = C_1\frac{\mathrm{d}y}{\mathrm{d}x} = \frac{C_1}{H}\frac{\mathrm{d}y}{\mathrm{d}\xi} \tag{6-30}$$

对式（6-26）中的均布荷载公式逐次求导，有：

$$\frac{\mathrm{d}y}{\mathrm{d}\xi} = C_2 + C_3\cosh(\lambda\xi) + C_4\sinh(\lambda\xi) - \frac{qH^2}{C_\mathrm{f}}\xi \tag{6-31}$$

$$\frac{\mathrm{d}^2 y}{\mathrm{d}\xi^2} = C_3\lambda^2\sinh(\lambda\xi) + C_4\lambda^2\cosh(\lambda\xi) - \frac{qH^2}{C_\mathrm{f}} \tag{6-32}$$

$$\frac{\mathrm{d}^3 y}{\mathrm{d}\xi^3} = C_3\lambda^3\cosh(\lambda\xi) + C_4\lambda^3\sinh(\lambda\xi) \tag{6-33}$$

由边界条件①及式（6-26）可得：

$$C_1 + C_4 = 0 \tag{6-34}$$

由边界条件②及式（6-31）可得：

$$C_2 + C_3\lambda = 0 \tag{6-35}$$

由边界条件③及式（6-32）可得：

$$C_3\lambda^2\sinh\lambda + C_4\lambda^2\cosh\lambda - \frac{qH^2}{C_\mathrm{f}} = 0 \tag{6-36}$$

当 $\xi = 1$ 时，在结构受均布荷载下，结构顶部无集中外荷载，所以

$$V_\mathrm{w} + V_\mathrm{f} = 0 \tag{6-37}$$

将式（6-29）及式（6-30）代入上式可得：

$$\frac{EI_w}{H^3}\frac{d^3y}{d\xi^3}=\frac{C_f}{H}\frac{dy}{d\xi} \tag{6-38}$$

即

$$\lambda^2\frac{dy}{d\xi}=\frac{d^3y}{d\xi^3} \tag{6-39}$$

把式（6-31），式（6-33）代入上式，整理后得：

$$C_2=\frac{qH^4}{C_f} \tag{6-40}$$

由式（6-34）、式（6-35）、式（6-36）和式（6-39）可确定出另外 3 个积分系数：

$$C_1=-\frac{qH^2}{C_f\lambda^2}\left(\frac{\lambda\sinh\lambda+1}{\cosh\lambda}\right) \tag{6-41}$$

$$C_3=-\frac{qH^4}{C_f\lambda} \tag{6-42}$$

$$C_4=\frac{qH^4}{C_f\lambda^2}\frac{(\lambda\sinh\lambda+1)}{\cosh\lambda} \tag{6-43}$$

同理，用同样的方法可以确定倒三角分布荷载和顶部集中荷载作用下侧移曲线的 4 个积分常数。将 3 种荷载作用下的积分常数 C_1、C_2、C_3、C_4 分别代入式（6-26），得到微分方程式（6-13）的解如下：

$$y=\begin{cases}\dfrac{qH^4}{EI_w\lambda^4}\left\{\dfrac{1+\lambda\sinh\lambda}{\cosh\lambda}\left[\cosh(\lambda\xi)-1\right]-\lambda\sinh(\lambda\xi)+\lambda^2\xi\left(1-\dfrac{\xi}{2}\right)\right\}&\text{（均布荷载）}\\[3mm]\dfrac{qH^4}{EI_w\lambda^2}\left[\dfrac{\cosh(\lambda\xi)-1}{\cosh\lambda}\left(\dfrac{\sinh\lambda}{2\lambda}-\dfrac{\sinh\lambda}{\lambda^3}+\dfrac{1}{\lambda^2}\right)+\left(\xi-\dfrac{\sinh(\lambda\xi)}{\lambda}\right)\left(\dfrac{1}{2}-\dfrac{1}{\lambda^2}\right)-\dfrac{\xi^2}{6}\right]\\ \hspace{9cm}\text{（倒三角分布荷载）}\\[3mm]\dfrac{PH^3}{EI_w\lambda^3}\left\{\dfrac{\sinh\lambda}{\cosh\lambda}\left[\cosh(\lambda\xi)-1\right]-\sinh(\lambda\xi)+\lambda\xi\right\}&\text{（顶部集中荷载）}\end{cases} \tag{6-44}$$

式（6-44）就是框架-剪力墙结构在均布、倒三角分布和顶部集中荷载作用下的位移计算公式，将侧移公式（6-44）代入式（6-28），式（6-29），即可得到总剪力墙在以上 3 种典型水平荷载作用下的内力 M_w 和 V_w：

$$M_w=\begin{cases}\dfrac{qH^2}{\lambda^2}\left[\dfrac{\lambda\sinh\lambda+1}{\cosh\lambda}\cosh(\lambda\xi)-\lambda\sinh(\lambda\xi)-1\right]\text{（均布荷载）}\\[3mm]\dfrac{qH^2}{\lambda^2}\left[\left(1+\dfrac{1}{2}\lambda\sinh\lambda-\dfrac{\sinh\lambda}{\lambda}\right)\dfrac{\cosh(\lambda\xi)}{\cosh\lambda}-\left(\dfrac{\lambda}{2}-\dfrac{1}{\lambda}\right)\sinh(\lambda\xi)-\xi\right]\text{（倒三角分布荷载）}\\[3mm]PH\left[\dfrac{\sinh\lambda}{\lambda\cosh\lambda}\cosh(\lambda\xi)-\dfrac{1}{\lambda}\sinh(\lambda\xi)\right]\text{（顶部集中荷载）}\end{cases} \tag{6-45}$$

$$
V_{\mathrm{w}} = \begin{cases}
\dfrac{qH}{\lambda}\left[\lambda\cosh(\lambda\xi) - \dfrac{\lambda\sinh\lambda + 1}{\cosh\lambda}\sinh(\lambda\xi)\right] \text{（均布荷载）} \\[4mm]
\dfrac{qH}{\lambda^2}\left[\left(1 + \dfrac{1}{2}\lambda\sinh\lambda - \dfrac{\sinh\lambda}{\lambda}\right)\dfrac{\lambda\sinh(\lambda\xi)}{\cosh\lambda} - \left(\dfrac{\lambda}{2} - \dfrac{1}{\lambda}\right)\lambda\cosh(\lambda\xi) - 1\right] \\[1mm]
\hspace{6cm} \text{（倒三角分布荷载）} \\[4mm]
P\left[\cosh(\lambda\xi) - \dfrac{\sinh\lambda}{\cosh\lambda}\sinh(\lambda\xi)\right] \hspace{2cm} \text{（顶部集中荷载）}
\end{cases}
\tag{6-46}
$$

由式（6-44）～式（6-46）可知，通过以上 3 式来计算总剪力墙的位移 y、内力 M_{w} 和 V_{w} 比较烦琐，为方便计算，可翻阅相关资料查询以上 3 种典型荷载作用下 y、M_{w}、V_{w} 的计算图表，设计时可以直接使用。

在计算内力时，先根据结构刚度特征值 λ 及所求截面的相对坐标分别查出各系数，再按照式（6-47）求得该截面处的位移 y 及内力 M_{w}、V_{w}。

$$
\begin{cases}
y = \left[\dfrac{y(\xi)}{f_{\mathrm{H}}}\right]f_{\mathrm{H}} \\[3mm]
M_{\mathrm{w}} = \left[\dfrac{M_{\mathrm{w}}(\xi)}{M_0}\right]M_0 \\[3mm]
V_{\mathrm{w}} = \left[\dfrac{V_{\mathrm{w}}(\xi)}{V_0}\right]V_0
\end{cases}
\tag{6-47}
$$

总框架的剪力可直接由总剪力减去剪力墙的剪力得到：

$$
V_{\mathrm{f}} = V_{\mathrm{p}}(\xi) - V_{\mathrm{w}}(\xi) = \begin{cases}
(1-\xi)qH - V_{\mathrm{w}}(\xi) \text{（均布荷载）} \\[2mm]
\dfrac{1}{2}(1-\xi)qH - V_{\mathrm{w}}(\xi) \text{（倒三角分布荷载）} \\[2mm]
P - V_{\mathrm{w}}(\xi) \text{（顶部集中荷载）}
\end{cases}
\tag{6-48}
$$

由相关侧移系数图可得出以下结论：

（1）结构顶部有转角，由式（6-7）知，框架顶部有剪力，即有剪力墙传来的集中力；

（2）结构底部无转角，由式（6-7）知，框架底部无剪力，全部结构底部的剪力由剪力墙承受；结构底部转角为零是边界条件②给定的，实际结构中，因框架与剪力墙间的连梁在一层顶，与连续化假定不符，而底层是有侧移的，所以底层框架柱也是有剪力的，但底层剪力墙的侧移较小，所以底层框架柱的剪力也较小；

（3）由（1）、（2）可知，在结构顶部框架帮助剪力墙，而在底部剪力墙帮助框架；

（4）一般框架-剪力墙结构的变形曲线是弯剪型的，反弯点处斜率最大，由式（6-7）知，框架在反弯点处剪力最大；

（5）随着 λ 的增大，框架越来越多，剪力墙不变，所以变形越来越小；

（6）随着 λ 的增大，变形曲线由弯曲型向剪切型转化；

（7）一般框架-剪力墙结构的变形曲线是弯剪型的，接近一条直线，由式（6-7）知，框架剪力上下基本一致，为框架设计提供了方便。

6.3　框架-剪力墙刚接体系在水平荷载作用下的计算

6.3.1　刚连接梁的梁端约束弯矩系数

在框架-剪力墙刚接体系中，将连杆切开后，连杆中除有轴向力外还有剪力和弯矩。将剪力和弯矩对总剪力墙墙肢截面形心轴取矩，得到对墙肢的约束弯矩 M_i。连杆轴向力 P_{li} 和约束弯矩 M_i 都是集中力，作用在楼层处，计算时沿层高连续化，这样便得到图 6-9 所示的计算简图。

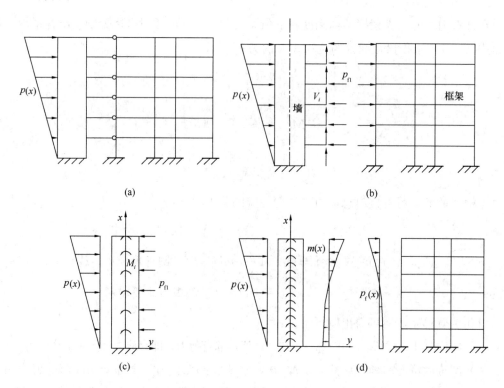

图 6-9　刚接体系计算简图

在框架-剪力墙结构刚接体系中，形成刚接连杆的有两种，连接墙肢与墙肢的连梁 A 和连接墙肢与框架的连梁 B，这两种连梁都可以简化为带刚域的梁。

假设连梁两端均为刚域（图 6-10），当梁端有单位转角时，梁端产生约束弯矩 m，约

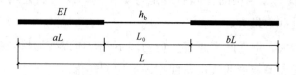

图 6-10　带刚域的杆

束弯矩表达式如下：

$$\begin{cases} m_{12} = \dfrac{1+a-b}{(1+\beta)(1-a-b)^3} \dfrac{6EI}{L} \\[3mm] m_{21} = \dfrac{1-a+b}{(1+\beta)(1-a-b)^3} \dfrac{6EI}{L} \end{cases} \tag{6-49}$$

在以上两式中令 $b=0$，则可得到仅有一端带刚域的梁端弯矩系数为：

$$\begin{cases} m_{12} = \dfrac{1+a}{(1+\beta)(1-a)^3} \dfrac{6EI}{L} \\[3mm] m_{21} = \dfrac{1-a}{(1+\beta)(1-a)^3} \dfrac{6EI}{L} \end{cases} \tag{6-50}$$

式中，$\beta = \dfrac{12\mu EI}{GAL_0^2}$，为考虑剪切变形时的影响系数，如果不考虑剪切变形的影响，由式（6-49）、式（6-50）计算出连梁的弯矩往往较大，按此弯矩配筋时所需钢筋量较多，为减少配筋，在工程设计中允许考虑连梁的塑性变形能力，对梁进行塑性调幅。一般采取降低连梁刚度予以调幅，在式（6-49）和式（6-50）中用 $\beta_h EI$ 代替 EI，这里 β_h 的取值不宜小于 0.5。

由梁端约束弯矩系数的定义可知，当梁端有转角 θ 时，梁端约束弯矩为：

$$\begin{cases} M_{12} = m_{12}\theta \\ M_{21} = m_{21}\theta \end{cases} \tag{6-51}$$

以上两式给出的梁端约束弯矩为集中弯矩，为便于用微分方程求解，将其简化为沿层高 h 均布的分布弯矩：

$$m_i(x) = \dfrac{M_{abi}}{h} = \dfrac{m_{abi}}{h}\theta(x) \tag{6-52}$$

某一层内总约束弯矩为：$m = \displaystyle\sum_{i=1}^{n} m_i(x) = \sum_{i=1}^{n} \dfrac{m_{abi}}{h}\theta(x) \tag{6-53}$

式中　n——同一层内连梁总数；

$\displaystyle\sum_{i=1}^{n} \dfrac{m_{abi}}{h}$——连梁总约束刚度，简记为 C_b；

m_{ab}——a、b 分别代表 1 或 2，即当连梁两端与墙肢相连时 m_{ab} 是指 m_{12}、m_{21}。

如果框架部分的层高及杆件截面沿结构高度不变化，则连梁的约束刚度是常数，但实际结构中各层的 m 是不同的，这时应取各层约束刚度的加权平均值。

6.3.2　基本方程及其解

在图 6-9（d）所示的刚接体系计算简图中，连梁线性约束弯矩在总剪力墙 x 高度的截面处产生的弯矩为：

$$M_m = -\int_x^H m\,\mathrm{d}x \tag{6-54}$$

产生此弯矩所对应的剪力和荷载分别为：

$$V_{\mathrm{m}} = -\frac{\mathrm{d}M_{\mathrm{m}}}{\mathrm{d}x} = -m = -\sum_{i=1}^{n} \frac{m_{\mathrm{abi}}}{h}\theta(x) = -\sum_{i=1}^{n} \frac{m_{\mathrm{abi}}}{h}\frac{\mathrm{d}y}{\mathrm{d}x} \tag{6-55}$$

$$p_{\mathrm{m}}(x) = -\frac{\mathrm{d}V_{\mathrm{m}}}{\mathrm{d}x} = \sum_{i=1}^{n} \frac{m_{\mathrm{abi}}}{h}\frac{\mathrm{d}^2 y}{\mathrm{d}x^2} \tag{6-56}$$

式中　V_{m}、$p_{\mathrm{m}}(x)$——等代剪力与等代荷载，分别代表刚性连梁的约束弯矩作用所承受的剪力和荷载。

在连梁约束弯矩影响下，总剪力墙内力与弯曲变形的关系可参照铰接体系的式（6-7）写为：

$$EI_{\mathrm{w}}\frac{\mathrm{d}^4 y}{\mathrm{d}x^4} = p(x) - p_{\mathrm{f}}(x) + p_{\mathrm{m}}(x) \tag{6-57}$$

式中　$p(x)$——外荷载；

$p_{\mathrm{f}}(x)$——总框架与总剪力墙之间的相互作用力，将式（6-9），式（6-56）代入式（6-57），得：

$$EI_{\mathrm{w}}\frac{\mathrm{d}^4 y}{\mathrm{d}x^4} = p(x) + C_{\mathrm{f}}\frac{\mathrm{d}^2 y}{\mathrm{d}x^2} + \sum_{i=1}^{n} \frac{m_{\mathrm{abi}}}{h}\frac{\mathrm{d}^2 y}{\mathrm{d}x^2} \tag{6-58}$$

整理后可得：

$$\frac{\mathrm{d}^4 y}{\mathrm{d}x^4} - \frac{\left(C_{\mathrm{f}} + \sum\limits_{i=1}^{n} \dfrac{m_{\mathrm{abi}}}{h}\right)}{EI_{\mathrm{w}}}\frac{\mathrm{d}^2 y}{\mathrm{d}x^2} = \frac{p(x)}{EI_{\mathrm{w}}} \tag{6-59}$$

同铰接体系，引入记号 $\xi = \dfrac{x}{H}$ 同式（6-11），并令：

$$\lambda = H\sqrt{\frac{C_{\mathrm{f}} + \sum\limits_{i=1}^{n} \dfrac{m_{\mathrm{abi}}}{h}}{EI_{\mathrm{w}}}} \tag{6-60}$$

则方程（6-59）可化为：

$$\frac{\mathrm{d}^4 y}{\mathrm{d}\xi^4} - \lambda^2 \frac{\mathrm{d}^2 y}{\mathrm{d}\xi^2} = \frac{p(\xi)H^4}{EI_{\mathrm{w}}} \tag{6-61}$$

上式即为刚接体系的微分方程，此式与铰接体系所对应的微分方程完全相同，因此，铰接体系微分方程的解在此处也适用。

从以上两种简化计算公式推导式（6-12）、式（6-60）中我们可发现框架-剪力墙结构刚度特征值 λ 可按下列公式计算：

连梁与剪力墙铰接　　　　　$$\lambda_1 = H\sqrt{\frac{C_{\mathrm{f}}}{EI_{\mathrm{w}}}} \tag{6-62}$$

连梁与剪力墙刚接　　　　　$$\lambda_2 = H\sqrt{\frac{C_{\mathrm{f}} + C_{\mathrm{b}}}{EI_{\mathrm{w}}}} \tag{6-63}$$

式中　H——框架-剪力墙结构总高度（m）；

　　　C_f——框架的剪切刚度（kN）；

　　　C_b——连梁总刚度（kN），$C_b = \sum\limits_{i=1}^{n} \dfrac{m_{abi}}{h}$；

　　　EI_w——剪力墙总等效抗弯刚度（kN·m^2）。

　　由以上两式可知，当剪力墙刚度增大时，λ 值变小；反之，随剪力墙刚度变小，框架刚度和连梁刚度加大时，λ 值变大。纯框架结构是框架-剪力墙结构当 $\lambda = \infty$ 的一种特例。比较式（6-62）和式（6-63）可知，纯剪力墙结构是框架-剪力墙结构当 $C_f = 0$ 的一种特例，这时 $\lambda = H\sqrt{\dfrac{C_b}{EI_w}} = \alpha_1$，所以，$\alpha_1$ 是剪力墙结构的刚度特征值。

6.3.3　各剪力墙、框架和连梁的内力计算

　　为简化计算，同一楼层标高处的框架、剪力墙的侧移量均相同，则可将同一区段内的所有框架及所有剪力墙各自综合在一起，分别合并成总框架和总剪力墙。然后，根据它们侧移相等的这一变形协调条件，将侧向力在总框架和总剪力墙之间进行分配。进而可求出总框架和总剪力墙的内力及其侧移。这样，每根柱子的水平剪力，按各根柱子的抗侧刚度进行再分配；每个剪力墙的内力，按各个剪力墙的等效抗弯刚度再进行分配。

　　框架-剪力墙结构内力的计算分析流程如图 6-11 所示。

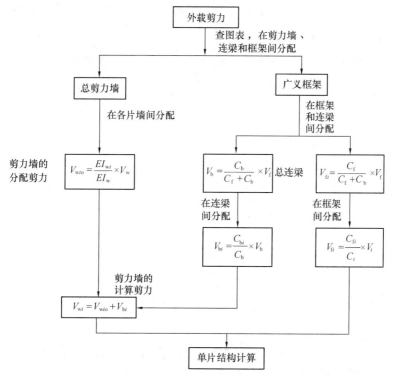

图 6-11　框架-剪力墙结构内力的计算分析流程

框架-剪力墙结构的受力图如图 6-12 所示。

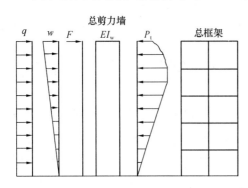

图 6-12　框架-剪力墙结构的受力图

（1）框架内力计算

按照上述计算步骤，根据框架-剪力墙结构的协同工作原则，计算出总框架的剪力 V_f 后，当考虑与剪力墙相连的框架连梁总等效刚度 C_b 时，按下列公式计算框架总剪力和连梁的楼层平均总约束弯矩。

框架总剪力：

$$V'_f = \frac{C_f}{C_f + C_b} V_f \tag{6-64}$$

连梁的楼层平均总约束弯矩：

$$m = \frac{C_b}{C_f + C_b} V_f = V_f - V'_f \tag{6-65}$$

式中　V_f——由协同工作基本分配给框架（包括连梁）的剪力值；

C_f、C_b——框架总刚度和与剪力墙相连的框架连梁总等效刚度。

框架有了总剪力 V'_f（或不考虑连梁总等效刚度时，按协同工作计算得到总剪力 V'_f 后），框架梁柱内力可按前述方法计算。

（2）剪力墙内力计算

剪力墙有了总剪力 V_w 后，各道剪力墙之间剪力和弯矩的分配以及各道剪力墙墙肢的内力计算，可按下列方法计算：

① 整个墙和整体小开口墙将各楼层剪力 V_i 和弯矩 M_i 分配到各道剪力墙：

$$V_j = \frac{EI_{eqj}}{EI_w} V_i \tag{6-66}$$

$$M_j = \frac{EI_{eqj}}{EI_w} M_i \tag{6-67}$$

式中　EI_{eqj}——第 j 道墙的等效刚度各层平均值；

EI_w——总刚度。

② 整体小开口墙各墙肢内力为：

弯矩：

$$M_j = 0.85M \frac{I_j}{I} + 0.15M \frac{I_j}{\sum I_j} \tag{6-68}$$

轴力：

$$N_j = 0.85M \frac{A_j y_j}{I} \tag{6-69}$$

剪力：

$$V_j = \frac{V}{2}\left(\frac{A_j}{\sum A_j} + \frac{I_j}{\sum I_j}\right) \tag{6-70}$$

式中　M_i、V_i——整片墙 i 楼层的总弯矩和总剪力设计值；

　　　　I——整片墙截面组合惯性矩；

　　　　I_j——第 j 墙肢截面惯性矩；

　　　　A_j——第 j 墙肢截面面积；

　　　　y_j——第 j 墙肢截面形心距组合截面形心轴的距离；

　　　　$\sum I_j$——各墙肢截面惯性矩之和；

　　　　$\sum A_j$——各墙肢截面面积之和。

连梁的剪力为上层和相邻下层墙肢的轴力差。剪力墙多数墙肢基本均匀，又符合整体小开口墙的条件。当有个别细小墙肢时，仍可按整体小开口墙计算内力。上墙肢端宜按下式计算附加局部弯曲的影响：

$$M_j = M_{j0} + \Delta M_j \tag{6-71}$$

$$\Delta M_j = V_j \frac{h_0}{2} \tag{6-72}$$

式中　M_{j0}——按整体小开口墙计算的墙肢弯矩；

　　　ΔM_j——由于小墙肢局部弯曲增加的弯矩；

　　　V_j——第 j 墙肢剪力；

　　　h_0——洞口高度。

（3）连梁内力计算

框架连梁得到总约束弯矩 m 后，连梁的内力按下列公式计算（连梁弯矩如图 6-13 所示）：

每根连梁的楼层平均约束弯矩：

$$m' = \frac{m_{ij}}{\sum m_{ij}} m \tag{6-73}$$

每根连梁在墙中弯矩：

$$M_{12} = m'h \tag{6-74}$$

每根连梁在墙边弯矩：

$$M'_{12} = \left(\frac{2L}{L_0} - 1\right)M_{12} \tag{6-75}$$

连梁端剪力：

$$V_b = \frac{M'_{12} + M_{21}}{L_0} \tag{6-76}$$

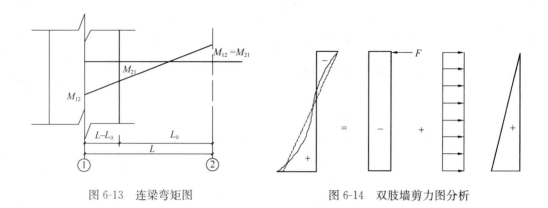

图 6-13 连梁弯矩图   图 6-14 双肢墙剪力图分析

当连梁在框架端约束取为零时，每根连梁在墙边的弯矩由式（6-75）变为：

$$M'_{12} = \frac{L_0}{L}M_{12}$$

式中 m_{ij}——每根连梁端的约束弯矩系数；

　　　　h——层高。

（4）双肢墙的连梁内力及墙肢的弯矩和轴力计算

① 按照剪力图形面积相等的原则，将双肢墙曲线形剪力图近似简化成直线形剪力图，并分解为顶点集中荷载和均布荷载作用下两种剪力图的叠加（图 6-14）。

② 连梁的剪力：

$$V_b = V_{b1} + V_{b2} \tag{6-77}$$

$$V_{b1} = V_{01} Sh \frac{\phi_1}{I} \tag{6-78}$$

$$V_{b2} = V_{02} Sh \frac{\phi_2}{I} \tag{6-79}$$

式中 V_{b1}、V_{b2}——分别为连梁在顶部反向集中力 F 作用下及均匀连续分布荷载 q 作用下的剪力值；

　　　　V_{01}、V_{02}——分别为顶部反向集中力 F、均匀连续分布荷载 q 作用下剪力墙的基底剪力；

　　　　h——层高；

　　　　ϕ_1、ϕ_2——分别为顶部反向集中力 F、均匀连续分布荷载 q 作用下连梁的剪力系数，按下式计算（α 为整体性系数）：

$$\phi_1 = 1 - \frac{\cosh\alpha(1-\xi)}{\cosh\alpha} \tag{6-80}$$

$$\phi_2 = \frac{\sinh\alpha - \alpha}{\alpha\cosh\alpha}\cosh\alpha(1-\xi) - \frac{\sinh\alpha(1-\xi)}{\alpha} + (1-\xi) \tag{6-81}$$

S、I 分别按下式计算：

$$S = \frac{L}{\dfrac{1}{A_1} + \dfrac{1}{A_2}} \tag{6-82}$$

$$I = I_1 + I_2 + LS \tag{6-83}$$

式中　A_1、A_2——分别为双肢剪力墙墙肢 1、墙肢 2 的截面面积；

　　　I_1、I_2——分别为墙肢 1、墙肢 2 的截面惯性矩；

　　　L——两墙肢截面形心间的距离。

③ 连梁的弯矩：

$$M_b = \frac{1}{2} V_b L_0 \tag{6-84}$$

式中　L_0——连梁的净跨度；

　　　V_b——连梁的剪力。

④ 墙肢的轴向力：

$$N_{1i} = -N_{2i} = \sum_i^n V_b \tag{6-85}$$

式中　N_{1i}、N_{2i}——分别为第 i 层墙肢 1、墙肢 2 的轴向拉力和压力。

⑤ 墙肢的弯矩：

$$M_i = M_{pi} - \sum_i^n M'_b \tag{6-86}$$

$$M'_b = \frac{1}{2} V_b L \tag{6-87}$$

$$M_{1i} = \frac{I_1}{I_1 + I_2} M_i \tag{6-88}$$

$$M_{2i} = \frac{I_2}{I_1 + I_2} M_i \tag{6-89}$$

式中　M_i——双肢墙第 i 层弯矩；

　　　M_{pi}——双肢墙由水平力产生的第 i 层弯矩；

　　　M'_b——连梁由水平力引起的约束弯矩。

⑥ 墙肢的剪力：

$$V_{1i} = \frac{I_{1eqi}}{I_{1eqi} + I_{2eqi}} V_i \tag{6-90}$$

$$V_{2i} = \frac{I_{2eqi}}{I_{1eqi} + I_{2eqi}} V_i \tag{6-91}$$

$$I_{jeqi} = \frac{I_j}{1 + \dfrac{9\mu I_j}{A_j H^2}} \quad (j = 1, 2) \tag{6-92}$$

式中　V_i——双肢剪力墙由水平力产生的第 i 层剪力；

　　　I_j——墙肢 1 或墙肢 2 的截面惯性矩；

　　　A_j——墙肢 1 或墙肢 2 的截面积；

　　I_{jeqi}——墙肢 j 的等效截面惯性矩；

　　　H——双肢剪力墙总高度；

　　　μ——截面形状系数，矩形截面 $\mu = 1.2$；I 形截面 $\mu = \dfrac{A}{A_w}$，A 为全截面面积，A_w 为腹板面积。

6.4　框架-剪力墙结构构件的截面设计及构造要求

6.4.1　框架-剪力墙结构中剪力墙的合理数量

多次地震灾害的情况表明，在钢筋混凝土结构中，剪力墙数量越多，地震灾害减轻越多。日本在分析十胜冲地震和福井地震的钢筋混凝土建筑物震害结果后，发现这样一条规律：墙越多，震害越轻。在 1978 年的罗马尼亚地震和 1988 年苏联亚美尼亚地震都揭示出框架结构在强震中大量破坏、倒塌，而剪力墙结构震害轻微。

一般说来，多设剪力墙对结构抗震是有利的，但是剪力墙设置过多却又是不经济的。剪力墙设置过多，虽然提高了结构的抗震能力，但也使得结构刚度太大，周期太短，地震作用加大，不仅使上部结构材料增加，而且带来基础设计的困难。此外，框架-剪力墙结构中，框架的设计水平剪力有最低限值，为了满足上述剪力墙数量的要求，结构刚度特征值 λ 宜不大于 2.4。在此限值之外，剪力墙再增多，框架消耗的材料也不会再减少。所以在综合考虑了抗震和经济性的基础上，剪力墙应有一定的合理数量。剪力墙的合理数量选取可以依据底层结构截面（即剪力墙截面面积 A_w 和柱截面面积 A_c 之和）与楼面面积 A_f 之比，剪力墙截面面积 A_w 与楼面面积 A_f 之比。从一些设计较合理的工程来看，$(A_w + A_c)/A_f$ 或 A_w/A_f 大约分布在表 6-1 的范围内。

底层结构截面面积与楼面面积之比（％）　　　　　　　　　　表 6-1

设计条件	$(A_w + A_c)/A_f$	A_w/A_f
7 度，Ⅱ类土	3～5	2～3
8 度，Ⅱ类土	4～6	3～4

注：1. 当设防烈度、场地土情况不同时，可根据上述数值适当增减。
　　2. 层数多、高度大的框架-剪力墙结构，宜取表中的上限值。
　　3. 剪力墙纵横两个方向总量在上述范围内，两个方向剪力墙的数量宜相近。

6.4.2　框架-剪力墙结构设计的一般规定

1. 框架-剪力墙结构的形式

框架-剪力墙结构可采用下列形式：

（1）框架与剪力墙（单片墙、联肢墙或较小井筒）分开布置；

（2）在框架结构的若干跨内嵌入剪力墙（带边框剪力墙）；

（3）在单片抗侧力结构内连续分别布置框架和剪力墙；

（4）上述 2 种或 3 种形式的混合。

2．框架-剪力墙结构的设计方法

抗震设计的框架-剪力墙结构，应根据在规定的水平力作用下结构底层框架部分承受的地震倾覆力矩与结构总地震倾覆力矩的比值，确定相应的设计方法，并应符合下列规定：

（1）当框架部分承受的地震倾覆力矩不大于结构总地震倾覆力矩的 10％时，按剪力墙结构进行设计，其中的框架部分应按框架-剪力墙结构的框架进行设计；

（2）当框架部分承受的地震倾覆力矩大于结构总地震倾覆力矩的 10％但不大于 50％时，按框架-剪力墙结构进行设计；

（3）当框架部分承受的地震倾覆力矩大于结构总地震倾覆力矩的 50％但不大于 80％时，按框架-剪力墙结构进行设计，其最大适用高度可比框架结构适当增加，框架部分的抗震等级和轴压比限值宜按框架结构的规定采用；

（4）当框架部分承受的地震倾覆力矩大于结构总地震倾覆力矩的 80％时，按框架-剪力墙结构进行设计，但其最大适用高度宜按框架结构采用，框架部分的抗震等级和轴压比限值应按框架结构的规定采用。

框架-剪力墙结构应设计成双向抗侧力体系；抗震设计时，结构两主轴方向均应布置剪力墙。

框架-剪力墙结构中，主体结构构件之间除个别节点外不应采用铰接；梁与柱或柱与剪力墙的中线宜重合。

6.4.3　框架-剪力墙结构中剪力墙的布置和间距

框架-剪力墙结构中剪力墙的布置宜符合下列要求：

① 剪力墙宜均匀地布置在建筑物的周边附近，楼、电梯间，平面形状变化、恒载较大的部位；在伸缩缝、沉降缝、防震缝两侧不宜同时设置剪力墙。

② 平面形状凹凸较大时，宜在凸出部分的端部附近布置剪力墙。

③ 剪力墙布置时，如因建筑使用需要，纵向或横向一个方向无法设置剪力墙时，该方向采用壁式框架、斜支撑等抗侧力构件，但是，两方向在水平力作用下的位移值应接近。壁式框架的抗震等级应按剪力墙的抗震等级考虑。

④ 剪力墙的布置宜分布均匀，各道墙的刚度宜接近，长度较长的剪力墙宜设置洞口和连梁形成双肢墙或多肢墙，单肢或多肢墙的墙肢长度不宜大于 8m。单片剪力墙底部承担水平力产生的剪力不宜超过结构底部总剪力的 30％。

⑤ 纵向剪力墙宜布置在结构单元的中间区段内。房屋纵向长度较长时，不宜集中在

两端布置纵向剪力墙，否则在平面中适当部位应设置施工后浇缝以减少混凝土硬化过程中的收缩应力影响，同时应加强屋面保温以减少温度变化产生的影响。

⑥ 楼电梯间、竖井等造成连续楼层开洞时，宜在洞边设置剪力墙，且尽量与靠近的抗侧力结构结合，不宜孤立地布置在单片抗侧力结构或柱网以外的中间部分。

⑦ 剪力墙间距不宜过大，应满足楼盖平面刚度的需要，否则应考虑楼面平面变形的影响。

在长矩平面或平面有一向较长的建筑中，剪力墙的间距布置宜符合下列要求：

① 横向剪力墙沿长方向的间距宜满足表 6-2 的要求，当这些剪力墙之间的楼盖有较大开洞时，剪力墙的间距应减小。

② 纵向剪力墙不宜集中布置在两尽端。

剪力墙间距（单位：mm）　　　　　　　　　　　　表 6-2

楼盖形式	非抗震设计（取最小值）	抗震设防烈度		
		6 度、7 度（取较小值）	8 度（取较小值）	9 度（取较小值）
现浇	≤5.0B，60	≤4.0B，50	≤3.0B，40	≤2.0B，30
装配整体式	≤3.5B，50	≤3.0B，40	≤2.5B，30	—
板柱-剪力墙	≤3.0B，36	≤2.5B，30	≤2.0B，24	—
框支层	≤3.0B，36	底部 1~2 层，≤2B，24；3 层及 3 层以上≤1.5B，20		—

注：1. B 为楼面宽度；

　　2. 装配整体式楼板是指在装配式楼板上设有现浇层，现浇层应符合高层建筑结构设计的基本规定；

　　3. 现浇部分厚度大于 60mm 的预应力叠合楼板可作为现浇板考虑；

　　4. 当房屋端部未布置剪力墙时，第一片剪力墙与房屋端部的距离，不宜大于表中剪力墙间距的 1/2。

6.4.4　框架-剪力墙结构中框架内力的调整

目前，不论是采用手算方法还是机算方法，计算中都采用了楼板平面刚度无限大的假定，即认为楼板在自身平面内是不变形的。但是，在框架-剪力墙结构中，作为主要侧向支撑的剪力墙间距相当大。实际上楼板是会变形的，变形的结果将会使框架部分的水平位移大于剪力墙的水平位移。相应地，框架实际上承受的水平力大于采用刚性模板假定的计算结果。更重要的是，剪力墙刚度大，承受了大部分水平力，因而在地震作用下，剪力墙会首先开裂，刚度降低。从而使一部分地震作用向框架转移，框架受到的地震作用会明显增加。

由内力分析可知，框架-剪力墙结构中的框架，受力情况不同于纯框架结构中的框架，它的下部楼层的计算剪力很小，到达底部时接近零。显然，直接按照计算的剪力进行配筋是不安全的。必须做适当的调整，使框架具有足够的抗震能力，使框架成为框架-剪力墙结构的第二道防线。在地震作用下，通常都是剪力墙先开裂，剪力墙刚度降低后，框架内力会增加。规则的框架-剪力墙结构中，按协同工作分析所得的框架各层剪力 V_f，应按下列方法调整：

（1）如果满足式（6-93）要求的楼层，其框架总剪力标准值不必调整；

（2）如果不满足式（6-93）要求的楼层，其框架总剪力标准值应按 $0.2V_0$ 和 $1.5V_{f,max}$ 二者的较小值计算。

$$V_f \geqslant 0.2V_0 \qquad\qquad (6-93)$$

式中　V_0——对框架柱数量从下至上基本不变的规则建筑，取地震作用产生的结构底部总剪力标准值；对框架柱数量从下至上分段有规律变化的结构，取每段最下一层结构的地震总剪力标准值；

　　　　V_f——地震作用产生的，未经调整的各层（或某一段内各层）框架所承担的地震总剪力标准值。

$V_{f,max}$ 为对框架柱从下至上基本不变的规则建筑，应取未经调整的各层框架所承担的地震总剪力标准值中的最大值；对框架柱数量从下至上分段有规律变化的结构，应取每段中未经调整的各层框架所承担的地震总剪力标准值中的最大值。如果建筑为阶梯形，沿竖向刚度变化较大时，不能直接用上述方法求框架所承担的最小地震剪力，可近似把各变刚度层作为相邻上部一段楼层的基底，然后再按上述方法分段计算各楼层的最小地震剪力值。

6.4.5　有边框剪力墙设计和构造

（1）带边框剪力墙的截面厚度应符合下列规定：

① 抗震设计时，一、二级剪力墙的底部加强部位不应小于 200mm，且不应小于层高的 1/16；

② 除第①项以外的其他情况下不应小于 160mm，且不应小于层高的 1/20。

（2）带边框剪力墙的混凝土强度等级宜与边框柱相同。

（3）与剪力墙重合的框架梁可保留，亦可做成宽度与墙厚相同的暗梁，暗梁截面高度可取墙厚的 2 倍或与该片框架梁截面等高。边框梁（包括暗梁）的纵向钢筋配筋率应按框架梁纵向受拉钢筋支座的最小配筋率，梁纵向钢筋上下相等且连通全长，梁的箍筋按框架梁加密区构造配置，全跨加密。

（4）剪力墙边框柱的纵向钢筋除按计算确定外，应符合一般框架结构柱配筋的规定：剪力墙端部的纵向受力钢筋应配置在边柱截面内，边框柱箍筋间距应按加密区要求，且柱全高加密。

（5）抗震设计时剪力墙水平和竖向分布钢筋的配筋率均不应小于 0.25%，非抗震设计时均不应小于 0.20%，并应双排布置。各排分布筋之间应设置拉筋，拉筋直径不应小于 6mm。拉筋间距不应大于 600mm。

（6）剪力墙的水平钢筋应全部锚入边柱内，锚固长度不应小于 l_{aE}（抗震设计）。

6.4.6 板柱-剪力墙结构设计和构造

板柱-剪力墙结构指数层平面除周边框架间有梁、楼梯间有梁外，内部多数柱之间不设置梁，抗侧力构件主要为剪力墙或核心筒。当楼层平面周边框架柱间有梁，内部设有核心筒及仅有一部分主要承受竖向荷载而不设梁的柱，此类结构属于框架-核心筒结构。板柱-剪力墙结构布置应符合如下要求：

（1）板柱-剪力墙结构应布置成双向抗侧力体系，两主轴方向均应设置剪力墙。

（2）房屋的顶层及地下一层顶板宜采用梁板结构。

（3）横向及纵向剪力墙应能承担该方向全部地震作用，板柱部分仍应能承担相应方向地震作用的 20%。

（4）楼盖有楼电梯间等较大开洞时，洞口周围宜设置框架梁，洞边设边梁。

（5）抗震设计时，纵横柱轴线均应设置暗梁，暗梁宽可取与柱宽相同。

（6）无梁板可采用无柱帽板，当板不能满足冲切承载力要求且建筑许可时可采用平托板式柱帽，平托板的长度和厚度按冲切要求确定，且每方向长度不宜小于板跨度的 1/6，其厚度不小于 1/4 无梁板的厚度；平托板处总厚度不应小于 16 倍柱纵筋的直径。不能设平托板式柱帽时可采用剪力架。

（7）楼板跨度在 8m 以内时，可采用钢筋混凝土平板。跨度较大采用预应力楼板时，楼板的纵向受力钢筋应以非预应力低碳钢筋为主，部分预应力钢筋主要用作提高楼板刚度和加强板的抗裂能力。

6.5 框架、剪力墙及框架-剪力墙扭转效应的简化计算

6.5.1 扭转效应简介

前几节介绍框架、剪力墙以及框架-剪力墙结构的计算，都是在平移情况下，即水平荷载合力作用线通过结构刚度中心的情况。当水平荷载合力作用线不通过刚度中心时，结构不仅发生平移变形，还会出现扭转。例如图 6-15 所示的结构，矩形平面，水平风荷载的合力通过平面形心 O_1 点，但抗侧力结构布置不对称，刚度中心 O_0 显然偏左下方，结构受扭。

在地震或风荷载作用下结构常常出现扭转，地震作用下扭转反应加重结构的破坏程度。扭转作用无法精确计算，即使是完全对称的结构，地震作用下亦不可避免地会出现扭转。工程设计中，要着重通过建筑体形、抗侧力结构布置等，一方面尽可能减小扭转，另一方面尽可能加强结构的抗扭能力，计算仅作为一种补充手段。

严格地说，本节介绍的近似方法不能得到真正的扭转效应，但是近似计算方法概念清楚，计算简便，适合于手算，对比较规则的结构可以对扭转反应有大致的估计。更重要的是，通过

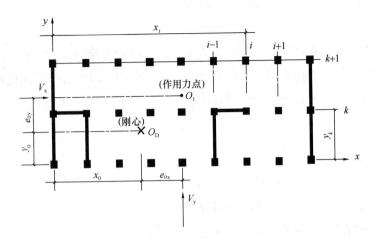

图 6-15 风荷载作用下受扭的结构

扭转计算的讨论，可使读者建立起如何减小结构扭转、增大结构抗扭能力的设计概念。

扭转近似计算仍然建立在平面结构及楼板在自身平面内无限刚性这个基本假定的基础上，一般是先作平移下内力分析，然后考虑扭转作用对内力及位移作修正。

6.5.2 质量中心、刚度中心和扭转偏心距

在近似方法中，要先确定水平力作用线及刚度中心，二者之间的距离为扭转偏心距。水平地震作用点即惯性力的合力作用点，与质量分布有关，称为质心。计算时可用重量代替质量，具体方法是：将建筑面积分为若干个质量均匀分布的单元，如图 6-16 所示，在参考坐标系 xoy 中确定重心坐标 x_m、y_m。

$$\begin{cases} x_m = \sum x_i m_i / \sum m_i = \sum x_i \omega_i / \sum \omega_i \\ y_m = \sum y_i m_i / \sum m_i = \sum y_i \omega_i / \sum \omega_i \end{cases} \tag{6-94}$$

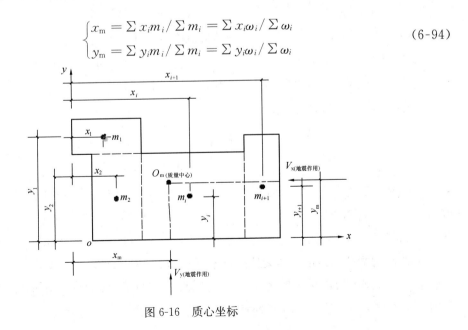

图 6-16 质心坐标

式中　m_i、ω_i——分别为第 i 个面积单元的质量和重量；

　　　　x_i、y_i——第 i 个面积单元的重心坐标。

所谓刚度中心，在近似方法计算中是指各抗侧力结构抗侧刚度的中心。计算方法与形心计算方法类似。将抗侧力单元的抗侧刚度作为假想面积，求得各个假想面积的总形心就是刚度中心。抗侧刚度是指抗侧力单元在单位层间位移下的层剪力，即：

$$\begin{cases} D_{yi} = V_{yi}/\delta_y \\ D_{xk} = V_{xk}/\delta_x \end{cases} \tag{6-95}$$

式中　V_{yi}——与 y 轴平行的第 i 榀结构剪力；

　　　　V_{xk}——与 x 轴平行的第 k 榀结构剪力；

　　δ_x、δ_y——分别为该结构在 x 方向、y 方向的层间位移。

以图 6-15 的结构平面为例计算刚度中心。任选参考坐标系 xoy，与 y 轴平行的抗侧力单元以 1，2，…，i 系列编号，抗侧刚度为 D_{yi}；与 x 轴平行的抗侧力单元以 1，2，…，k 系列编号，抗侧刚度为 D_{xk}；则刚度中心坐标分别为：

$$\begin{cases} x_0 = \sum D_{yi} x_i / \sum D_{yi} \\ y_0 = \sum D_{xk} y_k / \sum D_{xk} \end{cases} \tag{6-96}$$

下面分别讨论框架结构、剪力墙结构和框架-剪力墙结构刚度中心位置的计算方法。

1. 框架结构

框架柱的 D 值就是抗侧刚度。所以分别计算每根柱在 y 方向和 x 方向的 D 值后，直接代入式（6-96）求 x_0 及 y_0，式中求和符号表示对所有柱求和。

2. 剪力墙结构

根据式（6-95）的定义计算剪力墙的抗侧刚度。式中 V_{yi}、V_{xk} 是在剪力墙结构平移变形时第 i 榀及第 k 片墙分配到的剪力，因为剪力是按各片墙的等效抗弯刚度分配的，所以剪力墙结构的刚度中心可以用等效抗弯刚度计算，同一层中各片剪力墙弹性模量相同，故刚度中心坐标可由下式计算：

$$\begin{cases} x_0 = \sum J_{eqyi} x_i / \sum J_{eqyi} \\ y_0 = \sum J_{eqxk} y_k / \sum J_{eqxk} \end{cases} \tag{6-97}$$

计算时注意纵向及横向剪力墙要分别计算，式中求和符号表示对同一方向各片剪力墙求和。

3. 框架-剪力墙结构

在框架-剪力墙结构中，框架柱的抗推刚度和剪力墙的等效抗弯刚度都不能直接使用。可以根据抗推刚度的定义，将式（6-95）代入式（6-96），这时注意将平行于 y 轴的框架与剪力墙按统一顺序编号，与 x 轴平行的也按统一顺序编号。可得到：

$$\begin{cases} x_0 = \dfrac{\sum [(V_{yi}/\delta_y) x_i]}{\sum (V_{yi}/\delta_y)} = \dfrac{\sum V_{yi} x_i}{\sum V_{yi}} \\ y_0 = \dfrac{\sum [(V_{xk}/\delta_x) y_k]}{\sum (V_{xk}/\delta_x)} = \dfrac{\sum V_{xk} y_k}{\sum V_{xk}} \end{cases} \tag{6-98}$$

式（6-98）中 V_{yi} 与 V_{xk} 分别是框架-剪力墙结构 y 方向和 x 方向平移变形下协同工作计算得到的各榀抗侧力单元所分配到的剪力。对于框架-剪力墙结构，先做平移的协同工作计算（即不考虑扭转），得到各榀平面结构分配到的剪力后，再按式（6-98）近似计算刚度中心位置。

从式（6-98），也可给刚度中心一个新的解释：刚度中心是在不考虑扭转情况下各抗侧力单元地震层剪力的合力中心。因此，在其他类型的结构中，当已经知道各抗侧力单元抵抗的地震层剪力后，也可直接由层剪力计算刚度中心位置。

在确定了质心（或风力合力作用线）和刚度中心后，二者的距离 e_{0x} 和 e_{0y}，就分别是 y 方向作用力（剪力）V_y 和 x 方向作用力（剪力）V_x 的计算偏心距，如图 6-17 所示。

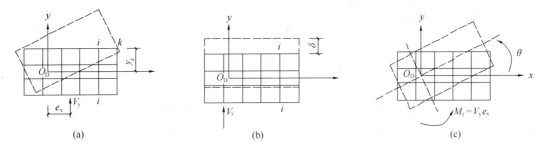

图 6-17　结构平移及扭转变形

(a) 既有平移又有扭转变形；(b) 只有平移变形；(c) 只有扭转变形

为了安全，在高层建筑结构抗震设计时，需要考虑偶然偏心的影响，将偏心距增大，得到设计偏心距，通常，可按下式计算：

$$\begin{cases} e_x = e_{0x} \pm 0.05 L_x \\ e_y = e_{0y} \pm 0.05 L_y \end{cases} \tag{6-99}$$

式中　L_x、L_y——与力作用方向相垂直的建筑总长。

6.5.3　考虑扭转后的剪力修正

图 6-17（a）中的虚线表示结构在偏心的层剪力作用下发生的层间变形情况。层剪力 V_y 距刚度中心 O_D 为 e_x，因而有扭矩 $M_t = V_y e_x$。在 V_y 及 M_t 共同作用下，既有平移变形，又有扭转变形，图 6-17（a）可分解为图 6-17（b）和（c），图 6-17（b）中结构只有相对层间平移 δ，而图 6-17（c）中只有相对层间转角 θ。可以利用叠加原理得到各榀抗侧力单元的侧移及内力。由于假定楼板在自身平面内无限刚性，楼板上任意一点的位移都可由 δ 及 θ 描述，将坐标原点设在刚心 O 处，并设坐标轴的正方向如图 6-17 所示，规定与坐标

轴正方向相一致的位移为正，θ 角则以逆时针旋转为正，则各榀结构在其自身平面方向的侧移可表示为：

与 y 轴平行的第 i 榀结构沿 y 方向层间位移：

$$\delta_{yi} = \delta + \theta x_i \tag{6-100a}$$

与 x 轴平行的第 k 榀结构沿 x 方向层间位移：

$$\delta_{xk} = -\theta y_k \tag{6-100b}$$

式中　x_i、y_k——分别为 i 榀及 k 榀结构形心在 yO_Dx 坐标系中的坐标值，为代数值。

由抗侧刚度的定义可求得：

$$V_{yi} = D_{yi}\delta_{yi} = D_{yi}\delta + D_{yi}\theta x_i \tag{6-100c}$$

$$V_{xk} = D_{xk}\delta_{xk} = -D_{xk}\theta y_k \tag{6-100d}$$

式中　V_{yi}、V_{xk}——分别为 i 榀及 k 榀结构在层剪力 V_y 及扭矩 M_t 作用下的剪力。

由力平衡条件 $\Sigma Y = 0$ 及 $\Sigma M = 0$，可得：

$$\delta = V_y / \Sigma D_{yi} \tag{6-100e}$$

$$\theta = \frac{V_y e_x}{\Sigma D_{yi}x_i^2 + \Sigma D_{xk}y_k^2} \tag{6-100f}$$

ΣD_{yi} 为结构在 y 方向的抗推刚度，式（6-100e）是平移时的力和位移关系；式（6-100f）是扭矩与转角关系，分母 $(\Sigma D_{yi}x_i^2 + \Sigma D_{xk}y_k^2)$ 称为结构的抗扭刚度。

将计算得到的 δ、θ 代入式（6-100c）和式（6-100d），经整理得：

$$V_{yi} = \frac{D_{yi}}{\Sigma D_{yi}}V_y + \frac{D_{yi}x_i}{\Sigma D_{yi}x_i^2 + \Sigma D_{xk}y_k^2}V_y e_x \tag{6-101a}$$

$$V_{xk} = -\frac{D_{xk}y_k}{\Sigma D_{yi}x_i^2 + \Sigma D_{xk}y_k^2}V_y e_x \tag{6-101b}$$

同理，当 x 方向作用有偏心剪力 V_x 时，在 V_x 和扭矩 $V_x e_y$ 作用下也可推得类似公式：

$$V_{xk} = \frac{D_{xk}}{\Sigma D_{xk}}V_x + \frac{D_{xk}y_k}{\Sigma D_{yi}x_i^2 + \Sigma D_{xk}y_k^2}V_x e_y \tag{6-102a}$$

$$V_{yi} = -\frac{D_{yi}x_i}{\Sigma D_{yi}x_i^2 + \Sigma D_{xk}y_k^2}V_x e_y \tag{6-102b}$$

以上四式是分别在 x 和 y 方向有扭矩作用时各抗侧力单元的剪力。上式说明，无论在哪个方向水平荷载有偏心而引起结构扭转时，两个方向的抗侧力单元都能参与抗扭，但是平移变形时，与力作用方向相垂直的抗侧力单元不起作用（这是平面结构假定导致的结果）。

式（6-101a）和式（6-102b）都是 V_{yi}（y 方向抗侧力单元的剪力），分别是 y 方向水平荷载作用下和 x 方向水平荷载作用下的剪力值，但式（6-101a）的 V_{yi} 大于式（6-102b）

的 V_{yi}，从抗侧力单元中构件设计的角度看，应采用式（6-101a）所得内力设计这些抗侧力单元。同理，在设计与 x 轴平行的那些抗侧力单元时，应采用式（6-102a）求出 V_{xk}。也就是说，式（6-101b）求出的 V_{xk} 和式（6-102b）求出的 V_{yi} 都不是控制内力，不用于设计。将式（6-101a）及式（6-102a）改写成下式：

$$V_{yi} = \left(1 + \frac{e_x x_i \sum D_{yi}}{\sum D_{yi} x_i^2 + \sum D_{xk} y_k^2}\right) \frac{D_{yi}}{\sum D_{yi}} V_y \tag{6-103a}$$

$$V_{xk} = \left(1 + \frac{e_y y_k \sum D_{xk}}{\sum D_{yi} x_i^2 + \sum D_{xk} y_k^2}\right) \frac{D_{xk}}{\sum D_{xk}} V_x \tag{6-103b}$$

或简写为：

$$V_{yi} = \alpha_{yi} \frac{D_{yi}}{\sum D_{yi}} V_y \tag{6-104a}$$

$$V_{xk} = \alpha_{xk} \frac{D_{xk}}{\sum D_{xk}} V_x \tag{6-104b}$$

上式说明，考虑扭转后，某个抗侧力单元的剪力，可以用平移分配到的剪力乘以修正系数得到，扭转修正系数为：

$$\alpha_{yi} = 1 + \frac{e_x x_i \sum D_{yi}}{\sum D_{yi} x_i^2 + \sum D_{xk} y_k^2} \tag{6-105a}$$

$$\alpha_{xk} = 1 + \frac{e_y y_k \sum D_{xk}}{\sum D_{yi} x_i^2 + \sum D_{xk} y_k^2} \tag{6-105b}$$

在有扭转作用的结构中，各榀结构的层间相对扭转角 θ 由式（6-100f）近似计算，平移与扭转叠加的层间侧移可用式（6-100a）、式（6-100b）近似计算。

6.6 结构抗连续倒塌设计概念和理论

6.6.1 结构抗连续倒塌设计概念

国外不少文献中提出结构的鲁棒性（Robutness），以此从宏观上来衡量结构抵抗连续破坏和倒塌的性能。坚固性好的结构，一旦个别结构构件破坏，其附近的结构仍可弥补结构因局部破坏引起的传力构架的变化，保持承受竖向荷载的能力，防止结构发生连续破坏和倒塌；相反，坚固性差的结构，一旦个别结构构件破坏，随即引起附近结构的破坏，引发大范围的结构连续破坏和倒塌。

为防止结构连续倒塌，应提高结构的鲁棒性，使结构具有以下特性：

（1）提高结构的赘余度，增加结构构件之间的刚性连接，尽量减少静定结构构件。

（2）结构具有多道传力途径，作为应对意外事故发生时的储备。

（3）某一个关键构件破坏后，结构还能形成承受竖向荷载的构架。

（4）防止结构构件发生剪切破坏；提高构件的延性，在大的弹塑性变形情况下其承受竖向荷载的能力下降幅度不大于 20%；关键部位梁、板和柱等构件能承受一定的与正常使用状态相反的内力作用。

6.6.2 结构抗连续倒塌设计理论

目前，对于控制结构因意外事故发生连续破坏问题，无论是设计理论还是具体设计方法还都缺乏深入研究，还存在一些问题，诸如：意外作用的范围和量级、结构在意外作用下发生的反应及可能的计算模型和参数以及相应的经济代价等。我国还没有相关的设计文件和标准，在实际工程中还难以进行防止连续倒塌的结构设计。当前比较适宜的对策为：（1）对特殊的重要部门建筑物可进行防止意外作用引发的结构连续破坏的设计；（2）对复杂高层建筑结构，如坚固性较差则可按防止连续破坏的设计概念和措施，考虑提高结构的坚固性；（3）对坚固性比较好的住宅结构体系（如现浇剪力墙结构等）可在不过多增加结构造价的情况下，考虑防止局部住户煤气爆炸引起房屋连续倒塌的问题。

为供设计中考虑防止结构连续破坏时参考，下面提出若干措施：

（一）按上述防止结构连续破坏的设计概念，提高结构的坚固性。

（二）用转变传力途径法进行验算。这是一种对连续倒塌的近似验算。在突发事故作用下可能有个别承重构件失效，因此可分别选择若干关键构件失效，在重力荷载作用下转变传力途径进行结构内力重分布弹性静力分析，重力荷载可采用（1.0 恒荷载＋0.25 活荷载），并可考虑材料强度提高系数，钢筋混凝土取 1.25，钢材取 1.05。

1. 框架结构（图 6-18、图 6-19）

（1）底层中柱失效，可分别考虑相邻上部及两侧框架梁柱内力重分布。

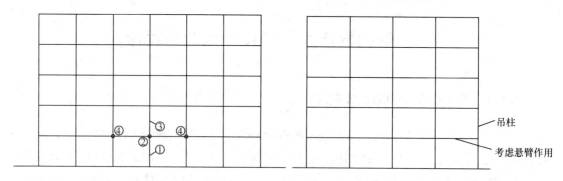

图 6-18　框架中柱失效　　　　　　　图 6-19　底部角柱或外边柱失效

（2）框架柱失效，框架梁纵筋可能处于全部受拉，框架梁的纵筋及腰筋应贯通节点并满足连接锚固要求。

（3）由于底层柱失效，相邻上层柱宜考虑吊柱要求。

（4）考虑框架梁端在中柱失效作用下出现塑性铰但不致倒塌，梁端截面全部纵筋承受剪拉作用，按式（6-106）进行验算。

$$V \leqslant 0.75 f_y A_s \tag{6-106}$$

式中　V——考虑中柱失效由楼层荷载（1.0 恒荷载＋0.25 活荷载）产生的梁端剪力；

　　　　f_y——梁纵筋抗拉强度设计值；

　　　　A_s——梁端截面满足锚固长度的全部纵筋截面面积。

框架结构的楼板考虑框架长向梁失效，楼板长向应按（1.0 恒荷载＋0.25 活荷载）验算配筋，抗拉强度设计值可取 $1.25 f_y$。框架梁除正常设计外宜按式（6-106）验算梁端纵筋受剪拉作用。承托楼梯踏步板的横梁亦宜按式（6-106）验算纵筋，主要考虑楼梯两侧砌体填充墙倒塌堆积荷载的影响。

2. 剪力墙结构、框架-剪力墙结构和筒体

剪力墙结构宜设置内纵墙以支承或减少横墙长度，内墙和外墙宜有与其相交的拐角墙、翼墙以提高稳定性。剪力墙的墙肢应双面配筋，并在墙肢两端设约束边缘构件，边缘构件能承担重力荷载（1.0 恒荷载＋0.25 活荷载）。带有不规则开洞的剪力墙在洞口周边应设置纵横约束边缘构件，形成暗框架，保证竖向传力途径。

框架-剪力墙结构的框架可按框架结构考虑。框架-剪力墙结构中的剪力墙宜采用比墙厚稍宽的暗梁，并应能承受楼层荷载及剪力墙自重，楼层荷载可按（1.0 恒荷载＋0.25 活荷载）考虑；筒体结构的墙体可按框架-剪力墙结构的剪力墙考虑。在楼层处宜设圈梁，圈梁厚度应满足楼层大梁纵筋的锚固要求。

3. 框支结构

框支结构的某一根框支柱失效，应考虑框支梁跨度增大连同上部结构进行内力重分布分析。框支柱内宜设置核心柱，或采用型钢混凝土柱。核心柱或型钢混凝土柱能承担（1.0 恒荷载＋0.25 活荷载）的重力荷载。框支梁宜采用型钢混凝土结构。

4. 增设转换桁架

有些重要结构可在底层、中间层、顶层增设转换桁架，允许发生意外时，柱子吊在桁架下面。

（三）供需比法（DCR，Demand-Capacity Ratio）。

作为转变传力途径法的补充，可采用 DCR 法判断连续倒塌的可能性：

$$DCR = \frac{Q_{ud}}{Q_{CE}} \tag{6-107}$$

式中　Q_{ud}——按弹性静力分析求得由于人为突发事故，构件或节点承受的作用（压、弯、剪等）；

　　　　Q_{CE}——构件或节点预期的极限承载能力，计算 Q_{CE} 时可考虑瞬时作用力的能力提高系数（钢材取 1.05，钢筋混凝土取 1.25）。

根据式（6-107）计算结果，以下情况存在连续倒塌的可能性：

较规则结构　$DCR > 2$；

复杂结构　$DCR > 1.5$。

（四）增强局部抗力法（Specific Local Resistance Method）。

对于不可能或不便采用以上两种方法、非常复杂的结构，可采用增强局部抗力法。增强局部抗力法要求对结构稳定有重要影响的构件包括连接及节点沿不利方向承受均布静压力不小于 36kN/m^2 时，不应失效。这项荷载直接作用于一个楼层内承重构件的表面及被支承的构件表面。这种方法是一种控制爆炸引起连续倒塌的粗略方法。

习　题

6-1　框架-剪力墙结构协同工作计算的目的是什么？总剪力在各榀抗侧力结构间的分配与纯剪力墙结构、纯框架结构有什么根本区别？

6-2　框架-剪力墙结构近似计算方法作了哪些假定？

6-3　框架-剪力墙结构微分方程中的未知量 y 是什么？

6-4　求解微分方程的边界条件有哪些？

6-5　求得总框架和总剪力墙的剪力后，怎样求各杆件的 M，N，V？

6-6　怎么区分铰接体系和刚接体系？在计算内容和计算步骤上有什么不同？

6-7　D 值和 C_f 值的物理意义有什么不同？它们有什么关系？

6-8　刚度特征值 λ 对侧移曲线有何影响？

6-9　什么是刚度特征值 λ？它对内力分配、侧移变形有什么影响？

6-10　框架-剪力墙结构的总剪力墙的刚度如何计算？

6-11　框架-剪力墙结构的总框架的刚度如何计算？

6-12　为什么要对框架承受的水平荷载进行调整，怎样调整？

6-13　抗震设计时，如果按框架-剪力墙结构进行设计，为发挥其优点，剪力墙的数量需要满足哪些要求？

6-14　框架-剪力墙结构在水平荷载作用下的内力计算可分为哪两步？

6-15　图 6-20 所示的 12 层钢筋混凝土框架-剪力墙结构，其中框架几何尺寸：梁截面尺寸为 $0.25\text{m} \times 0.6\text{m}$，柱截面尺寸为 $0.4\text{m} \times 0.4\text{m}$；剪力墙截面尺寸为 $0.2\text{m} \times 6\text{m}$。材料的弹性模量为 $E = 2.8 \times 10^4 \text{MPa}$。试求：

（1）剪力墙各层高处的弯矩；

（2）各层框架柱的总剪力；

（3）各层的层间侧移。

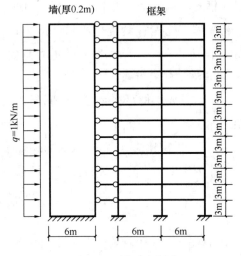

图 6-20　剖面示意图

6-16　图 6-21 所示的 12 层钢筋混凝土框架-剪力墙结构由 5 榀框架和 2 榀双肢墙组成，其中框架几何尺寸：梁截面尺寸 $0.25\text{m} \times 0.6\text{m}$，柱截面尺寸 $0.4\text{m} \times 0.4\text{m}$；剪力墙截面尺寸：厚 0.16m；墙边框柱截面尺寸 $0.4\text{m} \times 0.4\text{m}$；连梁截面尺寸 $0.16\text{m} \times 1.0\text{m}$。材料的弹性模量 $E = 2.8 \times 10^4 \text{MPa}$。结构剖面示意如图 6-22 所示。试求：

（1）剪力墙各层高处的弯矩；

（2）各层框架柱的总剪力；

（3）连梁的总约束弯矩；

（4）各层的层间侧移。

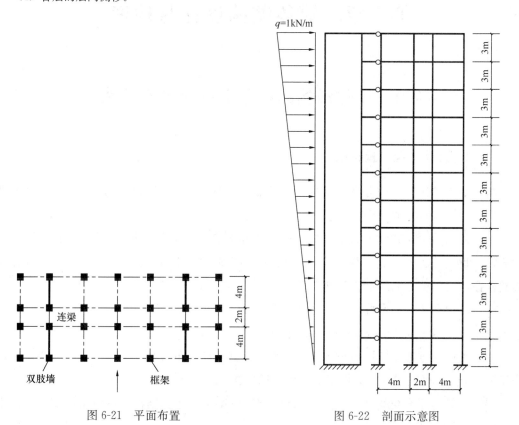

图 6-21　平面布置　　　　　　　图 6-22　剖面示意图

第7章 筒体结构设计与构造

7.1 筒体结构的布置及协同工作原理

7.1.1 筒体结构布置特征

筒体结构的布置应符合高层建筑的一般布置原则，特别要通过结构布置，减小剪力滞后，充分发挥所有柱的作用。

下面列出的框筒和筒中筒结构的布置要点对形成高效框筒、筒中筒是重要的，但给出的值是工程设计的经验值，并不是形成框筒的必要条件，不符合这些布置要点，空间作用仍然存在，只是剪力滞后会大一些。

（1）周边框架采用密柱深梁，柱距一般为 1～3m，不大于 4.5m，裙梁净跨与高之比不大于 3～4。窗洞面积不超过立面面积的 60%。

（2）平面为方形、圆形或正多边形，矩形平面长短边的比值不宜大于 2。如果长短边的比值大于 2，可以设置横向框架，成为束筒结构。

（3）建筑的高度与宽度之比（H/B）大于 3，高宽比小的结构，不应采用框筒、筒中筒或束筒结构体系。

（4）筒中筒结构内筒边长为外筒边长的 1/2 左右较好，内筒面积约为结构平面面积的 25%～30%，内外筒间距通常为 10～12m，内筒的高宽比不大于 12。

（5）楼盖构件（包括楼板和梁）的高度不宜太大，要尽量减小楼盖构件与柱之间的弯矩传递。采用钢-混凝土组合楼盖时，钢梁与柱的连接可为铰接。钢筋混凝土筒中筒结构可采用平板式楼盖（可为预应力楼盖）或密肋楼盖，以减小梁端弯矩，使框筒结构的空间作用更加明确。框筒、筒中筒及束筒结构可设置只承担竖向荷载的内柱，以减小楼面梁的跨度。

楼盖尽量不采用楼面梁而采用平板或密肋楼盖的另一原因是，在保证建筑净空的条件下，可以减小楼层层高。高层建筑减小层高可以减小建筑总高度或增加建筑层数，对降低造价有明显效果。此外，由于筒中筒结构的侧向刚度较大，设置楼面梁对增加刚度的作用较小。如果要在内外筒之间设置两端刚接、截面较高的楼面梁，那么外框架柱在其平面外有较大弯矩，楼面梁也使内筒剪力墙平面外受到较大弯矩，对剪力墙不利。

（6）楼面梁的布置方式，宜使角柱承受较大竖向荷载，以平衡水平力作用下角柱的拉力。图 7-1 给出了几种筒中筒结构的楼盖布置形式。

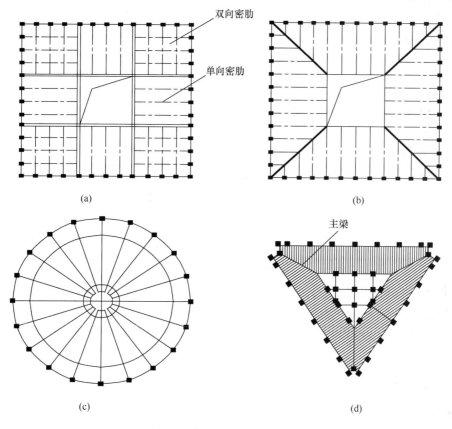

图 7-1　筒中筒楼盖布置示例

(a) 井字形楼盖；(b) 三角形楼盖；(c) 环形楼盖；(d) 梯形楼盖

（7）外框架的柱截面宜为正方形、扁矩形或 T 形。框筒空间作用产生的梁、柱弯矩主要是在腹板框架和翼缘框架的平面内，当内、外筒之间只有平板或小梁连系时，框架柱平面外的弯矩较小，矩形柱截面的长边应与外框架的方向一致。当内、外筒之间有较大的楼面梁时，柱在两个方向受弯，可采用正方形或 T 形柱。

（8）角柱截面要适当大于其他柱的截面，以减少其压缩变形。截面太大的角柱也不利，会导致过大的拉力，特别是重力荷载不足以平衡水平力产生的拉力时，角柱成为偏拉柱。一般情况下，角柱面积宜为中柱面积的 1.5 倍左右。

（9）水平力作用下，筒中筒结构外框筒的柱承受较大轴力、抵抗较大倾覆力矩，有显著的空间作用，因此，内外筒之间不设伸臂构件，即筒中筒结构不设加强层，加强层对增大筒中筒结构刚度的效果不明显，反而使柱的内力发生突变。

7.1.2　协同工作原理适用和不适用的场合

高层建筑结构的三大结构体系（框架、剪力墙和框架-剪力墙），它们都是用平面抗侧力结构假定，按协同工作原理的计算图和计算方法进行计算；除此之外，还有筒体结构、

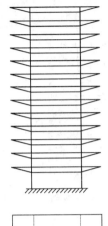

图 7-2 单筒结构
示意图

不适合协同工作原理的结构体系以及以空间受力为特征的空间结构等。

筒体结构是指由一个或几个筒体作为承受水平和竖向荷载的高层建筑结构。筒体结构适用于层数较多的高层建筑。采用这种结构的建筑平面，最好为正方形或接近于正方形。

按筒体的形式、布置和数目上的不同，筒体结构又可分为单筒、筒中筒和组合筒。图 7-2 为单筒结构的示意，采用一个实腹筒作为承载结构。图 7-3 为筒中筒结构示意，采用一个空腹筒和一个实腹筒共同作为承载结构。实腹筒置于空腹筒中，故称为筒中筒。组合筒（图 7-4）是由几个连在一起的空腹筒组成一个整体，共同承受竖向荷载和水平荷载。

实腹筒体结构实际上是一个箱形梁。图 7-5 表示箱形梁的受力图。上面薄板中的拉应力实际上是由于槽钢传到板边的剪应力而引起的，因此这个拉应力在薄板宽度上的分布并不是均匀的，而是两边大，中间小。对于宽度较大的箱形梁，正应力两边大、中间小的这种不均匀现象称为剪力滞后。剪力滞后与梁宽、荷载、弹性模量及侧板和翼缘的相对刚度等因素有关。对于宽度较大的箱形梁，忽略剪力滞后作用将对梁的强度估计过高，是不合适的。

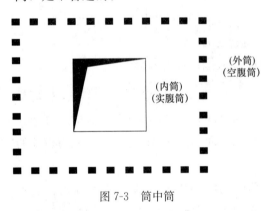

图 7-3 筒中筒

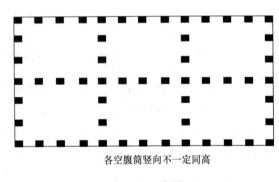

各空腹筒竖向不一定同高

图 7-4 组合筒

框筒结构是由密排的柱在每层楼板平面用窗裙墙、梁连接起来的空腹筒。框筒的受力特点比一个简单的封闭筒要复杂一些。这主要是由于连梁的柔性产生了剪力滞后现象，它使角部的柱子轴向应力增加而使中间的柱子轴向应力减小（图 7-6）。这一作用使楼板产生翘曲，并因此而引起内部间隔和次要结构的变形。

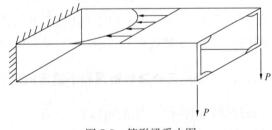

图 7-5 箱形梁受力图

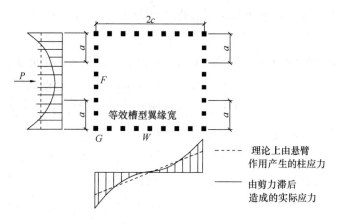

图 7-6　框筒结构受力

　　协同工作计算方法是将一些只在平面内有抗侧力能力的平面结构，通过平面内为刚性的楼板连接在一起共同工作的。这样的计算图对结构的整体作用有所反映，因而在三大结构体系中可以采用，并成为主导的计算方法。但同时，这样的计算图对结构的整体性反映得并不完全，如各片平面结构在相交处的竖向协调条件就没有考虑。像图 7-6 所示的框筒，如不考虑竖向的协调条件，在图示水平荷载作用下，它只是两片平面框架，不能形成筒的作用。又如图 7-7（a）所示平面布置为圆形的结构及图 7-7（b）所示八角形结构，它们均具有很强的空间整体性。图 7-7（b）所示结构，如不考虑竖向的协调，只是 8 片不同方向的平面框架，也显示不出原空间结构的特征。又如，在协同工作计算方法中，按不同方向划分为平面结构，这在规则的三大结构体系中是容易办到的。但当结构平面布置

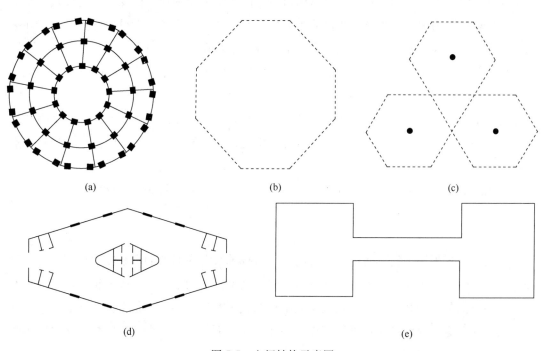

图 7-7　空间结构示意图

复杂时，特别是剪力墙结构平面布置复杂时（如图 7-7d 所示端部和中部），很难划分出其平面结构的方向，强行人为地划分，会失去结构原有的空间特征。再如，刚性楼板的假定，在符合平面布置原则的条件下可以采用。在图 7-7（e）所示平面布置中，左右两部分被一段细长的楼板带连接在一起。左右两部分自身可以采用刚性楼板假定，但左右两部分之间却不能采用刚性楼板假定，即不能按整个楼板均视为刚性楼板的协同工作方法计算，而必须考虑中间段楼板的变形，按空间结构计算。

此外，当结构在平面布置上很不规则，在竖向布置上有较大的变化，质量、刚度沿竖向也很不均匀时，常需按空间结构计算，以反映结构的实际受力和变形特征。

空间结构计算方法通常是按空间杆系（含薄壁杆），即空间框架，用矩阵位移法求解。平面框架每个节点有 3 个内力（位移）分量；空间框架每个节点有 6 个内力（位移）分量，薄壁杆则每个节点有 7 个内力（位移）分量。空间结构的计算是通过程序由计算机实现的。

7.2　筒体结构的计算方法

7.2.1　框筒和筒中筒结构在水平和扭转荷载下的等效平面法

为使计算简单，又能保证有足够的精确度，在计算高层建筑结构时，要采用适当的科学假定。对于框筒，通常可作如下假定：楼盖结构体系在其自身平面内刚度为无限大，而其平面外的刚度为零。即楼板在竖直方向可以自由产生翘曲变形，但变形后的楼板在水平面上的投影面仍为原来的矩形。当框筒受力变形时，各层楼板的水平投影面像一个刚性平面，在水平面内作平面运动（产生水平移动和绕竖轴转动）。

对框筒四周的平面框架，可只考虑框架平面内的刚度，框架平面外的刚度较小，可假定为零。水平荷载作用于各层楼板平面内。

对矩形的框筒，任意位置的水平荷载，均可分解为使框筒产生整体弯曲的水平力和绕竖轴扭转的力偶矩。在弹性阶段，可分别计算框筒在弯曲和扭转作用下的内力和位移，然后再进行叠加。

在上述假定和叠加算法的前提下，可将空间的矩形平面框筒展开为等效平面框架，进行计算。

1. 弯曲作用

常用的矩形平面框筒具有两个正交的水平对称轴线，在对称的水平侧力作用下只受弯曲作用。这时框筒中与水平荷载方向垂直的翼缘框架的受力，主要是柱的轴力，它承担大部分整体弯曲的弯矩；而与水平荷载方向平行的腹板框架，则主要是抵抗各楼层的水平剪力。按前述假定，翼缘和腹板框架都作为平面受力的框架，翼缘框架和腹板框架之间的整体相互作用，是通过角柱所传递的竖向力来完成。

对于有两个水平对称轴线的矩形框筒，可取其 1/4 进行计算，如图 7-8（a）和（b）所示，其中水平荷载也按 1/4 作用于半个腹板框架上。

按计算假定，不考虑框架的平面外刚度，当框筒发生弯曲变形时，翼缘框架平面外的水平位移不引起内力。在对称荷载下，翼缘框架在自身平面内没有水平位移。根据这些受力变形特性，可把翼缘框架绕角柱转 90°，使之与腹板框架处于同一平面内，以形成等效平面框架体系，进行内力和位移的计算，如图 7-8（c）所示。

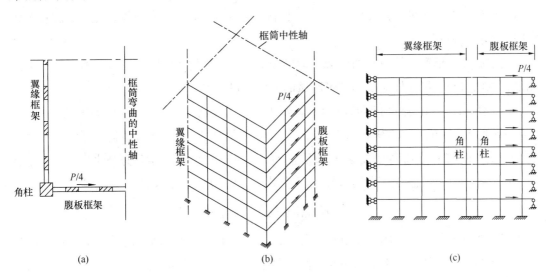

图 7-8　框筒弯曲作用受力图

（a）1/4 框筒的平面图；（b）1/4 空间框筒；（c）传递空间剪力的虚拟梁

由于翼缘和腹板框架间的公用角柱是受双向弯曲的，故在等效平面框架中，把角柱分为两个：一个在翼缘框架中，另一个在腹板框架中。如果角柱截面为圆形或矩形等截面的两个形心主惯性轴分别位于翼缘框架和腹板框架平面内，等效平面框架中两个角柱各用相应的主惯性轴的惯性矩。如果角柱截面的两个形心主惯性轴不在翼缘框架和腹板框架平面内，则在翼缘框架和腹板框架中角柱都不是平面弯曲，而是斜弯曲。在用等效平面框架法时，对两个角柱惯性矩的取值需再作适当的简化假定。比如，对 L 形截面角柱，可分别取 L 形截面的一个肢，作为矩形截面来计算。

将角柱分为两个后，为保证翼缘框架和腹板框架间竖向力的传递及竖向位移的协调，在每层梁处各设置一个只传递竖向剪力的虚拟梁。用电子计算机计算时，虚拟梁的抗剪刚度系数取一适当的大数代替无限大，其弯曲和轴向拉压刚度系数取零。

关于原角柱的截面面积，可按任选比例分给两个角柱，例如平均分给翼缘框架角柱和腹板框架角柱。计算后，将翼缘框架和腹板框架角柱的轴力叠加，作为原角柱的轴力。

翼缘框架在自身平面内无水平位移，在对称轴线上各节点无转角，但有竖向位移。故在翼缘框架位于对称轴上的节点处，应附加能上下移动的定向支座，如图 7-8（c）所示。如翼缘框架的跨数为偶数，则对称轴线上柱的截面面积取原面积的 1/2，并将算得的轴力乘以 2 后，作为原框架中间柱的轴力。因这里的梁端无转角，故中间半个柱的截面惯性矩在计算中无用。如翼缘框架是奇数跨，则在对称轴线处的半梁端部，也应设置定向支座。腹板框架竖向对称轴线处的梁端是框筒整体弯曲时中性轴所在的位置，有水平位移和转角，无竖向位移，故应设置竖向支承链杆，以符合腹板框架的受力变形边界条件。图 7-8 (c) 为奇数跨的腹板框架，把竖向支承链杆画在半梁的端部。如为偶数跨，则该处的中间柱截面惯性矩取原惯性矩的 1/2，计算后乘以 2，便得腹板框架中间柱的弯矩，由于竖向支承链杆的存在，该处节点无竖向位移，半个中间柱的截面面积在计算中无用。腹板框架中间柱的轴力为零。

建立起 1/4 框筒的等效平面框架，即可按平面杆件结构用矩阵位移法计算。框筒常由深梁和宽柱组成，梁和柱应按两端带刚域的杆件，建立单元刚度矩阵。

由于楼板的约束，梁没有轴向变形，框架同一层各节点水平位移相等。按图 7-8 (c) 等效平面框架形成 1/4 框筒的总刚度矩阵 $[K]_{1/4}$，采用聚缩自由度方法，求出对应于腹板框架水平节点位移向量 $\{\Delta_H\}$ 的聚缩刚度矩阵 $[K_H]_{1/4}$（因这里的聚缩刚度矩阵只与水平位移向量相关，故又称侧移刚度矩阵）。设全框筒的水平荷载向量为 $\{P_H\}$，则得矩阵位移法基本方程：

$$4[K_H]_{1/4}\{\Delta_H\} = \{P_H\} \tag{7-1}$$

按上式解出各层楼板的水平节点位移 $\{\Delta_H\}$，即可算得聚缩消去的其他节点位移，从而得翼缘和腹板框架的全部节点位移。然后可求出全部梁和柱的内力。

按这种等效平面框架法计算矩形平面对称的框筒，能反映翼缘框架柱主要承担整体弯曲弯矩引起的轴力，腹板框架主要抵抗的水平剪力和框筒柱轴力的剪切滞后现象，故所得内力和位移有很好的精确度。

这种计算空间框筒的方法，虽已简化为平面框架，但节点位移未知量仍很多，需用电子计算机。国内很多单位已编制出平面框架的电算程序，只需将等效平面框架的位移边界条件引入，即可计算矩形平面的框筒。故等效平面框架法是一种可行的框筒计算方法。

2. 扭转作用

双轴对称的矩形平面框筒的扭转中心在矩形的几何中心。在扭矩作用下，框筒的水平截面（楼板）产生绕竖轴转动的扭转角，同时发生出平面的翘曲变形。由于计算假定中略去楼板和框架的平面外刚度，扭矩完全由互相正交的两对平面框架的抗侧移刚度承担。

两个正交的平面框架通过角柱互相传递竖向力，故在求某一框架的侧移刚度时，要考虑与它垂直的框架的约束作用。

图 7-9 (a) 表示一层的楼板，其上作用的扭矩为 T，在整个框筒受扭转作用时，此楼板扭转角为 φ。图中的 Δ_1 和 Δ_2 分别为框架 AB、CD 和 AD、BC 在其自身平面内的水平位移。因楼板翘曲后的水平投影面像刚性平面一样，绕扭转中心 O 发生转角 φ，故有：

$$\varphi = 2\Delta_1/B = 2\Delta_2/L \tag{7-2}$$

式中　B、L——各为框筒矩形平面的宽度和长度，如图 7-9 所示。

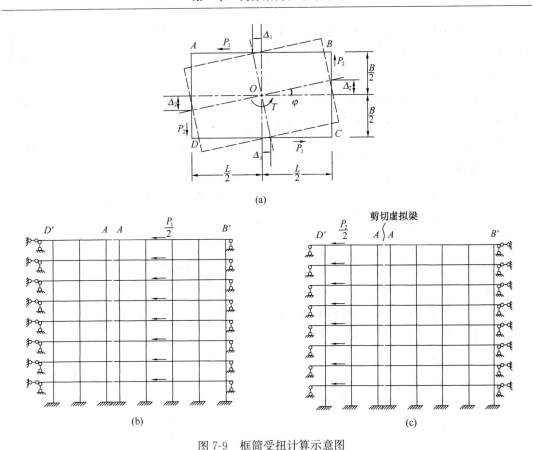

图 7-9　框筒受扭计算示意图

（a）框筒受扭时某一楼板的受力和位移；（b）求 $[K_1]_{1/2}$ 用的等效平面框架；（c）求 $[K_2]_{1/2}$ 用的等效平面框架

设用 P_1 和 P_2 分别表示框筒受扭时两对平面框架在此楼板处所分担的水平剪力，它们各自组成一个力偶，两个力偶矩之和应等于扭矩 T，即：

$$P_1B + P_2L = T \tag{7-3}$$

考虑整个框筒结构，各层楼板的扭转角 $\{\varphi\}$，框架在楼板处的水平位移 $\{\Delta_1\}$、$\{\Delta_2\}$ 和扭矩 $\{T\}$，两对框架分担的水平力 $\{P_1\}$、$\{P_2\}$，都是列向量，它们的每个分量各对应于一个楼板。故式（7-2）和式（7-3）应换为向量形式：

$$\{\varphi\} = \frac{2}{B}\{\Delta_1\} = \frac{2}{L}\{\Delta_2\} \tag{7-4}$$

$$B\{P_1\} + L\{P_2\} = \{T\} \tag{7-5}$$

每个框架的水平位移向量与分担的水平剪力向量之间的关系为：

$$[K_1]\{\Delta_1\} = \{P_1\} \tag{7-6}$$

$$[K_2]\{\Delta_2\} = \{P_2\} \tag{7-7}$$

式中　　$[K_1]$、$[K_2]$——分别为框架 AB、CD 和 AD、BC 的侧移刚度矩阵，即经过聚缩自由度消去节点转角和竖向位移后，与各框架在楼板处的水平位移对应的聚缩刚度矩阵。

在求框架 AB、CD 的侧移刚度矩阵 $[K_1]$ 时，因框架是对称的，作用于楼板上的集中水平力使框架产生反对称变形，故只计算框架的一半。由于和框架 AB 垂直的框架 AD、BC 对它有约束作用，故计算时应作考虑。

现取半框架 AB' 和 AD'，求 $[K_1]_{1/2}$，并采用等效平面框架法，将半框架 AD' 绕角柱 A 旋转 $90°$，形成等效平面框架，如图 7-9（b）所示。其中，关于角柱惯性矩、截面面积和虚拟梁等细节，与上述弯曲作用的等效平面框架相同。框架 AB 中性轴上柱 B' 的惯性矩、最后弯矩和需附加的竖向支座链杆等，与弯曲作用的腹板框架也相同。但这时若符合框筒受弯翼缘框架在对称轴处的边界条件，则不相同。在这里，框架 AD 是反对称变形，在对称竖线 D' 上的各节点无竖向位移，有转角，故不加定向支座，而是加不动铰支座，如图 7-9（b）所示。

如果框架 AD 为偶数跨，在竖线 D' 处应有半个柱，则其惯性矩取一半，并将半个柱的弯矩乘 2，便得该中间柱的弯矩。

同理，求框架 AD、BC 的侧移刚度矩阵 $[K_2]$ 时，也取半个框架 AD'，并考虑与它垂直的半个框架 AB' 的约束作用，以形成图 7-9（c）所示等效平面框架。

$[K_1] = 2[K_1]_{1/2}$、$[K_2] = 2[K_2]_{1/2}$ 及由式（7-4）得：

$$\{\Delta_2\} = \frac{L}{B}\{\Delta_1\} \tag{7-8}$$

代入式（7-6）和式（7-7），再将新的式（7-6）式（7-7）代入式（7-5），可得：

$$2\left(B[K_1]_{1/2} + \frac{L^2}{B}[K_2]_{1/2}\right)\{\Delta_1\} = \{T\} \tag{7-9}$$

由式（7-8）解出 $\{\Delta_1\}$，代入式（7-9）解出 $\{\Delta_2\}$，然后可把求 $[K_1]_{1/2}$ 和 $[K_2]_{1/2}$ 时聚缩消去的节点转角和竖向位移都计算出来。

这样，就可根据与 $\{\Delta_1\}$ 和 $\{\Delta_2\}$ 对应的两组节点位移，算出框架 $B'AD'$ 中梁、柱的两组内力；经过叠加，即得这 1/4 框筒中梁、柱的内力。另外 3/4 框筒中梁、柱的内力，与这 1/4 框筒的内力，具有反对称关系。

7.2.2　框筒结构在水平荷载下的等效连续体法

把高层建筑框筒作为杆件结构计算时，超静定次数很高，节点位移未知量也很多。为了避免形成和解算大量联立方程式，可以采用等效连续化的方法，把离散杆件组成的结构转化为由正交各向异性的弹性连续薄板所组成的结构。然后使用分析弹性连续体比较有效的解法，如能量法（用应变余能或势能的驻值条件求解）、有限单元法、有限条法等基本未知量比较少的方法，计算框筒结构。

要把离散杆件的框架转化成等效的正交各向异性板，关键问题是求出等效的弹性常数，即等效的弹性模量、剪切模量和泊松比。

在水平侧力作用下的平面框架，其梁和柱常是按双曲率形状发生弯曲，反弯点位置接近于杆件的中点。故可近似地认为框架所有梁和柱的反弯点都在杆长的中点，并取介于 4 个相邻反弯点间的十字形框架部分为等效计算的基本单元。这个十字形杆件单元连续化后成为一块正交各向异性的矩形薄板。这块等效薄板的等效弹性常数，可通过十字形杆件单元与矩形薄板在静力等效的拉力和剪力作用下变形相等的条件推导出来。框筒中的梁和柱，从受力变形方面看都属于深梁。对由深梁组成的十字形杆件单元，其位移的计算方法，有关文献中有不同的假定和算法，导出的等效弹性常数计算公式也不相同。下面摘录其中几种等效弹性常数的算式，供选用。

1. A. Coull 算式

等效弹性模量：

$$E_z = \frac{A}{dt}E \tag{7-10}$$

式中　E_z——竖轴 z 方向的等效弹性模量；

　　　E——框筒材料的弹性模量；

　　　d——框筒开间的宽度（柱的平均间距）；

　　　t——等效墙板的厚度；

　　　A——在开间为 d 范围内一根柱的面积。

等效剪切模量：

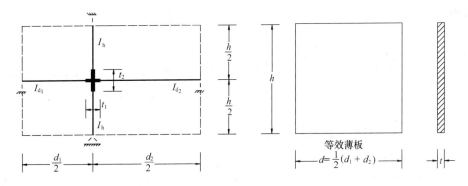

图 7-10　十字形杆件单元尺寸图

十字形杆件单元的尺寸如图 7-10 所示，推导等效剪切模量的算式时，考虑了刚节点的有限尺寸：

$$G = \frac{\dfrac{12EI_h}{tde^2}\left(1+\dfrac{t_2}{e}\right)}{1+\dfrac{\dfrac{2I_h}{e}\left(1+\dfrac{t_2}{e}\right)^2}{\dfrac{I_{d_1}}{l_1}\left(1+\dfrac{t_1}{l_1}\right)^2+\dfrac{I_{d_2}}{l_2}\left(1+\dfrac{t_1}{l_2}\right)^2}} \tag{7-11}$$

式中　G——等效剪切模量；

　　　E——框筒材料的弹性模量；

t——等效薄板厚度；

I_h——柱截面惯性矩；

I_{d_1}、I_{d_2}——左、右梁截面惯性矩；

t_1、t_2——柱宽度、梁深度（节点的有限尺寸）；

e——$e=h-t_2$，h 为层高；

l_1——$l_1=d_1-t_1$；

l_2——$l_2=d_2-t_1$；

d_1——左梁跨；

d_2——右梁跨；

d——$d=(d_1+d_2)/2$ 为开间宽度的平均值。

2. 上海建研所算式

图 7-11 表示在框筒一个节点处的十字形单元，虚线表示与它等效的正交各向异性的矩形板。

等效弹性模量：

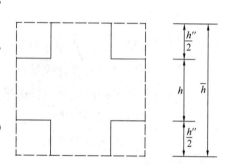

$$\overline{E}_x = \frac{h}{\overline{h}}E, \quad \overline{E}_z = \frac{d}{\overline{d}}E \qquad (7\text{-}12)$$

式中　E——材料的弹性模量。

等效剪切模量：

$$\overline{G} = \frac{E}{\dfrac{\overline{h}}{\overline{d}}\left(\dfrac{d'}{h}\right)^3 + \dfrac{\overline{d}}{\overline{h}}\left(\dfrac{h'}{d}\right)^3 + 2\kappa(1+\mu)\left(\dfrac{\overline{h}}{h} + \dfrac{\overline{d}}{d}\right)}$$

$(7\text{-}13)$

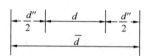

图 7-11　框筒十字形单元示意图

$\overline{d}$、$\overline{h}$—矩形板的宽度和高度；d''、h''—框筒窗洞宽度和高度；d、h—框筒的柱宽度和梁深度

式中　κ——剪切变形截面形状系数，矩形取 1.2；

μ——材料泊松比。

式（7-13）中的 d' 和 h' 是考虑杆件弯曲时节点有少许变形，不是完全刚接节点，故将梁和柱的计算长度取其净长加截面高度的 1/2：

$$d' = d'' + h/2 \quad (d' \leqslant \overline{d})$$
$$h' = h'' + h/2 \quad (h' \leqslant \overline{h})$$

等效泊松比：

$$\overline{\mu}_x = \frac{h}{\overline{h}}\mu, \quad \mu_z = \frac{d}{\overline{d}}\mu \qquad (7\text{-}14)$$

3. 张佑启算式

等效弹性模量：

$$\left.\begin{array}{l} \overline{E}_{x} = \dfrac{b_1 + b_2}{c_1 + c_2}\dfrac{E/t}{b_1/A_{b_1} + b_2/A_{b_2}} \\[3mm] \overline{E}_{z} = \dfrac{c_1 + c_2}{b_1 + b_2}\dfrac{E/t}{c_1/A_{c_1} + c_2/A_{c_2}} \end{array}\right\} \qquad (7\text{-}15)$$

等效剪切模量：

$$\overline{G} = \frac{3E/t}{\dfrac{c_1 + c_2}{b_1 + b_2}(b_1^3/I_{b_1} + b_2^3/I_{b_2}) + \dfrac{b_1 + b_2}{c_1 + c_2}(c_1^3/I_{c_1} + c_2^3/I_{c_2})} \qquad (7\text{-}16)$$

等效泊松比：

$$\overline{\nu}_{x} = 0, \ \overline{\nu}_{z} = 0 \qquad (7\text{-}17)$$

式中　b_1、b_2——框架节点左、右梁跨长的 $1/2$；

　　　c_1、c_2——框架节点上、下层柱高度的 $1/2$；

　　A_{b_1}、A_{b_2}——框架节点左、右梁的截面面积；

　　I_{b_1}、I_{b_2}——框架节点左、右梁截面的惯性矩；

　　A_{c_1}、A_{c_2}——节点上、下层柱的截面面积；

　　I_{c_1}、I_{c_2}——节点上、下层柱的截面的惯性矩；

　　　　t——等效矩形板的厚度。

4. 罗松发算式

十字形计算单元尺寸的代表符号如图 7-12 所示。

等效弹性模量：

$$E_z = \frac{t_c w_c}{t\overline{w}}E \qquad (7\text{-}18)$$

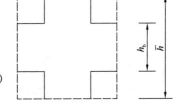

等效剪切模量：

$$G_{xz} = \frac{\overline{h}}{t\overline{w}(\Delta_m + \Delta_q)} \qquad (7\text{-}19)$$

图 7-12　十字形单元尺寸图

其中

$$\Delta_m = \frac{(\overline{h} - s_c)}{12EI_c} + \left(\frac{\overline{h}}{\overline{w}}\right)^2\frac{(\overline{w} - s_b)^3}{12EI_b}$$

$$\Delta_q = \frac{k}{G}\left[\frac{\overline{h} - s_c}{w_c t_c} + \left(\frac{\overline{h}}{\overline{w}}\right)^2\frac{\overline{w} - s_b}{h_b t_b}\right]$$

式中　s_b、s_c——$s_b = w_c - \dfrac{h_b}{2}, s_c = h_b - \dfrac{w_c}{2}$，为节点处梁、柱的刚域长度；

　　　h_b、t_b——梁的宽度和厚度；

　　　w_c、t_c——柱的宽度和厚度；

　　　$\overline{h}$、$\overline{w}$——楼层高度和柱的间距；

I_b、I_c——梁和柱的惯性矩；

　　　t——等效矩形板的厚度。

7.2.3 框筒结构在扭转荷载下的等效连续体法

1. 内力计算

框筒结构的扭转计算，仍采用前述的连续化等效筒作为计算图（图 7-13），计算方法也是类似的。

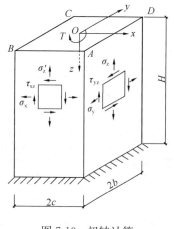

图 7-13 扭转计算

在等效筒的面板中，假设剪应力可用下述的对 x 轴和 y 轴对称的二次抛物线分布来表示：

$$\left.\begin{aligned} -\tau_{xz} &= \frac{\mathrm{d}r_0}{\mathrm{d}z} + \left(\frac{x}{c}\right)^2 \frac{\mathrm{d}r}{\mathrm{d}z} \\ \tau_{yz} &= \frac{\mathrm{d}r_1}{\mathrm{d}z} + \left(\frac{y}{b}\right)^2 \frac{\mathrm{d}r_2}{\mathrm{d}z} \end{aligned}\right\} \tag{7-20}$$

式中，r_0，r，r_1 和 r_2 仅是坐标 z 的函数。因为结构对 x 轴和 y 轴是对称的，在扭矩作用下正应力是反对称的，剪应力是对称的，所以可作上述的假设。

在任意高度处，总的扭矩平衡条件为：

$$2bS_1 + 2cS_2 = T(z) \tag{7-21}$$

其中：

$$S_1 = \int_{-c}^{c} -\tau_{xz} t \mathrm{d}x，为 \ AB \ 和 \ CD \ 面上的剪力$$

$$S_2 = \int_{-b}^{b} \tau_{yz} t \mathrm{d}y，为 \ BC \ 和 \ DA \ 面上的剪力$$

将式（7-20）代入式（7-21），得：

$$\frac{\mathrm{d}r_0}{\mathrm{d}z} + \frac{\mathrm{d}r_1}{\mathrm{d}z} + \frac{1}{3}\left(\frac{\mathrm{d}r}{\mathrm{d}z} + \frac{\mathrm{d}r_2}{\mathrm{d}z}\right) = 2\tau_s(z) \tag{7-22}$$

其中：

$$\tau_s(z) = \frac{T(z)}{8bct}$$

由平衡微分方程式 $\left.\begin{aligned} \dfrac{\partial \sigma_y}{\partial y} + \dfrac{\partial \tau_{yz}}{\partial z} = 0 \\ \dfrac{\partial \tau_{yz}}{\partial y} + \dfrac{\partial \sigma_z}{\partial z} = 0 \end{aligned}\right\}$ 和 $\left.\begin{aligned} \dfrac{\partial \sigma_x}{\partial x} + \dfrac{\partial \tau_{xz}}{\partial z} = 0 \\ \dfrac{\partial \tau_{xz}}{\partial x} + \dfrac{\partial \sigma_z'}{\partial z} = 0 \end{aligned}\right\}$，可求得：

$$\left\{\begin{aligned} \sigma_z &= -\int \frac{\partial \tau_{yz}}{\partial y} \mathrm{d}z = -\frac{2}{b^2} y [r_2(z) - r_2(0)] \\ \sigma_z' &= -\int \frac{\partial \tau_{xz}}{\partial x} \mathrm{d}z = \frac{2}{c^2} x [r(z) - r(0)] \end{aligned}\right. \tag{7-23}$$

将式 (7-23) 代入角柱 D 处的应变协调方程：

$$\frac{\sigma_z'}{E}(c,z) = \frac{\sigma_z}{E}(b,z) = \frac{\sigma_c}{E}$$

得：

$$r_2 = -\frac{b}{c}[r - r(0)] + r_2(0) \tag{7-24}$$

将式 (7-20) 代入角柱 D 处的平衡条件：

$$\tau_{yz}\big|_{y=b} + \tau_{xz}\big|_{x=c} = \frac{A_c}{t}\frac{d\sigma_c}{dz}$$

得：

$$\frac{dr_0}{dz} - \frac{dr}{dz} + \frac{dr_1}{dz} + \frac{dr_2}{dz} = -\frac{A_c}{t}\frac{2}{b}\frac{dr_2}{dz}$$

因而

$$\frac{dr_0}{dz} = -\left(\frac{2A_c}{ct} + \frac{b}{c} + 1\right)\frac{dr}{dz} + \frac{dr_1}{dz} \tag{7-25}$$

将式 (7-24) 和式 (7-25) 代入式 (7-22)，得：

$$\frac{dr_1}{dz} = \tau_s(z) + \left[\frac{A_c}{ct} + \frac{1}{3}\left(\frac{2b}{c} + 1\right)\right]\frac{dr}{dz}$$

$$\frac{dr_0}{dz} = \tau_s(z) - \left[\frac{A_c}{ct} + \frac{2}{3}\left(\frac{b}{2c} + 1\right)\right]\frac{dr}{dz}$$

将式 (7-25) 和式 (7-24) 代入式 (7-20) 和式 (7-23)，得：

$$\left.\begin{aligned}
\tau_{xz} &= -\tau_s(z) + \left[\frac{1}{3}(3n + m + 2) - \left(\frac{x}{c}\right)^2\right]\frac{dr}{dz} \\
\tau_{yz} &= \tau_s(z) + \left[\frac{1}{3}(3n + 2m + 1) - m\left(\frac{y}{b}\right)^2\right]\frac{dr}{dz} \\
\sigma_z &= \frac{2y}{bc}[r - r(0)] \\
\sigma_z' &= \frac{2x}{c^2}[r - r(0)]
\end{aligned}\right\} \tag{7-26}$$

其中：

$$m = \frac{b}{c}, n = \frac{A_c}{ct} \tag{7-27}$$

以上将所有的应力分量均用 $r(z)$ 来表示，求得结构的总应变能。根据最小余能原理，使积分值为驻值，可得出控制微分方程和边界条件：

$$\frac{d^2r}{dz^2} - \left(\frac{K}{H}\right)r = \lambda^2\frac{d\tau_s(z)}{dz} \tag{7-28}$$

$$\left.\begin{array}{l} 当\ z = 0\ 时, r(0) = 0 \\[2mm] 当\ z = h\ 时, \dfrac{\mathrm{d}r}{\mathrm{d}z} + \lambda^2 \tau_s(z) = 0 \end{array}\right\} \tag{7-29}$$

其中：

$$\left.\begin{array}{l} K^2 = 20\,\dfrac{G}{E}\,\dfrac{H^2}{b^2}\,\dfrac{m^2(m+3n+1)}{(m+1)(3m^2+15n^2+10mn+2m+10n+3)} \\[5mm] \lambda^2 = \dfrac{5(m-1)(m+3n+1)}{(m+1)(3m^2+15n^2+10mn+2m+10n+3)} \end{array}\right\} \tag{7-30}$$

与水平荷载作用时的情况一样，根据荷载情况，求出式（7-29）的全解 $r(z)$，然后由式（7-26）可得全部应力分量的公式。为了方便，可将结果表述为如下形式：

$$\left.\begin{array}{l} \sigma_z = -\dfrac{2y}{bc}H_{\tau_s}(H)R_1 R_2 \\[4mm] \sigma_z' = -\dfrac{2x}{c^2}H_{\tau_s}(H)R_1 R_2 \\[4mm] \tau_{yz} = \tau_s - \left[\dfrac{1}{3}(2m+3n+1) - m\left(\dfrac{y}{b}\right)^2\right]\tau_s(H)R_1 R_3 \\[4mm] \tau_{xz} = -\tau_s - \left[\dfrac{1}{3}(m+3n+2) - \left(\dfrac{x}{c}\right)^2\right]\tau_s(H)R_1 R_3 \end{array}\right\} \tag{7-31}$$

对 3 种常用的荷载情况，参数和函数 τ_s、$\tau_s(H)$、R_1、R_2 和 R_3，均在表 7-1 中给出。

在上述方程中，取框筒长边的边长为 $2b$，因此边长比 m 永远大于 1 或等于 1；参数 K^2 和 λ^2 永远为正值。

$\tau_s(z)$ 和 $\tau_s(H)$ 是只与荷载形式有关的函数。

参数及函数　　　　　　　　　　　　　　　　　表 7-1

函数	倒三角分布的扭矩 $t_0(1-\xi)$	均布扭矩 t_0	顶部集中扭矩 T_0
τ_s	$\dfrac{t_0 H}{8bct}\left(\xi - \dfrac{\xi^2}{2}\right)$	$\dfrac{t_0 H\xi}{8bct}$	$\dfrac{T_0}{8bct}$
$\tau_s(H)$	$\dfrac{t_0 H}{16bct}$	$\dfrac{t_0 H}{8bct}$	$\dfrac{T_0}{8bct}$
R_1	λ^2	λ^2	λ^2
R_2	$\dfrac{2}{K^2}\left[\dfrac{2K\cosh K(1-\xi)+(K^2-2)\sinh K\xi}{2K\cosh K} - (1-\xi)\right]$	$\dfrac{1}{K^2}\left[\dfrac{\cosh K(1-\xi)+K\sinh K\xi}{\cosh K} - 1\right]$	$\dfrac{\sinh K\xi}{K\cosh K}$
R_3	$\dfrac{2}{K^2}\left[\dfrac{(K^2-2)\cosh K\xi - 2K\sinh K(1-\xi)}{2\cosh K} + 1\right]$	$\dfrac{K\cosh K\xi - \sinh K(1-\xi)}{K\cosh K}$	$\dfrac{\cosh K\xi}{\cosh K}$
$\dfrac{R_2}{F_2}$ 或 $\dfrac{R_3}{F_3}$	$\dfrac{2}{3}$	$\dfrac{1}{2}$	1

函数 R_1 等于 λ^2，只与横截面边长比 m 及角柱的相对尺寸 n 有关。

函数 R_2 和 R_3 是刚度参数 K 与高度坐标 ξ 的函数。刚度参数 K 又与比值 $\dfrac{G}{E}$、$\dfrac{H}{b}$、m 和 n 有关。

在正方形的筒体中，$\lambda^2 = 0$。由于结构是对称的，应力状态就变成纯圣维南扭转的剪应力状态。

最后指出，从等效连续筒体中所得的结果，还要换算到真实框筒的离散结构中去，以求出梁与柱中的剪力、弯矩和轴力。

2. 位移计算

用前述类似的办法可以求出位移。水平位移除以该点到扭转中心的距离即为框筒的扭转角。下面给出 3 种荷载作用下的计算结果。

（1）倒三角分布扭矩作用时：

$$
\theta = \frac{t_0 H^2}{4K^2 G b^2 ct} \left\{ \frac{1}{12} (2 - 3\xi^2 + \xi^3) - \frac{\lambda^2 g_2}{6} (f_1 - KK_2 f_2 - 1 + \xi) \right.
$$
$$
\left. + \frac{\lambda^2 H^2 G}{K^2 c^2 E} \left[f_1 + KK_2 f_2 - \frac{K^2}{6} (3\xi^2 - \xi^3 - 2) - (1 - \xi) \right] \right\}
$$
(7-32)

顶点（$\xi = 0$）最大扭转角为：

$$
\theta_n = \frac{t_0 H^2}{4K^2 G b^2 ct} \left\{ \frac{1}{6} - \frac{\lambda^2 g_2}{6} \left[f_1(0) - KK_2 f_2(0) - 1 \right] \right.
$$
$$
\left. + \frac{\lambda^2 H^2 G}{K^2 c^2 E} \left[f_1(0) + KK_2 f_2(0) + \frac{K^2}{3} - 1 \right] \right\}
$$
(7-33)

（2）均布扭矩作用时：

$$
\theta = \frac{t_0 H^2}{4G b^2 ct} \left\{ \frac{1}{4} (1 - \xi^2) - \frac{\lambda^2 g_2}{6K^2} (f_1 + K_1 f_2) \right.
$$
$$
\left. + \frac{\lambda^2 H^2 G}{K^4 c^2 E} \left[f_1 + K_1 f_2 + \frac{1}{2} K^2 (1 - \xi^2) \right] \right\}
$$
(7-34)

顶点（$\xi = 0$）最大扭转角为：

$$
\theta_n = \frac{t_0 H^2}{4G b^2 ct} \left\{ \frac{1}{4} - \frac{\lambda^2 g_2}{6K^2} \left[f_1(0) + K_1 f_2(0) \right] \right.
$$
$$
\left. + \frac{\lambda^2 H^2 G}{K^4 c^2 E} \left[f_1(0) + K_1 f_2(0) + \frac{1}{2} K^2 \right] \right\}
$$
(7-35)

（3）顶部集中扭矩作用时：

$$
\theta = \frac{T_0 H}{4G b^2 ct} \left\{ \frac{1}{2} (1 - \xi) - \frac{\lambda^2 g_2}{6K} \frac{f_2}{\cosh K} \right.
$$

$$+\frac{\lambda^2 H^2 G}{K^2 c^2 E}\Big[(1-\xi)+\frac{f_2}{K\cosh K}\Big]\Big\} \tag{7-36}$$

顶点（$\xi=0$）最大扭转角为：

$$\theta_n = \frac{T_0 H}{4Gb^2 ct}\Big\{\frac{1}{2}+\frac{\lambda^2 g_2}{6}\tanh K+\frac{\lambda^2 H^2 G}{K^2 c^2 E}\Big(1-\frac{1}{K}\tanh K\Big)\Big\} \tag{7-37}$$

上述公式中 $g_2 = \frac{b}{c}+3\frac{A_c}{ct}+2$，其他符号见前述内力计算。

7.2.4　筒中筒结构在水平荷载下的等效连续体-力法计算

筒中筒结构是由外框筒和内筒通过楼板连接在一起的空间结构。解筒中筒结构的通用方法是按空间结构的计算方法和有限条法，本节介绍的等效连续体-力法是一种简化计算方法。

在筒中筒结构的计算中，通常采用刚性楼板的假设，即楼板在自身平面内刚度为无限大，楼板平面外刚度很小，可忽略不计。

1. 计算图和计算方法

本方法除了刚性楼板的假设外，还采用了以下假设：外框筒层高相等；各层柱距均匀，梁柱截面尺寸沿高度方向不变，可用等厚的连续板来等效；内筒截面尺寸沿高度方向不变。

在上述假设下，筒中筒结构受对称轴方向的水平荷载作用时图 7-14（a）只产生侧向位移不产生扭转，计算图如图 7-14（b）所示。这里，外框筒采用 7.2.3 节所讨论的等效连续体计算图，其计算方法已在该节讨论；内筒一般为薄壁杆，因为对称荷载通过剪力中心，只产生弯曲，可按普通梁计算。

对图 7-14（b）所示的计算图，用力法进行计算。取链杆内力 x，为基本未知力，基本体系如图 7-14（c）所示。由内、外筒在外荷载和基本未知力共同作用下，楼层处水平位移的协调条件建立力法方程如下：

$$\left.\begin{array}{l}
\delta_{00}x_0+\delta_{01}x_1+\cdots+\delta_{0j}x_j+\cdots+\delta_{0,n-1}x_{n-1}=\Delta_{0p}\\
\delta_{10}x_0+\delta_{11}x_1+\cdots+\delta_{1j}x_j+\cdots+\delta_{1,n-1}x_{n-1}=\Delta_{1p}\\
\qquad\qquad\vdots\\
\delta_{j0}x_0+\delta_{j1}x_1+\cdots+\delta_{jj}x_j+\cdots+\delta_{j,n-1}x_{n-1}=\Delta_{jp}\\
\qquad\qquad\vdots\\
\delta_{n-1,0}x_0+\delta_{n-1,1}x_1+\cdots+\delta_{n-1,j}x_j+\cdots+\delta_{n-1,n-1}x_{n-1}=\Delta_{n-1,p}
\end{array}\right\} \tag{7-38}$$

式中　Δ_{jp}——外荷载作用下外筒在 j 层处的侧移；

δ_{ji}——$\delta_{ji}=\delta_{ji}^{(1)}+\delta_{ij}^{(2)}$，为内、外筒在 i 层处作用单位力时，j 层处的侧移。上标（1）者为内筒，上标（2）者为外筒。

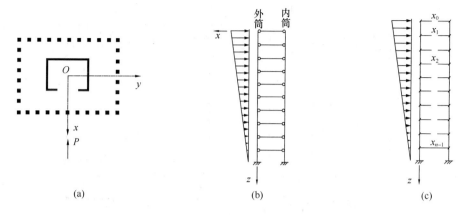

图 7-14　筒中筒受水平荷载

解力法方程式（7-38），求得 x 后，即可分别对内、外筒进行内力和位移计算。

2. 力法方程系数和自由项的计算

因荷载合力通过截面的剪力中心，故不产生扭转。在 3 种典型荷载作用下外筒的侧向位移 u，前面已经求出，取其中 $\xi = \xi_j$，即得 Δ_{jp}。

内筒为薄壁杆，因荷载通过截面剪力中心，柔度系数可按筒单梁理论求得（图 7-15）：

$$\delta_{ji}^{(1)} = \begin{cases} \dfrac{h^3}{6EI_1}(n-i)^2(2n-3j+i), & j \leqslant i \\[3mm] \dfrac{h^3}{6EI_1}(n-j)^2(2n-3i+j), & j > i \end{cases} \tag{7-39}$$

式中　I_1——内筒的惯性矩；

　　　n——结构的总层数；

i，j——自坐标原点向下数的层数，i，$j = 0 \sim (n-1)$。

外筒的柔度系数，即当单位力作用于 z_i 处时，高度 z_i 处的位移 $\delta_{ji}^{(2)}$，可根据 7.2.3 节类似的方法求出。当单位力作用于 z_i 处时，任意高度 z 处的弯矩为（图 7-16）：

$$M(z) = \begin{cases} 0, & 0 \leqslant z \leqslant z_i \\ z - z_i, & z_i < z \leqslant H \end{cases} \tag{7-40}$$

考虑到 z 截面处的应力平衡条件，将式（7-40）代入结构的总应变能公式：

$$U = t\int_0^{z_i}\left\{\int_{-b}^{b}\left(\dfrac{\bar{\sigma}_z}{E} + \dfrac{\bar{\tau}_{yz}}{G}\right)\mathrm{d}y + \int_{-c}^{c}\left(\dfrac{\bar{\sigma}_z'^2}{E} + \dfrac{\bar{\tau}_{xz}^2}{G}\right)\mathrm{d}x\right\}\mathrm{d}z + 4\dfrac{A_c}{2E}\int_0^{z_i}\bar{\sigma}_c^2\mathrm{d}z$$

$$+ t\int_{z_i}^{H}\left\{\int_{-b}^{b}\left(\dfrac{\sigma_z^2}{E} + \dfrac{\tau_{yz}^2}{G}\right)\mathrm{d}y + \int_{-c}^{c}\left(\dfrac{\sigma_z'^2}{E} + \dfrac{\tau_{xz}^2}{G}\right)\mathrm{d}x\right\}\mathrm{d}z + 4\dfrac{A_c}{2E}\int_{z_i}^{H}\sigma_c^2\mathrm{d}z$$

这里及以下，凡上面带“—”者表示上段的有关量，不带“—”者表示下段的有关量。

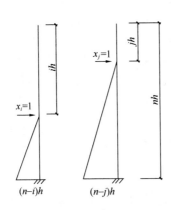
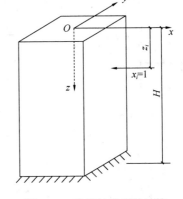

图 7-15　内筒柔度系数计算　　　　图 7-16　外筒柔度系数计算

根据最小余能原理，对上式进行变分可得下面的控制微分方程、边界条件和连续条件：

$$\left.\begin{array}{ll} \dfrac{\mathrm{d}^2\overline{S}}{\mathrm{d}z^2} - \left(\dfrac{K}{H}\right)^2 \overline{S} = 0, & 0 < z < z_i \\[2mm] \overline{S} = 0, & z = 0 \\[2mm] \overline{S} = S, & z = z_i \end{array}\right\} \tag{7-41}$$

$$\left.\begin{array}{ll} \dfrac{\mathrm{d}^2 S}{\mathrm{d}z^2} - \left(\dfrac{K}{H}\right)^2 S = 0, & z_i < z < H \\[2mm] \dfrac{\mathrm{d}S}{\mathrm{d}z} - \dfrac{c\lambda^2}{I} = \dfrac{\mathrm{d}\overline{S}}{\mathrm{d}z}, & z = z_i \\[2mm] \dfrac{\mathrm{d}S}{\mathrm{d}z} - \dfrac{c\lambda^2}{I} = 0, & z = H \end{array}\right\} \tag{7-42}$$

解式（7-41）和式（7-42），可得：

$$\overline{S} = \frac{c\lambda^2 H}{KI\cosh K}\left[1 - \cosh K(1-\xi_i)\right]\sinh K\xi \tag{7-43}$$

$$S = \frac{c\lambda^2 H}{KI\cosh K}\left[\sinh K\xi - \cosh K(1-\xi)\sinh K\xi_i\right] \tag{7-44}$$

有了 $\overline{S}$ 和 S，可求出各应力分量。可求得中和轴（$x=0$）处任意高度 z 的侧移公式。当 z_i 为第 i 层楼面处的标高时，各楼层 j 处的侧移值即为力法方程中的系数 $\delta_{ji}^{(2)}$，其公式如下：

当 $0 \leqslant z \leqslant z_i$ 时，

$$\delta_{ji}^{(2)} = -\frac{H^2}{6EI}\left[\xi_i^3 + 2 - 3\xi_i^2\xi - 3\xi_i(1-2\xi) - 3\xi\right] + \frac{c^2 H}{2GI}\Big\{g_1(\xi_i - 1)$$
$$+ \frac{\gamma\lambda^2}{10K\cosh K}\left[\frac{f_2(\xi_i)}{\sinh K\xi} + 1 - \cosh K(1-\xi_i)\right]\sinh K\xi\Big\} \tag{7-45}$$

当 $z_i < z \leqslant H$ 时，

$$\delta_{ji}^{(2)} = -\frac{H^3}{6EI}\left[\xi^3 + 2 - 3\xi^2\xi_i - 3\xi(1-2\xi_i) - 3\xi_i\right] + \frac{c^2 H}{2GI}\left\{g_1(\xi-1)\right.$$

$$\left. + \frac{\gamma\lambda^2}{10K\cosh K}\left[\frac{f_2(\xi)}{\sinh K\xi_i} + 1 - \cosh K(1-\xi)\right]\sinh K\xi_i\right\} \tag{7-46}$$

其中，$g_1 = 1 + 2\dfrac{b}{c} + 2\dfrac{A_c}{ct}$，$\gamma = 1 - \dfrac{1}{3}m$。上两式中取 $\xi = \xi_i$，就得到各楼层 j 处的 ξ_{ji}

值。从上两式可以看出，柔度系数是对称的。

3. 内外筒的内力和位移

由式（7-38）解出基本未知力 x_j 后，内、外筒的内力和位移可按如下求出。

内筒任一截面 z 处的弯矩为：

$$M(z) = \sum_{j=0}^{[z/h]} x_j(z - jh) \tag{7-47}$$

式中　$[z/h]$ ——取 z/h 的整数部分。

任意截面 z 处的剪力为：

$$V(z) = \sum_{j=0}^{[z/h]} x_j \tag{7-48}$$

外筒的应力计算公式可按如下求出：

$$\left.\begin{aligned}
\sigma_z &= \sigma_b - \left[\frac{1}{3}m - \left(\frac{y}{b}\right)^2\right]F_1 F_2 \\
\sigma_z' &= \sigma_b\frac{x}{c} + \gamma\left(\frac{x}{c}\right)^3 F_1 F_2 \\
\tau_{yz} &= -\frac{y}{H}\frac{d\sigma_b}{d\xi} + \frac{y}{3H}\left[m - \left(\frac{y}{b}\right)^2\right]F_1 F_3 \\
\tau_{xz} &= \frac{c}{2H}\left[g_1 - \left(\frac{x}{c}\right)^2\right]\frac{d\sigma_b}{d\xi} + \frac{c\gamma}{4H}\left[\frac{1}{5} - \left(\frac{x}{c}\right)^4\right]F_1 F_3
\end{aligned}\right\} \tag{7-49}$$

式中，$\gamma = 1 - \dfrac{m}{3}$。$\sigma_b$，$\dfrac{d\sigma_b}{d\xi}$，$F_1$，$F_2$ 和 F_3 的取值见表 7-2。

取值表　　　　　　　　　　　　　　　　　　　　　　　　　　　表 7-2

外载 函数	倒三角分布荷载 $p(1-\xi)$	均布荷载 q	顶部集中荷载 P
σ_b	$\dfrac{cH}{2I}\left[pH\left(\xi^2 - \dfrac{\xi^3}{3}\right) - 2\sum\limits_{j=0}^{L} x_j(\xi - \xi_j)\right]$	$\dfrac{cH}{2I}\left[qH\xi^2 - 2\sum\limits_{j=0}^{L} x_j(\xi - \xi_j)\right]$	$\dfrac{cH}{I}\left[P\xi - \sum\limits_{j=0}^{L} x_j\right.$ $\left.(\xi - \xi_j)\right]$
$\dfrac{d\sigma_b}{d\xi}$	$\dfrac{cH}{2I}\left[pH(2\xi - \xi^2) - 2\sum\limits_{j=0}^{L} x_j\right]$	$\dfrac{cH}{I}\left[qH\xi - \sum\limits_{j=0}^{L} x_j\right]$	$\dfrac{cH}{I}\left[P - \sum\limits_{j=0}^{L} x_j\right]$

外载 函数	倒三角分布荷载 $p(1-\xi)$	均布荷载 q	顶部集中荷载 P
F_1	λ^2	λ^2	λ^2
F_2	$\dfrac{cH^2 p}{IK^2}\left[\dfrac{2K\cosh K(1-\xi)+(K^2-2)\sinh K\xi}{2K\cosh K}+\xi-1\right]-B_1$	$\dfrac{cH^2 q}{IK^2}\left[\dfrac{\cosh K(1-\xi)+K\sinh K\xi}{\cosh K}-1\right]-B_1$	$\dfrac{cHP}{I}\dfrac{\sinh K\xi}{K\cosh K}-B_1$
F_3	$\dfrac{cH^2 p}{IK^2}\left[\dfrac{(K^2-2)\cosh K\xi-2K\sinh K(1-\xi)}{2\cosh K}+1\right]-B_2$	$\dfrac{cH^2 q}{IK}\dfrac{K\cosh K\xi-\sinh K(1-\xi)}{\cosh K}-B_2$	$\dfrac{cHP}{I}\dfrac{\cosh K\xi}{\cosh K}-B_2$

注：$B_1=\dfrac{cH}{KI\cosh K}\left\{\sum\limits_{j=0}^{L}\left[\sinh K\xi-\cosh K(1-\xi)\sinh K\xi_j\right]x_j+\sum\limits_{j=L+1}^{n-1}\left[\sinh K\xi-\cosh K(1-\xi_j)\sinh K\xi\right]x_j\right\}$；

$B_2=\dfrac{cH}{I\cosh K}\left\{\sum\limits_{j=0}^{L}\left[\cosh K\xi+\sinh K(1-\xi)\sinh K\xi_j\right]x_j+\sum\limits_{j=L+1}^{n-1}\left[\cosh K\xi-\cosh K(1-\xi_j)\cosh K\xi\right]x_j\right\}$；

$L=[z/h]$，$[z/h]$ 表示 z/h 取整。

内筒的侧向位移值即为筒中筒结构的整体侧移值。第 j 层处的侧移为：

$$u_j=\sum_{i=0}^{n-1}\delta_{ji}^{(1)}x_i \tag{7-50}$$

顶部最大侧移为：

$$u_0=\sum_{i=0}^{n-1}\delta_{0i}x_i \tag{7-51}$$

7.2.5　筒中筒结构在扭转荷载下的等效连续体-力法计算

1. 计算简图和计算方法

筒中筒结构是由外筒和内筒通过楼板连在一起的空间结构。外筒和内筒在扭转荷载下的计算前面均已讨论，本节介绍筒中筒结构在扭转荷载作用下的等效连续体-力法，计算中采用了刚性楼板的假设。

筒中筒结构受扭转荷载作用时，楼板将内、外筒连接在一起，共同抵抗外扭矩。在楼层标高处，内、外筒的扭转角具有相同的值，计算图如图 7-17（b）所示。这里，外筒采用 7.2.3 节所用的等效连续体计算图，其计算方法已在该节讨论过。内筒为薄壁杆，计算公式已在该节给出。

对图 7-17（b）所示的计算简图，用力法进行计算。取内、外筒在楼层标高处相互作用的扭矩 T_j，为

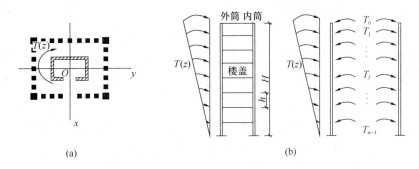

图 7-17　筒中筒受扭转荷载

$$
\left.
\begin{aligned}
&\theta_{00}T_0+\theta_{01}T_1+\cdots+\theta_{0j}T_j+\cdots+\theta_{0,n-1}T_{n-1}=\theta_{0\mathrm{p}}\\
&\theta_{10}T_0+\theta_{11}T_1+\cdots+\theta_{1j}T_j+\cdots+\theta_{1,n-1}T_{n-1}=\theta_{1\mathrm{p}}\\
&\qquad\qquad\qquad\qquad\vdots\\
&\theta_{j0}T_0+\theta_{j1}T_1+\cdots+\theta_{jj}T_j+\cdots+\theta_{j,n-1}T_{n-1}=\theta_{j\mathrm{p}}\\
&\qquad\qquad\qquad\qquad\vdots\\
&\theta_{n-1,0}T_0+\theta_{n-1,1}T_1+\cdots+\theta_{n-1,j}T_j+\cdots+\theta_{n-1,n-1}T_{n-1}=\theta_{n-1,\mathrm{p}}
\end{aligned}
\right\}
\tag{7-52}
$$

式中　$\theta_{j\mathrm{p}}$——外扭矩作用下外筒在 j 层处的扭转角；

θ_{ji}——$\theta_{ji}=\theta_{ji}^{(1)}+\theta_{ji}^{(2)}$ 为内、外筒在 i 层处作用单位扭矩时，j 层处的扭转角，上标（1）者为内筒，上标（2）者为外筒。

解力法方程式（7-52），求出 T_j 后，即可分别对内、外筒进行内力和位移计算。

2. 力法方程系数和自由项的计算

在 3 种典型扭转荷载下外筒的扭转角 θ 在 7.2.3 节中已经求出，见式（7-32），式（7-34）和式（7-36）。取其中 $\xi=\xi_j$，即 $\theta_{j\mathrm{p}}$。

外筒的柔度系数即当单位扭矩作用于 z_i 处时，高度 z_j 处的扭转角 $\theta_{ji}^{(2)}$，可按 7.2.4 节的方法类似地求出。下面直接给出计算结果。

当 $0\leqslant z\leqslant z_i$ 时，

$$
\begin{aligned}
\theta_{ji}^{(2)}=&-\frac{H}{8b^2ct}\left\{\frac{1}{G}(\xi_i-1)+\frac{\beta\lambda^2}{3GK\cosh K}\left[f_2(\xi_i)+(1-\cosh K(1-\xi_i))\sinh K\xi\right]\right.\\
&-\frac{2\lambda^2H^2}{c^2K^3E\cosh K}\left[\frac{f_2(\xi_i)-K(\xi_i-1)\cosh K}{\sinh K\xi}+1-\cosh K(1-\xi_i)\right]\sinh K\xi\Big\}
\end{aligned}
\tag{7-53}
$$

当 $z_i<z\leqslant H$ 时，

$$
\begin{aligned}
\theta_{ji}^{(2)}=&-\frac{H}{8b^2ct}\left\{\frac{1}{G}(\xi-1)+\frac{\beta\lambda^2}{3GK\cosh K}\left[f_2(\xi)+(1-\cosh K(1-\xi))\sinh K\xi\right]\right.\\
&-\frac{2\lambda^2H^2}{c^2K^3E\cosh K}\left[\frac{f_2(\xi)-K(\xi-1)\cosh K}{\sinh K\xi}+1-\cosh K(1-\xi)\right]\sinh K\xi\Big\}
\end{aligned}
\tag{7-54}
$$

式中 $\beta = m + 3n + 2$，其他符号同前。取 $\xi = \xi_j$ 就得到各楼层 j 处的 θ_{ji} 值。由上两式可以看出，柔度系数具有对称性。

内筒是带连梁的开口薄壁杆件，按照上节所述，可以对内筒引入广义扇性坐标的概念，也可以采用工程中的处理方法。两者的最后计算公式均归为开口薄壁杆的计算公式，只是计算参数分别按两者不同的方法各有其取法。在 7.3.1 节中已给出了在任意高度处作用有集中外扭矩时的解答，利用它就可以求出内筒柔度系数和其他影响系数的计算公式。因为在 7.3.1 节中坐标轴 z 的方向与此处不同，应将其结果中的 z 换成 $H-z$，z_i 换成 $H-z_i$。改写后得内筒柔度系数的计算公式为：

当 $0 \leqslant j \leqslant i$ 时，

$$\theta_{ji}^{(1)} = \frac{1}{\alpha GI_{\mathrm{t}}} \left\{ \frac{\sinh \alpha ih - \sinh \alpha nh}{\cosh \alpha nh} [1 - \cosh \alpha (j-n)h] - \alpha(i-n)h \right. \tag{7-55}$$
$$\left. + \sinh \alpha (j-n)h - \sinh \alpha (j-i)h \right\}$$

当 $i < j \leqslant n$ 时，

$$\theta_{ji}^{(1)} = \frac{1}{\alpha GI_{\mathrm{t}}} \left\{ \frac{\sinh \alpha ih - \sinh \alpha nh}{\cosh \alpha nh} [1 - \cosh \alpha (j-n)h] - \alpha(i-n)h \right. \tag{7-56}$$
$$\left. + \sinh \alpha (j-n)h \right\}$$

式中

$$\alpha^2 = \frac{GI_{\mathrm{t}}}{EI_{\omega}} \tag{7-57}$$

这里为了避免内、外筒的 K 混淆，在内筒计算中改用 α 表示。

3. 内外筒的内力和位移

由式（7-52）解出基本未知扭矩 T_i 以后，内、外筒的内力和位移可按如下算式求出。内筒各楼层处的扭转角 θ_j，转角率 θ'_j，双力矩 B_j 及扭矩 T 分别为：

$$\theta_j = \sum_{i=0}^{n-1} \theta_{ji}^{(1)} T \tag{7-58}$$

$$\theta'_j = \sum_{i=0}^{n-1} \theta_{ji}^{(1)'} T_i \tag{7-59}$$

$$B_j = \sum_{i=0}^{n-1} B_{ji} T_i \tag{7-60}$$

$$T = \sum_{i=0}^{j-1} T_i \tag{7-61}$$

式中，影响系数 $\theta_{ji}^{(1)} = \begin{cases} -\dfrac{1}{GI_{\mathrm{t}}} \left\{ \dfrac{\sinh \alpha ih - \sinh \alpha nh}{\cosh \alpha nh} \sinh \alpha (j-n)h - \cosh \alpha (j-n)h + \right. \\ \left. \cosh \alpha (j-i)h \right\},\ 0 \leqslant j \leqslant i \\ -\dfrac{1}{GI_{\mathrm{t}}} \left\{ \dfrac{\sinh \alpha ih - \sinh \alpha nh}{\cosh \alpha nh} \sinh \alpha (j-n)h + 1 - \cosh \alpha (j-n)h \right\}, \\ i < j \leqslant n \end{cases}$

$$\tag{7-62}$$

$$B_{ji} = \begin{cases} \dfrac{\sinh\alpha ih - \sinh\alpha nh}{\cosh\alpha nh}\cosh\alpha(j-n)h - \dfrac{\sinh\alpha(j-n)h}{\alpha} + \dfrac{\sinh\alpha(j-i)h}{\alpha}, \\[2mm] 0 \leqslant j \leqslant i \\[2mm] \dfrac{\sinh\alpha ih - \sinh\alpha nh}{\cosh\alpha nh}\cosh\alpha(j-n)h - \dfrac{\sinh\alpha(j-n)h}{\alpha}, \\[2mm] i < j \leqslant n \end{cases} \tag{7-63}$$

有了以上 4 个广义位移和广义内力，内筒的翘曲位移和应力可按下式计算：

$$\omega(z,s) = -\theta'(z)\omega(s) \tag{7-64}$$

$$\sigma(z,s) = \frac{B(z)}{I_\omega}\omega(s) \tag{7-65}$$

$$\tau(z,s) = -\frac{B'(z)}{tI_\omega}S_\omega^0(s) \tag{7-66}$$

式中　　t——内筒壁厚；

I_ω——截面的主扇形惯性矩 $I_\omega = S_A\omega^2 dA$；

S_ω^0——所求 τ_ω 点以外的部分横截面面积的扇性静面矩，$S_\omega^0 = S_{A^0}\omega dA$。

当采用广义扇性坐标法考虑连梁影响时，式中 ω 均应变为 $\overline{\omega}$。

外筒的等代筒中的各应力可按下列公式计算：

$$\left.\begin{aligned} \sigma_z &= -\frac{2y}{bc}R_1R_2 \\[2mm] \sigma'_z &= -\frac{2x}{c^2}R_1R_2 \\[2mm] \tau_{yz} &= \tau_s - \left[\frac{1}{3}(2m+3n+1) - m\left(\frac{y}{b}\right)^2\right]R_1R_3 \\[2mm] \tau_{xz} &= -\tau_s - \left[\frac{1}{3}(m+3n+2) - \left(\frac{x}{c}\right)^2\right]R_1R_3 \end{aligned}\right\} \tag{7-67}$$

式中，τ_s，R_1，R_2 和 R_3 的取值见表 7-3。

取值表　　　　　　　　　　　　　　　　　　　　　　　　　　　表 7-3

	倒三角分布扭矩 $t_0(1-\xi)$	均布扭矩 t_0	顶部集中扭矩 T
τ_s	$\dfrac{1}{8bct}\left[t_0H\left(\xi - \dfrac{1}{2}\xi^2\right) - \sum\limits_{i=0}^{L}T_i\right]$	$\dfrac{1}{8bct}\left(t_0H\xi - \sum\limits_{i=0}^{L}T_i\right)$	$\dfrac{1}{8bct}\left(T - \sum\limits_{i=0}^{L}T_i\right)$
R_1	λ^2	λ^2	λ^2
R_2	$\dfrac{t_0H^2}{8bctK^2}\times$ $\left[\dfrac{2K\cosh K(1-\xi) + (K^2-2)\sinh K\xi}{2K\cosh K}\right.$ $\left.+ \xi - 1\right] - B_1'$	$\dfrac{t_0H^2}{8bctK^2}\left[\dfrac{\cosh K(1-\xi) + K\sinh K\xi}{\cosh K} - 1\right.$ $\left. - B_1'\right]$	$\dfrac{T}{8bct}\dfrac{\sinh K\xi}{K\cosh K} - B_1'$

	倒三角分布扭矩 $t_0(1-\xi)$	均布扭矩 t_0	顶部集中扭矩 T
R_3	$\dfrac{t_0 H^2}{8bctK^2}\times$ $\left[\dfrac{(K^2-2)K\cosh K\xi-2K\sinh K(1-\xi)+1}{2\cosh K}\right]-B_2'$	$\dfrac{t_0 H^2}{8bctK}\dfrac{K\cosh K\xi-\sinh K(1-\xi)}{\cosh K}-B_2'$	$\dfrac{T}{8bct}\dfrac{\cosh K\xi}{\cosh K}-B_2'$

注：$B_1' = \dfrac{H}{8bctK\cosh K}\left\{\displaystyle\sum_{i=0}^{L}\left[\sinh K\xi-\cosh K(1-\xi)\sinh K\xi_i\right]T_i+\sum_{i=L+1}^{n-1}\left[\sinh K\xi-\cosh K(1-\xi)\sinh K\xi\right]T_i\right\}$；

$B_2' = \dfrac{H}{8bctK\cosh K}\left\{\displaystyle\sum_{i=0}^{L}\left[\cosh K\xi+\sinh K(1-\xi)\sinh K\xi_i\right]T_i+\sum_{i=L+1}^{n-1}\left[\cosh K\xi-\cosh K(1-\xi)\cosh K\xi\right]T_i\right\}$；

$L = \left[\dfrac{z}{h}\right]$。

有了等代筒的应力以后，可以将它们折算成梁、柱内力的计算，方法同前。

7.3　内筒结构在扭转荷载下的计算

7.3.1　开口截面薄壁杆的约束扭转

圆截面杆件受扭转时可用平截面假设，其他形状截面杆件受扭转时横截面发生翘曲变形：当各截面能自由翘曲时，横截面上只有剪应力，没有正应力，称为"自由扭转"；而当各截面不能自由翘曲时，横截面上除剪应力外，还有正应力，称为"约束扭转"。

从强度方面考虑，当截面面积相等时，闭合薄壁截面杆件的抗弯、抗扭能力比实心截面杆件强，而开口薄壁截面杆件的抗扭能力远不及闭合薄壁截面杆件。约束扭转时的正应力对实心截面杆件可忽略不计，但对薄壁截面杆件，尤其是开口薄壁截面杆件，必须予以考虑。

1. 约束扭转分解为弯曲扭转和自由扭转

受约束扭转的薄壁截面杆件，其壁板除发生扭转变形外，同时还有弯曲变形。当研究薄壁杆件在约束扭转下的应力和变形时，可以把约束扭转分解为弯曲扭转和自由扭转两部分。现取图 7-18 的对称工字形薄壁杆件为例，加以说明。

此工字形薄壁杆件因左端固定，不论扭矩 M_a 为何值，都不能自由发生翘曲变形，故是约束扭转。

（1）弯曲扭转

图 7-18 （a）的工字形开口薄壁截面杆件，在扭矩作用下，两个翼缘板产生相反方向的弯曲变形，故有正应力（称为弯曲扭转正应力）。由于弯曲扭转正应力与横截面上各点的主扇性坐标 ω 有关，故又称扇性正应力，常以 σ_ω 表示，见图 7-18 （b）。

相邻截面的扇性正应力不相等时将产生剪应力（称为弯曲扭转剪应力或称扇性剪应

力），以 τ_ω 表示，见图 7-18 （d）。

横截面上各点的扇性剪应力 $\tau_\omega \mathrm{d}A$ 合成一个力偶矩，称为弯曲扭转力矩（简称弯曲扭矩）。在图 7-18 （b） 和 （d） 中所画出的 M_ω 即是弯曲扭转力矩。

薄壁杆件在弯曲扭转力矩作用下的这部分扭转，称为弯曲扭转。

（2） 自由扭转

总的扭转力矩 M_z 与弯曲扭转力矩 M_ω 之差 $M_k = M_z - M_\omega$ 是自由扭转力矩（自由扭矩）。

薄壁杆件在自由扭转力矩作用下的这部分扭转，称为自由扭转。在自由扭转下的薄壁杆件，横截面上无正应力（图 7-18c 中 $\sigma_k = 0$），只有剪应力，用 τ_k 表示，如图 7-18 （e） 所示。

（3） 薄壁杆件约束扭转时横截面上的应力

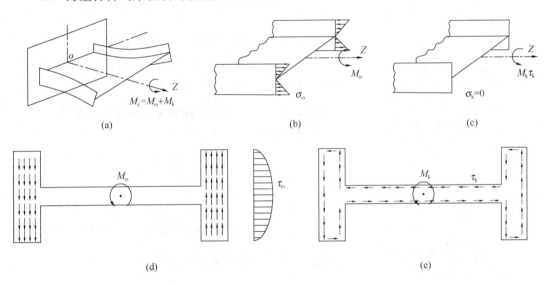

图 7-18　工字形开口薄壁截面杆件扭转图

（a） 约束扭转；（b） 弯曲扭转正应力；（c） 自由扭转正应力；

（d） 弯曲扭转剪应力；（e） 自由扭转剪应力

按上述，受约束扭转的薄壁杆件，可分解为弯曲扭转与自由扭转两部分来计算，故约束扭转横截面上的应力可由两部分扭转应力之和算出：

约束扭转＝弯曲扭转＋自由扭转

$$
\left.
\begin{aligned}
M_z &= M_\omega + M_k \\
\sigma_z &= \sigma_\omega \\
\tau &= \tau_\omega + \tau_k
\end{aligned}
\right\}
\tag{7-68}
$$

因自由扭转无正应力，故约束扭转正应力 σ_z 等于弯曲扭转正应力 σ_ω；而约束扭转剪应力 τ 则等于扇性剪应力 τ_ω 与自由扭转剪应力 τ_k 之和。

2. 开口薄壁截面杆件的弯曲扭转正应力

（1）基本假设

薄壁杆件受扭转时，横截面发生翘曲，不再保持为一个平面。但在小变形条件下，可作如下假设，即符拉索夫假设。

假设 1　开口薄壁截面杆件的薄壁中间面上没有剪切变形。

假设 2　开口薄壁截面杆件受扭转时，翘曲后的横截面在垂直于杆轴平面上的投影面保持原来横截面的形状和大小不变。即横截面的投影面如同刚性周边的平面一样，只绕杆件的扭转中心轴线发生微小的扭转角，没有改变形状和大小。故假设 2 又称刚性周边假设。

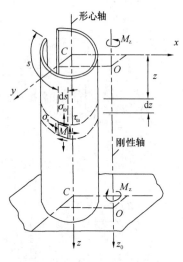

图 7-19　开口薄壁等截面
杆件扭转图

（2）横截面上的弯曲扭转正应力（扇性正应力）

图 7-19 表示一个任意形状开口薄壁等截面杆件，x 和 y 为横截面的形心主轴。在扭矩 M_z 作用下，杆件将绕通过截面扭转中心 O 的竖轴 z_0 发生扭转；因轴线 z_0 无变形，故有时称此轴为“刚性轴”。设此薄壁杆下端为固定端，各横截面不能自由翘曲，故为约束扭转。

在弧坐标为 s、竖向坐标为 z 处的薄壁中间面上取单元体 $\mathrm{d}s \times \mathrm{d}z$，其上作用有应力：$\sigma_\omega$（扇性正应力）；$\sigma_s$（周向正应力）；$\tau_\omega$（扇性剪应力）。

① 扇性正应力与截面翘曲轴向位移的关系

设中间面上 $M(s,z)$ 点的轴向位移为 $w(s,z)$，切线位移为 $v(s,z)$，轴向应变 $\varepsilon_z = \dfrac{\partial w}{\partial z}$，周向应变 $\varepsilon_s = 0$（根据假设 2）。

由虎克定律，

$$\varepsilon_z = \frac{1}{E}(\sigma_s - \mu\sigma_s) = \frac{\partial w}{\partial z}$$

$$\varepsilon_s = \frac{1}{E}(\sigma_s - \mu\sigma_\omega) = 0$$

解出：

$$\sigma_s = \mu\sigma_\omega \tag{7-69}$$

$$\sigma_\omega = \left[\frac{E}{1-\mu^2}\right]\frac{\partial w}{\partial z} = E_1 \frac{\partial w}{\partial z} \tag{7-70}$$

其中，

$$E_1 = \frac{E}{1-\mu^2} \tag{7-71}$$

由式可知，周向正应力 σ_s 可用扇性正应力表示，不是独立的未知量。

② v、w、σ_ω 与横截面扭转角 ϕ 的关系

先求切线位移 v。图 7-20 代表图 7-19 薄壁杆件在 z 处的横截面。依假设 2，横截面的投影面绕扭转中心 O 作刚性转动。设此截面的扭转角为 $\phi = \phi(z)$，现研究弧坐标为 s 的 M 点的切线位移 v。设 $r = r(s)$ 为扭转中心 O 到 M 点的切线的垂直距离，则：

$$\nu = MM'' = MM'\cos\beta = \phi \cdot OM \cdot \cos\beta = \phi r$$

即

$$v = \phi(z)r(s) \tag{7-72}$$

再求轴向位移 w。依假设 1，薄壁中间面无角变形，即：

$$r = \frac{\partial v}{\partial z} + \frac{\partial w}{\partial s} = 0$$

把式（7-72）代入上式，并沿弧坐标对上式积分，得轴向位移 ω 为：

$$w = -\phi' \int_s r\,\mathrm{d}s + f(z) = -\phi'\omega + f(z) \tag{7-73}$$

由式（7-73）知横截面翘曲后，各点的轴向位移 w 与扇性坐标 ω 呈正比。因此，扇性正应力也将与扇性坐标 ω 有关。

最后求扇性正应力 σ_ω。把式（7-73）代入式（7-70），得：

$$\sigma_\omega = E_1[-\phi''\omega + f'(z)] \tag{7-74}$$

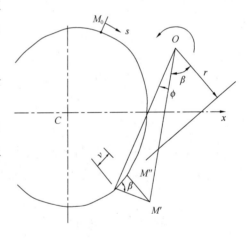

在杆件受扭转时，横截面上的正应力 σ_ω 将自相平衡，由 $\Sigma z = 0$，得：

$$\int_A \sigma_\omega \mathrm{d}A = \int_A E_1[-\phi''\omega + f'(z)]\mathrm{d}A$$
$$= -E_1\phi''S_\omega + E_1 f'(z)A = 0$$

图 7-20　薄壁杆件 z 处横截面示意图

故

$$f'(z) = (S_\omega/A)\phi'' \tag{7-75}$$

如在计算各点的扇性坐标 ω 时，弧坐标零点取主扇性零点 M_0，则扇性静矩为：

$$S_\omega = \int_A \omega\mathrm{d}A = 0$$

将此代入式（7-75），$f'(z) = 0$。因此，式（7-73）中的 $f(z)$ 为常量。令 $f(z) = w_0$，得轴向位移：

$$w = w_0 - \phi'\omega \tag{7-76a}$$

式中　w_0——主扇性零点处的轴向位移。

因 w_0 与 s 及 z 均无关，故 w_0 实为整个杆件沿轴向的刚体位移。在高层建筑中的薄壁内筒，下端常固定在基础上，则 $w_0 = 0$。故式（7-76a）有时写为：

$$w = -\phi'\omega \tag{7-76b}$$

即开口薄壁截面杆件扭转时横截面翘曲后各点的轴向位移，与扭曲率（扭转角导数）及主扇性坐标的乘积呈正比。

将 $f'(z) = 0$ 代入式（7-74），得扇性正应力：

$$\sigma_\omega = -E_1 \phi''\omega \tag{7-77}$$

符拉索夫在研究弯曲扭转扇性正应力时，引入一个称为"弯曲扭转双力矩"的符号，其定义为：

$$B_\omega = \int_A \omega\sigma_\omega \mathrm{d}A = \int_A \omega(-E_1\phi''\omega)\mathrm{d}A$$
$$= -E_1\phi''\int_A \omega^2\mathrm{d}A$$

即：

$$B_\omega = -E_1 I_\omega \phi'' \tag{7-78}$$

由上式解出 $E_1\phi''$，并代入式（7-77），得扇性正应力公式为：

$$\sigma_\omega = \frac{B_\omega\omega}{I_\omega} \tag{7-79}$$

此扇性正应力 σ_ω 的算式与平面弯曲梁的正应力公式 $\sigma = M_y/I_x$ 相似。但式（7-79）中的双力矩不能由平衡条件求出，须待扭转角 ϕ 的变化规律求出后，才能按式（7-78）求得。

当 σ_ω 与 ω 同号时，B_ω 为正。

双力矩的物理意义为：对于受约束扭转的工字形薄壁截面杆件，双力矩等于两个翼缘上扇性正应力组成的弯矩乘以两个弯矩作用面间的距离。因为是"力矩"又乘以"距离"，故称双力矩。对其他形状的开口薄壁截面杆件，双力矩等于各段薄壁上的弯矩乘以弯矩作用面到扭转中心的距离的总和。

双力矩的量纲为：

$$[力矩] \times [距离] = [力] \times [长度]^2$$

3. 开口薄壁截面杆件的弯曲扭转剪应力

（1）扇性剪应力与扭转角 ϕ 的关系

扇性正应力 $\sigma_\omega = \sigma_\omega(s, z)$，随截面的位置 z 而改变，故必存在扇性剪应力 τ_ω。关于 τ_ω 的求法，与平面弯曲梁剪应力的求法相似。

从开口薄壁截面的一个边缘处开始计算弧坐标 s_1，用横截面 z、$z+dz$ 及 s_1 处的纵向截面取隔离体 s_1-dz，如图 7-21 所示。由于是薄壁截面，M 点的扇性剪应力 τ_ω，可认为沿该点壁厚平均分布，τ_ω 的方向沿薄壁中线的切线方向。

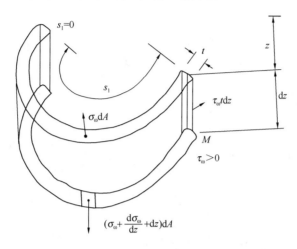

图 7-21　扭转计算图

由图 7-21 所示轴向力的平衡：

$$\Sigma z = 0：-\tau_\omega t dz + \int_{A_1} \frac{\partial \sigma_\omega}{\partial z} dz dA = 0$$

将 $\sigma_\omega = -E_1\phi''\omega$ 代入上式，得：

$$\tau_\omega = -E_1\phi''' S_\omega(s_1)/t \tag{7-80}$$

其中

$$S_\omega(s_1) = \int_{A_1} \omega dA$$

是由截面边缘（$s_1=0$）到所求 τ_ω 点之间的那一部分薄壁截面 A_1 的扇性静矩（ω 为主扇性坐标）。

（2）弯曲扭矩与双力矩的关系

横截面上各点的扇性剪力 $r_\omega dA$ 合成一个对扭转中心 O 的力偶矩，即为弯曲扭矩 M_ω。由图 7-22 得：

$$M_\omega = \int_A r\tau_\omega dA \tag{7-81}$$

将式（7-80）代入式（7-81），得弯曲扭矩：

$$M_\omega = E_1\phi''' \int_A S_\omega(s_1) r \frac{dA}{t}$$

$$= E_1\phi''' \int_A \left(\int_A \omega dA\right) \cdot r ds$$

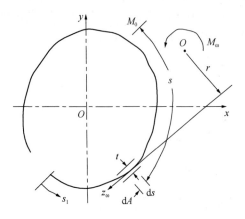

图 7-22　弯曲扭矩示意图

$$= E_1\phi''' \int_A \left(\int_A \omega dA \right) d\omega$$

$$= E_1\phi''' \left[\omega \int_A \omega dA - \int_A \omega^2 dA \right]$$

$$= E_1\phi''' \left[\omega S_\omega - I_\omega \right] \tag{7-82}$$

因 ω 为主扇性坐标，则扇性静矩 $S_\omega = \int_A \omega dA$，故得：

$$M_\omega = - E_1 I_\omega \phi''' \tag{7-83}$$

将 $B_\omega = - E_1 I_\omega \phi''$，代入上式，得弯曲扭矩与双力矩的关系为：

$$M_\omega = \frac{dB_\omega}{dz} \tag{7-84}$$

上式与平面弯曲梁的剪力 $Q = \dfrac{dM}{dx}$ 形式相似。

（3）扇性剪应力的算式

将 $E_1\phi''' = - M_\omega / I_\omega$ 代入式（7-80），得扇性剪应力的算式：

$$\tau_\omega = \frac{M_\omega S_\omega(s_1)}{I_\omega t} \tag{7-85}$$

上式与平面弯曲梁剪应力 $\tau = QS/(Ib)$ 形式相似。

τ_ω 作用方向为，根据图 7-21 和式（7-81）导出的式（7-85），从 z 轴正向一侧算出的弯曲扭矩 M_ω 以与 z 轴呈右手螺旋时为正；$S_\omega(s_1) = \int_{A_1} \omega dA$ 有正负号（即 ω 有正负），算得的扇性剪应力 τ_ω 如为正，表示从 z 轴正向看过去，τ_ω 指向求 $S_\omega(s_1)$ 时 s_1 起点的那个截面边缘。

4. 开口薄壁截面杆件的自由扭转剪应力

假设自由扭转的自由扭矩 M_k 与扭转角 ϕ 之间，在形式上仍存在与纯自由扭转时的相同关系，即：

$$\frac{d\phi}{dz} = \frac{M_k}{GJ_k}$$

$$M_k = GJ\phi' \tag{7-86}$$

式中　J——$J = J_k$ 为薄壁截面的扭转惯性矩。对于由矩形薄板组成的截面，其扭转惯性矩计算式为：

$$J = (\eta/3) \sum h_i t_i^3 \tag{7-87}$$

式中　h_i——第 i 号矩形薄板的长度；

t_i——第 i 号矩形薄板的厚度；

η——与矩形薄板组合截面形状有关的系数，其值分别为：

$$\eta = \begin{cases} 1.00 & \text{（L 形截面）} \\ 1.12 & \text{（匚形截面）} \\ 1.15 & \text{（T 形截面）} \\ 1.20 & \text{（工字形截面）} \end{cases}$$

在式（7-86）中，自由扭矩 M_k 不是由外力扭矩按平衡条件求得的，需待扭转角 ϕ 求出后，才能按式（7-86）算出。

在开口薄壁截面杆件自由扭转时，剪应力 τ_ω 只在薄壁上分布，如图 7-18（e）所示。在薄壁截面边缘处，τ_k 最大；在薄壁中间面处，$\tau_k = 0$。

第 i 号矩形薄壁截面边缘处的自由扭转剪应力 τ_{k_i}，按材料力学公式计算：

$$\tau_{k_i} = M_k t_i / J \tag{7-88}$$

5. 开口薄壁截面杆件约束扭转的扭转角微分方程

由式（7-72）、式（7-76）、式（7-78）、式（7-79）、式（7-83）～式（7-86）可知，约束扭转横截面上各点的位移、双力矩、弯曲扭矩、自由扭矩，以及扇性正应力、扇性剪应力和自由扭转剪应力等，均需待扭转角 ϕ 及各阶导数已知后才能求出。

把式（7-83）和式（7-86）代入式（7-68）的第一式，得：

$$-E_1 I_\omega \phi''' + GJ\phi' = M_z \tag{7-89}$$

设杆件上作用有分布力偶矩 $m = m(z)$，并以从 z 轴正方向看逆时针旋转的 m 为正，则：

$$\frac{dM_z}{dz} = -m \tag{7-90}$$

$$E_1 I_\omega \phi'''' - GJ\phi'' = m \tag{7-91a}$$

上式除以 $E_1 I_\omega$，可写成：

$$\phi'''' - \alpha^2 \phi'' = \frac{m}{E_1 I_\omega} \tag{7-91b}$$

其中

$$\alpha = \sqrt{\frac{GJ}{E_1 I_\omega}}$$

6. 扭转角的通解及初参数方程

当分布扭矩荷载为常量时，式（7-91b）的微分方程通解为：

$$\phi = C_1 + C_2 z + C_3 \sinh\alpha z + C_1 \cosh\alpha z - \frac{m}{GJ}\frac{z^2}{2} \tag{7-92}$$

图 7-23 所示为开口薄壁杆件，设在坐标原点 O 处的扭转角 ϕ_0、扭转角导数 ϕ_0'、双力

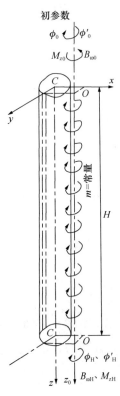

矩 B_ω、扭矩 M_z 等初参数为已知，则可把在 $z=0$ 处的 $\phi=\phi_0$，$\phi'=\phi'_0$，$B_\omega=B_{\omega 0}$，$M_z=M_{z0}$ 代入式（7-92），解出积分常数为：

$$C_1 = \phi_0 + \frac{B_{\omega 0}}{GJ} - \frac{m}{\alpha^2 GJ}$$

$$C_2 = \frac{M_{z0}}{GJ}$$

$$C_3 = \frac{\phi'_0}{\alpha} - \frac{M_{z0}}{\alpha GJ}$$

$$C_4 = -\frac{B_{\omega 0}}{GJ} + \frac{m}{\alpha^2 GJ}$$

把积分常数 C_1、C_2、C_3、C_4 代入式（7-92），得扭转角、扭转角导数、双力矩、弯曲扭矩、自由扭矩的初参数方程（分布扭矩 m＝常量）：

图 7-23　扭转角计算示意图

$$\phi = \phi_0 + \frac{\phi'_0 \sinh\alpha z}{\alpha} + \frac{B_{\omega 0}(1-\cosh\alpha z)}{GJ}$$
$$+ \frac{M_{z0}(\alpha z - \sinh\alpha z)}{\alpha GJ} - \frac{m(1+\alpha^2 z^2/2 - \cosh\alpha z)}{\alpha^2 GJ} \tag{7-93}$$

$$\phi' = \phi'_0 \cosh\alpha z - \frac{B_{\omega 0}\alpha\sinh\alpha z}{GJ} + \frac{M_{z0}(1-\sinh\alpha z)}{GJ} - \frac{m(\alpha z - \sinh\alpha z)}{\alpha GJ} \tag{7-94}$$

$$B_\omega = -\frac{\phi'_0 GJ \sinh\alpha z}{\alpha} + B_{\omega 0}\cosh\alpha z + \frac{M_{z0}\sinh\alpha z}{\alpha} + \frac{m(1-\cosh\alpha z)}{\alpha^2} \tag{7-95}$$

$$M_\omega = -\phi_0 GJ \cosh\alpha z + B_{\omega 0}\alpha\sinh\alpha z + M_{z0}\cosh\alpha z - m\sinh\alpha z/\alpha \tag{7-96}$$

$$M_k = \phi_0 GJ \cosh\alpha z - B_{\omega 0}\alpha\sinh\alpha z + M_{z0}(1-\cosh\alpha z) + m(\sinh\alpha z/\alpha - z) \tag{7-97}$$

$$M_z = M_{z0} - m_z \tag{7-98}$$

7. 开口薄壁杆件约束扭转的边界条件

根据开口薄壁杆件两端的约束条件和作用有已知力的情况，可决定约束扭转的边界条件。下面给出 3 种情况的边界条件：

（1）固定端：$\phi=0$，$\phi'=0$，$B_\omega=0$，$M_z\neq 0$；

（2）扭转固定、弯曲简支端：$\phi=0$，$\phi'\neq 0$，$B_\omega=0$，$M_z\neq 0$；

（3）杆端截面上有垂直于横截面的集中力，$B_\omega=P\omega$，其中，P 以拉力为正，扇性坐标 ω 带有正负号。

例如图 7-24 所示工字形截面，在角点 D 处有拉力 P 作用，通过分析，轴力 $N=P$，弯矩 $M_x=Pb/2$、$M_y=-Ph/2$，双力矩 $B_\omega=(Pb/4) \cdot h=Pbh/4=P\omega_d$，如图 7-24（c）～（f）所示。其中 $\omega_d=bh/4$，如图 7-24（b）所示。根据薄壁杆件两端位移和力的边界条件，确定出初参数 ϕ_0，ϕ'_0，$B_{\omega 0}$，M_{z0}，则扭转角 ϕ 和各项内力可按式（7-93）～式（7-

97）算出。

然后，可依式（7-79）、式（7-85）和式（7-88）计算扇性正应力 σ_ω、扇性剪应力 τ_ω 和自由扭转剪应力 τ_k；周向应力 σ_s 由式（7-69）计算，切线位移 v 和轴向位移 w，则按式（7-72）和式（7-76）计算。

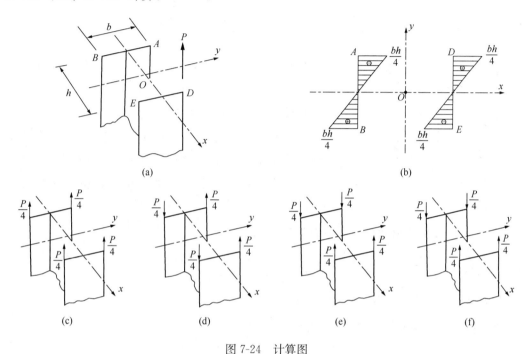

图 7-24　计算图

（a）杆端集中力 P；（b）ω 图；（c）$N=P$；（d）$M_z=Pb/2$；（e）$M_y=-Ph/2$；（f）$B_\omega=Pbh/4=P\omega_d$

7.3.2　连梁对开口截面薄壁杆约束扭转的影响

高层建筑结构中的内筒多为带有连梁的筒体（图 7-25）。连梁的存在加大了薄壁筒体的抗扭能力，完全按照开口截面薄壁杆的扭转计算，没有反映连梁的影响。因此，应对上面的结果加以修正。

对带连梁的开口截面薄壁杆的约束扭转，有多种不同的分析方法。一种是广义扇性坐标的方法，通过引入广义扇性坐标来考虑连梁的影响，即令：

$$\bar{\omega} = \omega - \frac{\Omega}{G\delta_t} \int_0^s \frac{\mathrm{d}s}{t}$$

式中　ω——开口截面薄壁杆的扇性坐标；

　　　Ω——截面轮廓线所围面积的 2 倍，$\Omega=2bd$；

$$\delta_t = \frac{1}{G} \int_1^2 \frac{\mathrm{d}s}{t} + \frac{l^3 h\left(1+\dfrac{12\mu EI_b}{GA_b l^2}\right)}{12EI_b}$$

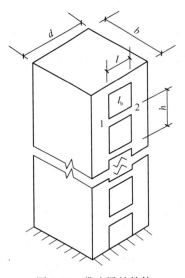

图 7-25　带连梁的筒体

I_b——连梁的惯性矩；

A_b——连梁的截面面积；

l——连梁的跨度；

t——筒壁的厚度；

μ——截面剪应力不均匀分布系数；

h——层高。

采用上述广义扇性坐标后，所有的计算公式仍可采用开口截面薄壁杆的计算公式。

下面再介绍一种工程中考虑连梁影响的处理方法。

连梁和楼板对内筒的影响可相当于增加一个抵抗双力矩 B_ω^* 的作用，即增加了对截面翘曲的约束作用，从而减小内筒的扭转变形。此连梁和楼板相应承担的双力矩为：

$$B_\omega^* = -K^* \theta'$$

式中　K^*——连梁或板的双力矩附加系数。

对连梁，K^* 为：

$$K^* = \frac{12EI_b b^2 d^2}{l^3}$$

此为单根连梁作用的双力矩附加系数。

对楼板（当只考虑起扭转约束作用），K^* 为：

$$K^* = \frac{bdEt_b^3}{6(1+\mu)}$$

式中　t_b——楼板的厚度；

μ——材料的泊松比。

考虑连梁的影响后，内筒扭转角的微分方程式变为：

$$EI_\omega \theta'''' - \left(GI_t + \frac{K^*}{h}\right)\theta'' = m(z) \tag{7-99}$$

式中已将连梁（或楼板）的作用沿层高 h 连续化了。

令：

$$K = \sqrt{\frac{GI_t + \dfrac{K^*}{h}}{EI_\omega}} \tag{7-100}$$

式（7-99）可变为：

$$\theta'''' - K^2 \theta'' = \frac{m(z)}{EI_\omega}$$

上式与式（7-91b）的形式是一样的，但要注意的是，这里杆的约束扭转特征系数按式（7-100）计算，与不考虑连梁约束的情况不一样，它考虑了连梁对约束扭转的影响。

7.4　筒体结构的截面设计及构造要求

研究表明，筒中筒结构的空间受力性能与其高宽比有关。当高宽比小于 3 时，就不能

较好地发挥结构的空间作用。因此，简体结构的高度不宜低于 80m。对高度不超过 60m
的框架核心筒结构，可按框架-剪力墙结构设计。

由于简体结构的层数多、重量大，混凝土强度等级不宜过低，以免柱的截面过大，影
响建筑的有效使用面积，简体结构的混凝土强度等级不宜低于 C30。

当相邻层的柱不贯通时，应设置转换梁等构件。转换梁的高度不宜小于跨度的 1/6。
底部大空间为 1、2 层的简体结构，沿竖向的结构布置应符合以下要求：

（1）必须设置落地筒；

（2）在竖向结构变化处应设置具有足够刚度和承载力的转换层；

（3）当转换层设置在 1、2 层时，可近似采用转换层与其相邻上层结构的等效剪切刚
度比 γ_{el} 表示转换层上、下层结构刚度的变化，γ_{el} 宜接近 1，抗震设计时 γ_{el} 不应小于 0.5。
γ_{el} 可按下式计算：

$$\gamma_{el} = \frac{G_1 A_1}{G_2 A_2} \times \frac{h_2}{h_1} \tag{7-101}$$

$$A_i = A_{wi} + C_i A_{ci} \quad (i = 1, 2) \tag{7-102}$$

$$C_i = 2.5 \left(\frac{h_{ci}}{h_i} \right)^2 \quad (i = 1, 2) \tag{7-103}$$

式中　G_1、G_2——底层和转换层上层的混凝土剪切变形模量；

A_1、A_2——底层和转换层上层的折算抗剪截面面积，可按上述公式计算；

A_{wi}——第 i 层全部剪力墙在计算方向的有效截面面积（不包括翼缘面积）；

A_{ci}——第 i 层全部柱的截面面积；

h_i——第 i 层的层高；

h_{ci}——第 i 层柱沿计算方向的截面高度。当第 i 层各柱沿计算方向的截面高度
　　　　不相等时，可分别计算各柱的折算抗剪截面面积。

楼盖结构应符合下列要求：

（1）楼盖结构应具有良好的水平刚度和整体性，以保证各抗侧力结构在水平力作用下
协同工作；当楼面开有较大洞口时，洞的周边应予以加强。

（2）楼盖结构的布置宜使竖向构件受荷均匀。

（3）在保证刚度及承载力的条件下，楼盖结构宜采用较小的截面高度，以降低建筑物
的层高和减轻结构自重。

（4）楼盖可根据工程具体情况选用现浇的肋形板、双向密肋板、无粘结预应力混凝土
平板。

角区楼板双向受力，梁可以采用 3 种布置方式：

（1）角区布置斜梁，两个方向的楼盖梁与斜梁相交，受力明确。此种布置下斜梁受力
较大，梁截面高，不便机电管道通行；楼盖梁的长短不一，种类多。

（2）单向布置结构简单，但有一根主梁受力大。单向平板布置角部沿一方向设扁宽

梁，必要时设部分预应力筋。

（3）双向交叉梁布置，此种布置结构高度较小，有利于降低层高。

楼盖外角板面宜设置双向或斜向附加钢筋，防止角部面层混凝土出现裂缝。附加钢筋的直径不应小于8mm，间距不宜大于150mm。

筒体墙的正截面承载力宜按双向偏心受压构件计算；截面复杂时，可分解为若干矩形截面，按单向偏心受压构件计算；斜截面承载力可取腹板部分，按矩形截面计算；当承受集中力时，尚应验算局部受压承载力。

筒体墙的配筋和加强部位，以及暗柱等设置，与剪力墙相同。一级和二级框架-核心筒结构的核心筒、筒中筒结构的内筒，其底部加强部位在重力荷载作用下的墙体平均轴压比不宜超过表7-4的规定，并应按规定设置约束边缘构件或构造要求的边缘构件。

剪力墙最大平均轴压比
表7-4

轴压比	一级（9度）	一级（7、8度）	二、三级
$N/(f_y A)$	0.4	0.5	0.6

注：1. N 为重力荷载作用下剪力墙肢的轴力设计值；

2. A 为剪力墙墙肢截面面积；

3. f_y 为混凝土轴心抗压强度设计值。

核心筒或内筒的外墙不宜连续开洞。个别小墙肢的截面高度不宜小于1.2m，其配筋构造应按柱进行。

结构的角柱承受大小相近的双向弯矩，其承载力按双向偏心受压构件计算较为合理。由于角柱在结构整体受力中起重要作用，计算内力有可能小于实际受力情况，为安全计算，角柱的纵向钢筋面积宜乘以增大系数1.3。

在筒体结构中，大部分水平剪力由核心筒或内筒承担，框架柱或框筒柱所受剪力远小于框架结构的剪力，由于剪跨比明显增大，其轴压比限值可适当放松。抗震设计时，框筒柱和框架柱的轴压比限值可沿用框架-剪力墙结构的规定。

楼盖梁搁置在核心筒或内筒的连梁上，会使连梁产生较大剪力和扭矩，容易产生脆性破坏，宜尽量避免。

习　　题

7-1　筒体结构的高宽比、平面长宽比、柱距、立面开洞情况有哪些要求？为什么要设置这些要求？

7-2　什么是剪力滞后效应？为什么会出现这些现象？对筒体结构的受力有什么影响？

7-3　筒体结构窗裙梁的设计与普通梁的设计相比有何特点？

第8章 高层建筑结构设计软件应用

8.1 结构程序设计的基本原理

8.1.1 单元模型

结构分析力学模型的建立基于两个基本点：一是力学模型能较好地反映结构的实际受力性能，能满足工程的实际应用需要；二是在满足工程精度要求的前提下，模型尽可能简单明了，方便使用。

对于一般的框架结构、框架-剪力墙结构和筒体结构，可以作如下基本假定：楼板在其自身平面内刚度无限大，平面外刚度为零。因此每一楼层有3个公共自由度，即2个方向的水平线位移和绕结构形心的转角位移。其他结构则离散为4类构件：（1）柱——带或不带刚域的空间竖向杆件；（2）薄壁柱——由薄壁墙体组成的空间竖向杆件；（3）梁——两端与柱相连的楼面杆件；（4）连系梁——至少有一端与薄壁柱相连的楼面杆件。结构整体坐标系按右手法则取为 $oxyz$，z 轴垂直向上，坐标原点 o 任取，如图 8-1 所示。

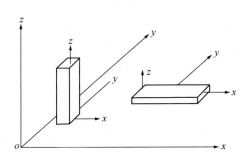

图 8-1 结构整体坐标系

（1）柱单元刚度矩阵

柱的局部坐标系按右手坐标系选取，柱的杆轴取为 z 轴。其截面的两个主轴方向分别取为 x 轴和 y 轴，且 o 点在截面形心处。则柱单元刚度矩阵为 $[K^c]$：

$$
[K^{\mathrm{C}}] =
\begin{bmatrix}
\frac{12}{L^2}i & & & & \frac{6}{L}i_{\mathrm{y}} & -\frac{12}{L^2}i_{\mathrm{y}} & & & \frac{6}{L}i_{\mathrm{y}} \\
& \frac{12}{L^2}i_{\mathrm{x}} & & -\frac{6}{L}i_{\mathrm{x}} & & & -\frac{12}{L^2}i_{\mathrm{x}} & & -\frac{6}{L}i_{\mathrm{x}} \\
& & \frac{EA}{L} & & & & -\frac{EA}{L} & & \\
& & & (4+\varphi_{\mathrm{x}})i_{\mathrm{x}} & & & \frac{6}{L}i_{\mathrm{x}} & & (2-\varphi_{\mathrm{x}})i_{\mathrm{x}} \\
& & & & (4+\varphi_{\mathrm{y}})i_{\mathrm{y}} & -\frac{6}{L}i_{\mathrm{y}} & & & (2-\varphi_{\mathrm{y}})i_{\mathrm{y}} \\
& & & & & \frac{GJ}{L} & & & \\
& & & & & & \frac{12}{L^2}i_{\mathrm{y}} & & -\frac{6}{L}i_{\mathrm{y}} \\
& & & & & & & \frac{12}{L^2}i_{\mathrm{x}} & \frac{6}{L}i_{\mathrm{x}} \\
& & & & & & & & \frac{EA}{L} \\
& & & & & & & & (4+\varphi_{\mathrm{x}})i_{\mathrm{x}} \\
& & & & & & & & (4+\varphi_{\mathrm{y}})i_{\mathrm{y}}
\end{bmatrix}
\tag{8-1}
$$

对于柱每端有 6 个自由度：

$\delta_{j,i,i} = [U,V,W,\theta_{\mathrm{x}},\theta_{\mathrm{y}},\theta_{\mathrm{z}}]^{\mathrm{T}}_{j,i,i}$，其中 U、V 为 x，y 方向的横向位移；W 为轴向位移；θ_{x}，θ_{y} 为绕 x 轴和 y 轴的转角；θ_{z} 为绕 z 轴的转角。则对第 i 层、第 j 个柱有：

$$
\begin{Bmatrix} P^{\mathrm{C}}_{j,i,i-1} \\ \vdots \\ P^{\mathrm{C}}_{j,i,i} \end{Bmatrix} = [K^{\mathrm{C}}_{j,i}] \begin{Bmatrix} \delta^{\mathrm{C}}_{j,i,i-1} \\ \vdots \\ \delta^{\mathrm{C}}_{j,i,i} \end{Bmatrix}
\tag{8-2}
$$

式中 $P^{\mathrm{C}}_{j,i,i} = [N_{\mathrm{x}},N_{\mathrm{y}},N_{\mathrm{z}},M_{\mathrm{x}},M_{\mathrm{y}},M_{\mathrm{z}}]^{\mathrm{T}}_{j,i,i}$ 为向量，其中 N_{x}、N_{y} 为 x、y 方向的剪力；N_{z} 为轴力；M_{x}、M_{y} 为绕 x、y 轴的弯矩；M_{z} 为扭矩；$[K^{\mathrm{C}}_{j,i}]$ 为柱单元刚度矩阵，如式 (8-1) 所示。其中：

$$
i_{\mathrm{x}} = \frac{EI_{\mathrm{x}}}{(1+\varphi_{\mathrm{x}})L}, \quad i_{\mathrm{y}} = \frac{EI_{\mathrm{y}}}{(1+\varphi_{\mathrm{y}})L}, \quad \varphi_{\mathrm{x}} = \frac{12\mu EI_{\mathrm{y}}}{GAL^2}, \quad \varphi_{\mathrm{y}} = \frac{12\mu EI_{\mathrm{y}}}{GAL^2}
\tag{8-3}
$$

（2）梁单元刚度矩阵

梁的局部坐标系按右手坐标系选取，梁的杆轴取为 x 轴，截面主轴为 y、z 轴，o 点为截面形心。梁单元刚度矩阵为：

$$[K^B] = \begin{bmatrix} \frac{EA}{L} & & & & & & -\frac{EA}{L} & & & & & \\ & \frac{12}{L^2}i_z & & & & \frac{6}{L}i_z & & -\frac{12}{L^2}i_z & & & & \frac{6}{L}i_z \\ & & \frac{12}{L^2}i_y & & -\frac{6}{L}i_y & & & & -\frac{12}{L^2}i_y & & -\frac{6}{L}i_y & \\ & & & \frac{GI_x}{L} & & & & & & -\frac{GI_x}{L} & & \\ & & & & (4+\varphi_y)i_y & & & & \frac{6}{L}i_y & & (2-\varphi_y)i_y & \\ & & & & & (4+\varphi_z)i_z & & -\frac{6}{L}i_z & & & & (2-\varphi_z)i_z \\ & & & & & & \frac{EA}{L} & & & & -\frac{6}{L}i_y & \\ & & & & & & & \frac{12}{L^2}i_z & & \frac{6}{L}i_x & & \\ & & & & & & & & \frac{12}{L^2}i_y & & & \\ & & & & & & & & & \frac{GI_x}{L} & & \\ & & & & & & & & & & (4+\varphi_y)i_y & \\ & & & & & & & & & & & (4+\varphi_z)i_z \end{bmatrix} \quad (8\text{-}4)$$

对于第 i 层与柱相连的梁存在下述关系：

$$\begin{Bmatrix} P^B_{j,i} \\ \vdots \\ P^B_{k,i} \end{Bmatrix} = [K^B_{j,k,i}] \begin{Bmatrix} \delta^B_{j,i} \\ \vdots \\ \delta^B_{k,i} \end{Bmatrix} \quad (8\text{-}5)$$

其中，梁的位移向量 $\delta^B_{j,i}$，与柱的位移向量 $\delta^C_{j,i,i}$ 完全一致。$[K^B_{j,k,i}]$ 为梁单元刚度矩阵，其中：

$$i_y = \frac{EI_y}{(1+\varphi_y)L}, \quad i_z = \frac{EI_z}{(1+\varphi_z)L}, \quad \varphi_y = \frac{12\mu EI_y}{GAL^2}, \quad \varphi_z = \frac{12\mu EI_z}{GAL^2},$$

$$P^B_{j,i} = [N_x, N_y, N_z, M_x, M_y, M_z]^T_{j,i} \quad (8\text{-}6)$$

式中　N_x——轴力；

N_y——梁平面外剪力，相应于 y 方向；

N_z——梁平面内剪力，相应于 z 方向；

M_x——扭矩；

M_y、M_z——梁平面内及平面外弯矩，即绕 y 轴和 z 轴的弯矩。

（3）薄壁柱单元刚度矩阵

其局部坐标系如图 8-1 所示，原点 o 在截面剪心，截面的两个主轴方向为 x 轴与 y 轴。由于翘曲的存在，每端有 7 个自由度。对 i 层第 j 个薄壁柱，有如下关系：

$$\begin{Bmatrix} P^{TH}_{j,i,i-1} \\ \vdots \\ P^{TH}_{j,i,i} \end{Bmatrix} = [K^{TH}_{j,i}] \begin{Bmatrix} \delta^{TH}_{j,i,i-1} \\ \vdots \\ \delta^{TH}_{j,i,i} \end{Bmatrix} \quad (8\text{-}7)$$

其中，$\{\delta^{\mathrm{TH}}_{j,i,i}\} = \{U,V,W,\theta_{\mathrm{x}},\theta_{\mathrm{y}},\theta_{\mathrm{z}},\theta'_{\mathrm{z}}\}^{\mathrm{T}}_{j,i,i}$，$\theta'_{\mathrm{z}}$ 为扭转角变化率，其余变量的含义与柱的 $\delta^{\mathrm{C}}_{j,i,i}$ 内同名变量相同；$\{P^{\mathrm{TH}}_{j,i,i}\} = \{N_{\mathrm{x}},N_{\mathrm{y}},N_{\mathrm{z}},M_{\mathrm{x}},M_{\mathrm{y}},M_{\mathrm{z}},B\}^{\mathrm{T}}_{j,i,i}$，$B$ 为双力矩；$[K^{\mathrm{TH}}_{j,i}]$ 为薄壁柱单元刚度矩阵，见下式：

$$[K^{\mathrm{TH}}_{j,i}] = \begin{bmatrix} C_1 & & & & C_9 & & -C_1 & & & & C_9 \\ & C_2 & & -C_8 & & & & -C_2 & & -C_8 & \\ & & C_3 & C_{11} & -C_{10} & & & & -C_3 & C_{11} & C_{10} \\ & & & C_4 & C_{12} & & & C_8 & -C_{11} & C_{13} & C_{12} \\ & & & & C_5 & & -C_9 & & C_{10} & C_{12} & C_{14} \\ & & & & & C_6 & C_{15} & & & & -C_6 & C_{15} \\ & & & & & & C_7 & & & C_8 & & -C_{15} & C_{16} \\ & & & & & & & C_1 & & & -C_9 \\ & & & & & & & & C_2 & & -C_8 \\ & & & & & & & & & C_3 & C_{11} & -C_{10} \\ & & & & & & & & & & C_4 & -C_{12} \\ & & & & & & & & & & & C_5 \\ & & & & & & & & & & & & C_6 & -C_{15} \\ & & & & & & & & & & & & & C_7 \end{bmatrix} \tag{8-8}$$

式中，$C_1 \sim C_{16}$ 表达式如下：

$$C_1 = \frac{12}{L^2}i_{\mathrm{y}}$$

$$C_2 = \frac{12}{L^2}i_{\mathrm{x}}$$

$$C_3 = \frac{EA}{L}$$

$$C_4 = (4+\varphi_{\mathrm{x}})i_{\mathrm{x}} + \beta_{\mathrm{y}}Y_{\mathrm{G}}$$

$$C_5 = (4+\varphi_{\mathrm{y}})i_{\mathrm{y}} + \beta_{\mathrm{x}}X_{\mathrm{G}}$$

$$C_6 = \overline{GJ} \cdot \alpha''SH$$

$$C_7 = \overline{GJ}\left(LCH - \frac{SH}{\alpha}\right)$$

$$C_8 = \frac{6}{L}i_{\mathrm{x}}$$

$$C_9 = \frac{6}{L}i_{\mathrm{y}}$$

$$C_{10} = \beta_{\mathrm{x}} = \frac{EA}{L}X_{\mathrm{G}}$$

$$C_{11} = \beta_{\mathrm{y}} = \frac{EA}{L}Y_{\mathrm{G}}$$

$$C_{12} = \beta_{\mathrm{x}}Y_{\mathrm{G}}$$

$$C_{13} = (2-\varphi_{\mathrm{x}})i_{\mathrm{x}} - \beta_{\mathrm{y}}Y_{\mathrm{G}}$$

$$C_{14} = (2 - \varphi_y)i_y - \beta_x X_G$$

$$C_{15} = \overline{GJ}(CH - 1)$$

$$C_{16} = \overline{GJ}\left(\frac{SH}{\alpha} - L\right)$$

$$\alpha = \sqrt{\frac{GJ_1}{EI_w}}$$

$$i_x = \frac{EI_x}{(1 + \varphi_x)L}$$

$$i_y = \frac{EI_y}{(1 + \varphi_y)L}$$

$$\varphi_x = \frac{12EI_x}{GAL^2}$$

$$\varphi_y = \frac{12EI_y}{GAL^2}$$

$$\overline{GJ} = \frac{GJ_t}{2 - 2CH + \alpha LSH}$$

$$SH = \sin(\alpha L)$$

$$CH = \cos(\alpha L)$$

有关单元刚度矩阵的详细推导在此不再赘述。当单元刚度矩阵求出后，须考虑杆端刚域、偏心、局部坐标系的夹角、刚性楼板的位移协调等因素的影响，因此在形成整体刚度矩阵前常需要调整，然后再将局部坐标系转换为整体坐标系。

8.1.2　结构分析过程

程序一般情况下先计算各种单个工况的内力，然后进行叠加。进行非抗震设计时，考虑恒荷载、活荷载和风荷载的组合；进行抗震设计时，考虑重力荷载代表值、水平（竖向）地震作用值和风荷载的组合。一般情况下，程序版本的升级都是依据现行国家设计规范进行。

对于地震作用的计算，一种是直接动力方法，即时程分析法；另一种是等效静力方法，即《抗震规范》的反应谱方法。对于 9 度设防地区的结构，尚需考虑竖向地震作用分析。

上述静力荷载和动力荷载均计算出来以后，按照矩阵位移法原理可建立结构的整体平衡方程：

$$[K_s]\{\Delta_s\} = \{P_s\} \tag{8-9}$$

式中　　$[K_s]$ ——结构刚度矩阵；

$\{\Delta_s\}$ ——相应于 $\{P_s\}$ 的结构位移向量；

$\{P_s\}$ ——结构荷载（外力）向量。

对式（8-9），位移向量是未知数，对其求解是一个纯粹的数学问题，一般采用 LDLT 分解方法。

整体位移向量求解后，可求解出每一杆端力向量，利用坐标转换矩阵可以得到杆件局部坐标系下的力向量，求得的杆件内力包括弯矩、剪力、轴力等。

杆件内力求出后，再按照规范计算结构配筋和变形验算。

8.2 常用工程软件介绍及选用原则

目前，国内常用的高层建筑结构设计软件有 YJK-A、PKPM 系列软件。

8.2.1 YJK-A 软件简介

YJK-A 软件是为多、高层建筑结构计算分析而研制的空间组合结构有限元分析与设计软件，适用于各种规则或复杂体型的多、高层钢筋混凝土框架、框架-剪力墙、剪力墙、筒体结构以及钢-混凝土混合结构和高层钢结构等。软件采用空间框架单元模拟梁、柱及支撑等杆系构件，并采用超单元来模拟剪力墙、弹性楼板和转换梁。墙元专用于模拟多、高层结构中剪力墙，对于尺寸较大或带洞口的剪力墙，按照子结构的基本思想，由软件自动进行细分，然后用静力凝聚原理将内部自由度消去，从而保证墙元的精度和较少的出口自由度。这种墙元对剪力墙的洞口（仅考虑矩形洞）的大小及空间位置无限制，具有较好的适用性，也能较好地模拟工程中剪力墙的实际受力状态。对于弹性楼板和转换梁也采用相似的处理方案，即细分后凝聚内部节点、只保留出口节点的做法。

软件采用先进的数据库管理技术，力学计算与专业设计分离管理，并用数据库传递信息。计算前处理中包含了大量的专业性的预处理，中间部分是核心有限元力学计算，然后将得到的计算内力、位移根据规范和设计要求完成一系列专业计算，最终得到以截面配筋为主要内容的设计结果。分离式管理保证了力学计算可采用通用的技术处理方案，并充分跟踪国内外先进技术的发展从而进行改进。

软件广泛使用了多点约束（MPC）机制。刚性楼板假定、偏心刚域、支座位移、节点约束、不协调节点等功能以及短梁短墙的处理，均利用 MPC 机制统一处理，保证了计算精度、计算稳定性以及结构的合理性。

软件使用的快速求解器采用了国际领先技术，历经多年研制。该求解器经历了大量计算工程实践，计算结果稳定，且计算速度快，计算容量规模大。

该软件由两大部分组成，第一部分是前处理及计算，第二部分是设计结果显示输出，两部分分别由两组菜单驱动。

（1）前处理及计算

从"模型荷载输入"菜单点取"上部结构计算"菜单进入上部结构计算软件时，软件首先进入计算前处理部分。

计算前处理包括的菜单有：计算参数、荷载校核、连续梁编辑、特殊构件定义、多塔定义、楼层属性查看修改、风荷载查看修改、柱计算长度查看修改、生成结构计算数据、数据检查报告、计算简图等。这些内容是在模型荷载输入完成后，对结构计算信息的重要补充。

计算参数是控制结构计算时必须正确填写的部分，在第一次执行计算前必须要执行计算参数菜单。参数的分类标题列于左侧，点开每项得到右侧不同的参数对话框，参数分类和传统软件相同，每页的内容有较多区别，出现了很多体现新功能特点的参数。

对于不熟悉的参数，用户可以使用帮助功能，按 F1 键，则可立即显示帮助功能，说明书和技术报告中的相关内容可以马上展现出来。也可以将鼠标悬停在想要了解的参数上面，在参数说明框中会对该参数进行简单说明。

（2）设计结果显示输出

结构计算完成后自动进入设计结果菜单。软件提供两种方式输出计算结果，一是各种文本文件，二是各种计算结果图形。

设计结果部分的菜单有：文本结果、构件编号图、配筋简图、轴压比图、梁挠度图、边缘构件图、标准内力图、三维内力图、梁内力包络图、地震振型和各工况下的变形动画、吊车荷载预组合内力图等。

打开文本文件显示菜单即出现各类计算结果文本文件的列表框，双击某一项即可打开该文本文件。有些项目前带有"＋"号，这是分层输出的文本文件，点开后即展开各楼层的文本文件列表。计算结果文件统一带有后缀".out"。

全部计算结果文本文件都是软件自动生成的，图形文件是根据用户操作相应菜单生成的。计算结果的文本文件和图形文件都存放在工程目录下的"设计结果"子目录中。结构计算过程中产生大量中间数据，它们是各个计算阶段互相联系的文件，这些文件体量较大，存放在工程目录下的"中间数据"子目录中。

8.2.2　YJK-A 软件选用原则

1. 杆件截面设计与验算

该软件对梁、柱、斜柱支撑的截面设计一般需要以下步骤：

（1）内力调整

该软件可以进行薄弱层、最小剪重比等各类地震效应调整，对于柱还可以考虑活荷载按楼层折减，对于框架梁还可以考虑弯矩调幅。

（2）荷载效应组合

该软件可以考虑恒、活、风、地震、人防、吊车等荷载效应的组合，并输出在配筋文本文件中。对于活荷载、吊车荷载、地震作用，这些荷载类型可以再次细分，如考虑活荷载不利布置时活荷载可以分为"活 1""活 2"和"活载"，考虑吊车荷载时吊车荷载有多种预组合结果，考虑地震作用时地震效应有正负偶然偏心和多方向地震等情况。该软件在荷载组合时会对上述每种荷载细分后的结果循环进行荷载组合。

（3）考虑抗震要求的设计内力调整

抗震设计时，该软件按照规范的相关规定进行强柱弱梁、强剪弱弯调整。

（4）截面配筋

对每根杆件分别作正截面和斜截面承载力配筋设计；考虑最小、最大配筋率的要求；对斜截面验算最小截面尺寸；对超出最大配筋率或不满足最小截面要求时给出超限信息；对柱可作单向配筋和双向配筋计算和验算，柱的轴压比验算等。该软件还可设计型钢混凝土梁、变截面梁、异形截面混凝土柱、各种类型的型钢混凝土柱、钢管混凝土柱等。

（5）钢构件设计

该软件可以进行钢梁、钢柱、钢支撑设计，主要内容有：柱构件的截面强度验算、X 方向及 Y 方向稳定性验算、板件局部稳定验算、长细比验算；梁构件的截面抗弯强度验算、抗剪强度验算、整体稳定性验算、板件局部稳定验算。对于轴力较大的梁，补充按照压弯构件的验算。斜杆支撑的验算与柱构件相同。

2. 剪力墙设计与验算

该软件根据建筑总高度、地下室层数、转换层所在层号、裙房层数等自动求出剪力墙底部加强区的层数。该软件可根据用户要求对框支转换层底部加强区的抗震等级自动提高一级。该软件可根据底层墙肢轴压比确定底部加强区及上一层的特一、一、二、三级剪力墙是否设置约束边缘构件，其余剪力墙设置构造边缘构件。可考虑地震效应的各类调整，可考虑活荷载按楼层折减。剪力墙构件配筋计算内容主要包括在剪力墙墙肢平面内的正截面、斜截面承载力计算及连梁的正截面、斜截面承载力计算等内容。墙肢正截面承载力计算采用矩形截面沿截面腹部均匀配置纵向钢筋的偏心受力构件及轴心受力构件承载力计算原则进行配筋计算，并将墙体水平钢筋用于斜截面承载力计算，竖向分布钢筋用于正截面承载力计算。该软件可单独指定某个墙肢竖向分布配筋率的功能，满足结构优化设计需要，如合理定义竖向分布筋配筋率可以改善长墙肢的暗柱计算配筋超限问题。

该软件对于二肢或三肢剪力墙自动按照二肢或三肢组合在一起的截面计算剪力墙的轴压比，从而使轴压比计算结果在各墙肢之间更加均衡。

型钢混凝土剪力墙，主要指剪力墙的端柱为型钢混凝土柱、在剪力墙内布置型钢柱（暗柱）。该软件可以在剪力墙截面配筋计算时考虑型钢的影响来计算端部钢骨周围所需配筋面积及剪力墙腹板内抗剪水平分布筋面积。

对于短肢剪力墙结构，该软件可以计算各楼层的短肢剪力墙倾覆弯矩的百分比，用来帮助用户作是否为短肢剪力墙结构类型的判断。

该软件对于跨高比小于等于 5（参数设置可调）、按照框架梁布置的剪力墙连梁自动按照墙元计算，对这样的框架梁按照墙的处理方式自动划分单元，用细分的壳单元计算。这样的处理结果更加符合实际情况，并使这样的剪力墙连梁无论是用剪力墙上开洞口输入，还是用框架梁输入方式的计算结果是相同的。

连梁的配筋计算与普通梁类似，主要包括连梁截面尺寸判断，对梁分别进行正截面、斜截面配筋计算，求得连梁纵筋和箍筋计算面积，再与规范构造要求对比取大值。用户可以选择连梁是否按对称配筋设计。

3. 错层梁、斜梁、层间梁、局部错层结构

建模中通过调整上节点高及梁顶标高参数，即可在各楼层上简单、准确地完成层间梁、斜梁、错层梁和局部错层结构的几何建模工作。坡屋面、体育场看台、坡道等结构的模型，都是用这种方式建模的。

计算的前处理可将这种模型正确地转化为计算模型，主要工作是：错层梁、斜梁可将相连的柱或墙打断并在断点处连接；斜梁梁端可以与下层或其他层的梁、柱、墙、支撑自动连接。对于建模缺陷问题的容错处理包括：对同一节点上的不同标高梁或上翻梁自动按连接处理；对斜梁梁端的上层没有杆件时自动拉动本层杆件或抬高本身与之相接；本层调整上节点高后与上层相连层柱没有相应调整等。

坡屋面楼层外沿的封口梁和其下层楼面的封口梁常处于重合的同一位置，它们同时连接下层楼板和坡屋面层的斜板，并同时承担两层楼板传来的荷载。该软件专门设计了对这种上下层同一位置重合梁的荷载合并和删除机制。即把上下两层梁的荷载合并，将它们作用到下层梁上，然后将上层的梁在计算时删除。

在强制楼层刚性板假定下，该软件采用计算的主从节点模式将从属于某层的所有节点进行刚体平动和转动，像坡屋面层、错层楼层的复杂楼层也保持一个刚体那样转动和平动，从而得到合理的计算指标。

4. 多塔结构

多塔结构的建模方式，按各塔各层模型是统一输入至相同的标准层中还是分别输入至独立标准层中，分为共用标准层与广义层两种。无论使用哪一种建模方式，或者两种建模方式混合应用，该软件都可以完成对多塔中的各分塔的自动划分。该软件中的"多塔定义"即是对多塔模型进行分塔的过程。

该软件根据各层梁墙的布置状况，可以自动搜索出由梁墙组成的各个塔单元的最外围轮廓并适当外扩，这个轮廓线就是各个塔划分的边界线。对于布置复杂混乱的平面也可以实现各塔归属的自动划分，如对于跃层柱、跃层支撑，该软件根据它们在上下相邻层的关系即可正确判断出它的塔号。软件可对各个分塔按照规范要求实现单塔模型的提取和单独计算。用户可在三维简图上清晰看到软件自动划分多塔及各单塔模型自动提取的结果，并可人工干预修改。自动划分多塔功能省去大量人工定义的工作，效率高、计算准确。

多塔定义后，软件可以对多塔结构各个塔的风荷载分别统计计算，并可作伸缩缝结构处风荷载的遮挡计算，对于各个分塔地震作用考虑偏心、$0.2V_0$ 调整等计算是分塔分别进行的。另外，各种计算统计指标是按照分塔输出的。

用户可将全部多塔连在一起整体建模，软件可自动实现按整体模型和各塔分开的模型分别计算，并采用较不利的结果进行结构设计。对其中的每个塔按照规范的要求自动切分

成单个塔，然后连续地分别进行各塔的单塔计算和全部多塔连在一起的整体计算，最终构件配筋设计时采用整体计算和各单塔计算的较大值。软件将各个单塔的计算结果放置于按照单塔名称分类的子目录中，对于截面配筋以外的其他计算结果，用户可方便地从分体模型或整体模型中找到需要的计算结果。

5. 带转换层结构

该软件可对各种类型的带转换层结构和带加强层结构、连体结构给出计算解决方案。转换层结构构件可采用转换梁、桁架、空腹桁架、箱形结构、斜撑、厚板、搭接柱转换、宽扁梁转换等。

用户应对框支剪力墙结构的转换梁、框支柱进行人工指定，指定后软件可根据规范相关条文自动对其作调整计算。

如果对转换梁采用梁单元计算，将上部剪力墙和梁的中和轴位置相接，会使梁的计算刚度大大减少而不能得到正确计算结果。故软件对转换梁自动按照墙单元进行计算，按照墙那样将转换梁细分成壳单元，并使其上皮和上部的托墙连接。这样计算模型与真实模型会更加接近，力学分析也更加合理。同时软件对转换梁仍按照梁的方式输出内力和配筋。

6. 地下室结构

一般应将地下室与其上部结构各层共同建立，组成完整的计算模型进行计算分析，该软件可以进行上部结构和地下室协同的、联合的计算分析。将地下室建入整体模型后，可以在设计参数中定义地下室层数，同时输入地下室的相关参数。对于风荷载的计算，该软件自动考虑地下室部分的基本风压为零，在地上部分的风荷载计算中自动扣除地下室部分的高度，地下室顶板作为风压高度变化系数的起算点。

总的来说，YJK-A 软件适用于各种规则或复杂体型的多、高层钢筋混凝土框架、框架-剪力墙、剪力墙、筒体结构以及钢-混凝土混合结构和高层钢结构。

8.2.3　PKPM 系列软件简介

PKPM 系列软件为中国建筑科学研究院 PKPM 工程部研制开发，该程序发展迅速，功能齐全，可以直接为施工图绘制服务。

在 PKPM 系列软件中，PMCAD 为该系列结构设计各软件的核心，为其他各功能设计提供数据接口。一般情况下，由 PMCAD 生成整个建筑物整体结构的数据，然后生成每一榀框架的 PK 文件，由 PK 程序生成每一榀框架的结构内力、变形以及配筋施工图的绘制。近年来又发展了三维空间分析软件 TAT，采用空间杆系计算梁柱、薄壁柱原理计算剪力墙，适用于平面和立面复杂的多高层框架、框架-剪力墙和剪力墙结构。为了增加多高层建筑空间分析的精度，接着又开发了 SATWE 空间组合结构有限元分析软件。

归结起来，PMCAD 的主要功能有：①人机交互建立全楼结构模型；②自动导算荷载建立恒（活）荷载库；③为各种计算模型提供计算所需数据文件；④为上部结构各绘图 CAD 模块提供结构构件的精确尺寸；⑤为基础设计 CAD 模块提供底层结构布置与轴线网格布置，提供上部结构传下的恒（活）荷载；⑥现浇钢筋混凝土楼板结构计算与配筋设计；⑦结构平面施工图辅助设计。

另外对砖混结构，可以做砖混结构圈梁布置，画砖混圈梁大样图及构造柱大样图。对砖混和底框结构的抗震计算及受压高厚比、局部承压计算等。

8.2.4　PKPM 系列软件选用原则

PKPM 系列软件有 3 个空间计算软件，即 TAT、SATWE、PMSAP。

（1）TAT——它是一个空间杆件软件，对柱、墙、梁都是采用杆件模型来模拟的，特殊的就是剪力墙是采用薄壁柱原理来计算的。在它的单元刚度矩阵中，多了一个翘曲的自由度 θ'，相应的力矩多了双力矩。因此，在用 TAT 软件计算框架-剪力墙结构、剪力墙结构等含钢筋混凝土剪力墙的结构，都要对剪力墙的洞口、节点作合理的简化。当然，在作结构方案时，对结构作这样的调整对建筑结构方案的简洁、合理有很大的好处。它的楼盖采用平面内无限刚度、平面外刚度不考虑的假设。在新版的 TAT 软件中，允许增设弹性节点，这种弹性节点允许在楼层平面内有相对位移，且能承担相应的水平力。增加了这种弹性节点来加大 TAT 软件的适用范围，使得 TAT 软件可以计算空旷、错层结构。

TAT 适用于计算高层和多层的框架结构、框架-剪力墙结构、剪力墙结构，适用于平面和立面体型复杂的结构形式，而且能完成建筑结构在各种荷载作用下的内力计算和地震作用的计算，完成荷载效应组合，并对钢筋混凝土结构完成截面配筋计算，对钢结构进行稳定计算。

（2）SATWE——空间组合结构有限元软件，与 TAT 的区别在于墙和楼板的模型不同。SATWE 对剪力墙采用的是在壳元的基础上凝聚而成的墙元模型。采用墙元模型，在我们的工程建模中，就不需要像 TAT 软件那样作那么多的简化，只需要按实际情况输入即可。对于楼盖，SATWE 软件采用多种模式来模拟，有刚性楼板和弹性楼板两种。SATWE 软件主要是在这两个方面与 TAT 软件不同。

SATWE 适用于计算高层和多层的框架结构、框架-剪力墙结构、剪力墙结构以及高层钢结构或钢-混凝土结构。SATWE 考虑了多、高层建筑中多塔、错层、转换层及楼板局部开大洞等特殊结构形式，而且能完成建筑结构在各种荷载作用下的内力计算和地震作用的计算，完成荷载效应组合，并对钢筋混凝土结构完成截面配筋计算，对钢结构进行稳定计算。

（3）PMSAP——它是一个结构分析通用软件。除此之外，现行比较著名的通用计算软件有：SAP2000、ANSYS、ETABS 等软件，这些软件各有所长。复杂空间结构设计软件 PMSAP 是 PKPM CAD 工程部继 SATWE 之后推出的又一个三维建筑结构设计工具。PMSAP 在程序总体构架上具备通用性，在墙单元、楼板单元的构造以及动力算法方面采用了先进的研究成果，具备较完善的设计功能。当复杂工程需要两个或两个以上软件作对比计算时，PMSAP 是合适的选择。PMSAP 可以与建模软件 PMCAD、STS-1 接口，进行对比计算时可省去多次建模的烦琐工作。

8.3　高层建筑结构设计 PM 软件应用

　　软件采用屏幕交互式进行数据输入，具有直观、易学、不易出错和修改方便等特点。PMCAD 系统的数据主要有两类：（1）几何数据，对于斜交平面或不规则平面，描述几何数据是十分繁重的工作，为此软件提供了一套可以精确定位的作图工具和多种直观便捷的布置方法；（2）数字信息，软件大量采用提供常用参考值隐含列表方式，允许用户进行选择、修改，使数值输入的效率大大提高。对于各种信息的输入结果可以随意修改、增删，并立即以图形方式显现出来，使用户不必填写一个字符的数据文件，为用户提供了一个十分友好的界面。

　　在运行程序之前应进行下列准备工作：

　　（1）熟知各功能键的定义。

　　（2）为交互输入程序准备配置文件。配置文件名为 WORK. CFG，在 PM 程序所在子目录中可以找到该文件的样本，用户需将其拷入用户当前的工作目录中，并根据工程的规模修改其中的"Width"值和"Height"值，它们的含义是屏幕显示区域所代表的工程的实际距离。其他项目一般不必修改。

　　（3）从 PMCAD 主菜单进入交互式数据输入程序，对于新建文件，用户应依次执行各菜单项；对于旧文件，用户可根据需要直接进入某项菜单。完成后切勿忘记保存文件，否则输入的数据将部分或全部放弃。

　　（4）程序所输的尺寸单位全部为毫米（mm）。

　　软件对于建筑物的描述是通过建立其定位轴线，相互交织形成网格和节点，再在网格和节点上布置构件形成标准层的平面布局，各标准层配以不同的层高、荷载，形成建筑物的竖向结构布局，完成建筑结构的整体描述。

　　第 1 步："轴线输入"是利用作图工具绘制建筑物整体的平面定位轴线。这些轴线可以是与墙、梁等长的线段，也可以是一整条建筑轴线。可为各标准层定义不同的轴线，即各层可有不同的轴线网格，拷贝某一标准层后，其轴线和构件布置同时被拷贝，用户可对某层轴线单独修改。

　　第 2 步："网点生成"是程序自动将绘制的定位轴线分割为网格和节点。凡是轴线相交处都会产生一个节点，轴线线段的起止点也作为节点。这里用户可对程序自动分割所产生的网格和节点进行进一步的修改、审核和测试。网格确定后即可以给轴线命名。

　　第 3 步："构件定义"是用于定义全楼所用到的全部柱、梁、墙、墙上洞口及斜杆支撑的截面尺寸，以备下一步骤使用。

　　第 4 步："楼层定义"是依照从下至上的次序进行各个结构标准层平面布置。凡是结构布置相同的相邻楼层都应视为同一标准层，只需输入一次。由于定位轴线和网点已形成，布置构件时只需简单地指出哪些节点放置哪些柱，哪条网格线上放置哪个墙、梁或洞口。

第 5 步："荷载定义"是依照从下至上的次序定义荷载标准层。凡是楼面均布恒载和活载都相同的相邻楼层都应视为同一荷载标准层，只需输入一次。

第 6 步："信息输入"是进行结构竖向布置。每一个实际楼层都要确定其属于哪一个结构标准层、属于哪一个荷载标准层，其层高为多少，从而完成楼层的竖向布置。在输入一些必要的绘图和抗震计算信息后便完成了一个结构物的整体描述。

第 7 步："保存文件"是确保上述各项工作不被丢弃的必需的步骤。

计算过程在 PM 数据检查通过后，运行下一菜单，步骤依次是按照提示输入次梁楼板，输入楼板厚度变化处的楼板厚度和次梁；输入相应荷载信息；形成 PK 文件，如果选定轴线 4，则形成的 PK 文件名默认值为"pk-4"；画结构平面图，这里能够方便地自动标注、自动配筋。此时生成的图形文件后缀为".t"，如：pm1.t，pm2.t，需要转换为"*.DWG"文件。

8.4　高层建筑结构程序计算结果的分析

8.4.1　自振周期

按正常的设计，自振周期通常在下列范围：

框架结构：　　　　　　　　$T_1 = (0.08 \sim 0.1) n$

框架-剪力墙和框筒结构：　$T_1 = (0.06 \sim 0.08) n$

剪力墙和筒中筒结构：　　　$T_1 = (0.05 \sim 0.06) n$

式中　n——建筑物的层数。

如果周期偏离上述数值太远，应考虑工程刚度是否合适，必要时调整结构截面尺寸。如果结构截面尺寸和布置正常，无特殊情况而计算周期相差太远，应检查输入数据有无错误。自振周期计算值在估算范围内，则满足要求。但接近估算值的下限，可考虑调整结构刚度，适当增大结构的自振周期。

8.4.2　剪重比

即最小地震剪力系数，主要是控制各层最小地震剪力，尤其是对于基本周期大于 3.5s 的结构以及存在薄弱层的结构，出于对结构安全的考虑，规范增加了对剪重比的要求，主要为控制各楼层最小地震剪力，确保结构安全。

8.4.3　层间位移比

层间位移比即楼层竖向构件的最大水平位移与平均水平位移的比值。高层建筑层数多、高度大，为了保证高层建筑结构具有必要的刚度，应对其最大位移和层间位移加以控制，主要目的有以下几点：

（1）保证主体结构基本处于弹性受力状态，避免混凝土墙柱出现裂缝，控制楼面梁板裂缝数量、宽度。

（2）保证填充墙、隔墙、幕墙等非结构构件的完好，避免产生明显的损坏。

（3）控制结构平面规则性，以免形成扭转。

8.4.4　刚度比

刚度比指结构竖向不同楼层的侧向刚度的比值，该值主要为了控制高层结构的竖向规则性，以免竖向刚度突变，形成薄弱层。对于地下室结构顶板能否作为嵌固端，转换层上、下结构刚度能否满足要求，以及薄弱层的判断，均以刚度比作为依据。

8.4.5　刚重比

结构的侧向刚度与重力荷载设计值之比称为刚重比。它是影响重力二阶效应的主要参数，且重力二阶效应随着结构刚重比的降低呈双曲线关系增加。高层建筑在风荷载和水平地震作用下，若重力二阶效应过大则会引起结构的失稳倒塌，故控制好结构的刚重比则可以控制结构不失去稳定，避免结构在风荷载或地震作用下整体失稳。刚重比不满足要求，说明结构的刚度相对于重力荷载过小；刚重比过大，则说明结构的经济技术指标较差，宜适当减少墙、柱等竖向构件的截面面积。

8.4.6　层间受剪承载力之比

该指标主要控制结构竖向不规则性，以免竖向楼层受剪承载力突变，形成薄弱层；对于形成的薄弱层，应按规范要求予以加强。

第9章 高层建筑结构复杂问题的计算理论

9.1 高层建筑框架-剪力墙结构考虑楼板变形和地基变形时的计算

9.1.1 计算模型

在框架、剪力墙和框架-剪力墙结构的计算中，通常都采用了楼板在自身平面内为刚性的假设。这一假设使同一楼板平面内的位移相等，从而大大简化了计算工作。计算实践表明，多数建筑结构采用此假设是可行的，但也有许多建筑结构不能采用此假设，需要考虑楼板的变形，如：建筑平面的长与宽之比过大（长宽比＞3）；结构主抗侧力结构的间距很远，楼板刚度变小；建筑平面布置使楼板出现"瓶颈区"；抗侧力结构沿高度方向有巨大的刚度突变等情况。在这些情况下，不考虑楼板变形即按刚性楼板计算，会带来很大的误差甚至错误。完全按空间结构计算，可以考虑楼板的变形，但方法太复杂，计算量也很大。

上部结构和基础、地基的共同工作问题，一直是大型结构（如高层建筑结构）分析中为人们所关注的问题，现在通用的离散化的有限元法可以解决这个问题，但把本已够庞大的结构再加上巨大的基础、地基进行有限元分析，其计算量是十分巨大的。现在对需考虑楼板变形的框架-剪力墙结构和地基、基础的共同工作问题提供一个简单的解析解法。对上部结构采用沿高度方向连续化的方法，即通常框架-剪力墙结构中常用的方法，因而所用的假设与符号均是大家熟悉的。但放弃了刚性楼板的假设，即每榀抗侧力结构的侧向位移是不同的。楼板被看作是水平放置的深梁，以剪切变形为主。对每榀抗侧力结构（可以是框架、剪力墙和框架-剪力墙，为了一般化，以后均用框架-剪力墙表示）建立平衡微分方程，因为考虑了楼板的变形，得到的是微分方程组。基础置于温克尔（Winkler）弹性地基上，或为桩基。在水平荷载作用下，只考虑基础的水平位移和转动的影响，而不考虑竖向位移的影响，也采用与上部结构类似的假设，同一榀抗侧力结构下的基础具有相同的横向位移和相同的转角。对桩基，其桩部分则视为弹性地基中的梁。对以上模型的微分方程组，根据边界条件和上、下部的平衡和协调条件，可直接调用常微分方程求解器求解。

图 9-1 是计算模型。图中每一榀抗侧力结构可以是框架、剪力墙和框架-剪力墙，为了以后方程的一般化，均按框架-剪力墙表示。像通常的框架-剪力墙结构连续化分析方法

一样，框架和楼板的作用沿高度方向均连续化。按同榀结构在同一高度上侧向位移相等、转角相等的假设，框架梁和剪力墙连梁的反弯点均在跨中，因而框架柱和剪力墙可以叠合起来。这里，楼板是弹性楼板，计算模型中用波纹线表示。基础置于弹性地基上；或为桩基，其桩部分为弹性地基中的梁，计算模型中均按弹性地基梁画出。

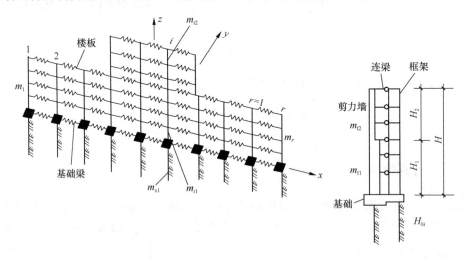

图 9-1 计算模型

9.1.2 上部结构的振动微分方程

对每榀（如第 i 榀）抗侧力结构建立侧向平衡微分方程。为了书写简单，以后方程中各量均附有两个下标：前一下标 i，表示所在榀数；括号后下标 n 表示结构的上段（$n=2$）和下段（$n=1$）。取第 i 榀抗侧力结构中剪力墙和框架的微段（图 9-2），建立平衡方程：

$$\left(\frac{\mathrm{d}M_i}{\mathrm{d}z}\right)_n = \left(-Q_i + \frac{m_i}{h}\right)_n \tag{9-1}$$

$$\left(\frac{\mathrm{d}Q_i}{\mathrm{d}z}\right)_n = \left(-q_i - \frac{Q_{\mathrm{F1},i-1}}{h} + \frac{Q_{\mathrm{F1},i}}{h}\right)_n \tag{9-2}$$

式（9-1）等号右第二项为连梁和框架梁对墙肢和柱的约束弯矩 m_i 的影响。式（9-2）等号右第二项为第（$i-1$）跨楼板对 i 榀剪力 $Q_{\mathrm{F1},i-1}$ 的影响；第三项为第 i 跨楼板对 i 榀剪力 $Q_{\mathrm{F1},i}$ 的影响。

各内力与位移间有以下关系：

（1）框架梁和连梁对柱、墙的总约束弯矩：

$$(m_i)_n = \left(D_i \frac{\mathrm{d}v_i}{\mathrm{d}z}\right)_n \tag{9-3}$$

式中 v_i——第 i 榀结构和侧向位移；

       D_i——第 i 榀结构中各框架梁和连梁的转动刚度系数之和，即：

$$(D_i)_n = \left[\sum \frac{12EI_b}{l} + \sum \frac{6EI_b(1+a-b)}{l\,(1-a-b)^3} + \sum \frac{6EI_b(1+b-a)}{l\,(1-a-b)^3} \right]_n$$

其中：第一项为框架梁的影响；第二、三项为墙肢带刚域连梁的影响。这里 I_b 为梁的惯性矩；l 为跨度；a，b 为连梁两端刚域长度系数（图 9-3）。

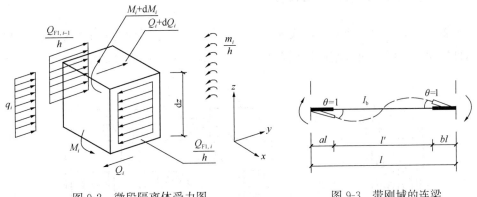

图 9-2　微段隔离体受力图　　　　　图 9-3　带刚域的连梁

（2）楼板剪力

因为楼板是平放的深梁，只考虑剪切变形的影响，有：

$$\left.\begin{aligned}
(Q_{F1,i-1})_n &= \left[\frac{GA_{i-1}}{\mu l_{i-1}}(v_{i-1} - v_i) \right]_n \\
(Q_{F1,i})_n &= \left[\frac{GA_i}{\mu l_i}(v_i + v_{i+1}) \right]_n
\end{aligned}\right\} \tag{9-4}$$

式中　A_i——第 i 跨楼板的截面面积；

　　　l_i——第 i 跨楼板的跨度；

　　　μ——剪应力不均匀分布系数，对矩形截面 $\mu = 1.2$。

（3）每榀结构的总弯矩

$$(M_i)_n = \left(EI_i \frac{\mathrm{d}^2 v_i}{\mathrm{d}z^2} \right)_n \tag{9-5}$$

（4）总剪力

由式（9-1）、式（9-3）得：

$$(Q_i)_n = \left(-EI_i \frac{\mathrm{d}^3 v_i}{\mathrm{d}z^3} + \frac{D_i}{h} \frac{\mathrm{d}v_i}{\mathrm{d}z} \right)_n \tag{9-6}$$

式中　I_i——第 i 榀结构中各剪力墙和柱截面惯性矩之和。

将式（9-4）、式（9-6）的关系代入式（9-2），得沿 y 方向的平衡微分方程：

$$\left[EI_i v_i'''' - \frac{D_i}{h} v_i'' - C_{F1,i-1}(v_{i-1} - v_i) + C_{F1,i}(v_i - v_{i+1}) \right]_n$$

$$= (q_i)_n \quad i = 1, 2, \cdots, r; \quad n = 1, 2 \tag{9-7}$$

其中，$C_{F1,i} = \dfrac{GA_i}{\mu l_i h}$，且 $C_{F1,0} = C_{F1,r} = 0$。

式（9-7）就是上部结构考虑楼板变形后的平衡微分方程组，共 r 组，每组为 2 个（$n=1$，2）。当上部结构只有一段时，括号后下标 n 可省略，这时只有 r 个微分方程式。可见考虑楼板变形后得到的是耦合的微分方程组。

9.1.3　基础和下部结构的力学性质

基础置于温克尔弹性地基上，或为桩基，承台下有置于弹性地基中的桩。这两种又各分为两种情况：①沿纵向各基础是独立的；②沿纵向各基础间有基础梁连接的（图 9-4）。

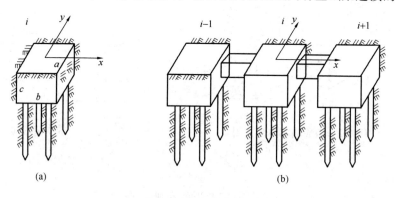

图 9-4　基础计算图

1. 沿纵向各基础是独立的（图 9-4a）

此时，地基反力只与本基础的位移有关。第 i 榀基础的水平刚度系数，即使基础产生单位水平位移所需的力为：

$$K_{i0y} = A_{i0y}k_0 + 4E_0 I_{i0}\beta^3$$

$$\beta = \sqrt[4]{\frac{k}{4E_0 I_{i0}}} \tag{9-8}$$

$$k = b_0 k_0$$

式中　k_0——地基系数，即使地基产生单位位移所需的压强；

　　　A_{i0y}——基础 i 向 y 面的总面积；

　　　I_{i0}——第 i 榀结构中桩基截面惯性矩之和；

　　　E_0——桩的弹性模量；

　　　b_0——桩的总宽度。

式（9-8）的第一项是置于弹性地基上基础的水平刚度系数；第二项是桩的水平刚度系数，可以将桩视为半无限长梁来求得。

第 i 榀基础的转动刚度系数，即使基础产生单位转动所需的力偶为：

$$K_{i0\theta} = J_{i0x}k_0 + 2E_0 I_{i0\beta} \tag{9-9}$$

式中　J_{i0x}——基础 i 底面绕 x 轴惯性矩之和。

式（9-9）的第一项是基础的转动刚度系数；第二项是桩的转动刚度系数，将桩视为半无限长梁求得。

2. 沿纵向各基础间有基础梁连接（图 9-4b）

此时，基础的刚度系数还与基础梁有关。其中有关基础和桩的弹性反力的影响，因为采用温克尔弹性地基，与其他基础的位移无关，因而其水平刚度系数仍为式（9-8）的 K_{i0y}。另一部分则是因侧向位移差产生的剪力 Q_{i0} 对基础的影响，与邻近基础的侧向位移有关。两相邻基础有单位侧向位移差时所需的水平力为：

$$K_{iby} = \frac{GA_{i0}}{\mu l_i} \qquad (9\text{-}10)$$

与基础和桩的弹性反力有关的转动刚度系数仍为式（9-9）的 $K_{i0\theta}$；两相邻基础有单位相对转动时所需的力矩为：

$$K_{ib\theta} = \frac{GJ_i}{l_i} \qquad (9\text{-}11)$$

式中　GJ_i——基础梁的扭转刚度。

9.2　变截面框架-剪力墙-薄壁筒斜交结构考虑楼板变形时的计算

9.2.1　基本假设和计算模型

近年来，我国高层建筑结构发展的一个特点是平面布置复杂、沿竖向又不均匀的结构增多。它们有一些共同的特点：从结构类型上说，都是由框架、剪力墙和薄壁筒组成的；沿竖向均匀不变的、阶形变截面的或上部有收进的；在平面布置上，可以是正交的或斜交的；从楼板的作用看，在有的区段内楼板的整体性很大，可不考虑楼板的变形；在有的区段内楼板的整体性很小，必须考虑楼板的变形。

本节用连续化方法对此结构体系在水平荷载（含扭矩）作用下的位移和内力进行了分析，基本假设如下：

（1）楼板平面内刚度分为两种情况：在近方形的区段内视为无限刚度；在区段间的薄弱带视为可变形的，楼板被视为具有轴向、弯曲和剪切变形的平放深梁。楼板平面外刚度忽略不计。

（2）将每一刚性楼板区段视为一子结构。子结构由斜向布置的框架、剪力墙和薄壁筒组成，由刚性楼板将它们连接在一起。各平面框架只在其自身平面内有刚度，平面外的刚度忽略不计。

（3）框架、剪力墙、薄壁筒和楼板的截面尺寸沿结构高度方向为阶形变截面的或上部有收进的，即结构沿高度方向分为两段，在每一段内结构的物理、几何参数是均匀不变的。

本书用沿高度方向分段连续化的方法，建立了平衡微分方程。这些方程不仅是弯扭耦联的，且因为考虑了部分楼板的变形，各分段间也是耦联的，即得到的是微分方程组。对此微分方程组，可直接用常微分方程求解器求解。

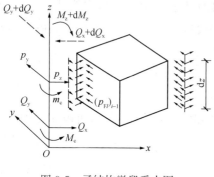

图 9-5　子结构微段受力图

9.2.2　基本平衡微分方程

1. 力的平衡条件

将图 9-5 中每一区段视为一个子结构，每一子结构沿高度方向的微段为 dz，在整体坐标 $Oxyz$ 中建立平衡方程（图 9-5）。为了书写简单，方程中各量均附有两个下标：前一下标 m（$m=$ Ⅰ，Ⅱ，Ⅲ）表示子结构，后一下标 n 表示子结构的下段（$n=1$）和上段（$n=2$）。平衡方程为：

$$Q'_{mn} = p_{mn} + p_{Fbmn} \tag{9-12}$$

其中

$$\left.\begin{array}{l} Q_{mn} = (Q_x \quad Q_y \quad M_z)^T_{mn} \\ p_{mn} = (p_x \quad p_y \quad m_z)^T_{mn} \\ p_{Fbmn} = (p_{Flx} \quad p_{Fly} \quad m_{Flz})^T_{mn} \end{array}\right\} \tag{9-13}$$

式中　Q_x，Q_y，M_z——子结构截面 z_n 上沿 z，y 方向的总剪力和绕 z 轴的总扭矩；

p_x，p_y，m_z——子结构沿 x，y 方向的荷载和绕 z 轴的扭矩；

p_{Flx}，p_{Fly}，m_{Flz}——楼板对子结构作用力沿 x，y 方向的分量和绕 z 轴的力矩。

子结构截面 z 上的总剪力和总扭矩可由子结构内各构件的剪力和扭矩合成而得，即：

$$Q_{mn} = \sum_i Q_{imn} + \sum_j Q_{jmn} \tag{9-14}$$

式中　Q_{imn}，Q_{jmn}——子结构中各薄壁筒（含剪力墙）和框架的剪力和扭矩。

子结构内第 i 个构件（包括薄壁筒和剪力墙）的局部坐标系为 $\overline{O_i}\,\overline{x_i}\,\overline{y_i}\,\overline{z_i}$ 轴，$\overline{O_i}\,\overline{x_i}$ 和 $\overline{O_i}\,\overline{y_i}$ 为截面主轴，$\overline{O_i}$ 在整体坐标系中的坐标为 (x_i^O, y_i^O)，$\overline{O_i}\,\overline{x_i}$ 与 Ox 轴夹角为 α_i。其沿局部坐标系的横向剪力 $\overline{Q}_{xi}$，$\overline{Q}_{yi}$ 和扭矩 $\overline{M}_{zi}$，在整体坐标中的内力分量为（图 9-6a）：

$$Q_{imn} = T_{imn}\,\overline{Q}_{imn} \tag{9-15}$$

其中

$$\overline{Q}_{imn} = (\overline{Q}_{xi} \quad \overline{Q}_{yi} \quad \overline{M}_{zi})^T_{mn}$$

$$Q_{imn} = (Q_{xi} \quad Q_{yi} \quad M_{zi})^T_{mn}$$

$$T_{imn} = \begin{bmatrix} \cos\alpha_i & -\sin\alpha_i & 0 \\ \sin\alpha_i & \cos\alpha_i & 0 \\ x_i^O\sin\alpha_i - y_i^O\cos\alpha_i & x_i^O\cos\alpha_i + y_i^O\sin\alpha_i & 1 \end{bmatrix} \tag{9-16}$$

子结构内第 j 榀框架，平面内主轴为 $\overline{O_j}\,\overline{x_j}$，其横向剪力为 $\overline{Q}_{xj}$，在整体坐标系中的

内力分量为（图 9-6b）：

$$Q_{jmn} = T_{jmn} \overline{Q}_{jmn} \tag{9-17}$$

式中楼板对子结构的作用力为：

$$
\begin{aligned}
\overline{Q}_{jmn} &= (\overline{Q}_{xj} \quad 0 \quad 0)_{mn}^{\mathrm{T}} \\
Q_{jmn} &= (Q_{xj} \quad Q_{yj} \quad M_{zj})_{mn}^{\mathrm{T}} \\
T_{jmn} &= (T_i)_{mn}
\end{aligned} \tag{9-18}
$$

楼板 k 的局部坐标 $\overline{O}_k \, \overline{x}_k$ 沿楼板方向，与 Ox 轴夹角为 α_k，1 端在整体坐标系中坐标为 (x_{k1}^{O}, y_{k1}^{O})，2 端在整体坐标系中坐标为 (x_{k2}^{O}, y_{k2}^{O})，其两端沿局部坐标系方向的作用力 $\overline{Q}_{Flxk}$，$\overline{Q}_{Flyk}$ 和力矩 $\overline{M}_{Flzk}$ 在整体坐标系中分量为（图 9-7）：

$$
\begin{aligned}
Q_{Flk1mn} &= T_{k1mn} \overline{Q}_{Flk1mn} \\
Q_{Flk2(m+1)n} &= T_{k2(m+1)n} \overline{Q}_{Flk2(n+1)n}
\end{aligned} \tag{9-19}
$$

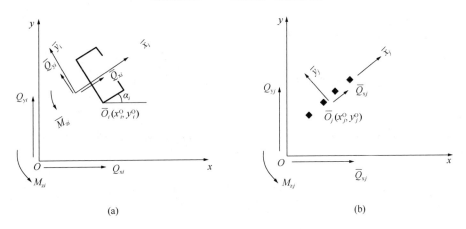

(a)   (b)

图 9-6　子结构内各构件内力的贡献

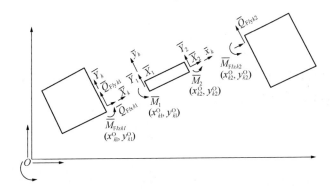

图 9-7　弹性楼板与子结构的作用力

相应的分布荷载为：

$$p_{Flk1mn} = \frac{1}{h} T_{k1mn} \overline{Q}_{Flk1mn} \left.\begin{array}{l} \\ \\ \end{array}\right\} \tag{9-20}$$

$$p_{Flk2(m+1)n} = \frac{1}{h} T_{k2(m+1)n} \overline{Q}_{Flk2(m+1)n}$$

其中

$$\overline{Q}_{Flk1mn} = (\overline{Q}_{Flk1x} \quad \overline{Q}_{Flk1y} \quad \overline{M}_{Flkz})^{\mathrm{T}}_{mn} \tag{9-21}$$

$$\overline{Q}_{Flk2(m+1)n} = (\overline{Q}_{Flk2x} \quad \overline{Q}_{Flk2y} \quad \overline{M}_{Flk2z})^{\mathrm{T}}_{(m+1)n}$$

T_{k1mn}，$T_{k2(m+1)n}$ 与式（9-16）相似。

2. 各构件力与位移的关系

（1）薄壁筒（含剪力墙）i

$$\overline{Q}_{imn} = D_{imn} \overline{U}'''_{imn} - D_{timn} \overline{U}'_{imn} \tag{9-22}$$

式中

$$\overline{U}_{imn} = (\overline{u}_i \quad \overline{v}_i \quad \overline{\theta}_i)^{\mathrm{T}}_{mn}$$

$$D_{imn} = E \begin{bmatrix} I_{yi} & 0 & 0 \\ 0 & I_{xi} & 0 \\ 0 & 0 & I_{\omega i} \end{bmatrix}_{mn}, \quad D_{timn} = \begin{bmatrix} 0 & 0 & 0 \\ 0 & 0 & 0 \\ 0 & 0 & GJ_{di} \end{bmatrix}_{mn} \tag{9-23}$$

这里，$\overline{u}_i$，$\overline{v}_i$，$\overline{\theta}_i$ 分别为构件 i 沿局部坐标 $\overline{x}_i$，$\overline{y}_i$ 方向的位移和绕 $\overline{z}_i$ 轴的扭转角。

（2）框架 j

$$\overline{Q}_{jmn} = -D_{Fjmn} \overline{U}'_{jmn} \tag{9-24}$$

其中

$$\overline{U}_{jmn} = (\overline{u}_j \quad \overline{v}_j \quad \overline{\theta}_j)^{\mathrm{T}}_{mn}$$

$$D_{Fjmn} = \begin{bmatrix} C_{Fj} & 0 & 0 \\ 0 & 0 & 0 \\ 0 & 0 & 0 \end{bmatrix}_{mn} \tag{9-25}$$

式（9-24）中，等号右边的负号是因为图 9-2 所示层剪力与层间位移是反号的。

框架的抗剪刚度 C_{Fj}，已在前面章节由 D 值法求出：

$$C_{Fjmn} = h \sum D_{mn} \tag{9-26}$$

式中　h——层高；

D_{mn}——各柱的抗剪刚度。

（3）楼板 k

楼板被看作是平放的深梁，考虑弯曲、剪切和轴向变形的影响。局部坐标原点为 1 端，整体坐标为 (x^O_{k1}, y^O_{k1})，连接着子结构 m；另一端为 2 端，整体坐标为 (x^O_{k2}, y^O_{k2})，连接着子结构 $(m+1)$。楼板端部作用力与端部位移间关系（图 9-7）为：

$$\left.\begin{array}{l} \overline{F}_{1kn} = D_{11kn}\,\overline{U}_{k1mn} + D_{12kn}\,\overline{U}_{k2(m+1)n} \\ \overline{F}_{2kn} = D_{21kn}\,\overline{U}_{k1mn} + D_{22kn}\,\overline{U}_{k2(m+1)n} \end{array}\right\} \tag{9-27}$$

其中：

$$\overline{U}_{k1mn} = (\overline{u}_{k1}\quad \overline{v}_{k1}\quad \overline{\theta}_{k1})^{\mathrm{T}}_{mn}$$

$$\overline{U}_{k2(m+1)n} = (\overline{u}_{k2}\quad \overline{v}_{k2}\quad \overline{\theta}_{k2})^{\mathrm{T}}_{(m+1)n} \tag{9-28}$$

$$\overline{F}_{1kn} = (\overline{X}_1\quad \overline{Y}_1\quad \overline{M}_1)^{\mathrm{T}}_{kn}$$

$$\overline{F}_{2kn} = (\overline{X}_2\quad \overline{Y}_2\quad \overline{M}_2)^{\mathrm{T}}_{kn}$$

$$D_{11kn} = \begin{bmatrix} \dfrac{EA}{l} & 0 & 0 \\[2mm] 0 & 12\dfrac{E\overline{I}}{l^3} & 6\dfrac{E\overline{I}}{l^2} \\[2mm] 0 & 6\dfrac{E\overline{I}}{l^2} & (4+\beta)\dfrac{E\overline{I}}{l} \end{bmatrix}_{kn} ; \quad D_{12kn} = \begin{bmatrix} -\dfrac{EA}{l} & 0 & 0 \\[2mm] 0 & -12\dfrac{E\overline{I}}{l^3} & 6\dfrac{E\overline{I}}{l^2} \\[2mm] 0 & -6\dfrac{E\overline{I}}{l^2} & (2-\beta)\dfrac{E\overline{I}}{l} \end{bmatrix}_{kn} ;$$

$$D_{21kn} = \begin{bmatrix} -\dfrac{EA}{l} & 0 & 0 \\[2mm] 0 & -12\dfrac{E\overline{I}}{l^3} & -6\dfrac{E\overline{I}}{l^2} \\[2mm] 0 & 6\dfrac{E\overline{I}}{l^2} & (2-\beta)\dfrac{E\overline{I}}{l} \end{bmatrix}_{kn} ; \quad D_{22kn} = \begin{bmatrix} \dfrac{EA}{l} & 0 & 0 \\[2mm] 0 & 12\dfrac{E\overline{I}}{l^3} & -6\dfrac{E\overline{I}}{l^2} \\[2mm] 0 & -6\dfrac{E\overline{I}}{l^2} & (4+\beta)\dfrac{E\overline{I}}{l} \end{bmatrix}_{kn}$$

$$\beta = \frac{12\mu EI}{GAl^2}, \quad \overline{I} = \frac{I}{1+\beta} \tag{9-29}$$

式中　$\overline{u}_{k1}, \overline{v}_{k1}, \overline{\theta}_{k1}, \overline{u}_{k2}, \overline{v}_{k2}, \overline{\theta}_{k2}$——楼板 k 在 1 端和 2 端沿局部坐标 $\overline{x}_{k2}, \overline{y}_{k2}$ 方向的位移和

　　　　　　　　　　　绕 $\overline{z}_{k2}$ 轴的转角，它们分属于两个被连接的子结构；

　　$\overline{X}_i, \overline{Y}_i, \overline{M}_i (i=1,2)$——楼板端部沿局部坐标方向的作用力和力偶矩；

　　　　　　　A——第 k 跨楼板的截面面积；

　　　　　　　l——第 k 跨楼板的跨度；

　　　　　　　I——楼板绕 z 轴的惯性矩；

　　　　　　　μ——剪应力不均匀分布系数，对矩形截面 $\mu=1.2$。

楼板对子结构的作用力（图 9-7）为：

$$\left.\begin{array}{l} \overline{Q}_{Flk1mn} = -\overline{F}_{1kn} \\ \overline{Q}_{Flk2(m+1)n} = -\overline{F}_{2kn} \end{array}\right\} \tag{9-30}$$

3. 在局部坐标与整体坐标中位移之间的关系

设子结构沿整体坐标 x，y 方向的位移和绕 z 轴的扭转角分别为 u，v 和 θ，即：

$$U_{mn} = (u\quad v\quad \theta)^{\mathrm{T}}_{mn} \tag{9-31}$$

各子结构的位移在局部坐标与整体坐标中的转换关系分别如下。

对薄壁筒和剪力墙，有：

$$\overline{U}_{imn} = T_{imn}^{\mathrm{T}} U_{mn} \tag{9-32}$$

对框架，有：

$$\overline{U}_{jmn} = T_{jmn}^{\mathrm{T}} U_{mn} \tag{9-33}$$

对楼板，有：

$$\overline{U}_{k1mn} = T_{k1mn}^{\mathrm{T}} U_{mn} \tag{9-34}$$

$$\overline{U}_{k2(m+1)n} = T_{k2(m+1)n}^{\mathrm{T}} U_{(m+1)n} \tag{9-35}$$

4. 用整体坐标位移表示的平衡方程

将式（9-32）～式（9-35）分别代入式（9-24）～式（9-27），再将所得的 $\overline{Q}_{imn}$，$\overline{Q}_{jmn}$ 和 $\overline{F}_{ikn}$ 分别代入式（9-15）～式（9-20）求得 $\overline{Q}_{imn}$，$\overline{Q}_{jmn}$ 和 $\overline{p}_{Flkmn}$，再将它们代入平衡方程式（9-12）和式（9-14）得：

$$A_{mn} U_{mn}'''' - B_{mn} U_{mn}'' + C_{1mn} U_{mn} + C_{2(m-1)n} U_{(m-1)n} + C_{(3m+1)n} U_{(m+1)n} = p_{mn} \tag{9-36}$$

其中：

$$\left.\begin{aligned}
A_{mn} &= \sum_i T_{imn} D_{imn} T_{imn}^{\mathrm{T}} \\
B_{mn} &= \sum_i T_{imn} D_{imn} T_{imn}^{\mathrm{T}} + \sum_j T_{jmn} D_{Fjmn} T_{jmn}^{\mathrm{T}} \\
C_{1mn} &= \frac{1}{h} T_{k1mn} D_{11kn} T_{k1mn}^{\mathrm{T}} + \frac{1}{h} T_{(k-1)2mn} D_{22(k-1)n} T_{(k-1)2mn}^{\mathrm{T}} \\
C_{2(m-1)n} &= \frac{1}{h} T_{k-12mn} D_{21(k-1)n} T_{(k-1)1(m-1)n}^{\mathrm{T}} \\
C_{3(m+1)n} &= \frac{1}{h} T_{k1mn} D_{12kn} T_{k2(m+1)n}^{\mathrm{T}}
\end{aligned}\right\} \tag{9-37}$$

式（9-36）即为用整体位移表示的平衡方程，它们是弯扭耦联的，在各子结构间也是耦联的。式（9-36）有三组（$m=1$，2，3），当为变截面时，有六组（$n=1$，2）。当需要考虑楼板变形的"瓶颈区"为二跨时，在二跨间的抗侧力结构可视为一个子结构，仍可按式（9-36）计算；当不考虑楼板变形时，可视为只有一个子结构，平衡方程式（9-36）变为：

$$A_n U_n'''' - B_n U_n'' = p_n \tag{9-38}$$

9.2.3 　边界条件和连接条件

（1）下段底部固定。位移和转角等于零，则当 $z=0$ 时，

$$\left.\begin{aligned}
U_{m1} &= 0 \\
U_{m1}' &= 0
\end{aligned}\right\} \tag{9-39}$$

（2）上段顶部自由端弯矩、扭矩和总剪力等于零，为自由翘曲，则当 $z=H$ 时，

$$\left.\begin{aligned}
U_{m2} &= 0 \\
A_{m2} U_{m2}''' - B_{m2} U_{m2}' &= 0
\end{aligned}\right\} \tag{9-40}$$

（3）上段顶部有集中力和扭矩 P_m（P_x　P_y　M_z）$_m^T$，则当 $z=H$ 时，

$$\left.\begin{array}{l} U''_{m2} = 0 \\ A_{m2} U'''_{m2} - B_{m2} U'_{m2} = -P_m \end{array}\right\} \tag{9-41}$$

式中　P_x，P_y，M_z——子结构顶部沿 x，y 方向的总作用力和绕 z 轴的总作用扭矩。

（4）变截面处的连接条件

1）位移和转角连续，即当 $z=H_1$ 时，

$$\left.\begin{array}{l} U_{m1} = U_{m2} \\ U'_{m1} = U'_{m2} \end{array}\right\} \tag{9-42}$$

2）弯矩、扭矩和剪力平衡，即当 $z=H_1$ 时，

$$\left.\begin{array}{l} A_{m1} U''_{m1} = A_{m2} U''_{m2} \\ A_{m1} U'''_{m1} - B_{m1} U'_{m1} = A_{m2} U'''_{m2} - B_{m2} U'_{m2} \end{array}\right\} \tag{9-43}$$

对前述的微分方程组边值问题，可直接调用常微分方程求解器求解。求出各子结构的位移 U_{mn} 后；可用式（9-32）～式（9-35）求出子结构中各构件和楼板在局部坐标系中的位移；然后用式（9-22）～式（9-27）求出各构件和楼板中的内力。

9.3　大底盘多塔楼、大底盘大孔口结构和大底盘多塔楼连体结构的静力分析

9.3.1　基本假设和计算模型

近年来随着高层建筑的迅速发展，出现了越来越多的大底盘多塔楼结构，即底部几层设置为大底盘，上部采用两个或两个以上的塔楼作为主体结构（图 9-8a）。有时在具有大底盘裙房的高层建筑中，由于建筑或使用功能的要求，在上部结构开有巨大的贯穿孔口，形成底部大底盘、上部有大孔口的高层建筑结构（图 9-8b）。有时在大底盘多塔楼的上部塔楼之间还采用空中走廊连接，组成大底盘多塔楼连体结构（图 9-8c）。

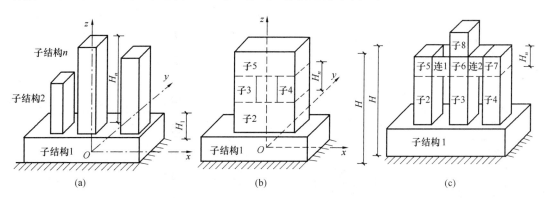

图 9-8　大底盘多塔楼、大孔口和多塔楼连体结构的计算模型及子结构划分

有关这三类结构的受力分析及特点的研究还不多，但已引起人们的关注。用三维空间程序，不采用同一高度统一刚性楼板的假定，能够计算这种结构，但计算工作量较大。

本节采用沿高度方向分段连续化的方法，建立一个分段连续化的串联组模型（图9-8a、b），或串并联组模型（图9-8c）。基本假设如下：

（1）将大底盘及上部结构划分为子结构。楼板平面内刚度，在每个子结构内视为无限刚性；楼板平面外刚度忽略不计。

（2）各子结构由框架、剪力墙、薄壁筒和楼板组成，可以是彼此正交的，也可以是彼此斜交的，但它们的截面尺寸及层高沿高度方向为均匀不变的，即各子结构内结构的物理、几何参数是均匀不变的。

（3）各塔楼子结构间的连接结构由梁、柱和楼板组成。楼板被看作是平放的深梁，考虑弯曲、剪切和轴向变形的影响。梁、柱和楼板的截面尺寸及层高沿高度方向均匀不变；即每个连接结构内，结构的物理、几何参数均匀不变。

本节将楼板和框架的作用均连续化。每个子结构是弯扭耦联的，底部子结构1和上部各子结构串联在一起，也是耦联的；上部子结构又并联在一起，也是耦联的。最后归结为图9-8所示的分段连续化的串联组或串并联组模型。

对上述模型建立平衡微分方程组，连同边界条件和连接条件，用常微分方程求解器COLSYS求解其位移和内力。因为取每一子结构的侧向位移（u，v，θ）为未知函数，一个子结构只有3个未知函数，整个未知函数的数目只有$3s$（s为子结构数），且不会因层数的增多而增大计算工作量。因为是解析解法，便于改变参数进行位移和受力特性的分析。

9.3.2 平衡微分方程

1. 单体子结构的平衡微分方程

两类子结构为单体子结构和连体子结构，分别示于图9-9（a）和（b）中。

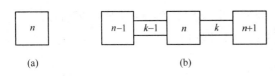

(a)　　　　　　　　　　　　　(b)

图9-9　单体子结构和连体子结构

（a）单体子结构；（b）连体子结构

沿整体坐标x、y方向的位移u、v和绕z轴的扭转角θ为未知函数，则其平衡微分方程已在9.2.2节导出，为：

$$A_n U_n'''' - B_n U_n'' = P_n \qquad (9\text{-}44)$$

式中

$$\left.\begin{array}{l} U_n = (u \quad v \quad \theta)_n^{\mathrm{T}} \\ P_n = (P_x \quad P_y \quad m_x)_n^{\mathrm{T}} \\ A_n = \sum_i T_{in} D_{in} T_{in}^{\mathrm{T}} \\ B_n = \sum_i T_{in} D_{tin} T_{in}^{\mathrm{T}} + \sum_j T_{jn} D_{Fjn} T_{jn}^{\mathrm{T}} \end{array}\right\} \qquad (9\text{-}45)$$

式（9-44）是一组弯扭耦联的微分方程组。

2. 连体子结构的平衡微分方程

连体子结构通过连接结构与其他子结构相连（图 9-9b），其平衡微分方程也已在 9.2.2 节导出，为：

$$A_n U'''_n - B_n U''_n + C_{1n} U_n + C_{2(n-1)} U_{(n-1)} + C_{3(n+1)} U_{(n+1)} = P_n \qquad (9\text{-}46)$$

式中

$$
\left.
\begin{aligned}
A_n &= \sum_i T_{in} D_{in} T_{in}^{\mathrm{T}} \\
B_n &= \sum_i T_{in} D_{in} T_{in}^{\mathrm{T}} + \sum_j T_{jn} D_{\mathrm{F}jn} T_{jn}^{\mathrm{T}} \\
C_{1n} &= \frac{1}{h} T_{k1n} D_{11k} T_{k1n}^{\mathrm{T}} + \frac{1}{h} T_{(k-1)2n} D_{22(k-1)} T_{(k-1)2n}^{\mathrm{T}} \\
C_{2(n-1)} &= \frac{1}{h} T_{(k-1)2n} D_{21(k-1)} T_{(k-1)1(n-1)}^{\mathrm{T}} \\
C_{3(n+1)} &= \frac{1}{h} T_{k1n} D_{12k} T_{k2(n+1)}^{\mathrm{T}}
\end{aligned}
\right\}
\qquad (9\text{-}47)
$$

式（9-46）即为用整体位移表示的平衡方程，是弯扭耦联的，与之相连的子结构也是耦联的。

9.3.3　大底盘多塔楼的边界条件和连接条件

以图 9-9（a）所示的大底盘多塔楼为例，为大底盘三塔楼结构，有四个子结构，全为单体子结构，即用式（9-44）的平衡微分方程，其应满足的边界条件和连接条件如下：

（1）大底盘子结构 1 底部固定

位移和转角等于零，即当 $z = 0$ 时，

$$
\left.
\begin{aligned}
U_1 &= 0 \\
U'_1 &= 0
\end{aligned}
\right\}
\qquad (9\text{-}48)
$$

（2）上部塔楼各子结构顶部自由，或受集中力 $P_n = (P_{\mathrm{x}} \quad P_{\mathrm{y}} \quad M_z)_n^{\mathrm{T}}$

弯矩为零，自由翘曲；总剪力和扭矩等于零，或等于 $-P_n$；即当 $z = H_1 + H_n$ 时，

$$
\left.
\begin{aligned}
U''_n &= 0 \\
A_n U'''_n - B_n U'_n &= 0 (\text{或} -P_n)
\end{aligned}
\right\}, \quad n = 2, \cdots, s
\qquad (9\text{-}49)
$$

（3）上部塔楼底部和大底盘顶部的连接条件

位移和转角连续，即当 $z = H_1$ 时，

$$
\left.
\begin{aligned}
U_1 &= U_n \\
U'_1 &= U'_n
\end{aligned}
\right\}, \quad n = 2, \cdots, s
\qquad (9\text{-}50)
$$

当大底盘顶部受集中力 $P_1 = (P_{\mathrm{x}} \quad P_{\mathrm{y}} \quad M_z)_1^{\mathrm{T}}$ 时，由 $z = H_1$ 的上、下作截面取隔离体（图 9-10a），由弯矩、总剪力和扭转的平衡条件，当 $z = H_1$ 时，

$$A_1 U''_1 = \sum_{n=2}^{s} A_n U''_n$$

$$A_1 U'''_1 - B_1 U'_1 + P_1 = \sum_{n=2}^{s} (A_n U'''_n - B_n U'_n)$$

(9-51)

平衡微分方程式（9-44）连同边界条件和连接条件式（9-48）～式（9-51）形成一常微分方程组边值问题。

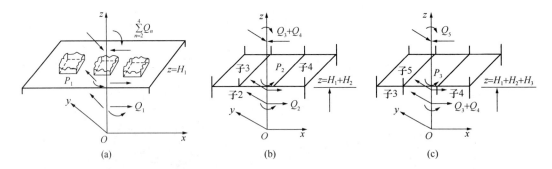

图 9-10　连接条件

(a) 底盘顶部与多塔楼底部的连接；(b) 大孔口底部的连接；(c) 大孔口顶部的连接

9.3.4　大底盘、大孔口结构的边界条件和连接条件

以图 9-8（b）所示大底盘、大孔口结构为例，有 5 个子结构，全为单体子结构，即用式（9-44）的平衡微分方程，其应满足的边界条件和连接条件如下。

（1）大底盘子结构 1 底部固定

位移和转角等于零，即当 $z=0$ 时，

$$\left.\begin{array}{r} U_1 = 0 \\ U'_1 = 0 \end{array}\right\}$$

(9-52)

（2）最上部的子结构顶部自由，或受集中力 $P_s = (P_x \quad P_y \quad M_z)_s^\mathrm{T}$

弯矩为零，自由翘曲；总剪力和扭矩等于零，或等于 $-P_s$；即当 $z=H$ 时，

$$\left.\begin{array}{r} U''_s = 0 \\ A_s U'''_s - B_s U'_s = 0(\text{或} - P_s) \end{array}\right\}$$

(9-53)

（3）大底盘子结构 1 和子结构 2 的连接条件

位移和转角连续，即当 $z=H_1$ 时，

$$\left.\begin{array}{r} U_1 = U_2 \\ U'_1 = U'_2 \end{array}\right\}$$

(9-54)

当子结构 1 顶部受集中力 $P_1 = (P_x \quad P_y \quad M_z)_1^\mathrm{T}$ 时，由 $z=H_1$ 的上、下作截面取隔离体（图 9-10a），由弯矩、总剪力和扭转的平衡条件，当 $z=H_1$ 时，

$$
\left.
\begin{aligned}
A_1 U''_1 &= A_2 U''_2 \\
A_1 U'''_1 - B_1 U'_1 + P_1 &= A_2 U'''_2 - B_2 U'_2
\end{aligned}
\right\}
\tag{9-55}
$$

（4）大孔口底部（子结构 2、3、4）的连接条件

位移和转角连续，即当 $z = H_1 + H_2$ 时，

$$
\left.
\begin{aligned}
U_2 &= U_n \\
U'_2 &= U'_n
\end{aligned}
\right\}, \quad n = 3, 4
\tag{9-56}
$$

当子结构 2 顶部受集中力 $P_2 = (P_x \quad P_y \quad M_z)_2^T$ 时，由 $z = H_1 + H_2$ 的上、下作截面取隔离体（图 9-10b），由弯矩、总剪力和扭转的平衡条件，当 $z = H_1 + H_2$ 时，

$$
\left.
\begin{aligned}
A_2 U''_2 &= \sum_{n=3}^{4} A_n U''_n \\
A_2 U'''_2 - B_2 U'_2 + P_2 &= \sum_{n=3}^{4} (A_n U'''_n - B_n U'_n)
\end{aligned}
\right\}
\tag{9-57}
$$

（5）大孔口顶部（子结构 3、4、5）的连接条件

位移和转角连续，即当 $z = H_1 + H_2 + H_3$ 时，

$$
\left.
\begin{aligned}
U_n &= U_5 \\
U'_n &= U'_5
\end{aligned}
\right\}, \quad n = 3, 4
\tag{9-58}
$$

当子结构 3、4 顶部受集中力 $P_n = (P_x \quad P_y \quad M_z)_n^T$ 时，由 $z = H_1 + H_2 + H_3$ 的上、下作截面取隔离体（图 9-10c），由弯矩、总剪力和扭转的平衡条件，当 $z = H_1 + H_2 + H_3$ 时，

$$
\left.
\begin{aligned}
\sum_{n=3}^{4} A_n U''_n &= A_5 U''_5 \\
\sum_{n=3}^{4} (A_n U'''_n - B_n U'_n + P_n) &= A_5 U'''_5 - B_5 U'_5
\end{aligned}
\right\}
\tag{9-59}
$$

平衡微分方程式（9-44）连同边界条件和连接条件式（9-52）～式（9-59）形成一常微分方程组边值问题。

9.3.5　大底盘多塔楼连体结构的边界条件和连接条件

以图 9-8（c）所示大底盘多塔楼连体结构为例，共有 8 个子结构。其中子结构 1、2、3、4、8 为单体子结构，平衡微分方程用式（9-44）；子结构 5、6、7 为连体子结构，平衡微分方程用式（9-46），连 1 和连 2 为连接它们的连接结构。这 8 个子结构的 8 组微分方程应满足的边界条件和连接条件如下。

（1）大底盘子结构 1 底部固定

位移和转角等于零，即当 $z = 0$ 时，

$$
\left.
\begin{aligned}
U_1 &= 0 \\
U'_1 &= 0
\end{aligned}
\right\}
\tag{9-60}
$$

（2）上部各塔楼最上一子结构的顶部自由，或受集中力 $P_s = (P_x \quad P_y \quad M_z)_s^T$

弯矩为零，自由翘曲；总剪力和扭矩等于零，或等于 $-P_s$；即当 $z=H$ 时，或 $z=H-H_n$ 时，

$$
\left.\begin{aligned}
U''_s &= 0 \\
A_s U'''_s - B_s U'_s &= 0 \text{ 或 } -P_s
\end{aligned}\right\}
\tag{9-61}
$$

（3）上部塔楼底部和大底盘顶部的连接条件

位移和转角连续，弯矩、总剪力和扭矩平衡，即当 $z=H_1$ 时，

$$
\left.\begin{aligned}
U_1 &= U_n \\
U'_1 &= U'_n
\end{aligned}\right\}, \quad n = 2, \cdots, s
\tag{9-62}
$$

$$
\left.\begin{aligned}
A_1 U''_1 &= \sum_{n=3}^{s} A_n U''_n \\
A_1 U'''_1 - B_1 U'_1 + P_1 &= \sum_{n=2}^{s} (A_n U'''_n - B_n U'_n)
\end{aligned}\right\}
\tag{9-63}
$$

（4）各串联子结构连接处的连接条件

位移和转角连续，弯矩、总剪力和扭矩平衡，即

$$
\left.\begin{aligned}
U_m &= U_n \\
U'_m &= U'_n \\
A_m U''_m &= A_n U''_n \\
A_m U'''_m - B_m U'_m + P_m &= A_n U'''_n - B_n U'_n
\end{aligned}\right\}
\tag{9-64}
$$

式(9-44)和式(9-46)组成的平衡微分方程组，连同边界条件和连接条件式（9-60）～式（9-64）形成一常微分方程组边值问题。

第 10 章 高层建筑结构探究性问题研究

10.1 变截面筒体结构在水平荷载下的计算

10.1.1 计算简图与计算方法

筒体结构是由深梁密柱的外框筒和内部核心筒组成的高层空间协同工作体系。由于高度很大，沿高度方向外框筒和内筒截面尺寸改变，常为阶形变截面筒体。本节讨论沿高度方向为阶形变截面的筒体结构在水平荷载下的计算，采用了以下的假设：

（1）楼板平面内刚度无限大，楼板平面外刚度不计。

（2）层高分段相等。外框筒柱距均匀，梁柱截面尺寸分段相等，可用分段等厚的连续体即弹性板筒来等效。内筒截面尺寸分段相等。

计算方法的要点是：对外筒采用等效连续板筒的计算图，根据筒体剪力滞后的受力特点，假定应力函数，使应力状态可用单一的参数表示；用能量法求得等代筒在任意高度处有单位荷载作用时的各种应力和位移的计算公式，从而求得外筒的柔度矩阵。内筒为带连梁的薄壁杆，当荷载通过截面的剪力中心时，可按简单梁理论计算其弯曲问题。设内、外筒在楼层处的相互作用力为基本未知量，根据楼层处内、外筒侧向位移相等的条件，建立力法方程，求出基本未知量。根据基本未知量分别解算内、外筒。

如图 10-1（a）所示结构，在沿对称轴方向的侧向荷载作用下，因荷载合力过结构的剪力中心，不产生扭矩，则结构的计算图和基本体系如图 10-1（b）、(c) 所示。

X 为基本未知力向量，$X = (X_0 \quad X_1 \quad \cdots \quad X_{n-1})^\mathrm{T}$。

由内、外筒侧向位移相等的位移协调条件，得力法方程：

$$F^{(1)} X = \Delta_\mathrm{P} - F^{(2)} X$$

即：

$$FX = \Delta_\mathrm{P} \tag{10-1}$$

$$F = F^{(1)} + F^{(2)} \tag{10-2}$$

式中 $F^{(1)}$——内筒柔度矩阵，柔度系数沿基本未知力方向者为正；

$\quad\quad F^{(2)}$——外筒柔度矩阵，柔度系数沿基本未知力方向者为正；

$\quad\quad \Delta_\mathrm{P}$——外荷载作用下的位移向量，位移元素沿荷载方向者为正。

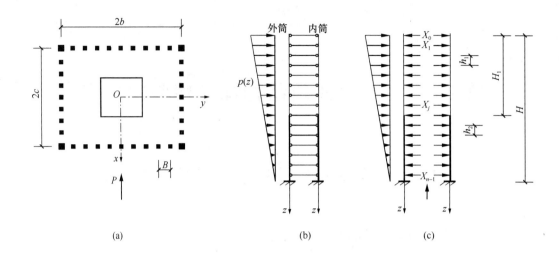

图 10-1　变截面筒体结构的计算方法

10.1.2　变截面框筒结构的应力分析

框筒梁、柱截面尺寸的改变，或层高、柱距的改变，都可以用等代板厚度 t 的改变来表示。这只要在框筒与连续体的等效公式中，假定等代板的等效弹性模量为给定材料的弹性模量，不同的刚度就反映在不同的板厚 t 上了。所以用不同的厚度就可以表示变截面框筒的特点。本节仅讨论等代板筒厚度上、下两段不同的情况，且其相应框筒的柱网轴线重合。设上段高为 H_1，结构总高为 H，其他物理参数上、下段分别用脚标 1、2 表示（图10-2）。假定等代板筒上、下段壁厚之比与加强角柱上、下段面积比相等，即：

$$\frac{t_2}{t_1} = \frac{A_{c2}}{A_{c1}} = k \tag{10-3}$$

与等截面筒体中一样，仍假设翼缘框架等代板中的正应力按二次曲线分布，腹板框架等代板中的正应力按三次曲线分布（图10-2a）。利用弹性力学平面问题的平衡方程，角点位移协调条件和任意高度处的弯矩平衡条件，可得两组应力（图10-2b），这些应力可由单一的剪力滞后影响参数 S 来表示。

10.1.3　计算步骤

此处列出简要计算步骤，方法如前所述。

（1）计算内筒的柔度矩阵。

（2）计算外框筒的柔度矩阵。

（3）计算荷载作用下外框筒的侧向位移向量。

（4）求基本未知力向量。

（5）计算外框筒的应力。

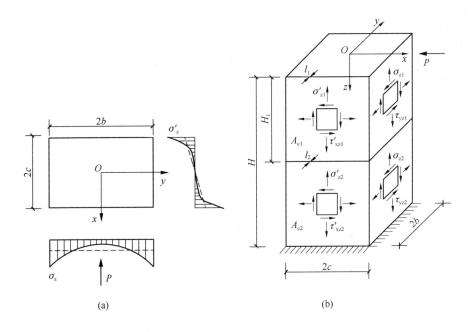

图 10-2　变截面筒体结构的应力

（6）计算外框筒的内力。

（7）计算结构的侧向位移。

10.2　高层建筑结构的分析方法

10.2.1　概述

将高层建筑结构视为杆件（含薄壁杆件）的组合体，用矩阵位移法求解，是高层建筑结构用计算机求解的一种通用算法。用此方法，按协同工作原理和空间结构原理，均已编制了通用程序，可供各种高层建筑结构分析采用。但这种方法也有它的局限性和问题。首先，并不是所有的高层建筑结构的计算都能按杆件结构来处理。如不规则开洞的剪力墙和应力集中问题，都必须把结构离散为二维的单元才能处理；考虑楼板处平面的刚度或筒体面板处平面的刚度，则必须把结构离散为板单元才能计算。其次，有些高层建筑结构（如框架筒体）虽然可按杆件结构来处理，但因其计算量很大，非大型计算机不能实现计算工作，故常用连续化的模型，按非杆件结构来计算，以减少其计算量。

另一种结构分析的通用方法是有限元法。有限元法将结构离散为单元，然后再将这些单元按一定的条件集合成整体。在这一分一合的过程中，把复杂结构的计算问题转化为简单单元的分析和集合问题。有限元法是一种离散化的数值解法，将单元细化后，有很好的计算精度；但高层建筑结构用有限元法进行分析，计算工作量太大，所以对于整个结构，

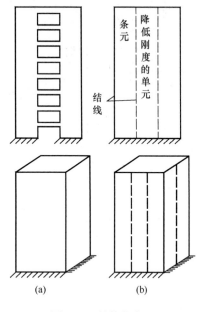

图 10-3　结构与条元

采用有限条法是一种半解析半离散化的分析方法，在这一方法中，将结构划分为一些二维的条形，然后再将这些条形按一定的条件集合成整体，如图 10-3 所示。这些条形（或称为条元）的边端总是与结构的边端相吻合，这些条元之间的连结线，称为结线。条元的位移函数一般由两个方向函数的乘积给出。沿条元长度方向的函数通常用解析函数，且必须首先满足条元边端处的边界条件；沿条元横向的函数用通常的插值函数，所以是一种半解析半离散化的分析方法。

有限条法的计算原理和步骤与有限元法相似，即先把结构离散化，使之变成有限个条元的组合体，然后对每个条元进行条元分析，得出条元的刚度矩阵，最后考虑条元的综合，得出整体刚度矩阵，从而求出各条元的位移和应力。由于只在一个方向上离散化，未知量和计算工作量均比有限元法要少得多。有限条法适用于边界比较规矩的结构。高层建筑结构都是底部固定、顶部自由的结构，沿高度方向或者是均匀的，或者是阶形均匀的，很适合用有限条法来分析，其计算量不是很大，精度很好。所以，有限条法是各种高层建筑结构（特别是框筒结构）用计算机求解的另一种通用算法。

本节结合高层建筑结构（主要是筒体）的特点，介绍有限条法的计算原理和步骤，并讨论它在高层建筑结构分析中应用的一些问题。高层建筑筒体结构的有限元线法沿一方向用解析函数表示，另一方向则离散化，与有限条法同属半解析半离散化的分析方法。

10.2.2　条元模型和等效连续体的弹性常数

筒中筒结构示于图 10-4（a），用结线把内、外筒壁和楼盖梁分成若干底部固定、顶部自由的条元（图 10-4b）。为了清楚起见，将内、外筒壁分条图以平面图形的形式示于图 10-5。共有四类条元：第一类是由框筒切出的框筒条，由于框筒的孔洞分布密而匀，结线取孔洞的等分线和两邻壁计算面的交线（图 10-5），各条元的弹性常数统一按等效连续的正交异性板计算。第二类是实条元（图 10-4b 和图 10-5），其弹性常数直接取材料的弹性系数。第三类是内筒虚条元，是由连梁组成，只能传递薄膜剪力和横向力，不能传递竖向力（图 10-5）。第四类是楼盖虚条，由各层楼盖组成，仅在楼盖梁与筒壁刚接时才予以考虑。

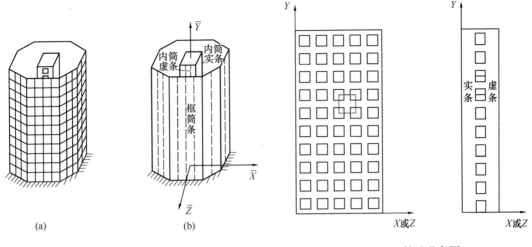

图 10-4　结构的等效连续体条元模型　　　　　　图 10-5　筒壁分条图

10.2.3　框筒条

框筒是由深梁密柱组成的体系，要将其用等效的连续体来代替。等效的原则是两者有相同的刚度。为此，从图 10-5 的条中取一标准十字元，并将它看作等效的矩形元（图 10-6），其中 d 和 h 分别为十字元柱和梁的截面高度，$\bar{d}$ 和 $\bar{h}$ 分别为矩形元的边长，d'' 和 h'' 分别为孔洞的宽度和高度，T_x、T_y 和 S_x，S_y 为单位长度上作用的薄膜力。通过各薄膜力对十字元形心 C 的力矩平衡，并略去剪力增量 ΔS，可近似得 $S_x = S_y = S$，于是图 10-6（a）简化为图 10-6（b）。

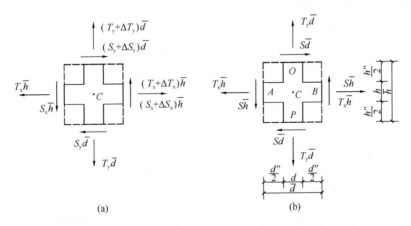

图 10-6　框筒条的等效连续体

设矩形元仅作用薄膜力 T_y，其竖向变形为 $\delta_{yy} = \dfrac{T_y \bar{h}}{E_y t}$，$t$ 为矩形元或十字元的厚度。在相同的内力作用下，略去横梁对竖向变形的影响，十字元沿竖向的变形为 $\bar{\delta}_{yy} = \dfrac{T_y \bar{h} \bar{d}}{E t d}$。令

$\bar{\delta}_{yy} = \delta_{yy}$ ，则得框筒条竖向的弹性模量：

$$\overline{E}_y = \frac{d}{d}E \qquad (10\text{-}4)$$

式中　E——筒壁材料的弹性模量。

同理，可得框筒条横向的弹性模量：

$$\overline{E}_x = \frac{h}{h}E \qquad (10\text{-}5)$$

再设矩形元上仅作用薄膜剪力 S ，其剪应变 $\bar{\gamma} = \dfrac{S}{Gt}$ 。在相同的内力作用下，考虑各杆件的局部弯曲、剪切变形和节点变形，在计算杆件的局部弯曲变形时，计算长度取杆件净长加 $1/2$ 杆件截面高度。十字元由于 A,B 和 O,P 两对端点的错动，产生平均应变：

$$\gamma = \frac{S}{Et}\left[\frac{\bar{h}}{\bar{d}}\left(\frac{d'}{h}\right)^3 + \frac{\bar{d}}{\bar{h}}\left(\frac{h'}{d}\right)^3 + 2k(1+\mu)\left(\frac{\bar{h}}{\bar{h}} + \frac{\bar{d}}{\bar{d}}\right)\right]$$

令 $\bar{\gamma} = \gamma$ ，则得框筒条的剪切模量：

$$\overline{G} = \frac{E}{\dfrac{\bar{h}}{\bar{d}}\left(\dfrac{d'}{h}\right)^3 + \dfrac{\bar{d}}{\bar{h}}\left(\dfrac{h'}{d}\right)^3 + 2k(1+\mu)\left(\dfrac{\bar{h}}{\bar{h}} + \dfrac{\bar{d}}{\bar{d}}\right)} \qquad (10\text{-}6)$$

$$\left.\begin{array}{l} d' = d'' + \dfrac{h}{2}, \quad 当\ d' > \bar{d},取\ d' = \bar{d} \\[3mm] h' = h'' + \dfrac{d}{2}, \quad 当\ h' > \bar{h},取\ h' = \bar{h} \end{array}\right\} \qquad (10\text{-}7)$$

式中　μ——筒壁材料的泊松比；

　　　k——杆件截面的剪切形式系数，当截面为矩形时，取 $k=1.2$ 。

本节的式（10-6）适用于任意大小的孔洞。当孔洞很大，柱与梁均很细长时，$d' = \bar{d}$ ，$h' = \bar{h}$ ，d' 或 h' 远大于 d 或 h ，式（10-6）分母中的第三项远小于前两项。但实际上框筒的柱、梁截面高度较大 $\left(d' \approx d \approx \dfrac{\bar{d}}{2}\ ,\ h' \approx h \approx \dfrac{\bar{h}}{2}\right)$ ，宜用本书公式计算等效体的弹性常数；否则，计算的位移值会产生较大误差。

当外框筒具有竖向肋时，式（10-4）和式（10-6）分别变为：

$$\overline{E}_y = \frac{g_1 d}{d}E \qquad (10\text{-}8)$$

$$\overline{G} = \frac{E}{\dfrac{\bar{h}}{\bar{d}}\left(\dfrac{d'}{h}\right)^3 + \dfrac{\bar{d}}{g_2\bar{h}}\left(\dfrac{h'}{d}\right)^3 + 2k(1+\mu)\left(\dfrac{\bar{h}}{\bar{h}} + \dfrac{\bar{d}}{g_1 d}\right)} \qquad (10\text{-}9)$$

$$\left.\begin{array}{l} g_1 = 1 + \dfrac{d_r b_r}{td} \\[3mm] g_2 = 1 + \left(\dfrac{d_r}{d}\right)^3 \dfrac{b_r}{t} \end{array}\right\} \qquad (10\text{-}10)$$

式中　b_r ，d_r——加劲肋横截面的高度和宽度。

10.2.4　高层建筑筒体结构的半解析常微分方程求解器方法

以下通过筒体结构介绍高层建筑结构半解析常微分方程求解器方法，具体包含两种方法：

（1）半解析能量法。对多维问题，取一方向的未知函数为基本未知量，另一方向的函数用插值函数表示为基本未知量，借助能量泛函数的变分，建立问题的控制常微分方程组和相应的边界条件；然后用常微分方程求解器求解。该方法中，利用单方向的插值技巧和ODE Solver 这一通用工具，使其成为一个可普遍采用的新的半解析法。

（2）有限元线法。利用有限元（条）技术，将结构划分为条元，取结线函数为基本未知量，借助能量泛函的变分，导出用结线函数表示的常微分方程组，然后用常微分方程求解器求解。该方法中两项普遍而又关键的技术（Finite Element 和 ODE Solver）的应用，使之成为一种具有吸引力和竞争性的新方法。该方法解一般力学问题已取得了很好的结果。我们把它用到高层建筑筒体结构的静力、动力、稳定及二阶分析中也取得了很好的结果。

在建立计算模型时，采用了以下的基本假设：

（1）将整个筒体结构划分为子结构。阶形变截面筒体为两个（或多个）子结构串联一起，筒中筒结构则为两个子结构并联在一起。

（2）楼板在自身平面内刚度无限大，平面外刚度为零。

（3）外框筒用等效连续的正交异性板交替。各子结构在等效连续化后的弹性常数沿高度方向不变。

在上述假设下，整个筒体结构的计算模型可视为由子结构通过楼板串、并联在一起的组合体。子结构为薄壁筒体结构，可按不同的计算理论分析。

10.2.5　高层建筑筒体结构的有限元线法

本节用有限元线法对变截面的高层筒体结构进行静力分析。先将实际框筒结构等效连续化为变截面的正交各向异性折板结构。然后用有限元线法进行分析，采用板条单元，取竖向结线上的位移函数为基本未知量；单元内位移用条宽（横向）方向的插值函数表示，板平面内采用一次拉格朗日插值。板平面外采用三次埃尔米特插值。由势能驻值原理建立用结线位移基本未知量表示的基本方程（它们是四阶的常微分方程组）及相应的边界条件，求解位移基本未知量，然后求得各位移和内力分量。

本节采用以下基本假设：

（1）各种筒体结构均可视为由各种竖直的条元所组成，条元之间的连结线称为结线（图 10-7）。

（2）各层层高、布置、梁柱截面尺寸沿高度方向不变或分段内不变，即等效连续化后的弹性常数沿高度方向不变或分段内不变。

（3）条元同时考虑其平面内和平面外刚度，力学特点是平面应力和板弯曲的叠加。

（4）楼板平面内为无限刚性，平面外刚度为零。当无刚性楼板存在时，即为变截面筒壳的解。

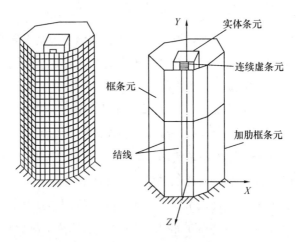

图 10-7　筒体离散后条元

10.3　高层建筑结构动力特性分析

10.3.1　动力特性分析概述

结构动力特性分析的目的是求结构的自振周期和振型。这是结构动力学讨论的主要内容。结构的自振周期和振型是计算地能作用和风振作用的主要参数，因而是高层建筑结构计算的重要内容。确定高层建筑结构自振周期和振型的方法详见本书 3.4 节。

10.3.2　框架结构

框架结构动力特性的分析方法已有较多的讨论。例如，将框架质量集中在所有节点上，用矩阵位移法所编的计算程序，可以用多自由度体系的一般方法，精确地计算其结果。但对高层建筑框架结构来说，由于内隔墙、横纵墙和楼板等的刚度因素很难准确估计，因而可以采用比较简化的计算图。

国内外大量实测和理论研究表明，框架结构的水平振动，沿竖向主要表现为各个楼层之间的相互错动，这是由于一般的高层建筑每层高度很小，而平面面积很大所致。因此，从总体上（不是对个别构件）看，可以认为框架结构水平振动时，沿竖向的变形以剪切变形为主。考虑其水平振动的计算图时，一般可将质量集中于各层楼板；当层数很多时可作为剪切型悬臂杆考虑。下面分成几个方面介绍其计算图和分析方法。

（1）强梁弱柱型框架

强梁弱柱型框架是指横梁及楼板的线刚度比柱的线刚度大很多的框架。对这种框架计算时可不考虑横梁和楼板的变形，即视横梁为刚性梁，同时，假定质量集中于楼板处。因为每层节点只有水平位移而没有转角，可以将整个框架合并。

（2）强柱弱梁型框架

由于在抗震设计中要求结构大震不倒，因而常将框架结构设计成强柱弱梁型，以实现这一要求。对没有楼板且横梁刚度很小的多层框架，就需要考虑横梁的变形，从而使计算工作量加大。简化的计算简图仍假定各层的质量集中于楼层处，同时假定同层各节点的转角相同。因为同一层每个梁两端转角相同，因而其弯矩零点在梁跨度的中点，同时，梁中点没有竖向位移，所以各处实际上还可以加上竖向支杆。因为同层各柱的转角与节点线位移均相同，故各柱的变形都相同。在运算时，为了方便，可将各柱和同层各梁合并起来。

（3）剪切杆法

当框架结构的层数很多时，按前述的简化方法仍然计算量很大。由于高层建筑框架结构构造的复杂性，刚度参数往往估算得比较粗糙，因而按过细的计算图进行复杂的计算并无很大实际意义。因此，对层数较多而高宽比不大于 3 的高层建筑，一般都可以简化为剪切杆来进行计算。

（4）剪力墙结构和框架-剪力墙共同工作体系

图 10-8（a）所示为一剪力墙结构的尺寸图。假设质量和刚度沿高度方向分布均匀，同层各节点在水平振动时转角相同，连梁对墙肢的作用连续化。在上述假设下，图 10-8（a）所示的剪力墙结构在水平方向振动时的计算图可合并为图 10-8（b）所示的计算图形，可合并的理由与前述强柱弱梁型框架结构相同。

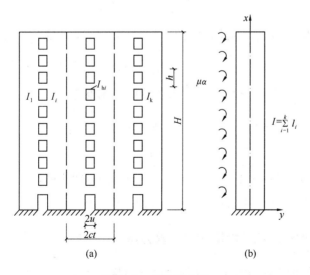

图 10-8　多肢剪力墙

因为剪力墙是以受弯为主的结构，故合并后的计算图是一个弯曲梁。合成梁的惯性矩等于各列墙截面惯性矩之和，即 $I = \sum_{i=1}^{k} I_i$。等截面弯曲梁的水平振动方程为：

$$EI\frac{\partial^4 y}{\partial x^4} - \mu\frac{\partial^2 y}{\partial x^2} + m\frac{\partial^2 y}{\partial t^2} = 0 \qquad (10\text{-}11)$$

式中等号左边第二项为各连梁对墙肢约束弯矩的影响，是单独的弯曲梁振动方程所没有的；第三项为惯性力的影响。

10.4　高层建筑结构地震作用计算要求

10.4.1　各抗震设防类别高层建筑的地震作用

各抗震设防类别高层建筑的地震作用，应符合下列规定：

1. 甲类建筑：应按批准的地震安全性评价结果且高于本地区抗震设防烈度的要求确定。

2. 乙、丙类建筑：应按本地区抗震设防烈度计算。

10.4.2　高层建筑结构地震作用计算

高层建筑结构地震作用计算应符合下列规定：

1. 一般情况下，应至少在结构两个主轴方向分别计算水平地震作用；有斜交抗侧力构件的结构，当相交角度大于15°时，应分别计算各抗侧力构件方向的水平地震作用。

2. 质量与刚度分布明显不对称的结构，应计算双向水平地震作用；其他情况应计算单向水平地震作用。

3. 高层建筑中的大跨度、长悬臂结构，7度（0.15g）、8度及9度抗震设计时应计入竖向地震作用。

10.4.3　计算单向地震作用时应考虑偶然偏心的影响

每层质心沿垂直于地震作用方向的偏移值可按下式采用：

$$e_i = 0.1732r_i \qquad (10\text{-}12)$$

式中　e_i——第 i 层质心偏移值（m），各楼层质心偏移方向相同；

　　　r_i——第 i 层楼层平面平行地震作用方向的回转半径。

10.4.4　高层建筑结构的地震作用计算方法

高层建筑结构的地震作用计算方法应符合下列规定：

1. 高层建筑结构一般采用振型分解反应谱法，除对称且考虑偶然偏心的扭转位移比不大于1.2的结构外，均应考虑扭转耦联振动的影响。

2. 高度不超过40m、不属于《高规》所列不规则类型的规则结构可采用底部剪力法。不规则结构应采用振型分解反应谱法、时程分析法或时域显式随机模拟法等动力分析方法。

3. 7～9 度抗震设防的高层建筑，应采用弹性时程分析法或时域显式随机模拟法进行补充计算，如表 10-1 所示。

采用时程分析法或时域显式随机模拟法的高层建筑结构　　　　表 10-1

设防烈度及场地类别	建筑高度范围
7 度和 8 度 Ⅰ、Ⅱ 类场地	>100m
8 度Ⅲ、Ⅳ类场地	>80m
9 度	>60m

注：场地类别按《抗震规范》的规定采用。

10.4.5　结构的弹性动力时程分析

进行结构的弹性动力时程分析时，地震动选取应符合下列要求：

1. 应按建筑场地类别和设计地震分组选用实际地震记录和人工模拟的地面运动加速度时程曲线，其中实际地震记录的数量不少于总数量的 2/3，多组时程曲线的平均地震影响系数曲线应与振型分解反应谱法所采用的地震影响系数曲线在统计意义上相符；每条时程曲线计算所得的结构底部剪力不应小于振型分解反应谱法求得的底部剪力的 65%，多条时程曲线计算所得的结构底部剪力的平均值不应小于振型分解反应谱法求得的底部剪力的 80%。

2. 地震波的持续时间不宜小于建筑结构基本自振周期的 5 倍和 15s，地震波记录的时间间距可取 0.01s 或 0.02s。

3. 输入地震加速度的最大值可按表 3-11 采用，7 度、8 度时括号内数值用于设计基本地震加速度为 0.15g、0.30g 的地区，g 为重力加速度。

4. 结构地震作用效应可取多组时程曲线计算结果的平均值（7 组及以上）或包络值（少于 7 组）与振型分解反应谱法计算结果的较大值。

10.4.6　建筑结构的地震影响系数

地震影响系数应根据设防烈度、场地类别、设计地震分组和结构自振周期及阻尼比确定。水平地震影响系数最大值应按表 3-6 采用；特征周期应根据场地类别和设计地震分组按表 3-7 采用，计算罕遇地震作用时，特征周期应增加 0.05s。高烈度区（8 度及以上）、场地处于发震断层 10km 以内时，地震影响系数最大值应考虑近场影响乘以增大系数，5km 以内增大系数宜取 1.50，5km 以外增大系数宜取 1.25。

10.4.7　高层建筑结构的计算自振周期折减系数

高层建筑结构的计算自振周期折减系数可按下列规定取值：

1. 场地软土深厚的Ⅲ、Ⅳ类场地的建筑周期折减系数可取 1.0。

2. 设防烈度 7 度及以上的建筑，周期折减系数可取 1.0。

3. Ⅰ、Ⅱ类场地，设防烈度为 6 度的建筑，当采用砌体墙作为非承重隔墙时，框架结构可取 0.7～0.8；框架-剪力墙结构可取 0.8～0.9；剪力墙、框架-核心筒结构可取 0.9～1.0；其他结构体系或采用其他非承重墙体时，可根据工程实际情况确定周期折减系数。

10.5　高层建筑结构地震作用的时程分析法

10.5.1　概述

在结构分析中，从建筑结构的基本运动方程出发，直接输入对应于建筑场地的若干条实际地震加速度记录或人工模拟的加速度时程曲线，通过积分运算求得在地面加速度随时间变化期间内结构的各种反应值，这种计算方法称为结构的时程分析法，亦称直接动力法、数值积分法等。在抗震计算中，将高层建筑结构作为弹塑性振动体系，直接输入地面运动计算其地震反应，此法称为高层建筑结构弹塑性时程分析法或弹塑性直接动力法。

任一多层结构在地震作用下的振动方程为：

$$M\Delta x'' + C\Delta x' + K\Delta x = - M_1 \Delta x''_g \tag{10-13}$$

式中　x，x'，x''——体系的水平位移、速度和加速度向量；

　　　x''_g——地震地面运动加速度；

　　M，C，K——体系的质量矩阵、阻尼矩阵和刚度矩阵。

弹塑性直接动力法因考虑材料的非线性，是非线性振动问题，叠加原理已不适用，故不能采用振型分解法。常用的方法是将地面运动时间分割成许多微小的时段，然后在每个时间间隔 Δt 内把结构体系当作线性体系来计算，逐步求出体系在各时刻的反应。

高层建筑结构的弹塑性时程分析因计算机的发展，自 20 世纪 60 年代以来发展较快。一些强烈地震中建筑物的震害表明：即使已经按《高规》进行过抗震设计、认为安全的结构物也可能在地震中遭到破坏，如 1971 年美国旧金山地震，1975 年日本地震也出现了类似的情况。相反，1957 年墨西哥城地震中，许多 11～16 层的建筑物遭到破坏，而首次采用了弹塑性直接动力分析的一座 44 层建筑物却安然无事。该建筑物又经历了 1985 年的 8.1 级大地震，仍然完好无损。

正、反两方面的事实使人们逐渐重视高层建筑结构弹塑性时程分析。近年来世界上多次灾难性大地震，特别是 1995 年日本坂神大地震和 1999 年我国台湾地区大地震，进一步显现了开展高层建筑弹塑性时程分析研究的意义和价值。目前国际上结构抗震规范的修订，也普遍采用了弹塑性时程分析方法来检验结构抗震薄弱部位。

（1）高层建筑结构采用弹塑性时程分析可以达到以下目的：

1）能够比较好地描述出结构物在地震时实际的受力和变形状态，能比较真实地揭露出结构中的薄弱环节，以便有效地改进结构的抗震设计。

2）其计算结果是对振型分解反应谱法的补充，即根据差异的大小和实际可能，对反应谱法计算结果，按总剪力判断、位移判断，以结构层间剪力和层间变形为主要控制指标，加以比较、分析，适当调整反应谱法的计算结果，从而取得较为合理的抗震安全度和经济效果。

3）能够对已有的重要建筑物做出正确的抗震能力评定，从而从理论上指导现有结构的抗震加固工作。

4）可以用空间的弹塑性直接动力分析作为平面的弹塑性直接动力分析及弹性直接动力分析等各种简化计算方法的比较标准。

（2）在《抗震规范》中仍保持了"三水准"（大震不倒、中震可修、小震不坏）的抗震设防目标和"两阶段设计"（小震不坏、大震不倒）的基本原则，进一步加强了对高层建筑结构时程分析的要求。高层建筑结构时程分析又分为弹性时程分析法和弹塑性时程分析法两类：

1）在第一阶段抗震计算中，规定了用时程分析法进行补充计算，这时的计算所采用的刚度矩阵 K 和阻尼矩阵 C 保持不变，称为弹性时程分析。

2）在第二阶段抗震计算中，规定了采用时程分析法进行弹塑性变形计算，这时结构的刚度矩阵 K 和阻尼矩阵 C 随结构及其构件所处的变形状态，在不同时刻可能取不同的数值，称为弹塑性时程分析。弹塑性时程分析法是第二阶段抗震计算时估计结构薄弱层弹塑性层间变形的最基本的方法。

（3）高层建筑结构按恢复力模型维数时程分析可分为平面和空间弹塑性时程分析两类：

1）平面弹塑性时程分析。在进行结构的弹塑性反应计算时，构件的恢复力特性只是采用一维恢复力模型，不考虑多维内力同时作用的相互影响，称为平面分析或平面结构空间协调分析。

2）空间弹塑性时程分析。结构空间弹塑性动力反应的计算必须建立在构件多维恢复力模型的基础上，否则难以体现塑性内力耦合对结构反应的显著影响，而目前尚缺乏一个简单、实用的多维恢复力模型。

（4）对结构进行弹塑性时程分析时，需要解决以下几个问题：

1）确定结构的振动模型；

2）结构和构件的恢复力特性；

3）质量矩阵和阻尼矩阵；

4）结构振动方程的建立；

5）输入地震波的选择；

6）振动方程的积分方法。

10.5.2　总体模型

总体模型直接将整个结构等效为仅具有几个自由度的力学体系，而且通常就简化为只有一个侧移自由度的体系。这种模型的本构关系就是结构总体变形与总体外荷载之间的关系，并要求这一关系能够从结构的总体上反映整个结构的非线性滞回特性。该模型还将结构的总体变形指标，如侧移限值、最大延性要求等和设计变量相联系，因而在结构的初步设计中有一定的应用价值。

10.5.3　层模型

该模型以一个楼层为基本单元，用每层的刚度（层刚度）表示结构的刚度，也称为层

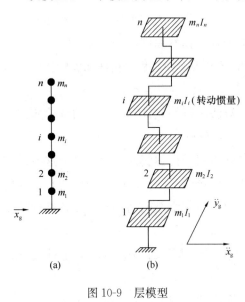

图 10-9　层模型

模型。它将整个结构合并为一根竖杆，并将全部建筑质量就近分别集中于各层楼盖处作为一个质点，考虑两个方向的水平振动，从而形成"串联质点系"振动模型（图 10-9a），这相当于静力分析中的协同工作计算法不考虑楼面转动时的情况。对质量与刚度明显不对称、不均匀的结构，应考虑双向水平振动和楼面扭转的影响。此时，楼面除有质量 m_i 外，还有转动惯量 I_i，对振动产生的影响，称为"串联刚片系"振动模型（图 10-9），一般把位移参考点设在每层的质量形心。位移参考点的不同会影响结构的抗侧刚度、振型、周期和地震作用等，这相当于协同工作计算法考虑楼面转动时的情况。层模型的本构关系是层总体位移与层总体内力之间的关系，它从结构的层间这一水平来描述结构一层的总体非线性性能。层模型又分为以下两种。

1. 剪切型层模型

高层建筑结构中框架结构，特别是其横梁与柱的线刚度比较大时，即"强梁弱柱"型的框架结构，结构的振动变形是剪切型的，即横梁只产生平移而没有转动，并且各层层间位移只与各层的刚度有关。

2. 剪弯型层模型

高层建筑结构中的剪力墙结构、框架-剪力墙结构和"强柱弱梁"的框架结构，即横梁与柱的线刚度比较小的框架结构，它们的变形都包含有弯曲和剪切两种成分。这时楼层的转角变形将是变形的主要成分，不可忽略，因此各层的层间位移不仅与本层的刚度有关，而且与相邻层的刚度都有关系。采用剪弯型层模型可以更确切地反映这类结构体系的

振动特点。

10.5.4　杆系模型

该模型是以梁柱等杆件作为基本单元的模型，杆系模型又称为杆系计算简图。将高层建筑结构视为杆件体系，结构的质量集中于各节点，动力自由度数等于结构节点位移自由度数。

杆系模型的变形性质由各杆件的变形性质所决定。杆系模型可以按弹塑性杆件采用的本构关系的不同方式分为以下两种。

1. 集中塑性模型

它将一个杆件的非线性变形集中于杆件的若干特殊部位，而弹性变形则分布于整个构件。这种广义本构关系为杆件的杆端力与杆件集中塑性变形的关系。该模型又有单分量、双分量、三分量及多弹簧模型 4 类。

2. 杆件分段变刚度模型

（1）弯矩 M 和曲率 φ 以及剪力 Q 和剪切角 γ 的恢复力特性采取退化二折线型。当杆单元的计算弯矩 M 达到屈服弯矩 M_y 时，将在杆端形成集中的塑性铰区，并将杆单元视为带刚域的变刚度杆，中间为弹性段，两端为塑性段，梁、柱节点区为刚域。

（2）为了适应钢筋混凝土杆件三折线型滞回关系，在每一个时间增量内，杆端弯矩达到开裂或屈服后，形成开裂区或塑性区，刚度折减后，按变刚度弹性杆件进行计算。

杆系模型的优点是模型较小，能够了解地震过程中每根杆件的弹塑性变形过程，为结构设计提供了确切的依据。此模型可以用于水平地震，也可用于竖向地震，两者是统一的。它不受楼板无限刚性的限制，可用于输入水平及竖向地震波的耦联振动。但其缺点是动力自由度太多，计算工作量太大。一个高层建筑结构有上千个节点，几千个广义位移。在动力分析中进行逐步积分时，积分次数很多，如积分步长为 0.02s，按地震持续时间 12s 计算，则积分次数达 600 次。再加以在地震过程中，结构的刚度矩阵随着不同的阶段在改变，故其计算量常是静力计算的几百甚至上千倍。因此，在工程实用上，限于目前的计算机条件，常采用简单的层模型或采用杆系-层模型。

10.5.5　杆系-层模型

该模型是介于层模型及杆系模型之间的一种模型，假设质量集中在各楼层和屋顶上。该模型在形成结构刚度矩阵时，仍以杆件作为基本单元，只是附加楼板刚性膜假定，即视楼板在其平面内为绝对刚性，而在其平面外为绝对柔性的理想薄膜。

由于以上假定忽略了梁的轴向变形，动力分析时每一层只有两个平移自由度及沿竖轴的扭转自由度，因而该模型动力自由度的数目较质量集中于节点的杆系模型大为减少，计算量比杆系模型要小很多。该模型将高层建筑结构按杆件体系确定其变形和刚度，即仍按杆件体系计算结构的内力和变形，以及结构的刚度矩阵。如按矩阵位移法用协同工作原理分析高层建筑时，形成结构侧向刚度矩阵的方法和过程如下：忽略各榀抗侧力结构平面外的刚度，将它视为杆件体系；依次对各榀抗侧力结构在各楼层处施加单位水平力，求出各榀抗侧力结构的侧向柔度矩阵；求逆后，得各榀结构的侧向刚度矩阵；利用楼板在平面内为刚性的假设，集成总侧向刚度矩阵。当按空间体系分析高层建筑时，可按矩阵位移法集成总刚度矩阵，然后将结构刚度矩阵进行静力凝聚，凝聚掉动力位移之外的各种位移，这时可得空间结构杆系-层模型的动力刚度矩阵。概括来说杆系-层模型就是利用杆系形成刚度矩阵，采用层模型作为结构振动模型，再回到杆系求出各杆件的内力和位移，并判断出各杆件的弹塑性状态，进行下一步的计算。因它是对杆端截面进行滞回，因此它能指出时程中屈服、破坏的梁、柱的具体位置及时间先后，也因而能指出结构的薄弱环节，可为设计提供依据。

采用层模型及杆系-层模型对结构进行动力时程分析，通常在计算中都采用楼板在自身平面内为无限刚性的假设，形成单串集中参数模型，这样大大简化了计算工作，但是对于一些体型复杂的高层建筑结构，如平面或立面收进的结构、多塔结构、长宽比较大的结构、楼板局部有开洞或局部有断层的结构等，其时程分析应考虑楼板变形的影响。应用子结构的概念，将复杂的结构平面分成若干个子结构，每个子结构简化为层间剪切模型，各子结构之间通过刚性楼板或柔性楼板连接在一起，建立了多串集中质量模型，考虑了复杂结构中平、扭耦联振动的相互影响。

10.5.6　结构振动模型的刚度矩阵

前面已概括地介绍了结构的振动模型及恢复力模型，现在对结构振动模型的刚度矩阵作进一步的讨论。

（1）剪切型层模型

当框架结构中横梁的刚度较大时，高层建筑结构的振动形式是剪切型的，即横梁只产生平移而没有转动，各层的层间位移只取决于层剪力和层剪切刚度：

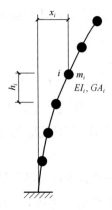

$$\delta_i = \frac{Q_i}{k_i} = \frac{Q_i}{\sum_j D_{ij}} \tag{10-14}$$

式中　δ_i——层间位移；

　　　Q_i——楼层剪力；

　　　k_i——层剪切刚度；

　　　D_{ij}——第 i 层第 j 柱的刚度系数，即用 D 值法分析框架结构时的 D 值。

（2）剪弯型层模型

对于弱梁型框架结构、框架-剪力墙结构和剪力墙结构，其振动形式是剪弯型的，可用剪弯型层模型（图 10-10），各层水平位移相互产生影响，各层除水平位移之外还有转角位移，其中 EI_i 为第 i 层

图 10-10　弯剪型层模型

的等效弯曲刚度，GA_i 为等效剪切刚度，h_i 为层高。

10.5.7　地震波的选取要求

《抗震规范》规定，采用时程分析法时，应按建筑场地类别和设计地震分组选用实际强震记录和人工模拟的加速度时程曲线，其中实际强震记录的数量不应少于总数的 2/3，多组时程曲线的平均地震影响系数曲线应与振型分解反应谱法所采用的地震影响系数曲线在统计意义上相符。弹性时程分析时，每条时程曲线计算所得结构底部剪力不应小于振型分解反应谱法计算结果的 65%，多条时程曲线计算所得结构底部剪力的平均值不应小于振型分解反应谱法计算结果的 80%。《高规》还规定，进行动力时程分析时，地震波的持续时间不宜小于建筑结构基本自振周期的 5 倍和 15s，地震波的时间间距可取 0.01s 或 0.02s。当取三组时程曲线进行计算时，结构地震作用效应宜取时程法计算结果的包络值与振型分解反应谱法计算结果的较大值；当取 7 组及 7 组以上时程曲线进行计算时，结构地震作用效应可取时程法计算结果的平均值与振型分解反应谱法计算结果的较大值。《建筑结构抗倒塌设计标准》T/CECS 392—2021 中，采用弹塑性时程分析时，地震动输入应符合下列规定：

（1）应选用不少于 3 组符合建筑场地类别和设计地震分组的地震加速度时程曲线；宜采用不少于 7 组加速度时程曲线，其中实际强震记录的数量不应少于总数的 2/3；

（2）所选用的地震加速度时程曲线的平均地震影响系数曲线与设计用的地震影响系数曲线在统计意义上相符；

（3）地震加速度时程曲线应为完整的地震动过程，其有效持时不应少于结构一阶周期的 5 倍；

（4）可按《建筑结构抗倒塌设计标准》T/CECS 392—2021 第 5.2.3 条确定近断层效应；

（5）宜按《建筑结构抗倒塌设计标准》T/CECS 392—2021 附录 C 选取实际强震记录。

对处于发震断裂两侧 10km 以内的结构，抗震弹塑性分析时应按下列要求计入近断层效应的影响：

（1）若输入的为非脉冲型地震动，应将地震动加速度时程峰值乘以增大系数 1.5；

（2）若输入的为脉冲型地震动，可不将地震动加速度时程峰值进行放大；

（3）罕遇地震和极罕遇地震对应的特征周期取值不应小于 0.80s。

采用弹塑性分析进行抗震计算时，地震动输入应符合下列规定：

（1）宜采用双向或三向地震动输入；

（2）8 度及 8 度以上设防烈度时，结构中存在转换结构、跨度超过 20m 的大跨度结构或长度超过 4m 的长悬臂结构，以及 9 度时的高层建筑，应计算竖向地震作用；

（3）当采用多向地震动输入时，各方向地震加速度峰值比例可按水平主方向：水平次方向：竖向＝1：0.85：0.65 进行调整；

　　（4）地震波调幅原则应符合《抗震规范》的有关规定。

　　高层建筑结构弹塑性动力时程分析采用的地震波有下面几种：

　　（1）拟建场地的实际地震记录；

　　（2）典型的强震记录；

　　（3）人工模拟的加速度时程曲线，简称人工地震波。

　　如果在拟建场地上有实际的强震记录可供采用，则是最理想、最符合实际情况的。但是，多数情况下在拟建场地上并未得到过这种记录，所以一般情况下难以实现。按照《抗震规范》中规定，对结构进行动力时程分析时要进行三波以上多波检验，其中的一条地震波必须是人工波。地震动是随机振动，是非平稳的随机过程，不但振幅是非平稳的，而且频谱也是非平稳的，其非平稳特征可分为三阶段：振幅开始段，振幅快速增大；中间段，平均强度变化平稳；中后段，振幅衰减下降，由大变小。频率开始段，高频成分相对丰富；中间段，中频成分相对丰富；中后段，长周期成分相对丰富。对这一非平稳过程可以参照拟建场地的地基、地层地貌和建筑物状况（如结构周期、高度、结构类型等），按随机脉冲、三角级数等数值方法人工地产生一种随机的地震波，这种加速度时程曲线应满足频谱、振幅和持时的基本要求，因此，也是一种较合理的途径。

　　在弹塑性动力分析中应用较多的是典型的强震记录，即选用与场地的地震地质条件相接近的地震记录，也就是要求震级、震中距、震源深度、震源机制、场地条件近似相同。满足直接应用已有地震记录的条件是相当困难的，实际上均需对选择的地震记录进行某些修正，以满足工程设计及研究工作的要求。选择典型强震记录的一般步骤为：首先在强震记录数据库中选择一个地震地质条件及地震动参数尽量符合工程各项要求的地震记录，然后对所选的地震记录的幅值坐标（加速度坐标）和时间坐标进行修正。改变地震加速度的幅值坐标也称为调幅。根据是多遇地震还是罕遇地震，对所用地震加速度时程曲线的最大峰值进行调整，其他峰值也按比例乘以一常数。改变地震加速度的时间坐标也称为调频，通过对时间坐标乘以固定常数，拉长或者缩短地震记录的持时，以达到改变地震记录的频谱及卓越周期的目的。工程中一般都要进行调幅，而调频相对用得较少。输入地震波的最大加速度 a_{max} 可按时程分析所用地震加速度时程的最大值，特别重要的工程及超高层建筑可由场地危险性分析确定。

10.6　消能减震、隔震结构弹塑性动力分析

10.6.1　概述

　　地震释放的能量以地震波的形式传到地面，引起结构发生振动。结构由地震引起的振动称为结构的地震反应，这种动力反应的大小不仅与地震动的强度、频谱特征和持续时间

有关，而且还取决于结构本身的动力特性。地震时地面运动为一随机过程，结构本身动力特性十分复杂，地震引起的结构振动，轻则产生过大变形影响建筑物正常使用，重则导致建筑物破坏造成人员伤亡和财产损失。因此，研究合理的结构体系，控制结构变形，降低建筑物破坏是一个十分重要而又令人关注的问题。

传统的抗震设计方法把注意力放在结构自身上，依靠结构的强度、刚度和延性来抗御地震作用，称之为"抗震设计"。这种设计中，结构处于被动承受地震作用的地位，是一种消极的设计方法。随着社会的发展，对结构物提出了比以往更为严格的抗震安全性和适用性要求。传统的抗震设计方法通过发展延性消耗输入到结构内部的能量，会使结构产生过大变形并导致结构损伤或非结构构件的损坏，对于有严格要求的重要结构往往难以满足变形条件。为此，各国地震工程学者正在寻求和探索新的结构防震设计途径，近年来发展了一种积极抗震设计方法，这就是以结构隔震和减震技术为特点的结构振动控制设计方法，这些方法大致可分为 4 类。

1. 结构隔震体系

隔震技术是采用某种装置，将地震动与结构隔开、减弱或改变地震动对结构的动力作用，使建筑物在地震作用下只产生很小的振动，这种振动不致造成结构或设施的破坏。此方法能阻隔剪切波向结构的传播，限制输入结构的能量，从而保障结构在地震时的安全。

2. 结构消能减震和阻尼减震体系

结构消能减震和阻尼减震体系是在结构的某些非承重构件（如节点和连接处）装设阻尼器，当轻微地震或阵风脉动时，这些消能杆件或阻尼器处于弹性状态，结构物具有一定的侧向刚度，以满足正常使用要求。在强烈地震作用下，随结构受力和变形增大，这些消能杆件和阻尼器进入非弹性变形状态，产生较大阻尼，大量消耗输入结构的地震能量，避免主体结构进入明显塑性状态，从而保护主体结构在强震中不发生破坏，不产生过大变形。

3. 结构被动控制调谐减震体系

结构被动控制是指没有任何外部能源支持控制系统，而是通过附加子结构改变体系的动力特征，利用系统响应所形成的势能产生控制力。被动控制是振动控制的经典方法，前述的隔震、消能减震和阻尼减震均属被动控制范畴。此处是指在建筑物某部位设置附加子结构，改变原结构体系动力特性，降低结构动力反应。例如，在建筑物顶层设置一个质量为 m，刚度为 k 和阻尼为 c 的子结构，原结构承受地震作用引起的振动时，子结构质量块向原结构施加反向作用力，其阻尼也同时发挥耗能作用，使原结构振动反应迅速衰减。这个子结构称为"调频质量阻尼器"（TMD），当子结构为装有液体的水箱时称为"调频液体阻尼器"（TLD）。这种方法无需支持系统工作的能源装置，因此也称无源控制技术。

4. 结构主动控制

主动控制体系是利用外部能源，在结构振动过程中瞬时改变结构的动力特性并施加控制力以衰减结构反应的控制系统。主动控制是振动控制的现代方法，可分为开环控制与闭环控制两种类型，目前研究较多的是闭环控制。闭环控制体系在结构振动控制部位安装传感器，传感器把测得的地震反应以信号形式输出传至控制器，控制器为计算机系统，该系统将信息处理和计算后，向驱动机构发出指令并向子结构施加控制力，改变结构的动力特性，降低结构振动反应。目前应用于结构抗震的主动控制体系主要有两种：一种是"主动调频质量阻尼器"（AMD），其子结构为一附加结构体系；一种是"锚索控制"，其子结构为预应力拉索。

结构隔震和减震方法的研究和应用始于 20 世纪 60 年代，20 世纪 70 年代以来发展较快。这种积极的结构"疏震"方法与传统的消极抗震方法相比，具有以下优点：首先，该方法能大幅度减小结构所受地震作用，能较为准确地控制传到结构上的最大地震作用，提高了结构抗震的可靠度，为解决不确定环境下结构反应的控制问题提供了新的途径；其次，该方法大大减小了结构在地震作用下的变形，保证非结构构件不受地震破坏，从而减小震后维修费用；最后，对于核工业设备、高精度技术加工设备，只能用隔震、减震的方法来满足严格的抗震要求。

10.6.2　结构消能及阻尼减震

结构耗能减震是通过采用附加子结构或在结构物的某些部位采取一定措施，以消耗地震传给结构的能量为目的的减震方法。例如，在结构物中设置耗能支撑或在结构物的某些部位（如节点）装设阻尼器。在小震或风荷载作用下，这些耗能子结构或阻尼器处于弹性工作状态，结构物具有足够的侧向刚度，其变形满足正常使用要求；在强烈地震作用下，随着结构受力和变形增大，这些耗能部位和阻尼器将率先进入非弹性变形状态，产生较大阻尼，大量消耗输入结构的地震能量，有效地衰减结构的地震反应，从而保护主体结构在强震中免遭破坏。

1. 消能减震原理

采取耗能措施的结构，在任一时刻的能量方程为：

$$E_{in} = E_v + E_k + E_c + E_s + E_D \tag{10-15}$$

式中　E_{in}——地震过程中输入结构体系的能量；

E_v——结构体系的动能；

E_k——结构体系的弹性应变能；

E_c——结构体系本身的阻尼耗能；

E_s——结构构件的弹塑性变形消耗的能量；

E_D——消能装置或耗能元件耗散或吸收的能量。

在上述能量方程中，E_v 和 E_k 仅是能量转换，不产生耗能；E_c 只占总能量的很小部分，可以忽略不计。在传统的抗震结构中，主要依靠 E_s 消耗输入结构的地震能量。但结构构件在利用自身弹塑性变形消耗地震能量的同时，构件将受到损伤甚至破坏。结构构件耗能越多，则破坏越严重。在消能减震结构体系中，消能装置或元件在主体结构进入非弹性状态前率先进入耗能工作状态，充分发挥耗能作用，消耗掉输入结构体系的大量地震能量，使主体结构本身消耗很少的能量，这意味着结构反应将大大减小，从而有效地保护了主体结构，使其不再受到损伤或破坏。试验表明，消能装置可消耗地震总输入能量的90％以上。

结构耗能减震原理可以从两方面来认识。从能量观点，地震输入结构的能量 E_{in} 是一定的，传统的结构抗震体系是把主体结构本身作为耗能构件，依靠承重构件的塑性变形来消耗能量，当杆件能量积累到一定程度后，结构严重损伤，虽能避免倒塌，但不易修复。而耗能减震是通过耗能装置本身的损坏来保护主体结构安全，利用耗能装置的耗能能力和阻尼作用，可以大大减轻地震时结构构件损伤，如设计合理，完全有可能使主体结构处于弹性工作状态，震后只需修复耗能装置，即可使主体结构恢复工作。

从动力学观点来看，耗能装置作用相当于增大结构阻尼，从而减小结构的动力反应。特别是在共振区，阻尼对抑制反应的作用明显，对于复杂结构体系来说，由于频谱较密，当承受宽带激励时，要完全避免共振是不可能的，在这种情况下，增大阻尼就是一种有效的减震方法。

2. 结构消能及阻尼减震装置

耗能支撑一般与框架配合使用，它将阻尼器设在支撑系统上，采用同垂直荷载传递路线无关的外部耗能机构来耗散地震能量。安装在支撑上的阻尼器有金属屈服型阻尼器、摩擦型阻尼器、黏弹性阻尼器、黏滞阻尼器以及其他消能减震装置。

（1）金属屈服型阻尼器

1972 年，Kelly J. M. 等首次提出在结构中通过金属屈服型阻尼器非线性滞回来消耗地震输入能量的设想。金属屈服型阻尼器通常采用低碳钢或铅作为原料，前者有良好的塑性变形能力，后者有较强的延展性能。由于金属屈服型阻尼器滞回特性稳定、低周疲劳性能较好、对环境和温度的适应性强，各国学者对其开展了广泛研究。目前，已研制开发的金属屈服型阻尼器有加劲阻尼器、软钢片消能支撑、加劲圆环耗能器、铅挤压阻尼器等。

金属屈服型阻尼器具有长期可靠且不易受环境与温度影响的优点，因此在实际工程中大量应用。墨西哥城的 Izazaga 公寓为 12 层的钢筋混凝土框架结构，在其抗震加固中安装了近 200 个加劲阻尼器。美国旧金山银行大楼等也安装了加劲阻尼器用于减震。

（2）摩擦型阻尼器

摩擦型阻尼器是一种性能良好的消能减震装置，它通过有预紧力的金属固体部件之间的相对滑动摩擦来消耗能量。摩擦型阻尼器的界面金属一般用钢与黄铜等。在风荷载或中小地震作用下，摩擦型阻尼器仅能提供静摩擦力，而不能发生相对滑动耗能；在强震作用下，阻尼器克服起滑力而开始滑动耗能。20 世纪 80 年代，摩擦型阻尼器开始出现在土木工程中。各国学者相继发明了各种形式的摩擦型阻尼器，主要有 Pall 型摩擦阻尼器、Sumitome 型摩擦阻尼器、双向摩擦阻尼器等。摩擦型阻尼器所产生的滞回曲线基本都是矩形，具有较好的库仑特性，耗能明显，而且构造简单、制作方便，因此具有广泛的应用前景。在 20 世纪八九十年代，加拿大先后有 20 余座建筑安装了摩擦型阻尼器，其中包括加拿大国防部大楼等。我国沈阳市政府办公楼、合肥市电视塔等结构也应用了摩擦型阻尼器。

（3）黏弹性阻尼器

在结构振动控制中使用的黏弹性材料一般都是高分子聚合物，这种材料既具有黏性又具有弹性，在受到交变应力作用产生变形时，一部分能量转化为势能储存起来，另一部分转化为热能耗散掉。黏弹性阻尼器控制结构振动的机理是将结构振动的部分能量通过黏弹性材料的剪切滞回消耗掉，增大结构的阻尼，减小结构的动力反应。将黏弹性材料粘贴在几块钢板之间就形成了最典型的黏弹性阻尼器，一旦钢板之间发生相对位移，其间的黏弹性材料就会产生较大的剪切变形，达到消耗能量的目的。黏弹性阻尼器构造简单、性能优越、造价低廉，在较低激励下就可以工作，在各种地震强度下均有良好的减震效果，但其耗能性能受到温度和频率的影响。

土木工程用黏弹性阻尼器最早由 Mahmoodi 研制成功，并在纽约前世贸中心双塔被大量安装用于控制风振。用黏弹性阻尼器来控制地震反应最早于 1993 年出现在美国，至今已在美国加利福尼亚州某审判大厅、洛杉矶警察局训练中心等 5 座建筑中得到应用。在我国，北京饭店的抗能加固以及江苏省宿迁市交通大厦等建筑中也应用了黏弹性阻尼器。

（4）黏滞阻尼器

黏滞阻尼器一般由筒体、活塞和黏滞液体组成，活塞在筒体内可往复运动，活塞上有适量小孔，筒内盛满硅油等黏性流体。当活塞与筒体之间产生相对运动时，流体从活塞上的小孔通过，对活塞与筒体的相对运动产生阻尼，从而将结构振动的部分能量消耗掉，达到减小结构反应的目的。在较大的频率范围内，黏滞阻尼器都呈现比较稳定的阻尼特性，它受温度的影响也比较小。由于黏滞阻尼器产生的阻尼力与结构的位移反应及柱中弯矩存在相位差，它能有效减小结构的层间位移和剪力，而又不会在柱中产生与弯矩同相的轴力。用于土木工程中的黏滞阻尼器研制得较晚。1992 年，美国纽约州立大学布法罗分校在美国国家科学基金的资助下，开始了黏滞阻尼器的研制。目前，已研制开发的黏滞阻尼器有筒式流体阻尼器、油动式阻尼器、油缸孔隙式黏滞阻尼器等。1995 年以来，仅在美国就有旧金山歌剧院、加州 Woodland 饭店、加州州立大学理科楼等 7 幢建筑和旧金山金门大桥等 6 座桥梁用黏滞阻尼器减震；洛杉矶市政厅等 6 幢减震房屋用黏滞阻尼器配合隔震。

（5）其他消能减震装置

除以上介绍的 4 种阻尼器以外，被动消能装置还有质量调谐阻尼器（TMD）、液体调谐阻尼器（TLD）、黏滞阻尼墙、无粘结套筒支撑等。其中，调谐阻尼器是比较特殊的一种阻尼器。它通过调整附加在主体结构上的子结构，使其尽量接近主结构的自振频率，从而提供与主结构振动方向相反的控制力，达到减小主结构振动的目的。随着科学技术的进步，研究人员不断发明出更多设计巧妙的消能装置，有的甚至是几种消能元件或者几种消能机制的复合物。

10.6.3　建筑结构隔震技术的发展

《抗震规范》规定，房屋消能减震设计的计算分析对主体结构进入弹塑性阶段的情况，应根据主体结构体系特征，采用静力非线性分析方法或非线性时程分析方法。在非线性分析中，消能减震结构的恢复力模型应包括结构恢复力模型和消能部件的恢复力模型。

1. 基础隔震装置

隔震装置是由隔震器、阻尼器和复位装置组成。隔震器的作用是支承上部结构全部重量，延长结构自振周期，同时具有经历较大变形的能力；阻尼器的作用是消耗地震能量，抑制结构可能发生的过大位移；复位装置的作用是提高隔震系统早期刚度，使结构在微震或风载作用下，能够具有和普通结构相同的安全性；隔震器和阻尼器往往合二为一构成隔震支座，只有当隔震支座阻尼不足时，才另加阻尼器。

2. 阻尼器

铅芯叠层橡胶支座、高阻尼叠层橡胶支座以及某些滑动支座都具有隔震系统所需要的阻尼。当隔震支座阻尼不足时，可另加阻尼器。常用的基底隔震阻尼器有弹塑性阻尼器、干摩擦阻尼器和黏弹性阻尼器。

（1）弹塑性阻尼器

软钢具有良好的塑性变形能力，可以在超过屈服应变几十倍的情况下，经历往复变形不发生断裂。利用软钢的变形能力和耗能能力可制成各种形状的阻尼器。

（2）干摩擦阻尼器

在普通叠层橡胶支座上加摩擦板就形成了干摩擦阻尼器，上滑板为不锈钢板，嵌于结构底部；下滑板为青铜铅板，置于叠层支座顶部。地震时，上下两板之间发生滑动，产生阻尼，同时也保护了叠层式隔震器。

（3）黏弹性阻尼器

黏弹性阻尼器由液缸、黏性液体以及活塞组成，其工作原理是将黏弹性材料置于隔震支座钢板与结构底部钢板之间，利用高阻尼黏弹性材料与钢板之间的摩擦产生较大阻尼。

3. 复位装置

为了防止建筑物在微震或风载作用下发生运动影响结构使用，以及便于建筑物在大震后及时复位，应设置微震和风反应控制装置或建筑物复位装置。前述的带有侧向限位的滚珠隔震支座、摩擦摆支座都具有复位功能，目前已应用的具有风稳定及复位功能的支座还有回弹滑动支座及螺旋弹簧支座。

（1）风稳定装置

风稳定装置具有双向复位功能，可以满足 500 年一遇的台风风振控制，不需外部电源驱动可以自行复位。大震时会自动解锁产生滑动隔震，地震平息后自动复位。

（2）抗倾覆装置

当采用滚轴隔震支座或其他抗倾覆能力较差的隔震支座时，为了承受强风和地震时的上拔力，在基底和上部结构中需要设置抗倾覆装置。其原理是上支座板可沿下支座板槽道双向滑动，能够承受竖向拉拔力，并可限制支座的扭转效应。

10.6.4　消能减震结构的抗震计算要点

1. 消能减震结构体系的抗震计算分析

一般情况下，消能减震结构体系的抗震计算分析宜采用静力非线性分析或非线性时程分析法。当消能减震结构体系的主要结构构件基本处于弹性工作阶段时，可采取线性分析方法作简化估算，并根据结构的变形特征和高度等，分别采用底部剪力法、振型分解反应谱法和时程分析法。

分析时，消能减震结构的总刚度应为结构刚度和消能部件有效刚度的总和；消能减震结构的总阻尼比应为结构阻尼比和消能部件附加给结构的有效阻尼比的总和。消能部件有效刚度和有效阻尼比应通过试验确定。

当采用底部剪力法、振型分解反应谱法和静力非线性法时，消能部件附加给结构的有效阻尼比可按下式估算：

$$\zeta_a = \sum_j \frac{W_{cj}}{4\pi W_s} \tag{10-16}$$

式中　ζ_a——消能减震结构的附加有效阻尼比；

　　　W_{cj}——第 j 个消能部件在结构预期层间位移 Δu_j 下往复循环一周所消耗的能量；

　　　W_s——设置消能部件的结构在预期位移下的总应变能。

不考虑扭转影响时，消能减震结构在其水平地震作用下的总应变能可按下式估算：

$$W_s = \frac{1}{2} \sum (F_i u_i) \tag{10-17}$$

式中　F_i——质点 i 的水平地震作用标准值；

　　　u_i——质点 i 对应于水平地震作用标准值的位移。

速度线性相关型阻尼器在水平地震作用下所消耗的能量 W_c 可按下式估算：

$$W_{cj} = \frac{2\pi^2}{T_1} C_j \cos^2\theta_j \Delta u_j^2 \tag{10-18}$$

式中　T_1——消能减震结构的基本自振周期；

　　　C_j——第 j 个阻尼器的线性阻尼系数；

　　　θ_j——第 j 个阻尼器的耗能方向和水平面的夹角；

　　　Δu_j——第 j 个阻尼器两端的相对水平位移。

当阻尼器的阻尼系数和有效刚度与结构振动周期有关时，可取相应于消能减震结构基本自振周期的值。

位移相关型、速度非线性相关型和其他类型阻尼器在水平地震作用下所消耗的能量 W_c，可按下式估算：

$$W_c = \sum_{j=1}^{n} A_j \qquad (10\text{-}19)$$

式中　A_j——第 j 个阻尼器的恢复力滞回环在相对水平位移 Δu_j 时的面积。

阻尼器的有效刚度可取阻尼器的恢复力滞回环在相对水平位移 Δu_j 时的割线刚度。

当采用非线性时程分析法时，阻尼器附加给结构的有效阻尼比和有效刚度宜根据阻尼器的恢复力模型确定。

2. 消能减震装置的恢复力模型

（1）速度相关型消能减震装置的恢复力模型

速度相关型消能减震装置的恢复力与变形和速度的关系一般可以表示为：

$$F_d = K_d \Delta + C_d \Delta' \qquad (10\text{-}20)$$

式中　F_d——消能减震装置的恢复力；

　K_d、C_d——分别为消能减震装置的刚度和阻尼器系数；

　Δ、Δ'——分别为消能减震装置的相对位移和相对速度。

对于黏滞阻尼器，一般 $K_d = 0$，$C_d = C_0$，阻尼力仅与速度有关，可表示为：

$$F_d = C_0 \Delta' \qquad (10\text{-}21)$$

式中　C_0——黏滞阻尼器的阻尼系数，可由阻尼器的产品型号给定或由试验确定。

对于黏弹性阻尼器，刚度 K_d 和阻尼系数 C_d 一般由式（10-22）确定：

$$\left.\begin{array}{l} C_d = \dfrac{\eta(\omega) A G(\omega)}{\omega \delta} \\[2mm] K_d = \dfrac{A G(\omega)}{\omega} \end{array}\right\} \qquad (10\text{-}22)$$

式中　$\eta(\omega)$、$G(\omega)$——黏弹性材料的损失因子和剪切模量，一般与频率和速度有关，由黏弹性材料特性曲线确定；

　　　A、δ——黏弹性材料层的受剪面积和厚度；

　　　ω——结构振动的频率。

（2）滞变型消能减震装置的恢复力模型

软钢类消能减震装置具有类似的滞回性能，可采用相似的计算模型，仅其特征参数不同。该类消能减震装置最理想的数学模型可采用 Ramberg-Osgood 模型，但由于其不便于计算分析，故可采用折线型弹性-应变硬化模型来描述，具体恢复力和变形的关系可表示为：

$$F_d = K_1 \Delta_y + \alpha_0 K_1 (\Delta - \Delta_y) \qquad (10\text{-}23)$$

式中　K_1——初始刚度；

　　　α_0——第二刚度系数；

　　　Δ_y——屈服变形。

摩擦消能减震装置和铅消能减震装置的滞回曲线近似为"矩形"，具有较好的库仑特性，且基本不受荷载大小、频率、循环次数等的影响，故可称为刚塑性恢复力模型。

对于摩擦消能减震装置，恢复力可由式（10-24）计算：

$$F_\mathrm{d} = F_0 \mathrm{sgn}(\Delta'(t)) \tag{10-24}$$

式中　F_0——静摩擦力；

$\mathrm{sgn}(\cdot)$——符号函数。

对于铅挤压阻尼器，恢复力可按式（10-25）计算：

$$F_\mathrm{d} = \beta_1 \sigma_\mathrm{y} \ln \frac{A_1}{A_2} + f_0 \tag{10-25}$$

式中　β_1——大于 1.0 的系数；

A_1——铅变形前的面积；

A_2——铅发生塑性变形后的截面面积；

f_0——摩擦力。

10.6.5　隔震结构的抗震计算要点

1. 动力分析模型

隔震结构的动力分析模型可根据具体情况采用单质点模型、多质点模型或空间模型。隔震体系上部结构的层间侧移刚度远大于隔震层的水平刚度，结构的水平位移主要集中在隔震层，上部结构只作整体平动，可近似地将上部结构看作一个刚体，从而将隔震结构简化为单质点模型进行分析，其动力平衡方程为：

$$mx'' + C_\mathrm{eq}x' + K_\mathrm{h}x = -mx_\mathrm{g}'' \tag{10-26}$$

式中　m——上部结构的总质量；

C_eq——隔震层的阻尼系数；

K_h——隔震层的水平动刚度；

x、x'、x''——上部刚体相对于地面的位移、速度和加速度；

x_g''——地面运动的加速度。

在分析上部结构的地震反应时，可以采用多质点模型或空间分析模型，它们可视为在常规结构分析模型底部加入隔震层简化模型的结果。将隔震层等效为具有水平刚度、等效黏滞阻尼比的弹簧：

$$K_\mathrm{h} = \Sigma K_j \tag{10-27}$$

$$\zeta_\mathrm{eq} = \frac{\Sigma K_j \zeta_j}{K_\mathrm{h}} \tag{10-28}$$

2. 隔震层上部结构的抗震计算

隔震层上部结构的抗震计算可采用底部剪力法或时程分析法，计算简图可采用剪切型结构模型。输入地震波的特性和数量应符合《抗震规范》的有关要求，计算结果宜取其包络值。当建筑物处于发震断层 10km 以内时，输入地震波应考虑近场效应，计算结果应乘以近场影响系数：5km 以内宜取 1.5，5km 以外宜取 1.25。

对多层结构，隔震层以上结构的水平地震作用沿高度可按各层重力荷载代表值比例分布，但应对反应谱曲线的水平地震影响系数最大值进行折减，即乘以"水平向减震系数 β"。水平地震影响系数最大值按下式计算：

$$\alpha_{\text{max1}} = \beta \alpha_{\text{max}} / \phi \tag{10-29}$$

式中　α_{max1}——隔震后的水平地震影响系数最大值；

　　　α_{max}——非隔震的水平地震影响系数最大值；

　　　β——对于多层建筑，为按弹性计算所得的隔震与非隔震各层层间剪力的最大比值；对高层建筑结构，尚应计算隔震与非隔震各层倾覆力矩的最大比值，并与层间剪力的最大比值相比较，取二者的较大值；

　　　φ——调整系数，一般橡胶支座取 0.80，隔震装置带有阻尼器时相应减少 0.05。

水平向减震系数 β 是指与不采用隔震技术的情况相比，建筑物采用隔震技术后地震作用降低的程度，可以理解为隔震结构与非隔震结构最大水平剪力的比值。由于隔震支座并不隔离竖向地震作用，因此竖向地震影响系数最大值不应折减。水平向减震系数应按下列方法确定。

（1）水平向减震系数可根据隔震后整个体系的基本周期，按下式进行简化计算：

$$\beta = 1.2 \eta_2 (T_{\text{gm}} / T_1)^\gamma \tag{10-30}$$

与砌体结构周期相当的结构，其水平向减震系数可根据隔震后整个体系的基本周期按下式确定：

$$\beta = 1.2 \eta_2 (T_{\text{g}} / T_1)^\gamma (T_0 / T_{\text{g}})^{0.9} \tag{10-31}$$

式中　η_2——地震影响系数的阻尼调整系数，根据隔震层等效阻尼确定，一般情况下，上式当 $\eta_2 < 0.55$ 时，应取 $\eta_2 = 0.55$；

　　　γ——地震影响系数的曲线下降段衰减指数，根据隔震层等效阻尼确定；

　　　T_{gm}——砌体结构采用隔震方案时的设计特征周期，根据本地区所属的设计地震分组确定，但小于 0.4s 时应按 0.4s 采用；

　　　T_{g}——特征周期；

　　　T_0——非隔震结构的计算周期，当小于特征周期时应采用特征周期的数值；

　　　T_1——隔震后体系的基本周期，不应大于 5 倍特征周期值。

（2）砌体结构及与其基本周期相当的结构，隔震后体系的基本周期可按下式计算：

$$T_1 = 2\pi \sqrt{G / K_{\text{h}} g} \tag{10-32}$$

式中　G——隔震层以上结构的重力荷载代表值；

　　　K_{h}——隔震层的水平等效刚度，按式（10-27）确定；

　　　g——重力加速度。

（3）根据水平向减震系数的取值范围，可以将隔震后结构的水平地震作用大致归纳为比非隔震时降低 0.5 度、1.0 度和 1.5 度三个档次，如表 10-2 所示。

隔震后结构的水平地震作用设计抗震设防烈度 表 10-2

本地区设防烈度（设计基本地震加速度）	水平向减震系数 β		
	$0.53 \geqslant \beta \geqslant 0.40$	$0.40 > \beta > 0.27$	$\beta \leqslant 0.27$
9 （0.40g）	8 （0.30g）	8 （0.20g）	7 （0.15g）
8 （0.30g）	8 （0.20g）	7 （0.15g）	7 （0.10g）
8 （0.20g）	7 （0.15g）	7 （0.10g）	7 （0.10g）
7 （0.15g）	7 （0.10g）	7 （0.10g）	6 （0.05g）
7 （0.10g）	7 （0.10g）	6 （0.05g）	6 （0.05g）
水平向减震效果	降 0.5 度	降 1.0 度	降 1.5 度

隔震层以上结构的总水平地震作用不得低于非隔震结构在 6 度设防时的总水平地震作用，并进行抗震验算。

附　表

均布荷载下各层柱标准反弯点高度比 y_0　　　　　附表 1

n	j \ k	0.1	0.2	0.3	0.4	0.5	0.6	0.7	0.8	0.9	1.0	2.0	3.0	4.0	5.0
1	1	0.80	0.75	0.70	0.65	0.65	0.60	0.60	0.60	0.60	0.55	0.55	0.55	0.55	0.55
2	2	0.45	0.40	0.35	0.35	0.35	0.35	0.40	0.40	0.40	0.40	0.45	0.45	0.45	0.45
	1	0.95	0.80	0.75	0.70	0.65	0.65	0.65	0.60	0.60	0.60	0.55	0.55	0.55	0.50
3	3	0.15	0.20	0.20	0.25	0.30	0.30	0.30	0.35	0.35	0.35	0.40	0.45	0.45	0.45
	2	0.55	0.50	0.45	0.45	0.45	0.45	0.45	0.45	0.45	0.45	0.45	0.50	0.50	0.50
	1	1.00	0.85	0.80	0.75	0.70	0.70	0.65	0.65	0.65	0.60	0.55	0.55	0.55	0.55
4	4	−0.05	0.05	0.15	0.20	0.25	0.30	0.30	0.35	0.35	0.35	0.40	0.45	0.45	0.45
	3	0.25	0.30	0.30	0.35	0.35	0.40	0.40	0.40	0.40	0.45	0.45	0.50	0.50	0.50
	2	0.65	0.55	0.50	0.50	0.45	0.45	0.45	0.45	0.45	0.45	0.50	0.50	0.50	0.50
	1	1.10	0.90	0.80	0.75	0.70	0.70	0.65	0.65	0.65	0.60	0.55	0.55	0.55	0.55
5	5	−0.20	0.00	0.15	0.20	0.25	0.30	0.30	0.30	0.35	0.35	0.40	0.45	0.45	0.45
	4	0.10	0.20	0.25	0.30	0.35	0.35	0.40	0.40	0.40	0.40	0.45	0.45	0.50	0.50
	3	0.40	0.40	0.40	0.40	0.40	0.45	0.45	0.45	0.45	0.45	0.50	0.50	0.50	0.50
	2	0.65	0.55	0.50	0.50	0.50	0.50	0.50	0.50	0.50	0.50	0.50	0.50	0.50	0.50
	1	1.20	0.95	0.80	0.75	0.75	0.70	0.70	0.65	0.65	0.65	0.55	0.55	0.55	0.55
6	6	−0.30	0.00	0.10	0.20	0.25	0.25	0.30	0.30	0.35	0.35	0.40	0.45	0.45	0.45
	5	0.00	0.20	0.25	0.30	0.35	0.35	0.40	0.40	0.40	0.40	0.45	0.45	0.50	0.50
	4	0.20	0.30	0.35	0.35	0.40	0.40	0.40	0.45	0.45	0.45	0.45	0.50	0.50	0.50
	3	0.40	0.40	0.40	0.45	0.45	0.45	0.45	0.45	0.45	0.45	0.50	0.50	0.50	0.50
	2	0.70	0.60	0.55	0.50	0.50	0.50	0.50	0.50	0.50	0.50	0.50	0.50	0.50	0.50
	1	1.20	0.95	0.85	0.80	0.75	0.70	0.70	0.65	0.65	0.65	0.55	0.55	0.55	0.55
7	7	−0.35	−0.05	0.10	0.20	0.20	0.25	0.30	0.30	0.35	0.35	0.40	0.45	0.45	0.45
	6	−0.10	0.15	0.25	0.30	0.35	0.35	0.35	0.40	0.40	0.40	0.45	0.45	0.50	0.50
	5	0.10	0.25	0.30	0.35	0.40	0.40	0.40	0.45	0.45	0.45	0.50	0.50	0.50	0.50
	4	0.30	0.35	0.40	0.40	0.40	0.45	0.45	0.45	0.45	0.45	0.50	0.50	0.50	0.50
	3	0.50	0.45	0.45	0.45	0.45	0.45	0.45	0.45	0.45	0.45	0.50	0.50	0.50	0.50
	2	0.75	0.60	0.55	0.50	0.50	0.50	0.50	0.50	0.50	0.50	0.50	0.50	0.50	0.50
	1	1.20	0.95	0.85	0.80	0.75	0.70	0.70	0.65	0.65	0.65	0.55	0.55	0.55	0.55

续表

n	j \ k	0.1	0.2	0.3	0.4	0.5	0.6	0.7	0.8	0.9	1.0	2.0	3.0	4.0	5.0
8	8	−0.35	−0.15	0.10	0.10	0.25	0.25	0.30	0.30	0.35	0.35	0.40	0.45	0.45	0.45
	7	−0.10	0.15	0.25	0.30	0.35	0.35	0.40	0.40	0.40	0.40	0.45	0.50	0.50	0.50
	6	0.05	0.25	0.30	0.35	0.40	0.40	0.40	0.45	0.45	0.45	0.45	0.50	0.50	0.50
	5	0.20	0.30	0.35	0.40	0.40	0.45	0.45	0.45	0.45	0.45	0.50	0.50	0.50	0.50
	4	0.35	0.40	0.40	0.45	0.45	0.45	0.45	0.45	0.45	0.45	0.50	0.50	0.50	0.50
	3	0.50	0.45	0.45	0.45	0.45	0.45	0.45	0.45	0.50	0.50	0.50	0.50	0.50	0.50
	2	0.75	0.60	0.55	0.55	0.50	0.50	0.50	0.50	0.50	0.50	0.50	0.50	0.50	0.50
	1	1.20	1.00	0.85	0.80	0.75	0.70	0.70	0.65	0.65	0.65	0.55	0.55	0.55	0.55
9	9	−0.40	−0.05	0.10	0.20	0.25	0.25	0.30	0.30	0.35	0.35	0.45	0.45	0.45	0.45
	8	−0.15	0.15	0.25	0.30	0.35	0.35	0.35	0.40	0.40	0.40	0.45	0.45	0.50	0.50
	7	0.05	0.25	0.30	0.35	0.40	0.40	0.40	0.45	0.45	0.45	0.45	0.50	0.50	0.50
	6	0.15	0.30	0.35	0.40	0.40	0.45	0.45	0.45	0.45	0.45	0.50	0.50	0.50	0.50
	5	0.25	0.35	0.40	0.45	0.45	0.45	0.45	0.45	0.45	0.45	0.50	0.50	0.50	0.50
	4	0.40	0.40	0.40	0.45	0.45	0.45	0.45	0.45	0.45	0.45	0.50	0.50	0.50	0.50
	3	0.55	0.45	0.45	0.45	0.45	0.45	0.45	0.50	0.50	0.50	0.50	0.50	0.50	0.50
	2	0.80	0.65	0.55	0.55	0.50	0.50	0.50	0.50	0.50	0.50	0.50	0.50	0.50	0.50
	1	1.20	1.00	0.85	0.80	0.75	0.70	0.70	0.65	0.65	0.65	0.55	0.55	0.55	0.55
10	10	−0.40	−0.05	0.10	0.20	0.25	0.30	0.30	0.30	0.30	0.35	0.40	0.45	0.45	0.45
	9	−0.15	0.15	0.25	0.30	0.35	0.35	0.40	0.40	0.40	0.40	0.45	0.45	0.50	0.50
	8	0.00	0.25	0.30	0.35	0.40	0.40	0.40	0.45	0.45	0.45	0.45	0.50	0.50	0.50
	7	0.10	0.30	0.35	0.40	0.40	0.40	0.45	0.45	0.45	0.45	0.50	0.50	0.50	0.50
	6	0.20	0.35	0.40	0.40	0.45	0.45	0.45	0.45	0.45	0.45	0.50	0.50	0.50	0.50
	5	0.30	0.40	0.40	0.45	0.45	0.45	0.45	0.45	0.45	0.50	0.50	0.50	0.50	0.50
	4	0.40	0.40	0.45	0.45	0.45	0.45	0.45	0.45	0.45	0.50	0.50	0.50	0.50	0.50
	3	0.55	0.50	0.45	0.45	0.45	0.50	0.50	0.50	0.50	0.50	0.50	0.50	0.50	0.50
	2	0.80	0.65	0.55	0.55	0.55	0.50	0.50	0.50	0.50	0.50	0.50	0.50	0.50	0.50
	1	1.30	1.00	0.85	0.80	0.75	0.70	0.70	0.65	0.65	0.65	0.60	0.55	0.55	0.55
11	11	−0.40	0.05	0.10	0.20	0.25	0.30	0.30	0.30	0.35	0.35	0.40	0.45	0.45	0.45
	10	−0.15	0.15	0.25	0.30	0.35	0.35	0.40	0.40	0.40	0.40	0.45	0.45	0.50	0.50
	9	0.00	0.25	0.30	0.35	0.40	0.40	0.40	0.45	0.45	0.45	0.45	0.50	0.50	0.50
	8	0.10	0.30	0.35	0.40	0.40	0.45	0.45	0.45	0.45	0.45	0.50	0.50	0.50	0.50
	7	0.20	0.35	0.40	0.45	0.45	0.45	0.45	0.45	0.45	0.45	0.50	0.50	0.50	0.50
	6	0.25	0.35	0.40	0.45	0.45	0.45	0.45	0.45	0.45	0.45	0.50	0.50	0.50	0.50
	5	0.35	0.40	0.40	0.45	0.45	0.45	0.45	0.45	0.45	0.45	0.50	0.50	0.50	0.50
	4	0.40	0.45	0.45	0.45	0.45	0.45	0.45	0.50	0.50	0.50	0.50	0.50	0.50	0.50

续表

n	j	0.1	0.2	0.3	0.4	0.5	0.6	0.7	0.8	0.9	1.0	2.0	3.0	4.0	5.0
11	3	0.55	0.50	0.50	0.50	0.50	0.50	0.50	0.50	0.50	0.50	0.50	0.50	0.50	0.50
	2	0.80	0.65	0.60	0.55	0.55	0.50	0.50	0.50	0.50	0.50	0.50	0.50	0.50	0.50
	1	1.30	1.00	0.85	0.80	0.75	0.70	0.70	0.65	0.65	0.65	0.60	0.55	0.55	0.55
12以上	自上1	−0.40	−0.05	0.10	0.20	0.25	0.30	0.30	0.30	0.35	0.35	0.40	0.45	0.45	0.45
	2	−0.15	0.15	0.25	0.30	0.35	0.35	0.40	0.40	0.40	0.40	0.45	0.45	0.50	0.50
	3	0.00	0.25	0.30	0.35	0.40	0.40	0.40	0.45	0.45	0.45	0.50	0.50	0.50	0.50
	4	0.10	0.30	0.35	0.40	0.40	0.45	0.45	0.45	0.45	0.45	0.50	0.50	0.50	0.50
	5	0.20	0.35	0.40	0.40	0.45	0.45	0.45	0.45	0.45	0.45	0.50	0.50	0.50	0.50
	6	0.25	0.35	0.40	0.45	0.45	0.45	0.45	0.45	0.45	0.50	0.50	0.50	0.50	0.50
	7	0.30	0.40	0.40	0.45	0.45	0.45	0.45	0.45	0.50	0.50	0.50	0.50	0.50	0.50
	8	0.35	0.40	0.45	0.45	0.45	0.45	0.50	0.50	0.50	0.50	0.50	0.50	0.50	0.50
	中间	0.40	0.40	0.45	0.45	0.45	0.45	0.50	0.50	0.50	0.50	0.50	0.50	0.50	0.50
	4	0.45	0.45	0.45	0.45	0.50	0.50	0.50	0.50	0.50	0.50	0.50	0.50	0.50	0.50
	3	0.60	0.50	0.50	0.50	0.50	0.50	0.50	0.50	0.50	0.50	0.50	0.50	0.50	0.50
	2	0.80	0.65	0.60	0.55	0.55	0.50	0.50	0.50	0.50	0.50	0.50	0.50	0.50	0.50
	自下1	1.30	1.00	0.85	0.80	0.75	0.70	0.70	0.65	0.65	0.55	0.55	0.55	0.55	0.55

倒三角分布荷载下各层柱标准反弯点高度比 y_0　　附表2

n	j	0.1	0.2	0.3	0.4	0.5	0.6	0.7	0.8	0.9	1.0	2.0	3.0	4.0	5.0
1	1	0.80	0.75	0.70	0.65	0.65	0.60	0.60	0.60	0.60	0.55	0.55	0.55	0.55	0.55
2	2	0.50	0.45	0.40	0.40	0.40	0.40	0.40	0.40	0.40	0.45	0.45	0.45	0.45	0.50
	1	1.00	0.85	0.75	0.70	0.70	0.65	0.65	0.65	0.60	0.60	0.55	0.55	0.55	0.55
3	3	0.25	0.25	0.25	0.30	0.30	0.35	0.35	0.35	0.40	0.40	0.45	0.45	0.45	0.50
	2	0.60	0.50	0.50	0.50	0.50	0.45	0.45	0.45	0.45	0.45	0.50	0.50	0.55	0.50
	1	1.15	0.90	0.80	0.75	0.75	0.70	0.70	0.65	0.65	0.60	0.55	0.55	0.55	0.55
4	4	0.10	0.15	0.20	0.25	0.30	0.30	0.35	0.35	0.35	0.40	0.45	0.45	0.45	0.45
	3	0.35	0.35	0.35	0.40	0.40	0.40	0.40	0.45	0.45	0.45	0.50	0.50	0.50	0.50
	2	0.70	0.60	0.55	0.50	0.50	0.50	0.50	0.50	0.50	0.50	0.50	0.50	0.50	0.50
	1	1.20	0.95	0.85	0.80	0.75	0.70	0.70	0.70	0.65	0.65	0.55	0.55	0.55	0.50
5	5	−0.05	0.10	0.20	0.25	0.30	0.30	0.35	0.35	0.35	0.35	0.40	0.45	0.45	0.45
	4	0.20	0.25	0.35	0.35	0.40	0.40	0.40	0.40	0.40	0.45	0.45	0.50	0.50	0.50
	3	0.45	0.40	0.45	0.45	0.45	0.45	0.45	0.45	0.45	0.45	0.50	0.50	0.50	0.50
	2	0.75	0.60	0.55	0.55	0.50	0.50	0.50	0.50	0.50	0.50	0.50	0.50	0.50	0.50
	1	1.30	1.00	0.85	0.80	0.75	0.70	0.70	0.65	0.65	0.65	0.65	0.55	0.55	0.55

n	j \\ k	0.1	0.2	0.3	0.4	0.5	0.6	0.7	0.8	0.9	1.0	2.0	3.0	4.0	5.0
6	6	−0.15	0.05	0.15	0.20	0.25	0.30	0.30	0.35	0.35	0.35	0.40	0.45	0.45	0.45
	5	0.10	0.25	0.30	0.35	0.35	0.40	0.40	0.40	0.45	0.45	0.45	0.50	0.50	0.50
	4	0.30	0.35	0.40	0.40	0.45	0.45	0.45	0.45	0.45	0.45	0.50	0.50	0.50	0.50
	3	0.50	0.45	0.45	0.45	0.45	0.45	0.45	0.45	0.45	0.50	0.50	0.50	0.50	0.50
	2	0.80	0.65	0.55	0.55	0.55	0.55	0.50	0.50	0.50	0.50	0.50	0.50	0.50	0.50
	1	1.30	1.00	0.85	0.80	0.75	0.70	0.70	0.65	0.65	0.65	0.60	0.55	0.55	0.55
7	7	−0.20	0.05	0.15	0.20	0.25	0.30	0.30	0.35	0.35	0.35	0.45	0.45	0.45	0.45
	6	0.05	0.20	0.30	0.35	0.35	0.40	0.40	0.40	0.40	0.45	0.45	0.50	0.50	0.50
	5	0.20	0.30	0.35	0.40	0.40	0.45	0.45	0.45	0.45	0.45	0.50	0.50	0.50	0.50
	4	0.35	0.40	0.40	0.45	0.45	0.45	0.45	0.45	0.45	0.45	0.50	0.50	0.50	0.50
	3	0.55	0.50	0.50	0.50	0.50	0.50	0.50	0.50	0.50	0.50	0.50	0.50	0.50	0.50
	2	0.80	0.65	0.60	0.55	0.55	0.55	0.50	0.50	0.50	0.50	0.50	0.50	0.50	0.50
	1	1.30	1.00	0.90	0.80	0.75	0.70	0.70	0.70	0.65	0.65	0.60	0.55	0.55	0.55
8	8	−0.20	0.05	0.15	0.20	0.25	0.30	0.30	0.35	0.35	0.35	0.45	0.45	0.45	0.45
	7	0.00	0.20	0.30	0.35	0.35	0.40	0.40	0.40	0.40	0.45	0.45	0.50	0.50	0.50
	6	0.15	0.30	0.35	0.40	0.40	0.45	0.45	0.45	0.45	0.45	0.50	0.50	0.50	0.50
	5	0.30	0.45	0.40	0.45	0.45	0.45	0.45	0.45	0.45	0.45	0.50	0.50	0.50	0.50
	4	0.40	0.45	0.45	0.45	0.45	0.45	0.45	0.50	0.50	0.50	0.50	0.50	0.50	0.50
	3	0.60	0.50	0.50	0.50	0.50	0.50	0.50	0.50	0.50	0.50	0.50	0.50	0.50	0.50
	2	0.85	0.65	0.60	0.55	0.55	0.55	0.50	0.50	0.50	0.50	0.50	0.50	0.50	0.50
	1	1.30	1.00	0.90	0.80	0.75	0.70	0.70	0.70	0.65	0.65	0.60	0.55	0.55	0.55
9	9	−0.25	0.00	0.15	0.20	0.25	0.30	0.30	0.35	0.35	0.40	0.45	0.45	0.45	0.45
	8	0.00	0.20	0.30	0.35	0.35	0.40	0.40	0.40	0.40	0.45	0.45	0.50	0.50	0.50
	7	0.15	0.30	0.35	0.40	0.40	0.45	0.45	0.45	0.45	0.45	0.50	0.50	0.50	0.50
	6	0.25	0.35	0.40	0.40	0.45	0.45	0.45	0.45	0.45	0.45	0.50	0.50	0.50	0.50
	5	0.35	0.40	0.45	0.45	0.45	0.45	0.45	0.45	0.50	0.50	0.50	0.50	0.50	0.50
	4	0.45	0.45	0.45	0.45	0.45	0.50	0.50	0.50	0.50	0.50	0.50	0.50	0.50	0.50
	3	0.65	0.50	0.50	0.50	0.50	0.50	0.50	0.50	0.50	0.50	0.50	0.50	0.50	0.50
	2	0.80	0.65	0.65	0.55	0.55	0.55	0.50	0.50	0.50	0.50	0.50	0.50	0.50	0.50
	1	1.35	1.00	1.00	0.80	0.75	0.75	0.70	0.70	0.65	0.65	0.60	0.55	0.55	0.55
10	10	−0.25	0.00	0.15	0.20	0.25	0.30	0.30	0.35	0.35	0.40	0.45	0.45	0.45	0.45
	9	−0.05	0.20	0.30	0.35	0.35	0.40	0.40	0.40	0.40	0.45	0.45	0.50	0.50	0.50
	8	0.10	0.30	0.35	0.40	0.40	0.40	0.45	0.45	0.45	0.45	0.50	0.50	0.50	0.50
	7	0.20	0.35	0.40	0.40	0.45	0.45	0.45	0.45	0.45	0.45	0.50	0.50	0.50	0.50
	6	0.30	0.40	0.40	0.45	0.45	0.45	0.45	0.45	0.45	0.50	0.50	0.50	0.50	0.50

n	k j	0.1	0.2	0.3	0.4	0.5	0.6	0.7	0.8	0.9	1.0	2.0	3.0	4.0	5.0
10	5	0.40	0.45	0.45	0.45	0.45	0.45	0.45	0.50	0.50	0.50	0.50	0.50	0.50	0.50
	4	0.50	0.45	0.45	0.45	0.50	0.50	0.50	0.50	0.50	0.50	0.50	0.50	0.50	0.50
	3	0.60	0.55	0.50	0.50	0.50	0.50	0.50	0.50	0.50	0.50	0.50	0.50	0.50	0.50
	2	0.85	0.65	0.60	0.55	0.55	0.55	0.55	0.50	0.50	0.50	0.50	0.50	0.50	0.50
	1	1.35	1.00	0.90	0.80	0.75	0.75	0.70	0.70	0.65	0.65	0.60	0.55	0.55	0.55
11	11	−0.25	0.00	0.15	0.20	0.25	0.30	0.30	0.30	0.35	0.35	0.45	0.45	0.45	0.45
	10	−0.05	0.20	0.25	0.30	0.35	0.40	0.40	0.40	0.40	0.45	0.45	0.50	0.50	0.50
	9	0.10	0.30	0.35	0.40	0.40	0.40	0.45	0.45	0.45	0.45	0.50	0.50	0.50	0.50
	8	0.20	0.35	0.40	0.40	0.45	0.45	0.45	0.45	0.45	0.45	0.50	0.50	0.50	0.50
	7	0.25	0.40	0.40	0.45	0.45	0.45	0.45	0.45	0.45	0.50	0.50	0.50	0.50	0.50
	6	0.35	0.40	0.45	0.45	0.45	0.45	0.45	0.50	0.50	0.50	0.50	0.50	0.50	0.50
	5	0.40	0.45	0.45	0.45	0.45	0.50	0.50	0.50	0.50	0.50	0.50	0.50	0.50	0.50
	4	0.50	0.50	0.50	0.50	0.50	0.50	0.50	0.50	0.50	0.50	0.50	0.50	0.50	0.50
	3	0.65	0.55	0.50	0.50	0.50	0.50	0.50	0.50	0.50	0.50	0.50	0.50	0.50	0.50
	2	0.85	0.65	0.60	0.55	0.55	0.55	0.55	0.50	0.50	0.50	0.50	0.50	0.50	0.50
	1	1.35	1.50	0.90	0.80	0.75	0.75	0.70	0.70	0.65	0.65	0.60	0.55	0.55	0.55
12 以 上	自上 1	−0.30	0.00	0.15	0.20	0.25	0.30	0.30	0.30	0.35	0.35	0.40	0.45	0.45	0.45
	2	−0.10	0.20	0.25	0.30	0.35	0.40	0.40	0.40	0.40	0.40	0.45	0.45	0.45	0.50
	3	0.05	0.25	0.35	0.40	0.40	0.40	0.45	0.45	0.45	0.45	0.45	0.50	0.50	0.50
	4	0.15	0.30	0.40	0.40	0.45	0.45	0.45	0.45	0.45	0.45	0.45	0.50	0.50	0.50
	5	0.25	0.30	0.40	0.40	0.45	0.45	0.45	0.45	0.45	0.45	0.50	0.50	0.50	0.50
	6	0.30	0.40	0.40	0.45	0.45	0.45	0.45	0.50	0.50	0.50	0.50	0.50	0.50	0.50
	7	0.35	0.40	0.40	0.45	0.45	0.45	0.50	0.50	0.50	0.50	0.50	0.50	0.50	0.50
	8	0.35	0.45	0.45	0.45	0.50	0.50	0.50	0.50	0.50	0.50	0.50	0.50	0.50	0.50
	中间	0.45	0.45	0.45	0.45	0.50	0.50	0.50	0.50	0.50	0.50	0.50	0.50	0.50	0.50
	4	0.55	0.50	0.50	0.50	0.50	0.50	0.50	0.50	0.50	0.50	0.50	0.50	0.50	0.50
	3	0.65	0.55	0.50	0.50	0.50	0.50	0.50	0.50	0.50	0.50	0.50	0.50	0.50	0.50
	2	0.70	0.70	0.60	0.55	0.55	0.55	0.55	0.50	0.50	0.50	0.50	0.50	0.50	0.50
	自下 1	1.35	1.05	0.70	0.80	0.75	0.70	0.70	0.70	0.65	0.65	0.60	0.55	0.55	0.55

上、下梁相对刚度变化时的修正值 y_1　　　　　　　　　　　　附表 3

k α_1	0.1	0.2	0.3	0.4	0.5	0.6	0.7	0.8	0.9	1.0	2.0	3.0	4.0	5.0
0.4	0.55	0.40	0.30	0.25	0.20	0.20	0.20	0.15	0.15	0.15	0.05	0.05	0.05	0.05
0.5	0.45	0.30	0.20	0.20	0.15	0.15	0.15	0.10	0.10	0.10	0.05	0.05	0.05	0.05
0.6	0.30	0.20	0.15	0.15	0.10	0.10	0.10	0.10	0.05	0.05	0.05	0.05	0.00	0.00

续表

α_1 \ k	0.1	0.2	0.3	0.4	0.5	0.6	0.7	0.8	0.9	1.0	2.0	3.0	4.0	5.0
0.7	0.20	0.15	0.10	0.10	0.10	0.05	0.05	0.05	0.05	0.05	0.05	0.00	0.00	0.00
0.8	0.15	0.10	0.05	0.05	0.05	0.05	0.05	0.05	0.05	0.00	0.00	0.00	0.00	0.00
0.9	0.05	0.05	0.05	0.05	0.00	0.00	0.00	0.00	0.00	0.00	0.00	0.00	0.00	0.00

上、下层柱高度变化时的修正值 y_2 和 y_3　　　　　附表 4

α_2	α_1 \ k	0.1	0.2	0.3	0.4	0.5	0.6	0.7	0.8	0.9	1.0	2.0	3.0	4.0	5.0
2.0		0.25	0.15	0.15	0.10	0.10	0.10	0.10	0.10	0.05	0.05	0.05	0.05	0.00	0.00
1.8		0.20	0.15	0.10	0.10	0.10	0.05	0.05	0.05	0.05	0.05	0.05	0.00	0.00	0.00
1.6	0.4	0.15	0.10	0.10	0.05	0.05	0.05	0.05	0.05	0.05	0.00	0.00	0.00	0.00	0.00
1.4	0.6	0.10	0.05	0.05	0.05	0.05	0.05	0.05	0.05	0.05	0.00	0.00	0.00	0.00	0.00
1.2	0.8	0.05	0.05	0.05	0.00	0.00	0.00	0.00	0.00	0.00	0.00	0.00	0.00	0.00	0.00
1.0	1.0	0.00	0.00	0.00	0.00	0.00	0.00	0.00	0.00	0.00	0.00	0.00	0.00	0.00	0.00
0.8	1.2	−0.05	−0.05	−0.05	0.00	0.00	0.00	0.00	0.00	0.00	0.00	0.00	0.00	0.00	0.00
0.6	1.4	−0.10	−0.05	−0.05	−0.05	−0.05	−0.05	−0.05	−0.05	−0.05	−0.05	0.00	0.00	0.00	0.00
0.4	1.6	−0.15	−0.10	−0.10	−0.05	−0.05	−0.05	−0.05	−0.05	−0.05	−0.05	0.00	0.00	0.00	0.00
	1.8	−0.20	−0.15	−0.10	−0.10	−0.10	−0.05	−0.05	−0.05	−0.05	−0.05	−0.05	0.00	0.00	0.00
	2.0	−0.25	−0.15	−0.15	−0.10	−0.10	−0.10	−0.05	−0.05	−0.05	−0.05	−0.05	0.00	0.00	0.00

部分习题参考答案

第 4 章

4-1 （1）框架计算简图的主要尺寸以框架的梁柱截面几何轴线来确定；

（2）当框架横梁为坡度 $i \leqslant 1/8$ 的折梁时，可以简化为直杆；

（3）对于不等跨框架，当各跨跨度相差不大于 10% 时可简化为等跨框架，跨度取原框架各跨跨度的平均值；

（4）当框架横梁为有支托的加腋梁时，如 $I_端/I_中 < 4$ 或 $h_端/h_中 < 1.6$，则可不考虑支托影响面简化为无支托的等截面梁。$I_端$、$h_端$ 为支托端最高截面的惯性矩和高度；$I_中$、$h_中$ 为跨中等截面梁的惯性矩和高度。

框架梁的惯性矩：

现浇板边框架梁 $I = 1.5I_r$

现浇板中部框架梁 $I = 2.0I_r$

4-2 抗震设计的框架结构不应采用单跨框架。单跨框架由两根柱、一根梁组成结构承重体系，结构体系延性低，整体结构没有赘余的空间体系，抗震设防起不到多道设防的目的，设防单一。在地震作用下，若有一根柱子破坏，则整体建筑就容易倒塌。尤其在超设防烈度的地震情况下，构件很容易连续破坏继而倒塌；另外，在高层建筑中，单跨框架结构其侧向刚度较小，在水平力作用下，为了满足位移要求，常以加大构件截面来满足侧向刚度需求而显得经济效益差。因此在设计时，需严格控制这类结构体系的应用。对于新建的乙类建筑不应采用单跨框架，对既有的单跨框架结构，需进行抗震鉴定并加固。

4-3 在分层的时候，各个开口刚架的上下端均为固定支承，而实际上，除底层的下端外，其他各层柱端均有转角产生，即上层的刚架中，其他层对本层刚架约束作用应介于铰支承与固定支承之间的弹性支承，为了改善由此引起的误差，在计算时做以下修正：①除底层以外其他各层柱的线刚度均乘 0.9 的折减系数；②除底层以外其他各层柱的弯矩传递系数取为 1/3。

4-4 计算方法有分层法、反弯点法和 D 值法。

其中分层法和反弯点法基本假定如下：

（1）梁柱线刚度比很大，在水平荷载作用下，柱上下端转角为零；

（2）忽略梁的轴向变形，即同一层各节点水平位移相同；

（3）底层柱的反弯点在距柱底 2/3 高度处，其余各层柱的反弯点在柱中；

（4）梁端弯矩可由节点平衡条件求出，并按节点左右梁的线刚度进行分配。按照上述假定，即可确定反弯点高度、侧移刚度、反弯点处剪力以及杆端弯矩。

D 值法基本假定：反弯点法假定梁柱刚度比为无限大，从而得出各层柱的反弯点高度是一定值，各柱的抗侧刚度只与柱本身的刚度有关。

4-5　顶点侧移 u_m 为各层梁柱弯曲剪切变形引起的层间侧移之和，即：$u_m = \sum_{j=1}^{n} \Delta u_j$，

其中：$\Delta u_j = \dfrac{V_{jk}}{D_{jk}} = \dfrac{V_{fj}}{\sum\limits_{k=1}^{m} D_{jk}}$。

框架柱轴向变形引起的侧移计算公式为：$u_N = \sum \int_0^H \dfrac{N_1 N}{EA} dz$。

4-6　竖向荷载及上抬力作用下预应力梁支座超静定的荷载弯矩及预应力综合弯矩可采用 0.2 调幅系数，跨中弯矩应相应增大；柱内倾作用下框架的预应力综合弯矩可乘以 0.6 的折减系数，但端偏心弯矩及外推柱作用下的框架预应力综合弯矩不得进行调幅或折减。

4-7　由震害调查可见，梁柱节点区的破坏，大都由于节点区无箍筋或少箍筋，在剪压作用下混凝土出现斜裂缝甚至挤压破碎，纵向钢筋压屈成灯笼状。因此，保证节点区不过早发生剪切破坏的主要措施是保证节点区混凝土强度及密实性、在节点核心区内配置足够的箍筋。节点设计应进行受剪承载力计算。

4-8　在抗震设计中，一般要求框架结构呈"强柱弱梁""强剪弱弯"的受力性能。"强柱弱梁""强剪弱弯"是一个从结构抗震设计角度提出的结构概念。就是柱子不先于梁破坏，因为梁破坏属于构件破坏，是局部性的。而柱子破坏将危及整个结构的安全，可能会使结构整体倒塌，后果严重。所以我们要保证柱子更"相对"安全，因此"强柱弱梁"就是使梁端的塑性铰先出、多出，尽量减少或推迟柱端塑性铰的出现。适当增加柱的配筋可以达到上述目的。"强剪弱弯"指结构在进行抗震设计中，剪力是通过弯矩计算得出的。该原则的目的是防止梁、柱子在弯曲屈服之前出现剪切破坏。适当增加抵抗剪切力的钢筋可以达到上述目的。

4-9　框架结构的主梁截面高度可按计算跨度的 1/18～1/10 确定；梁净跨与截面高度之比不宜小于 4。梁的截面宽度不宜小于梁截面高度的 1/4，也不宜小于 200mm。当梁高较小或采用扁梁时，除应验算其承载力和受剪截面要求外，尚应满足刚度和裂缝的有关要求。在计算梁的挠度时，可扣除梁的合理起拱值。

4-10　计算各杆件线刚度：

设该榀框架取自采用现浇楼板的中框架，则框架梁 $I = 2I_0$。

左边跨梁：

$$i = \frac{EI}{l} = 3.25 \times 10^7 \times 2 \times \frac{1}{12} \times 0.25 \times \frac{(0.6)^3}{6.6} = 4.43 \times 10^4 \text{kN} \cdot \text{m}$$

右边跨梁：

$$i = \frac{EI}{l} = 3.25 \times 10^7 \times 2 \times \frac{1}{12} \times 0.25 \times \frac{(0.6)^3}{7.8} = 3.75 \times 10^4 \text{kN} \cdot \text{m}$$

底层中柱：

$$i = \frac{EI}{l} = 3.25 \times 10^7 \times 2 \times \frac{1}{12} \times 0.7 \times \frac{(0.7)^3}{5.0} = 13.1 \times 10^4 \text{kN} \cdot \text{m}$$

底层边柱：

$$i = \frac{EI}{l} = 3.25 \times 10^7 \times 2 \times \frac{1}{12} \times 0.6 \times \frac{(0.6)^3}{5.0} = 7.02 \times 10^4 \text{kN} \cdot \text{m}$$

其余各层中柱：

$$i = \frac{EI}{l} = 3.25 \times 10^7 \times 2 \times \frac{1}{12} \times 0.7 \times \frac{(0.6)^3}{3.2} = 18.29 \times 10^4 \text{kN} \cdot \text{m}$$

其余各层边柱：

$$i = \frac{EI}{l} = 3.25 \times 10^7 \times 2 \times \frac{1}{12} \times 0.6 \times \frac{(0.6)^3}{3.2} = 9.87 \times 10^4 \text{kN} \cdot \text{m}$$

令左边跨梁 $i = 1.0$，则其余各杆件的相对线刚度如附图 1 所示。

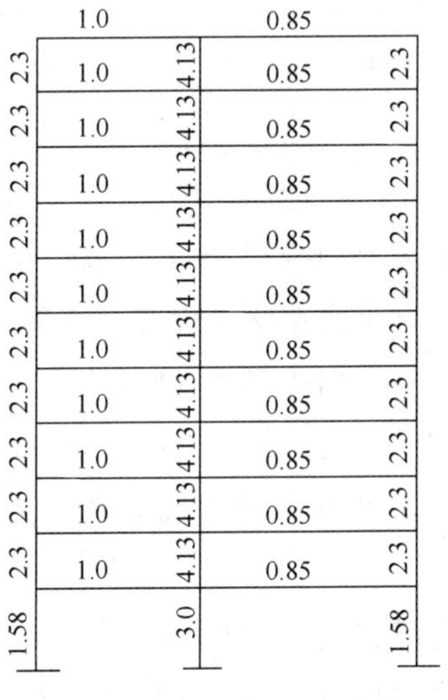

附图 1 分层法相对线刚度图

第 5 章

5-1 用钢筋混凝土剪力墙（用于抗震结构时也称为抗震墙）承受竖向荷载和抵抗侧向力的结构称为剪力墙结构或抗震墙结构。剪力墙是一种平面构件，其特点是平面内刚度及承载力大，而平面外刚度及承载力很小。因此，受力分析时只考虑各方向墙体对其平面内侧向力的抵抗能力，而不考虑墙体平面外的承载能力。

5-2 （1）平面布置宜简单、规则，宜沿两个主轴方向或其他方向双向布置剪力墙，形成空间结构，且两个方向的侧向刚度应接近。抗震设计时，应避免单向布置剪力墙。

（2）沿高度方向，剪力墙宜连续布置，避免刚度突变。剪力墙的抗侧刚度较大，如果在某一层或几层切断剪力墙，易造成结构刚度突变，因此，剪力墙从上到下宜连续设置。

（3）当剪力墙上需要开洞作为门窗时，洞口宜上下对齐，成列布置，形成具有规则洞口的联肢剪力墙。

5-3　短肢剪力墙结构是指截面厚度不大于 300mm、各肢截面高厚比（计算高度与厚度的比值）的最大值大于 4 但不大于 8 的剪力墙结构。该结构体系近年来在住宅建筑中被逐渐采用。短肢剪力墙有利于住宅建筑平面布置和减轻结构自重，但由于短肢剪力墙的抗震性能较差，地震区应用经验少，因此在高层住宅结构中短肢剪力墙布置不宜过多，更不应采用全部为短肢剪力墙的结构，应设置一定数量的一般剪力墙或井筒，形成短肢墙与井筒（或一般墙）共同抵抗水平作用的剪力墙结构。

5-4　剪力墙底部是塑性铰出现及保证剪力墙安全的重要部位。因此，抗震设计时，为保证剪力墙底部出现塑性铰后具有足够的延性，应对可能出现塑性铰的部位加强抗震措施，这些加强部位称为"底部加强部位"。在确定底部加强部位的范围时，应符合下列规定：

（1）底部加强部位的高度应从地下室顶板算起；

（2）底部加强部位的高度一般可取底部两层和墙体总高度 1/10 二者中的较大值；

（3）当结构计算嵌固端位于地下一层底板或者以下时，底部加强部位宜延伸到计算嵌固端。

5-5　（1）整体墙，当墙体上没有门窗洞口或门窗洞口的面积之和不超过剪力墙侧面积的 15%，且洞口间净距及孔洞至墙边的净距大于洞口长边尺寸时，可以忽略洞口的影响。假设截面上应力为直线分布，可按整体悬臂墙（静定结构）进行计算。

（2）联肢墙，当剪力墙上开有一列或多列洞口，洞口尺寸相对较大且排列整齐时，剪力墙的受力相当于通过洞口之间的连梁连在一起的一系列墙肢，称为联肢墙。联肢墙是超静定结构，近似计算方法很多，如小开口剪力墙计算方法、连续化方法、带刚域框架方法等。

（3）不规则洞口剪力墙，为满足建筑物的使用要求，有时需要在剪力墙上开设较大且排列不规则的洞口，形成不规则洞口剪力墙。这种墙不能简化成杆件体系进行计算，若要精确分析其应力分布，则需采用平面有限元法。

5-6　通常情况下，剪力墙中门窗洞口的排列都很整齐，剪力墙可划分为许多墙肢和连梁，将连梁看成墙肢间的连杆，并将它们沿墙高离散为均匀分布的连续连杆，再用微分方程进行求解，这种方法称为连续化方法，也称为连续连杆法，是联肢墙内力及位移分析中一种较好的近似方法。

用连续连杆法对联肢墙进行受力分析时，作如下假定：

（1）连梁作用按连续连杆考虑。

（2）忽略连梁的轴向变形，假定同一标高处各墙肢的水平位移相同。

（3）假定同一标高处各墙肢截面的转角和曲率相等，因此连梁两端转角相等，连梁的反弯点在梁的中点。

（4）各墙肢、连梁的截面参数及层高等沿高度为常数。

5-7　由对称性可知，抗侧刚度中心在三角形的形心，水平荷载通过抗侧刚度中心，因而在荷载作用下结构仅发生沿水平方向的平移，设平移值为 u。由几何关系，各榀剪力墙自身平面内的侧移值为：

$$\begin{cases} u_1 = u \\ u_2 = u_3 = u\sin 30° = \dfrac{u}{2} \end{cases}$$

由水平方向力的平衡条件，得到：

$$P = V_1 + V_2\sin 30° + V_3\sin 30°$$

因各榀墙的厚度和长度相等，故抗侧刚度相同，用 D 表示，则：

$$V_i = Du_i \quad (i = 1,2,3)$$

由此可求得：

$$\begin{cases} V_1 = 2P/3 \\ V_2 = V_3 = P/3 \end{cases}$$

5-8　首先由现行国家标准《混凝土结构设计规范》GB 50010 中表 4.1.5 查出 C25 混凝土弹性模量 $E_c = 2.8 \times 10^4 \,\text{N/mm}^2 = 280 \times 10^5 \,\text{kN/m}^2$，然后计算等效刚度：

$$EI_{eq} = \frac{EI_w}{1 + \dfrac{9\mu I_w}{H^2 A_w}} = \frac{280 \times 10^5 \times 3.6}{1 + \dfrac{9 \times 1.2 \times 3.6}{1.2 \times 30^2}} = 972.97 \times 10^5 \,\text{kN} \cdot \text{m}^2$$

5-9　首先确定形心位置：

$$y_c = \frac{0.16(3.37 \times 1.685 + 0.56 \times 4.77 + 1.75 \times 6.675 + 3.99 \times 10.245)}{0.16(3.37 + 0.56 + 1.75 + 3.99)} = 6.2987\text{m}$$

各墙肢几何参数计算结果见附表 5。

各墙肢几何参数　　　　　　　　　　　　　　　　附表 5

墙肢	1	2	3	4	Σ
面积 A_i（m²）	0.5392	0.0896	0.2800	0.6384	1.5472
惯性矩 I_i（m⁴）	0.5103	0.0023	0.0715	0.8469	1.431

计算组合截面的惯性矩 I_w：

$$I_w = \Sigma I_i + \Sigma A_i y_i^2 = 21.67\text{m}^4$$

上式中，y_i 为第 i 墙肢的截面形心到整个剪力墙组合截面形心的距离。

各墙肢的内力计算结果见附表 6。

各墙肢内力计算

附表 6

墙肢编号	各层墙肢内力			底层墙肢内力		
	V_i	N_i	M_i	$V_i(0)$(kN)	$N_i(0)$(kN)	$M_i(0)$(kN·m)
1	$0.3526V_p$	$0.0976M_p$	$0.0735M_p$	197.8	1323.3	997.0
2	$0.0298V_p$	$0.0054M_p$	$0.0003M_p$	16.7	72.9	4.5
3	$0.1155V_p$	$0.0041M_p$	$0.0103M_p$	64.8	56.0	139.7
4	$0.5022V_p$	$0.0988M_p$	$0.1220M_p$	281.8	1340.2	1654.7

5-10　(1) 应符合墙体稳定验算要求。

(2) 一、二级剪力墙，底部加强部位不应小于 200mm，其他部位不应小于 160mm；一字形独立剪力墙底部加强部位不应小于 220mm，其他部位不应小于 180mm。

(3) 三、四级剪力墙，不应小于 160mm，一字形独立剪力墙底部加强部位尚不应小于 180mm。

(4) 剪力墙井筒中，分隔电梯井或管道井的墙肢截面厚度可适当减小，但不宜小于 160mm。

(5) 短肢剪力墙截面厚度除应符合上述要求外，底部加强部位尚不应小于 200mm，其他部位不应小于 180mm。

第 6 章

6-1　框架-剪力墙结构协同工作计算的目的是：计算在总水平荷载作用下的总框架层剪力 V_f、总剪力墙的总层剪力 V_w 和总弯矩 M_w、总连系梁的梁端弯矩 M_1 和剪力 V_1，然后按照框架的规律把 V_f 分配到每根柱，按照剪力墙的规律把 V_w、M_w 分配到每片墙，按照连梁刚度把 M_1 和剪力 V_1 分配到每根梁，这样就可以得到每一根杆件截面设计需要的内力；在水平荷载作用下，因为框架与剪力墙的变形性质不同，不能直接把总水平剪力按抗侧刚度的比例分配到每个结构上而是必须采用协同工作方法得到侧移和各自的水平剪力及内力。

6-2　(1) 楼盖在平面内刚度无穷大，平面外刚度忽略不计，框架部分和剪力墙部分之间无相对位移；

(2) 当结构大体规则，水平力的合力通过结构抗侧刚度中心时，不计扭转影响；

(3) 框架与剪力墙的刚度特征值，沿结构高度方向均为常量。

6-3　框架-剪力墙结构微分方程中的未知量 y 是指整体结构的侧向位移。

6-4　(1) 当 $x=H$（即 $\xi=1$）时，在倒三角分布及均布水平荷载下，框架剪力墙顶部总剪力为零，即 $V=V_w+V_F=0$；

(2) 当 $x=0$（即 $\xi=0$）时，剪力墙底部转角为零；

(3) 当 $x=H$（即 $\xi=1$）时，剪力墙顶部弯矩 M_w 为零；

(4) 当 $x=0$（即 $\xi=0$）时，剪力墙底部位移为零。

6-5　在求得总框架和总剪力墙的剪力后，按照框架的规律把剪力分配到每根柱，按照剪力墙的规律把剪力、弯矩分配到每片墙，按照连梁刚度把弯矩和剪力分配到每根梁，这样就可以得到每一根杆件截面设计需要的内力。

6-6　铰接体系是框架-剪力墙结构，墙肢之间没有连梁，或者有连梁而连梁很小，墙肢与框架柱之间也没有连系梁，剪力墙和框架柱之间仅靠楼板协同工作，所有剪力墙和框架在每层楼板标高处的侧移相等。

6-7　D 的物理意义：当柱节点有转角时使柱端产生单位水平位移所需施加的水平推力；C_f 是总抗推刚度，它的物理意义为产生单位层间变形所需的推力。

6-8　刚度特征值 λ 对侧移曲线的影响：框架-剪力墙结构体系的侧向位移曲线呈弯剪型。当 λ 值较小（如 $\lambda = 1$）时，总框架的抗推刚度较小、总剪力墙的等效抗弯刚度相对较大，结构的侧移曲线接近弯曲型，这时剪力墙起主要作用；而当 λ 较大（如 $\lambda = 6$）时，总框架的抗推刚度相对较大，总剪力墙的等效抗弯刚度相对较小，框架的作用越加显著，所以结构的侧移曲线接近剪切型；当 λ 在 $1 \sim 6$ 之间时，结构侧移曲线介于二者之间，表现为弯剪型，即下部以弯曲变形为主，越往上部逐渐转变为剪切型。

6-9　λ 称为框架-剪力墙结构的刚度特征值，它的物理意义是总框架抗推刚度 C_F 与总剪力墙抗剪刚度 EI_w 的相对大小，它对框架-剪力墙结构的受力及变形性能有很大影响。

6-10　单片剪力墙的等效抗弯刚度可按第 6 章介绍的公式计算，而总剪力墙是由计算单元内的各片剪力墙综合在一起形成的，因此总剪力墙的等效抗弯刚度等于各片剪力墙等效抗弯刚度的总和。在实际工程中，若剪力墙的刚度发生变化，但相差不太大时，则可用加权平均的办法得到总剪力墙平均的等效抗弯刚度。

6-11　所谓框架的抗推刚度，是使框架产生单位剪切角所需的剪力值。显然，总框架的抗侧刚度 C_f 等于各榀框架的抗推刚度 C_{fi} 之和，即 $C_f = \sum C_{fi}$。D 值表示框架柱两端发生单位相对水平位移时所需的剪力。那么，对某层框架来说，若要使同一层中所有柱的上下端都产生单位相对水平位移，所需的剪力就是本层所有柱的 D 值之和 $\sum D$。而框架的抗侧刚度 C_{fi} 是使框架沿竖向产生单位剪切角（层间变形角）时所需的剪力，当剪切角 $\theta = 1$ 时，整层框架柱端的相对水平位移 $\Delta u = h$，也就是说，框架的抗侧刚度 C_{fi} 实际上也是使整层框架柱端产生相对位移 h 所需的剪力值，而使整层柱的上下柱端都产生单位相对水平位移所需的总剪力是 $\sum D$，因此框架的抗侧刚度为：$C_{fi} = \sum D \cdot h = 12 \sum \alpha \dfrac{i_c}{h}$。

6-12　在框架-剪力墙结构的计算中，按协同工作求得的框架部分的剪力一般都较小。而在实际的框架-剪力墙结构中，剪力墙的间距往往较大，楼板会产生变形，这促使中间的框架承受的水平荷载有所增加；同时，由于某种原因（如受到地震作用、剪力墙内出现塑性铰）引起剪力墙开裂、刚度降低时，框架和剪力墙之间将产生塑性内力重分布，也会导致框架承担的水平荷载增加。所以，为保证作为第二道防线的框架具有一定的抗侧能力和必要的强度储备，在框架内力计算时所采用的框架层剪力 V_f 不得太小。为此，现行行业标准《高层建筑混凝土结构技术规程》JGJ 3 规定，在抗震设计中，框架总剪力 V_f 不得小于 $0.2V_0$。对于框架总剪力 V_f 小于 $0.2V_0$ 的楼层，通常取 $1.5V_{f,max}$ 和 $0.2V_0$ 的较小值进行设计。其中，V_0 为对应于地震作用标准值的结构底部总剪力，$V_{f,max}$ 则是对应于地震作用标准值且未经调整的各层框架承担的地震总剪力 V_f 中的最大值。

6-13　抗震设计时，如果按框架-剪力墙结构进行设计，为发挥其优点，剪力墙的数量需要满足一定的要求。第一，应使结构满足承载力要求；第二，要使结构有足够的抗侧刚度，使结构的位移不超过限值，剪力墙的总抗侧刚度（指全部剪力墙抗弯刚度总和）可用 EI_w 表示，通常建筑物越高，要求的 EI_w 也越大；第三，基本振型地震作用下剪力墙部分承受的倾覆力矩不应小于结构总倾覆力矩的 50%。这是指框架与剪力墙的相对关系，当不满足此要求时，意味着结构中剪力墙的数量偏少，框架承担较大的地震作用，此时结构的抗震等级和轴压比应按纯框架结构执行。计算表明当刚度特征值 λ 不大于 2.4 时，可实现这一要求。但是，在框架-剪力墙结构中，剪力墙的数量并不是越多越好。剪力墙的数量（用总抗弯刚度 EI_w 表示）以使结构满足位移要求时恰到好处。一般宜将框架-剪力墙结构的特征系数设计在 $1<\lambda\leqslant2.4$ 范围内。

6-14　框架-剪力墙结构在水平荷载作用下的内力计算可分两步：首先求出水平力在各榀框架和剪力墙之间的分配；然后再分别计算各榀框架或剪力墙的内力。

第 7 章

7-1　筒体结构的高度不宜低于 80m，筒中筒结构的高宽比不宜小于 3，筒体结构的混凝土强度等级不宜低于 C30。这是因为结构总高度与宽度之比（H/B）大于 3 时，才能充分发挥筒的作用，在矮而胖的结构中不宜采用框筒或筒中筒结构。对于高度不超过 60m 的框架-核心筒结构，可按框架-剪力墙结构设计；框筒和筒中筒结构的平面宜选用圆形、正多边形、椭圆形或矩形等。如为矩形平面，则长宽比不宜大于 2，否则在较长的一边，剪力滞后会比较严重，长边中部的柱子将不能充分发挥作用；一般情况下，矩形平面的柱距不宜大于 4m，框筒柱的截面长边应沿筒壁方向布置，必要时可采用 T 形截面。这是因为框筒、梁柱的弯矩主要是在腹板框架和翼缘框架平面内，框架平面外的柱弯矩较小；洞口面积不宜大于墙面面积的 60%，洞口高宽比宜和层高与柱距之比值相似。

7-2　在某一局部范围内，剪力所能起的作用有限，所以正应力分布不均匀，把这种正应力分布不均匀的现象称为剪切滞后；在对称弯曲荷载作用下，如果箱梁具有初等弯曲理论中所假定的无限抗剪刚度（即变形的平截面假定），那么弯曲正应力沿梁宽方向是均匀分布的。但是，箱梁产生的弯曲的横向力（压应力）通过肋板传给翼板，而剪应力在翼板上的分布是不均匀的，在交接处最大，离开肋板逐渐减小，因此剪切变形沿翼板分布是不均匀的，从而引起弯曲时远离肋板的翼板的纵向位移滞后于肋板附近的纵向位移，所以其弯曲正应力的横向分布呈曲线形状，这种现象工程界称之为"剪力滞效应"；剪力滞现象越严重，框筒结构的整体空间越弱。框筒结构的整体空间作用只有在结构高宽较大时才能发挥出来。

7-3 窗裙梁也称窗间梁。高层建筑筒体结构中，是连接外筒（或框筒）柱的梁。为使框筒结构或筒中筒结构的外筒形成空间整体作用，往往直接取上下层窗的间距为裙梁的截面高度，因此其截面刚度和线刚度均比普通框架梁要大得多。

参 考 文 献

[1] 中华人民共和国住房和城乡建设部. 建筑结构荷载规范：GB 50009—2012 [S]. 北京：中国建筑工业出版社，2012.

[2] 中华人民共和国住房和城乡建设部. 建筑抗震设计规范：GB 50011—2010（2016 年版）[S]. 北京：中国建筑工业出版社，2016.

[3] 中华人民共和国住房和城乡建设部. 混凝土结构设计规范：GB 50010—2010（2015 年版）[S]. 北京：中国建筑工业出版社，2015.

[4] 中华人民共和国住房和城乡建设部. 高层建筑混凝土结构技术规程：JGJ 3—2010 [S]. 北京：中国建筑工业出版社，2011.

[5] 中华人民共和国住房和城乡建设部. 装配式混凝土结构技术标准：GB/T 51231—2016 [S]. 北京：中国建筑工业出版社，2016.

[6] 中华人民共和国住房和城乡建设部. 建筑抗震设防分类标准：GB 50223—2008 [S]. 北京：中国建筑工业出版社，2008.

[7] 中华人民共和国住房和城乡建设部. 高层民用建筑钢结构技术规程：JGJ 99—2015 [S]. 北京：中国建筑工业出版社，2015.

[8] 彭伟. 高层建筑结构设计原理[M]. 成都：西南交通大学出版社，2004.

[9] 林同炎，斯多台斯伯利 S·D. 结构概念和设计[M]. 2 版. 北京：中国建筑工业出版社，1999.

[10] 钱稼茹，赵作周，纪晓东，叶列平. 高层建筑结构设计[M]. 3 版. 北京：中国建筑工业出版社，2018.

[11] 沈小璞，陈道政，胡俊，陈东. 高层建筑结构设计 [M]. 武汉：武汉大学出版社，2014.

[12] 张晋元. 荷载与结构设计方法 [M]. 天津：天津大学出版社，2014.

[13] 邱洪兴. 工程结构设计原理[M]. 4 版. 南京：东南大学出版社，2018.

[14] 陈忠范，范圣刚，谢军. 高层建筑结构设计[M]. 南京：东南大学出版社，2016.

[15] 范涛. 高层建筑结构[M]. 重庆：重庆大学出版社，2009.

[16] 原长庆. 高层建筑结构设计[M]. 哈尔滨：黑龙江科学技术出版社，2000.

[17] 包世华. 高层建筑结构设计[M]. 2 版. 北京：清华大学出版社，1990.

[18] 霍达. 高层建筑结构设计[M]. 北京：高等教育出版社，2004.

[19] 史庆轩，梁兴文. 高层建筑结构设计[M]. 北京：科学出版社，2006.

[20] 吕西林. 高层建筑结构[M]. 2 版. 武汉：武汉理工大学出版社，2003.

[21] 何浙浙，黄林青. 高层建筑结构设计[M]. 武汉：武汉理工大学出版社，2007.

[22] 王祖华，蔡健，徐进. 高层建筑结构设计[M]. 广州：华南理工大学出版社，2008.

[23] 朱彦鹏. 混凝土结构设计[M]. 上海：同济大学出版社，2004.

[24] 沈小璞. 高层建筑结构设计[M]. 合肥：合肥工业大学出版社，2006.

[25] 包世华，张铜生. 高层建筑结构设计和计算[M].2 版. 北京：清华大学出版社，2013.

[26] 沈蒲生. 高层建筑结构设计[M].4 版. 北京：中国建筑工业出版社，2022.

[27] 汪大绥，周建龙. 我国高层建筑钢-混凝土混合结构发展与展望[J]. 建筑结构学报，2010，31 (6)：62-70.

[28] 包世华，张铜生. 高层建筑结构和计算[M].2 版. 北京：高等教育出版社，2013.

[29] 陈道政. 高层建筑结构设计[M]. 武汉：武汉大学出版社，2013.

[30] 韦善良. 某高层建筑结构设计及优化方法研究[D]. 青岛：中国石油大学(华东)，2015.

[31] 张若玉. 超高层建筑结构设计分析及结构方案对比研究[D]. 合肥：安徽建筑大学，2015.

[32] 蒋庆，柳国环，叶献国，种迅. 超高层建筑体系的抗震减振：理论、方案、数值与试验[M]. 天津：天津大学出版社，2016.

[33] 乔明哲，吕玉梅. 超高层建筑结构设计特点及关键技术问题探析[J]. 工业建筑，2021，51 (12)：166.

[34] 李盛勇，吕坚锋，徐麟，廖耘. 高层建筑结构合理构成与高效率结构设计[J]. 建筑结构，2020，50(04)：1-7+24.

[35] 叶献国. 建筑结构选型概论[M]. 武汉：武汉理工大学出版社，2013.

[36] 尧国皇，王卫华，郭明. 超高层钢框架-钢筋混凝土核心筒结构弹塑性时程分析[J]. 振动与冲击，2012，31(14)：137-151.

[37] 杜仕伟. 分层隔震的综合体高层结构隔震性能研究[D]. 沈阳：沈阳建筑大学，2022.

[38] 孙宝印. 高层建筑结构地震弹塑性分析的精细数值子结构方法[D]. 大连：大连理工大学，2020.

[39] 徐彦青. 基于三重摩擦摆的高层建筑隔震与优化设计研究[D]. 南京：东南大学，2020.

[40] 陈才华. 高层建筑框架-核心筒结构双重体系的刚度匹配研究[D]. 北京：中国建筑科学研究院有限公司，2020.

[41] 刘鹏远. 高层主次结构体系力学性能及地震失效模式研究[D]. 哈尔滨：哈尔滨工业大学，2019.

[42] 汪家继. 复杂荷载条件下高层剪力墙结构精准数值模型研究[D]. 北京：清华大学，2019.

[43] 中国工程建设标准化协会. 建筑结构抗倒塌设计标准：T/CECS 392—2021[S]. 北京：中国计划出版社，2021.

[44] 陆新征，蒋庆，廖志伟，潘鹏. 建筑抗震弹塑性分析[M]. 2 版. 北京：中国建筑工业出版社，2015.